U0203790

教育部高等学校电子信息类专业教学指导委员会规划教材

高等学校电子信息类专业系列教材·新形态教材

国家级一流本科专业配套教材

浙江省普通本科高校“十四五”重点立项建设教材

固体电子学导论

(第3版)

康　娟　孟彦龙　房双强　翟　玥　沈为民　编著

清華大學出版社

北　京

内容简介

本书介绍固体电子学的基础理论，主要涉及固体物理和半导体物理的基础知识，包括晶体的结构和晶体的结合、晶格振动和晶体的缺陷、能带论基础、半导体中的载流子、PN结、固体表面及界面接触现象、半导体器件基础、固体光学基础等内容。

本书可作为高等院校电子科学与技术、光信息科学与技术、光电信息工程、材料科学与工程等工科专业的教材，也可供相关专业的本科生和研究生以及电子技术、光电技术等领域的科技人员参考。

图书在版编目（CIP）数据

固体电子学导论 / 康娟等编著. -- 3版. -- 北京 : 清华大学出版社，2024. 10.
（高等学校电子信息类专业系列教材）. -- ISBN 978-7-302-67512-9

Ⅰ. O461.2;O48

中国国家版本馆CIP数据核字第2024FX3286号

责任编辑：文　怡
封面设计：王昭红
责任校对：刘惠林
责任印制：沈　露

出版发行：清华大学出版社
网　　址：https://www.tup.com.cn，https://www.wqxuetang.com
地　　址：北京清华大学学研大厦A座　　邮　　编：100084
社 总 机：010-83470000　　邮　　购：010-62786544
投稿与读者服务：010-62776969，c-service@tup.tsinghua.edu.cn
质量反馈：010-62772015，zhiliang@tup.tsinghua.edu.cn
课件下载：https://www.tup.com.cn，010-83470236
印 装 者：三河市龙大印装有限公司
经　　销：全国新华书店
开　　本：185mm×260mm　　印　　张：15.5　　字　　数：376千字
版　　次：2012年8月第1版　2024年10月第3版　　印　　次：2024年10月第1次印刷
印　　数：1～1500
定　　价：59.00元

产品编号：101597-01

再版说明

《固体电子学导论》自2012年8月第一次出版以来，受到广大读者的欢迎，被国内很多高校选作教材并开展相关的教学工作。近年来，随着半导体产业技术的不断升级以及数字化、信息化技术与半导体产业的深度融合，对半导体人才从技术底层出发的创新能力培养提出了更高的要求。鉴于此，在浙江省"十四五"新工科教材建设的支持下，本书从半导体物理及器件基础知识的完整性、学生学习的辅助性以及教学应用的便捷性等方面进行了修订再版。

再版坚持本书一贯的指导思想，面向工程应用型人才培养的院校，满足学生掌握半导体技术基础知识的教学需要，在不破坏知识体系的逻辑关系的前提下，尽量避免烦琐的数学推导。同时，兼顾对半导体技术理论更深层次的需求，将一些复杂理论的推导和例题的详细讲解采用电子二维码的形式置于对应位置，作为教学或学习的补充，提供给有需要的读者。

在第3版中，主要做了以下变动及补充：

(1) 结合第2章对晶格的描述，着重完善了3.1节中晶格的形成对电子运动影响的物理图像，能带形成的演变，以加深对3.2节金属中电子运动、3.3节半导体中电子运动相关理论的理解。

(2) 在每章重要知识点旁引入相关电子资源二维码，加深读者对相关知识的理解。

(3) 在每章重点例题旁引入详细的讲解过程电子资源二维码，帮助读者更好地理解例题关联知识点。

在第3版修订之前，本书原主编沈为民教授即将退休，以本书作为教材讲授的"半导体技术基础"课程也完成了新老交替。在沈为民教授的指导下，课程教研组成员孟彦龙、房双强以及翟玥等对书中内容进行了补充修订。

由于编者水平有限，本书难免存在不足之处，希望广大读者给予指正。

编　者

2024年9月

第2版前言

20 世纪 30 年代固体电子论的成果和四五十年代锗、硅材料工艺的进展，为之后固态电子器件的飞速发展奠定了基础。随着半导体材料工艺日趋成熟，新的固态电子器件因材料质量的提高和对材料物理的深入研究而不断出现。固态电子器件体积小，重量轻，功耗小，可靠性高，易集成，可以实现电子系统的微型化，是现代集成电路的基础。除了用于大规模和超大规模集成电路外，固态电子器件还广泛应用于其他各领域，如光纤通信、固体成像、微波通信、红外探测、能量转换等。半导体的电学性能容易受多种因素如掺杂、光照等的控制，易于制成电子功能器件，因此绝大部分的固态电子器件是用半导体制成的。所以，固体物理和半导体物理是固态电子器件的理论基础，也是本书讨论的重点。

随着计算机辅助设计(CAD)的发展，器件与系统的设计更多通过计算机来进行，越来越多的专业软件投入各种应用领域。这就促使理论与应用的结合形式发生改变，对于做应用的人来说，不需要直接从理论公式出发进行分析和计算，理论学习的作用更多体现在了解各种物理现象，建立相应的物理概念，理解运动变化过程，熟悉物理量之间的相互联系，掌握分析问题的方法等。本书编写力求内容精简、重点突出、概念清晰、通俗易懂，在不破坏知识体系的逻辑关系的前提下，尽量避免烦琐的数学推导。只要有高等数学和大学物理的基础知识，即使没有学过电动力学、量子力学、热力学统计物理，也能顺利学习本课程。

全书共 8 章。第 1 章介绍晶体结构的基本知识，重点是晶体结构的周期性与对称性，对晶体结合、晶体生长、确定晶体结构的方法等只作简单讨论。第 2 章以一维原子链为例讨论晶格振动形成格波的特点、声子的概念及声子谱的测量方法，介绍晶体缺陷的主要类型。第 3 章介绍能带理论的基础知识，包括金属中的自由电子模型，晶体电子的波函数与能带结构的特点，有效质量、空穴的概念，以及实际晶体能带结构举例。第 4 章讨论半导体中的载流子及其运动，包括载流子的统计分布、费米能级与载流子浓度的计算、迁移率与电导率、非平衡载流子及连续性方程。第 5 章介绍 PN 结，包括 PN 结形成与能带图、PN 结电流电压特性、PN 结电容及 PN 结击穿。第 6 章介绍固体表面及界面接触现象，包括表面态的基本概念、表面电场效应、金属与半导体的接触及 MIS 结构的电容-电压特性。第 7 章介绍半导体器件的基本原理，包括二极管、双极型晶体管及场效应晶体管，也简略介绍半导体集成器件和微细加工技术。第 8 章介绍固体的光学性质与固体中的光电现象，包括固体的光学常数、Kramers-Kronig 关系、光学常数的实验测量、半导体的光吸收、半导体的光电导、半导体的光生伏特效应和太阳能电池及半导体发光和发光二极管。

每章末都附有习题。由于各专业安排本课程的学时及教学要求不同，书中打 * 号内容可以不讲或只作简单讲述。

本书主要面向应用型人才培养，应当引导学生利用计算机和软件等现代工具解决问题，所以在第 2 版中增加了附录 B Excel 在教学中的应用，让学生能够通过简单的工具处理较复杂的问题。例如，在坐标精确计算的基础上，根据一定的投影规则画出晶体的三维结构图，制作对称操作动画；制作包括双原子声学波、光学波在内的各种晶格振动动画；求解能量本征值方程，画出多种能带曲线；针对多种情况（不同掺杂、不同温度）精确计算载流子浓度、迁移率、电导率，画出相应曲线；计算并画出 PN 结势垒曲线、载流子浓度分布曲线、电流电压曲线、势垒电容和扩散电容曲线，以及包含 PN 结的应用设计（如太阳能电池最佳功率点设计等）。这些问题与“复杂工程问题”的多个特征相似，如涉及多个方面、多个因素，不同要求之间存在矛盾与冲突，需要深入的分析、建模、综合、创新等。学生不仅学到了固体物理与半导体物理的相关知识，而且培养了工程教育专业认证倡导的多种能力。

本书第 1～5 章（1.6 节除外）由沈为民负责编写，第 6 章和第 8 章由孙一翎负责编写，第 7 章由唐莹负责编写，马铁英编写了 1.6 节。全书由沈为民统稿。

由于编者的水平与经验有限，书中难免存在缺点和错误，殷切希望读者批评指正。

作　者

2016 年 7 月

目录

课件+大纲

第1章 晶体的结构和晶体的结合

CHAPTER 1

固体可以分为晶体(晶态)和非晶体(非晶态)两大类。人们常见的固体多数以晶体的形式存在,晶体内部的分子、原子或离子(以后统称为粒子)是按一定的周期排列的,即晶体的结构具有规则性。所以,研究固体是从研究晶体开始的。

由于粒子排列的规则性以及由此产生的宏观外形几何规则性是晶体最基本的特征,也是研究晶体其他宏观性质和微观过程的基础,所以本章首先讨论晶体中粒子规则排列的一些基本概念和基本规律;接着介绍晶体衍射(X射线衍射、电子衍射和中子衍射)和反射,这是确定晶体结构的常用方法;最后两节说明粒子是怎样相互作用结合成晶体的,介绍晶体生长的基本知识。

1.1 晶体的特征与晶体结构的周期性

1.1.1 晶体的特征

常见的晶体往往是一个凸多面体,围成这个凸多面体的面是光滑的,称为单晶体。晶态物质在适当的条件下都能自发地发展为单晶体。发育良好的单晶体,外形上最显著的特征是晶面有规则的几何配置。

由于生长条件的不同,同一品种的晶体,其外形也不尽相同。例如,氯化钠(岩盐)晶体的外形可能是立方体或八面体,也可能是立方体和八面体的混合体,如图1.1.1所示;而图1.1.2则表示石英晶体的一些外形。

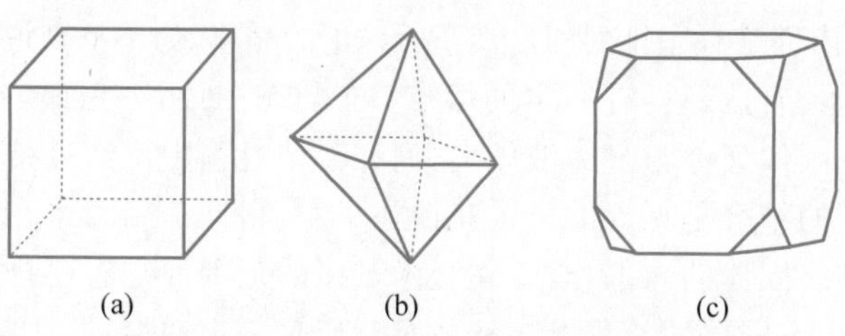

(a) (b) (c)

图1.1.1 氯化钠晶体的若干外形

(a) 立方体;(b) 八面体;(c) 立方体和八面体的混合体

外界条件能使某一组晶面相对地变小,或完全隐没。图1.1.1(b)表示氯化钠立方体的六个晶面消失了,发展成八面体的八个晶面。因此,晶面本身的大小和形状是受晶体生长时外界条件影响的,不是晶体品种的特征因素。

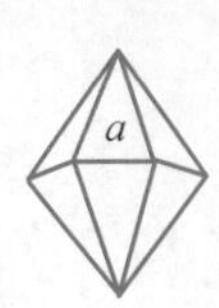

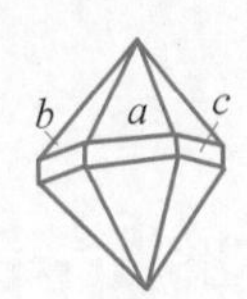

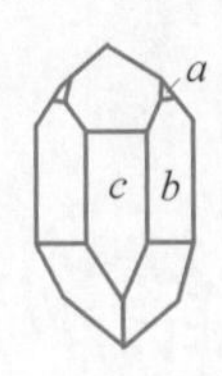

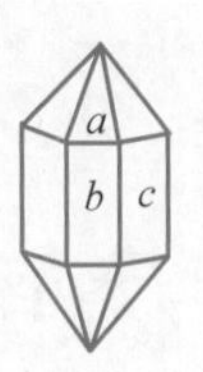

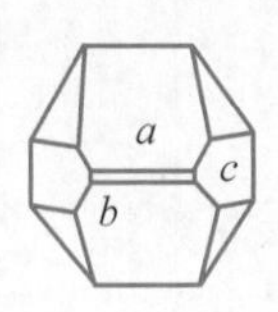

图 1.1.2 石英晶体的若干外形

那么,晶体外形中,有没有由内在结构决定而不受外界条件影响的因素呢?这样的因素是有的,晶面间的夹角就是晶体品种的特征因素。每一品种,不论其外形如何,总具有一套特征性的夹角,如石英晶体。图 1.1.2 所示的 a、b 面间的夹角总是 $141°47'$,b、c 面间的夹角总是 $120°$,a、c 面间的夹角总是 $113°08'$。这个普遍的规律被概括为**晶面角守恒定律:属于同一品种的晶体,两个对应晶面(或晶棱)间的夹角恒定不变**。因为同一品种的晶体,尽管外界条件使其外形不同,但内部结构相同。这种共同性就表现为晶面间夹角的守恒。

由于晶面的相对方位十分重要,所以可以用晶面法线的取向来表征晶面的方位,而以法线间夹角来表征晶面间的夹角(两个晶面的法线间的夹角是这两个晶面夹角的补角)。测量晶面间夹角可以有多种方法,但要准确测定晶面间夹角,需要专用测角仪。晶面角测定常用于矿石的鉴别。

晶体外形上的规则性是其内部粒子(分子、原子或离子)有序排列的结果。单晶体就是在整块材料中,粒子都是有规则地、周期性地重复排列着。由于粒子排列具有方向性,所以单晶体的宏观性质也往往呈现**各向异性**,即在不同方向上晶体具有不同的物理性质,如力学性质(硬度、弹性模量等)、光学性质(折射率等)、电学性质(电阻系数等)。因此,晶体在外力作用(如敲打、挤压、剪切、撞击等)下沿某一个或某几个确定方位容易劈裂开来,这种性质称为晶体的解理性。例如,硫酸钙晶体即石膏在敲打之后会沿着它的纹理有规律地裂开,碎裂后的"最小单元"都具有相同的晶形。沈括最早发现这种现象,可以说他是世界上最早认识晶体解理性的人,比西方最早认识晶体解理性的法国科学家阿羽依早了七百年。

微小的单晶也称为晶粒。晶粒的大小可以小到微米量级,也可以大到眼睛能够清晰看到的程度。由大量晶粒组成的晶体称为多晶体(多晶)。在每个晶粒内部,粒子的排列是规则的,但是在晶粒的交界处,粒子排列的规则性被破坏。由于晶粒有各种取向,所以多晶体的外形不具有规则性,其宏观性质往往表现为**各向同性**。金属一般都属于多晶体,用显微镜观察金属,可知金属由许多小晶粒组成;用 X 射线衍射方法对小晶粒进行的研究表明,小晶粒(线度为微米量级)内部是有序排列的。本章所讨论的晶体,如不特别说明,都是指单晶体。

晶态固体,如金属、岩盐等具有一定的**熔点**;非晶态固体,如白蜡、玻璃、橡胶等则没有固定的熔点。非晶态固体又称为过冷液体,它们在凝结过程中不经过结晶(有序化)的阶段,非晶体中分子与分子的结合是无规的。雪花往往呈六角,这是因为水在凝结时,分子是按一定的规则排列的。晶态固体的内部,至少在微米量级的范围内是有序排列的,这称为**长程有序**。在熔化过程中,晶态固体的长程有序解体时对应着一定的熔点,非晶态固体因为没有长程有序,也就没有固定的熔点。

视频

1.1.2 晶体结构的周期性

X 射线研究的结果表明,晶体确实是由粒子有规则地、周期性地重复排列而成的,这种性质称为晶体结构的周期性。讨论晶体结构就是要搞清晶体的基本结构单元以及这些单元是如何在空间排列的。

晶体结构中存在的基本结构单元，称为**基元**。搞清基元就是要搞清此结构单元中有哪些粒子及其相对排列的情况，如图 1.1.3 所示，形似葡萄串的一组粒子就是基元，它们在空间周期性地重复排列着。虽然每个基元中各个粒子的周围情况不相同，但任何两个基元中相应粒子周围的情况是相同的。

基元的某个特征点（如重心）可表征基元在空间的位置，此点代表着结构中相同的位置，称为**结点**或**阵点**。一般而言，结点可以是基元中任意的点，但各个基元中相应的点的位置取法应是相同的。

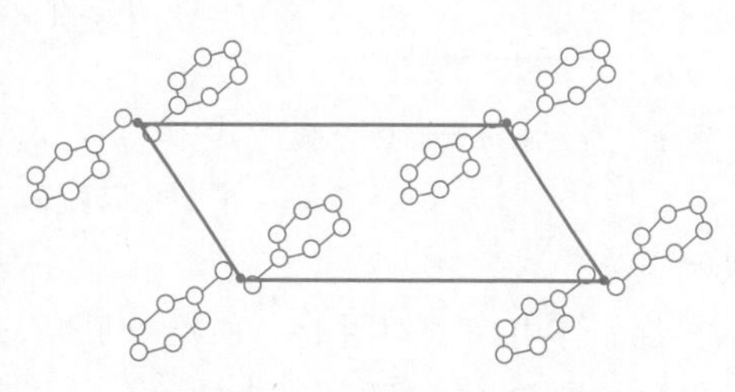

图 1.1.3　基元与结点示例图

晶体中所有的基元都是等同的。整个晶体的结构，可以看作由这种基元沿空间三个不同的方向，各按一定的距离周期性地平移而构成，每一平移的距离称为周期。因此，在一定的方向有着一定的周期；不同方向上的周期一般不相同，这样，点阵中每个结点的周围情况都是一样的。

结点的总体，称为**空间点阵**或**布拉菲（Bravais）点阵**。晶体的布拉菲点阵描述了基元在空间的排列情况，可以这样概括晶体的结构，即

$$\text{晶体结构}=\text{基元}+\text{布拉菲点阵}$$

即使微小的晶粒也包含成千上万个粒子，所以布拉菲点阵中的结点个数可以看作无限多。通过这些结点，可以作许多平行的直线族和平行的晶面族。这样，点阵就成为一些网格，称为**晶格**，又称**布拉菲格子**，如图 1.1.4 所示。因此结点也称为**格点**。

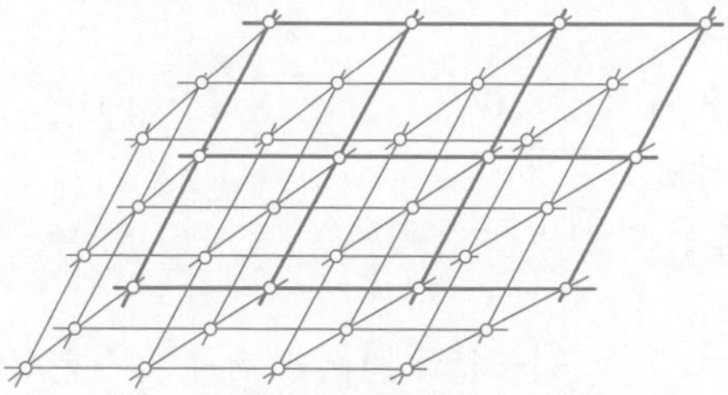

图 1.1.4　晶体的网格

由于晶格具有周期性，可取一个以结点为顶点、边长等于该方向上的周期的平行六面体作为重复单元，来概括晶格的特征。将晶体看作某种最小单元无空隙地堆砌而成，此最小重复单元称为固体物理学原胞或初基原胞，简称**原胞**。显然原胞包含基元及其周围空间，在三维情况下，原胞总可以取为平行六面体。

图 1.1.5 表示在二维情况下晶体结构、基元、原胞、布拉菲点阵的一个例子。在二维情况下，原胞一般取为平行四边形，两相邻边方向上长度正好各为一个周期。应当指出，原胞的取法不是唯一的，即两边长的方向可以有不同取法，但平行四边形面积总是相同的。另外，不管原胞如何选取，布拉菲点阵是唯一的。

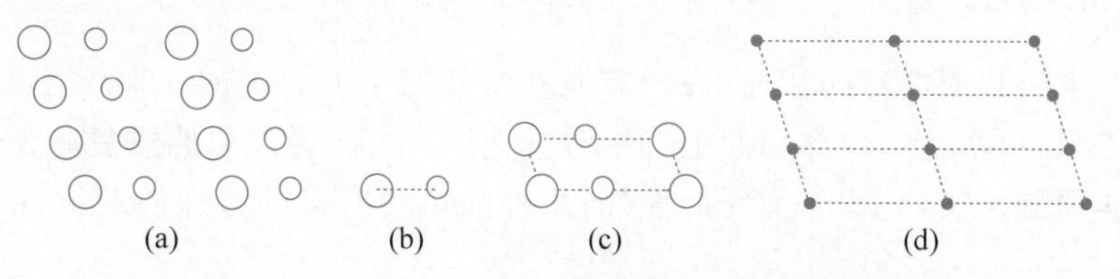

图 1.1.5　二维晶体、基元、原胞、布拉菲点阵示例图

（a）二维晶体；（b）基元；（c）原胞；（d）布拉菲点阵

在三维情况下，原胞取为平行六面体，如图 1.1.6 所示。原胞交于一点(如 O)的三条棱(如 OA、OB、OC)分别代表了三个不同空间取向的三个周期，可以取作三个基矢，即 $\boldsymbol{a}_1=\overrightarrow{OA}$，$\boldsymbol{a}_2=\overrightarrow{OB}$，$\boldsymbol{a}_3=\overrightarrow{OC}$。基矢是三个独立矢量，如果以某一格点为坐标原点，则任一格点的位矢 $\boldsymbol{R}$ 都可表示为

图 1.1.6　平行六面体原胞

$$\boldsymbol{R}=m_1\boldsymbol{a}_1+m_2\boldsymbol{a}_2+m_3\boldsymbol{a}_3 \tag{1.1.1}$$

式中，m_1、m_2、m_3 都是整数。$\boldsymbol{R}$ 也称为格矢。显然，基矢确定了，原胞就确定了，同时也可以由式(1.1.1)把任意格点的位置决定下来。

若晶体由完全相同的一种粒子组成，则相应的格子称为**简单格子**。在简单格子中，基元只包含一个粒子，这时晶格中的每个粒子都对应着一个格点，粒子形成的网格与格点形成的网格是一回事，所以这样的格子也称布拉菲格子①。如果晶体的基元中包含两种或两种以上的原子，则每个基元中，相应的同种粒子各构成和结点相同的网格，称为**子晶格**，它们相对位移而形成所谓**复式格子**。显然，复式格子是由若干相同结构的子晶格相互位移套构而成的。

应该指出：如果晶体由一种粒子构成，但在晶体中粒子周围的情况并不同(如用 X 射线方法，鉴别出粒子周围电子云的分布不一样)，则这样的晶格，虽由一种粒子组成，但不是简单格子，而是复式格子。如果粒子周围的情况可分为两类，则这种复式格子的原胞中就包含两个粒子，因为只有这样，才能反映粒子周围两类不同的情况，方能表述晶格周期性的特征。例如，在图 1.1.7 中，由 A 原子组成的一维晶格中原子排列并不是等间距的，最近的两个原子中左侧的原子 A_1 和右侧的原子 A_2 周围情况不完全相同，应该区分为两种粒子，这样晶格的原胞如图 1.1.7(b)或图 1.1.7(c)所示，每个原胞中包含两个原子，A_1 和 A_2 组成一个基元。

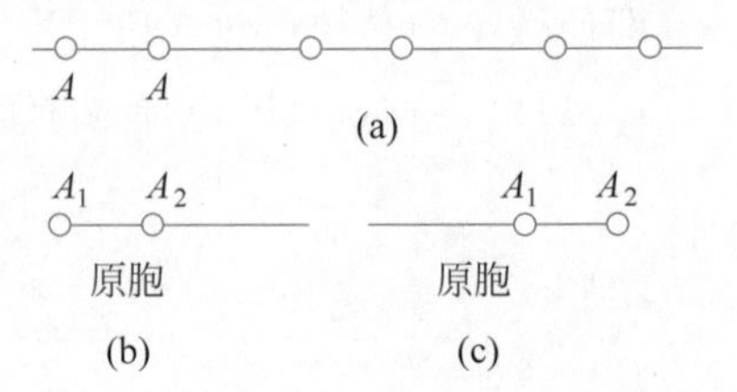

图 1.1.7　同种原子组成的复式格子

由于晶体结构的周期性，在任意两个原胞中相对应的点上，晶体的微观物理性质完全相同。若设 $\boldsymbol{r}$ 为原胞中任意一点的位矢，$V(\boldsymbol{r})$为该点的某一微观物理量(如静电势能、电子云密度等)，则

$$V(\boldsymbol{r})=V(\boldsymbol{r}+\boldsymbol{R}) \tag{1.1.2}$$

或者说，把一个晶体结构平移任一格矢 $\boldsymbol{R}$，结果将与原来的晶体结构完全重合，没有任何改变。晶体结构的这种性质称为平移对称性(平移不变性)。这里认为从微观上看晶体是无限大的。

视频

1.1.3　原胞与晶胞

如果只要求反映周期性的特征(即只需概括空间三个方向上的周期大小)，选取的重复单元可让结点只在顶角上，内部和面上皆不含其他结点。这样**选取的重复单元体积最小，就是固体物理学原胞**。实际上，除了周期性外，每种晶体还有自己特殊的对称性，为了同时反

① 如果格子中每点周围的情况都一样，则称布拉菲格子，这是布拉菲格子的另一种定义。

映对称的特征，结晶学上所取的重复单元体积不一定最小，结点不仅在顶角上，通常还可以在体心或面心上。这种**能同时反映晶体周期性与对称性特征的重复单元称为结晶学原胞**（也称布拉菲原胞或惯用原胞），简称**晶胞**。晶胞的大小可以是固体物理学原胞的若干倍。一般用 $\boldsymbol{a}_1$、$\boldsymbol{a}_2$、$\boldsymbol{a}_3$ 表示原胞的基矢，而用 $\boldsymbol{a}$、$\boldsymbol{b}$、$\boldsymbol{c}$ 表示晶胞的基矢。

结晶学中，属于立方晶系的布拉菲点阵有简单立方、体心立方和面心立方三种，其晶胞如图 1.1.8 所示。立方晶系晶胞的三个基矢长度相等，并且互相垂直，即 $a=b=c$；$\boldsymbol{a}\perp\boldsymbol{b}$，$\boldsymbol{b}\perp\boldsymbol{c}$，$\boldsymbol{c}\perp\boldsymbol{a}$。晶胞的边长称为晶格常数。取晶轴方向为坐标轴，而 $\boldsymbol{i}$、$\boldsymbol{j}$、$\boldsymbol{k}$ 表示坐标系的单位矢量。下面对这三种结构分别讨论。

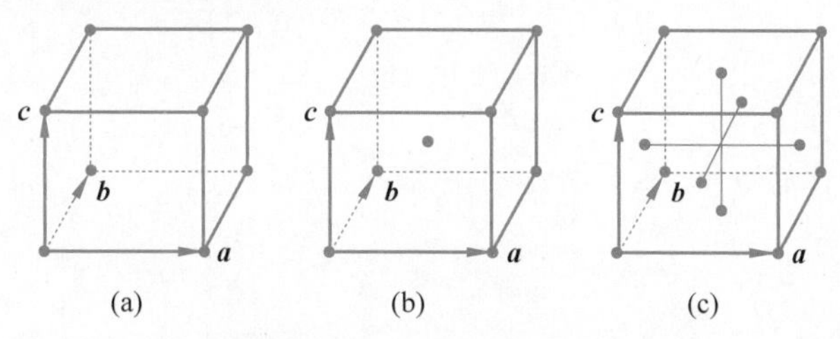

图 1.1.8　立方晶系的晶胞
(a) 简单立方；(b) 体心立方；(c) 面心立方

1. 简单立方

结点在立方体的顶角上，晶胞其他部分没有结点，这样的晶胞自然是最小的重复单元，即原胞。每个原胞实际上只包含一个结点，因为每个结点为 8 个原胞所共有，所以它对一个原胞的贡献只有 1/8；现在原胞有 8 个结点在其顶点，这 8 个结点对一个原胞的贡献恰好等同于一个结点。原胞的体积也是一个结点所“占”有的体积，这个原胞只包含一个结点，因此，原胞的基矢为

$$\boldsymbol{a}_1=a\boldsymbol{i},\quad \boldsymbol{a}_2=a\boldsymbol{j},\quad \boldsymbol{a}_3=a\boldsymbol{k}$$

容易看出，对于简单立方，一个结点周围最近邻的结点有 6 个，距离为 a；次近邻的结点有 12 个，距离为$\sqrt{2}a$。

2. 体心立方

除顶角上有结点外，还有一个结点在立方体的中心，故称体心立方。乍看之下，顶角和体心上结点周围情况似乎不同，实际上就整个空间的晶格来看，完全可把晶胞的顶点取在晶胞的体心上。这样心就变成角，角也就变成心，所以在顶角和体心上结点周围的情况仍然是一样的。不过这种自然方位晶胞中包含两个结点，固体物理中常要求布拉菲点阵的原胞中只包含一个结点，即按最小重复单元选取原胞，如图 1.1.9(a)所示。

按这个取法，基矢 $\boldsymbol{a}_1$、$\boldsymbol{a}_2$、$\boldsymbol{a}_3$ 分别为

$$\boldsymbol{a}_1=\frac{a}{2}(-\boldsymbol{i}+\boldsymbol{j}+\boldsymbol{k}),\quad \boldsymbol{a}_2=\frac{a}{2}(\boldsymbol{i}-\boldsymbol{j}+\boldsymbol{k}),\quad \boldsymbol{a}_3=\frac{a}{2}(\boldsymbol{i}+\boldsymbol{j}-\boldsymbol{k}) \tag{1.1.3}$$

容易证明，新取原胞的体积为 $\boldsymbol{a}_1\cdot(\boldsymbol{a}_2\times\boldsymbol{a}_3)=\frac{1}{2}a^3$。

因为原来晶胞体积为 a^3，含有两个结点，新取原胞的体积恰为$\frac{1}{2}a^3$，所以包含一个结点。

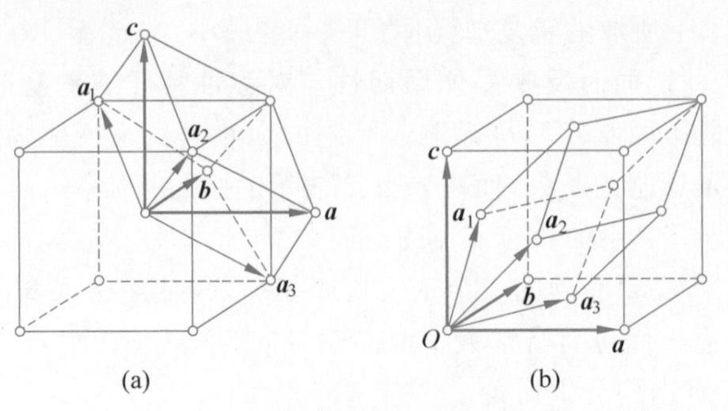

图 1.1.9 固体物理学原胞的选取

(a) 体心立方；(b) 面心立方

容易看出，对于体心立方，一个结点周围最近邻的结点有 8 个，距离为$\frac{\sqrt{3}}{2}a$；次近邻的结点有 6 个，距离为 a。

3. 面心立方

除顶角上有结点外，在立方体的 6 个面的中心还有 6 个结点，故称面心立方。与对体心立方情形的论证相同，面心结点和顶角结点周围的情况实际上是一样的。每个面为两个相邻的晶胞所共有，于是每个面心结点只有 1/2 是属于一个晶胞，6 个面心结点事实上只有 3 个属于这个晶胞，因此面心立方的晶胞具有 4 个结点。固体物理学中对面心立方晶格所选取的原胞如图 1.1.9(b)所示。原来面心立方的 6 个面心结点和 2 个顶角结点构成了原胞的 8 个顶角结点。它的基矢分别为

$$\boldsymbol{a}_1=\frac{a}{2}(\boldsymbol{j}+\boldsymbol{k}),\quad \boldsymbol{a}_2=\frac{a}{2}(\boldsymbol{k}+\boldsymbol{i}),\quad \boldsymbol{a}_3=\frac{a}{2}(\boldsymbol{i}+\boldsymbol{j}) \tag{1.1.4}$$

则原胞的体积 $\boldsymbol{a}_1\cdot(\boldsymbol{a}_2\times\boldsymbol{a}_3)=\frac{1}{4}a^3$，原胞中只包含一个结点。

式(1.1.3)和式(1.1.4)具有旋环性，数学上表述很方便，它们分别是体心立方和面心立方的固体物理学原胞基矢的特征表示。

对于面心立方，一个结点周围最近邻的结点数不容易看出。可考虑一个面心，通过它作与上下面平行的平面，此面上有 4 个最近邻结点；通过它作与左右面平行的平面，此面上也有 4 个最近邻结点；同理在与前后面平行的面上也有 4 个，所以总共有 12 个最近邻结点，距离都为$\frac{\sqrt{2}}{2}a$。

1.1.4 实际晶体举例

1. 氯化铯结构

氯化铯(CsCl)由铯离子(Cs^+)和氯离子(Cl^-)结合而成，是一种典型的离子晶体。它的结晶学原胞如图 1.1.10 所示。在立方体的顶角上是 Cl^-、在体心上是 Cs^+(也可取立方体，顶角上为 Cs^+，体心上是 Cl^-)，但 Cl^- 或 Cs^+ 各自组成简单立方结构的子晶格。氯化铯结构是由两个简单立方的子晶格彼此沿立方体空间对角线位移 1/2 的长度套构而成的。**氯化铯型结构是复式格子，它的固体物理原胞是简单立方**，不过每个原胞中包含两个原子(离

子)，但不把它的结构说成“体心立方”。

2. 氯化钠结构

另一种典型的离子晶体是氯化钠，由钠离子(Na^+)和氯离子(Cl^-)结合而成。它的结晶学原胞如图 1.1.11 所示(钠离子和氯离子分别用较黑的小圆球和较亮的大圆球表示)。可以看出，如果只看 Na^+，它构成面心立方格子；同样 Cl^- 也构成面心立方格子。这两个面心立方子晶格各自的原胞具有相同的基矢，只不过互相有一位移。氯化钠结构的固体物理学原胞的取法，可以按 Na^+ 的面心立方格子选基矢，新取的原胞的顶角上为 Na^+，而内部包含一个 Cl^-，所以这个原胞中包含一个 Na^+ 和一个 Cl^-；也可按 Cl^- 的面心立方格子选基矢，其结果是一样的。

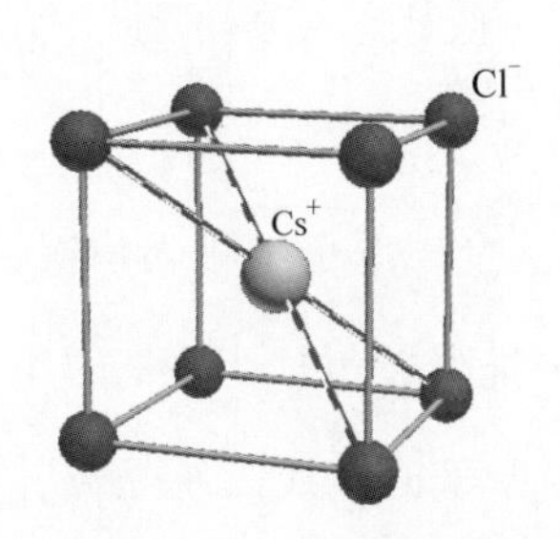

图 1.1.10　氯化铯结构

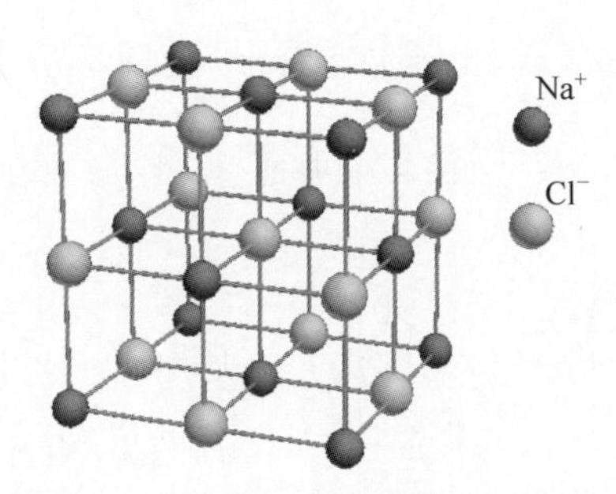

图 1.1.11　氯化钠结构

为了避免混淆，这里强调指出：按固体物理的观点，复式格子总是由若干相同结构的子晶格互相位移套构而成的；**说结构、取原胞都是对布拉菲点阵而言的**。例如，说氯化钠型的结构是面心立方(而不说成简单立方)；说氯化铯型的结构是简单立方(而不说成体心立方)。

3. 金刚石结构

金刚石是由碳原子组成的。它虽由一种原子构成，但是它的晶格是一个复式格子。金刚石结构的晶胞如图 1.1.12 所示，碳原子分成两类，一类碳原子(不妨称为 A 类)在晶胞的表面上，构成面心立方排列。在晶胞内部还有 4 个碳原子(不妨称为 B 类)，这 4 个原子分别位于 4 个空间对角线的 1/4 处，它们与晶胞最近的 4 个顶角互不相邻。B 类碳原子的位置正好是 A 类碳原子沿某条体对角线方向平移 1/4 到达的位置，$A_1 \to B_1$，$A_2 \to B_2$，$A_3 \to B_3$，$A_4 \to B_4$。

金刚石中碳原子的结合是由于碳原子公有外壳层的 4 个价电子形成共价键，每个碳原子和周围 4 个原子共价。由图 1.1.12 可以看出一个 B 类碳原子周围有 4 个 A 类碳原子，构成一个正四面体，B 在正四面体的中心，与它共价的 4 个 A 类碳原子在正四面体的顶角上，中心的 B 类碳原子和顶角上每个 A 类碳原子公有两个价电子。图中，棒状线条代表共价键。可以想象，在正四面体中心的 B 类碳原子价键的取向，与顶角上的 A 类碳原子是不同的，若一个的价键指向左上方，则另一个的价键必指向右下方，如图 1.1.12 所示。由于价键的取向不同，这两种碳原子的周围情况不同，因此，金刚石结构是一个复式格子，由两个面心立方的子晶格彼此沿其空间对

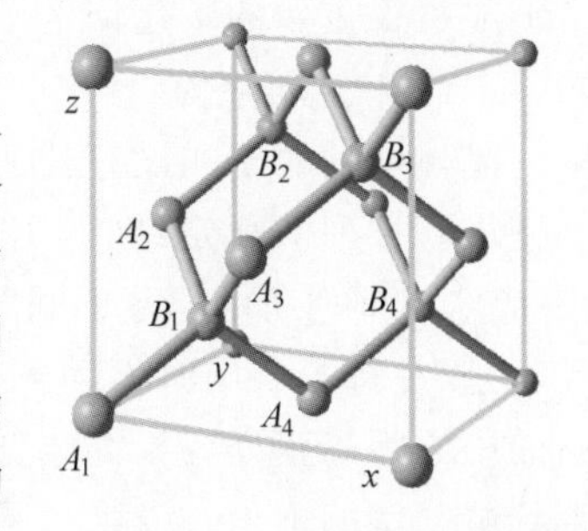

图 1.1.12　金刚石结构

角线位移1/4的长度套构而成。图1.1.12所示为金刚石晶胞，不是最小重复单元，如果要取金刚石的原胞，则其取法与前面说的面心立方的原胞的取法相同，原胞中包含A类、B类碳原子各一个。

【例1-1】 以图1.1.12所示的晶胞中心为原点，写出金刚石晶胞中B类碳原子的直角坐标。

解 为讨论方便，假设晶胞边长$a=1$。A类碳原子位于顶角和面心，顶角坐标可表示为$\left(\pm\frac{1}{2},\pm\frac{1}{2},\pm\frac{1}{2}\right)$，面心坐标可表示为$\left(\pm\frac{1}{2},0,0\right)$，$\left(0,\pm\frac{1}{2},0\right)$，$\left(0,0,\pm\frac{1}{2}\right)$。$A$类碳原子沿体对角线$[1,1,1]$方向平移1/4到$B$类碳原子，则坐标由$(x,y,z)$变为$\left(x+\frac{1}{4},y+\frac{1}{4},z+\frac{1}{4}\right)$，留在晶胞内的点应满足$|x|<\frac{1}{2}$，$|y|<\frac{1}{2}$，$|z|<\frac{1}{2}$，所以有4点，即$B_1\left(-\frac{1}{4},-\frac{1}{4},-\frac{1}{4}\right)$、$B_2\left(-\frac{1}{4},\frac{1}{4},\frac{1}{4}\right)$、$B_3\left(\frac{1}{4},-\frac{1}{4},\frac{1}{4}\right)$、$B_4\left(\frac{1}{4},\frac{1}{4},-\frac{1}{4}\right)$。

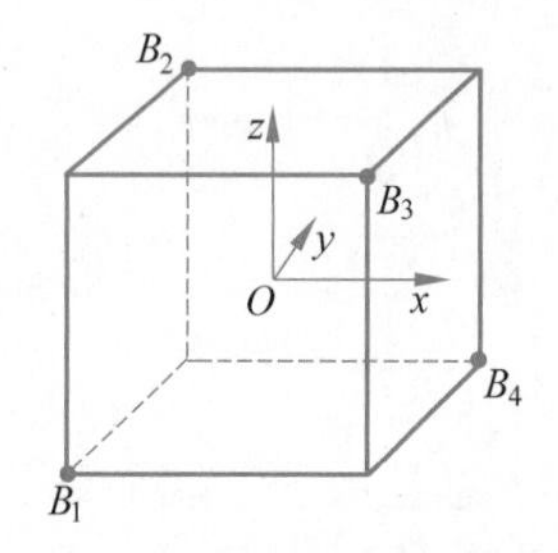

图1.1.13 金刚石结构中B类碳原子排列状况

图1.1.13画出了这4个碳原子的排列情况。可见，金刚石晶胞内的4个碳原子排列在边长为$\frac{1}{2}a$的小立方体的顶角上，互不相邻，两个碳原子的连线沿小立方体的面对角线方向。任意3个碳原子可确定一个面，共有4个面，围成一个正四面体，所以4个碳原子也可看作位于一个正四面体的4个顶角上。另外，由图1.1.12可以看出，B_1周围的4个碳原子A_1、A_2、A_3、A_4的相对排列也可以用一个小立方体联系起来，B_1在中心，而A_1、A_2、A_3、A_4在小立方体的4个互不相邻的顶角上。搞清碳原子的排列情况，对于分析金刚石晶体的对称性十分重要。

重要的半导体材料，如锗、硅等，都有4个价电子，它们的晶体结构和金刚石结构相同。

4. 闪锌矿结构

Ⅲ族元素Al、Ga、In和Ⅴ族元素P、As、Sb按照1∶1化学比合成的Ⅲ-Ⅴ族化合物，它们绝大多数是闪锌矿型的晶体结构，与金刚石结构类似。不同的是，闪锌矿结构由两种不同的原子组成，即两类原子各构成面心立方子晶格，沿空间对角线位移1/4的长度套构而成，如图1.1.14所示。许多重要的化合物半导体，如锑化铟、砷化镓等都是闪锌矿结构，在集成光学上显得很重要的磷化铟也是闪锌矿结构。

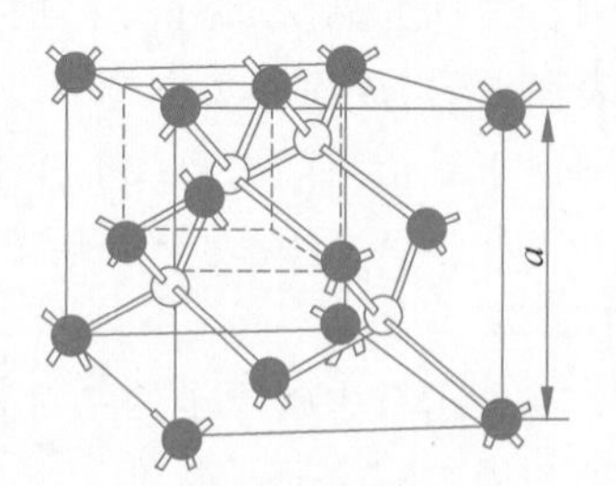

图1.1.14 闪锌矿型结构

***5. 密堆积结构**

晶体中的粒子在没有其他因素的影响下，由于彼此的吸引力会尽可能地靠近，以形成空间密堆积排列的稳定结构。将粒子近似地看成等径的钢球，其平面密排图形如图1.1.15中A球的排列所示。球的间隙有B和C两种。由于邻近的B与C的中心距离小于钢球直径，所以在排第二层时B和C间隙上不可能同时置放钢球。而邻近的B与B或C与C之间的中心距离正好等于钢球直径，故排第二层时将球都放到B间隙位置（或都放到C位）能得到最紧密的堆积。设第二层为B位，则第二层形成的间隙位置正对着下面的A位或C位，所以排第三层时视球放置的位置不同而有两种密堆积结构。

(1) 立方密堆积。将第三层球放到 C 位，则第四层球放入第三层球形成的间隙 A 处，并依 $ABCABC\cdots$ 规律重复地堆积下去，如图 1.1.16 所示。面心立方沿体对角方向堆积的情况就是如此，金属 Cu、Al、Au 等的结构属于这种结构。

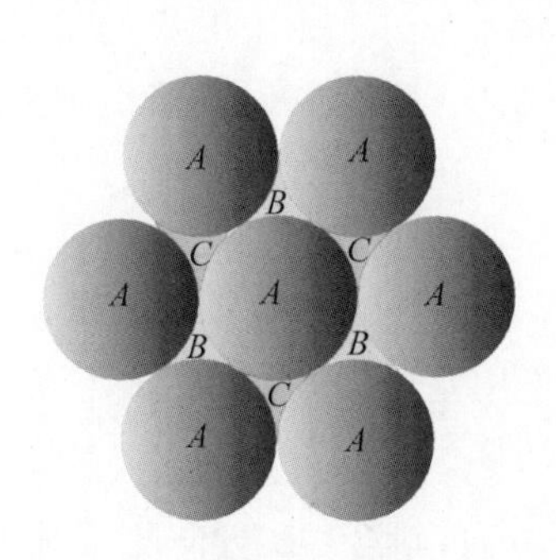

图 1.1.15　平面密堆积层及其间隙

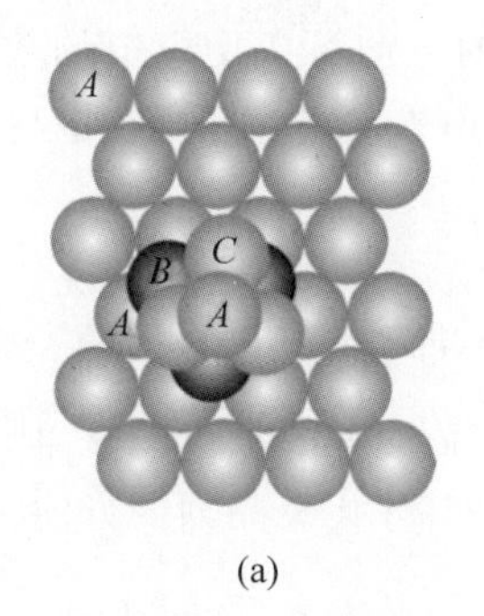

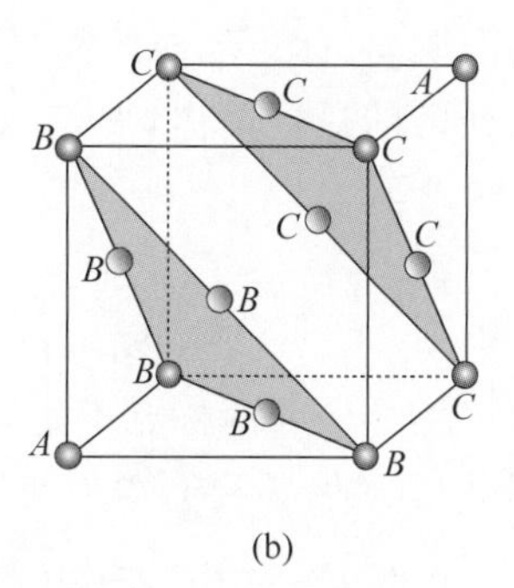

图 1.1.16　立方密堆积

(a) 钢球堆积($ABCABC\cdots$)；(b) 在面心立方中的排列关系

(2) 六角密堆积。将第三层球放到 A 位，并依 $ABABAB\cdots$ 顺序堆积下去，如图 1.1.17 所示。金属 Zn、Mg、Be 等属于这种结构。

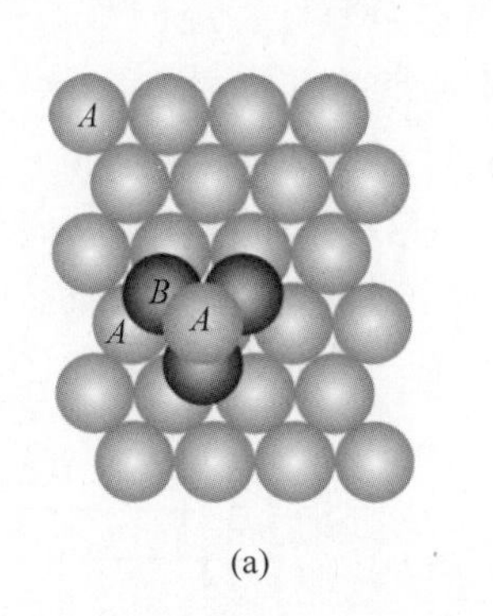

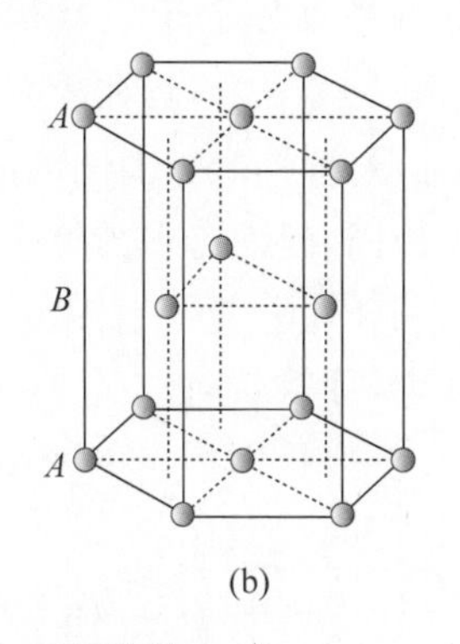

图 1.1.17　六角密堆积

(a) 钢球堆积($ABABAB\cdots$)；(b) 两种粒子的排列关系

1.2　晶列与晶面　倒格子

视频

1.2.1　晶列

对于布拉菲点阵的情形，所有格点周围的情况都是一样的。如果通过任何两个格点连一条直线(见图 1.2.1)，则这条直线上包含无限个相同格点，这样的直线称为**晶列**。晶体外表上所见的晶棱是重要的晶列。晶列上格点的分布具有一定的周期性(即其上任意两相邻格点的间距是相等的)。由于所有格点周围的情况都是一样的，因此通过任何其他的格点作该晶列的平行线，其上的格点分布与该晶列相同。这样可以得到许许多多平行的晶列，即所谓的晶列族，它们把所有

B　B_1　B_2　B_3

O　A

图 1.2.1　晶列

的格点包括无遗。在同一平面中，相邻晶列之间的距离相等。此外，通过一格点可以有无限多个晶列，其中每一晶列都有一族平行的晶列与之对应，所以共有无限多族的平行晶列。

由于每一族中的晶列互相平行，并且完全等同，一族晶列的特点是平行晶列具有相同的取向，称为**晶向**。晶列的方向可以用简单的数字来表示。在图 1.2.1 中 O 与 B 是其晶列上的最近两点，取格点 O 为原点，$\boldsymbol{a}_1$、$\boldsymbol{a}_2$、$\boldsymbol{a}_3$ 分别为原胞的三个基矢，则格点 B 的位矢 $\boldsymbol{R}_l$ 为

$$\boldsymbol{R}_l = l_1\boldsymbol{a}_1 + l_2\boldsymbol{a}_2 + l_3\boldsymbol{a}_3 \tag{1.2.1}$$

式中，l_1、l_2、l_3 是整数，OB 方向可以用这三个整数来确定，习惯上用方括号来表示，记为 $[l_1\ l_2\ l_3]$。若两格点不是其晶列上的最近两点，则相对位矢用基矢展开时，系数 l_1、l_2、l_3 不是互质的，需要简约为互质后才代表晶列的方向。

在图 1.2.1 中，若取 $\overrightarrow{OA}$ 为基矢 $\boldsymbol{a}_1$ 方向，$\overrightarrow{OB}$ 为基矢 $\boldsymbol{a}_2$ 方向，则沿 $\overrightarrow{OB}$ 方向的晶列指数是[010]，沿 $\overrightarrow{OB_1}$、$\overrightarrow{OB_2}$、$\overrightarrow{OB_3}$ 方向的晶列指数分别是[110]、[210]、[310]。可见，晶列中相邻格点距离越远，则晶列指数越大。格点之间距离近，则相互作用就强，所以**晶体中重要的晶列是那些指数较小的晶列**。

若指数为负值，也可将负号置于指数顶上，例如，$l_1=1$，$l_2=-2$，$l_3=3$，则表示为$[1\bar{2}3]$。因而，$[hkl]$与$[\bar{h}\bar{k}\bar{l}]$表示同一晶列的两个相反的方向。

晶体具有对称性，由对称性联系着的晶向可以只是方向不同，但它们在这些方向上的格点分布相同，物理性质相同，因而可视为等效的，等效晶向可以用$\langle hkl\rangle$表示。例如，立方晶系的[100]、[010]、[001]、$[\bar{1}00]$、$[0\bar{1}0]$、$[00\bar{1}]$6 个晶向，它们是等效晶向，用$\langle 100\rangle$表示。同样等效晶向$\langle 111\rangle$有 8 个，等效晶向$\langle 110\rangle$有 12 个。图 1.2.2 中标出了立方晶系中几个最常

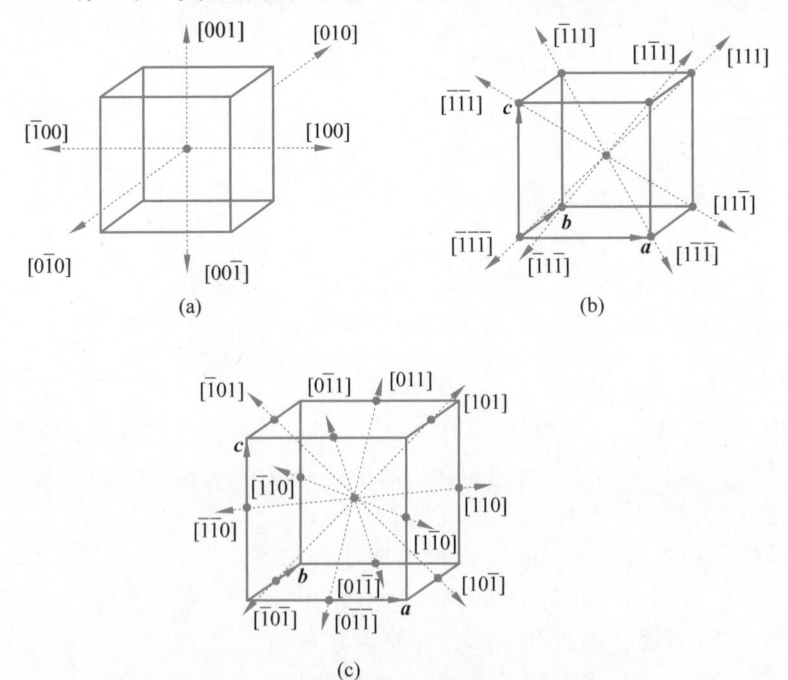

图 1.2.2　立方晶系中的重要的晶列指数

(a) ⟨100⟩等价方向；(b) ⟨111⟩等价方向；(c) ⟨110⟩等价方向

见的重要的晶列指数。

在结晶学上，晶胞不是最小的重复单元，而晶胞的体积是最小重复单元的简单整数倍。实际上，除顶角外，格点也只在晶胞体心或面心上，所以当取任一格点 O 为原点，$\boldsymbol{a}$、$\boldsymbol{b}$、$\boldsymbol{c}$ 为基矢时，任何其他格点 B 的位矢为

$$m'\boldsymbol{a}+n'\boldsymbol{b}+p'\boldsymbol{c}$$

式中，m'、n'、p'是有理数。也可以取三个互质的整数 m、n、p，使 $m:n:p=m':n':p'$，于是可用 m、n、p 来表示晶列 OB 的方向，记为$[m\ n\ p]$，所以晶列指数总是互质的整数。

1.2.2 晶面

同样，通过任一格点，可以作全同的晶面和一晶面平行，构成一族平行晶面，所有的格点都在一族平行的晶面上而无遗漏。这样一族晶面不仅平行，而且等距，各晶面上格点分布情况相同。晶格中有无限多族的平行晶面(见图 1.2.3)。

同样，在每一族中晶面也是互相平行，并且完全等同，晶面的特点也由取向决定，因此无论对于晶列或晶面，只需标志其取向。

要描述一个平面的方位，通常就是在一个坐标系中表示出该平面的法线的方向余弦。但方向余弦不够简洁，我们希望用一组整数描写晶面取向。选取某一格点为原点，原胞的三个基矢 $\boldsymbol{a}_1$、$\boldsymbol{a}_2$、$\boldsymbol{a}_3$ 方向为三个坐标轴，这三个轴不一定相互正交。晶格中一族的晶面不仅平行，并且等距。考虑晶面族中离原点最近的晶面(图 1.2.4 中的 ABC)，它在三个基矢方向的截距分别为 d_1、d_2、d_3。$\boldsymbol{K}_h$ 为倒格子矢量，其长度反比于晶面族间距长度，后面将对 $\boldsymbol{K}_h$ 作具体介绍。由于 $\boldsymbol{a}_1$、$\boldsymbol{a}_2$、$\boldsymbol{a}_3$ 矢量端点为格点，而一族晶面必包含了所有的格点，则 d_1 必为 a_1 的若干分之一，d_2 必为 a_2 的若干分之一，d_3 必为 a_3 的若干分之一，即

$$d_1=\frac{a_1}{h_1},\quad d_2=\frac{a_2}{h_2},\quad d_3=\frac{a_3}{h_3} \tag{1.2.2}$$

式中，h_1、h_2、h_3 为整数。用$(h_1\ h_2\ h_3)$表示晶面的取向，称**晶面指数**。

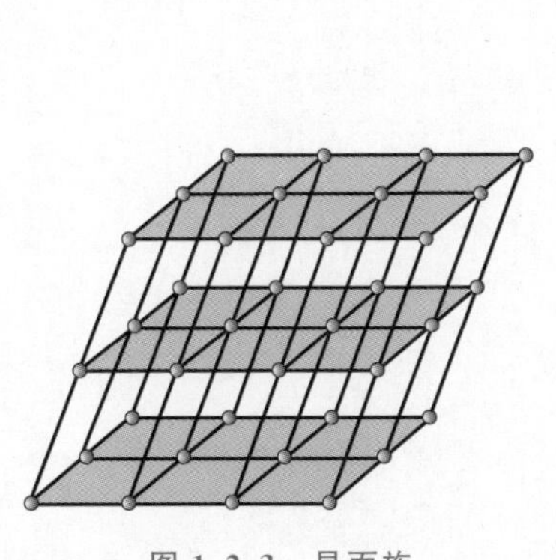

图 1.2.3 晶面族

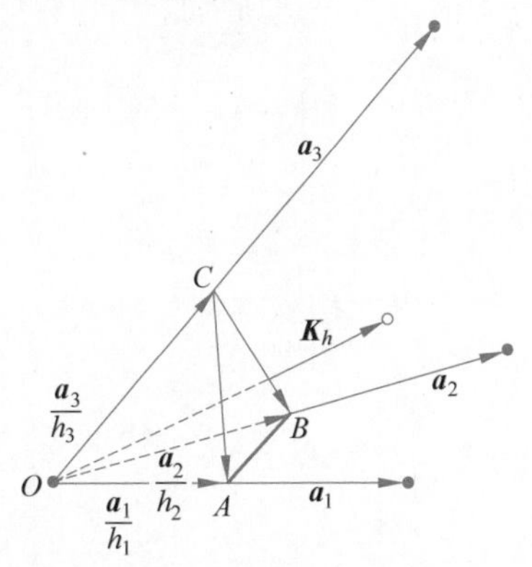

图 1.2.4 晶面族中离原点最近的面

若晶面与某个基矢平行，则晶面与此轴不相交(或说相交于无限远)，故截距为无限大，按式(1.2.2)，相应的指数为 0。图 1.2.5 为晶面指数的一些例子，图中 $\boldsymbol{a}_1=\boldsymbol{a}$，$\boldsymbol{a}_2=\boldsymbol{b}$，而 $\boldsymbol{a}_3$ 垂直于纸面，图中的直线代表与纸面垂直的平面，即都与 $\boldsymbol{a}_3$ 平行。

上面是利用晶面族中离原点最近的晶面确定晶面指数的方法，而对于晶面族中任一晶面如何确定相应的晶面指数呢？例如，有一晶面族中离原点最近的晶面截距为 $d_1=a_1, d_2=\frac{a_2}{2}, d_3=\frac{a_3}{3}$，按式(1.2.2)晶面指数为(123)。由于晶面族中的晶面相互平行，所以离原点第 n 个晶面的截距为 $d'_1=na_1, d'_2=\frac{n}{2}a_2, d'_3=\frac{n}{3}a_3$，满足 $(d'_1/a_1):(d'_2/a_2):(d'_3/a_3)=\frac{1}{1}:\frac{1}{2}:\frac{1}{3}$。也就是说，**用天然长度单位表示的截距之比等于晶面指数的倒数之比**。

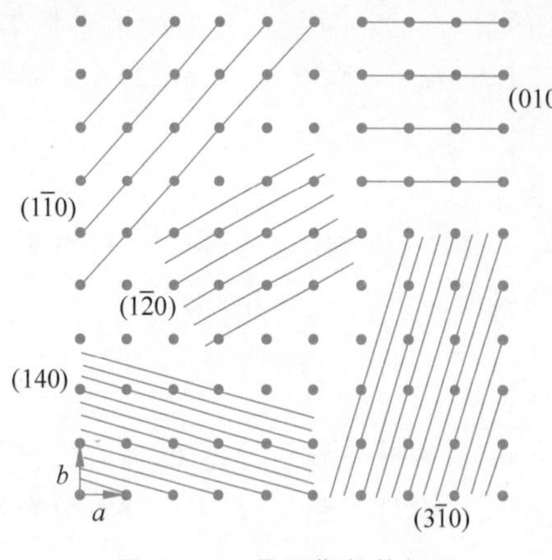

图 1.2.5 晶面指数的例子

一般地，若任一晶面的截距为 ra_1、sa_2、ta_3，则应有

$$r:s:t=\frac{1}{h_1}:\frac{1}{h_2}:\frac{1}{h_3} \quad 或 \quad \frac{1}{r}:\frac{1}{s}:\frac{1}{t}=h_1:h_2:h_3 \tag{1.2.3}$$

容易看出，任一晶面用天然长度单位表示的截距 r、s、t 是一组有理数，而三个整数 h_1、h_2、h_3 是互质的。**把晶面在坐标轴(基矢)上的截距(用天然长度单位表示)的倒数的比简约为互质的整数的比，所得的互质整数就是晶面指数。**

实际工作中，常以结晶学原胞的基矢 $\boldsymbol{a}$、$\boldsymbol{b}$、$\boldsymbol{c}$ 为坐标轴来表示晶面指数，一般称**密勒指数**。密勒指数简单的晶面是重要的晶面，如(100)、(110)、(111)，如图 1.2.6 所示。实际上，密勒指数简单的晶面族中，面间距 d 大，所以这种晶面容易理解。对于一定的晶格，结点所"占"的体积(最小重复单元的体积)是一定的，因此在面间距大的晶面上，格点的(原子的)面密度必然大。这样的晶面，由于单位表面能量小，容易在晶体生长过程中显露在外表。又由于面上的原子密度大，对射线的散射强，因而密勒指数简单的晶面族，在 X 射线衍射中，往往与照片中的浓黑斑点所对应。

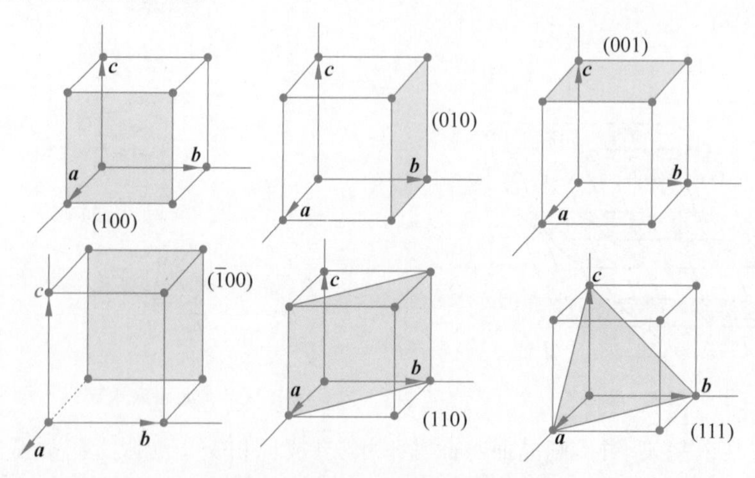

图 1.2.6 立方晶系的部分重要晶面

立方晶系中立方体的 6 个外表面的晶面指数分别为(100)、(010)、(001)、($\bar{1}$00)、(0$\bar{1}$0)、(00$\bar{1}$)。由于对称性，这些晶面是等效的，它们的面间距和晶面上原子的分布完全相同。在许多晶系中都有由对称性联系起来的等效晶面族，这些等效晶面族用{hkl}表示，如上面所说的等效晶面表示成{100}。

1.2.3　倒格子

视频

设任意矢量 $\boldsymbol{P}$ 用基矢 $\boldsymbol{a}_1$、$\boldsymbol{a}_2$、$\boldsymbol{a}_3$ 展开，系数为 p_1、p_2、p_3，即 $\boldsymbol{P}=p_1\boldsymbol{a}_1+p_2\boldsymbol{a}_2+p_3\boldsymbol{a}_3$。如果 $\boldsymbol{a}_1$、$\boldsymbol{a}_2$、$\boldsymbol{a}_3$ 不正交，则系数 p_1 不能由 $\boldsymbol{P}$ 与 $\boldsymbol{a}_1$ 的点乘求得。如果找到一个矢量 $\boldsymbol{b}_1$，它与 $\boldsymbol{a}_2$、$\boldsymbol{a}_3$ 都正交（如 $\boldsymbol{b}_1 \propto \boldsymbol{a}_2\times\boldsymbol{a}_3$），则 $\boldsymbol{P}\cdot\boldsymbol{b}_1=p_1(\boldsymbol{a}_1\cdot\boldsymbol{b}_1)$，即 $\boldsymbol{P}$ 与 $\boldsymbol{b}_1$ 的点乘只与 p_1 有关。同理，找到矢量 $\boldsymbol{b}_2$ 与 $\boldsymbol{a}_1$、$\boldsymbol{a}_3$ 正交，$\boldsymbol{b}_3$ 与 $\boldsymbol{a}_1$、$\boldsymbol{a}_2$ 正交。有了矢量 $\boldsymbol{b}_1$、$\boldsymbol{b}_2$、$\boldsymbol{b}_3$，则任意矢量用基矢 $\boldsymbol{a}_1$、$\boldsymbol{a}_2$、$\boldsymbol{a}_3$ 展开时，展开系数很容易求出。实际上，矢量 $\boldsymbol{b}_1$、$\boldsymbol{b}_2$、$\boldsymbol{b}_3$ 还有许多用途，下面给出更准确的定义。

1. 倒格子的定义

设晶格的基矢为 $\boldsymbol{a}_1$、$\boldsymbol{a}_2$、$\boldsymbol{a}_3$，由它们构成另一组矢量

$$\boldsymbol{b}_1=\frac{2\pi[\boldsymbol{a}_2\times\boldsymbol{a}_3]}{\Omega},\quad \boldsymbol{b}_2=\frac{2\pi[\boldsymbol{a}_3\times\boldsymbol{a}_1]}{\Omega},\quad \boldsymbol{b}_3=\frac{2\pi[\boldsymbol{a}_1\times\boldsymbol{a}_2]}{\Omega} \tag{1.2.4}$$

式中，Ω 是晶格原胞的体积，即 $\Omega=\boldsymbol{a}_1\cdot(\boldsymbol{a}_2\times\boldsymbol{a}_3)$。以 $\boldsymbol{b}_1$、$\boldsymbol{b}_2$、$\boldsymbol{b}_3$ 为基矢可以构成一个新格子，称为**倒格子**，而把原来的晶格（即以 $\boldsymbol{a}_1$、$\boldsymbol{a}_2$、$\boldsymbol{a}_3$ 为基矢构成的格子）称为**正格子**。

不难验证，式(1.2.4)的定义满足下面关系：

$$\boldsymbol{a}_i\cdot\boldsymbol{b}_j=2\pi\delta_{ij}=\begin{cases}2\pi, & i=j\\ 0, & i\neq j\end{cases} \tag{1.2.5}$$

2. 倒格子与正格子的关系

由式(1.2.4)可知，$\boldsymbol{b}_1$ 垂直于 $\boldsymbol{a}_2$ 与 $\boldsymbol{a}_3$ 组成的平面，$\boldsymbol{b}_2$ 垂直于 $\boldsymbol{a}_3$ 与 $\boldsymbol{a}_1$ 组成的平面，而 $\boldsymbol{b}_3$ 垂直于 $\boldsymbol{a}_1$ 与 $\boldsymbol{a}_2$ 组成的平面，如图 1.2.7 所示。若 $\boldsymbol{a}_i$ 为正交系，则 $\boldsymbol{a}_1$ 与 $\boldsymbol{a}_2$、$\boldsymbol{a}_3$ 都垂直，故 $\boldsymbol{b}_1$ 与 $\boldsymbol{a}_1$ 平行，结合式(1.2.5)知，$b_1=\dfrac{2\pi}{a_1}$。另外两个基矢也类似。所以，对于正交系，有

$$\boldsymbol{b}_1=\frac{2\pi}{a_1^2}\boldsymbol{a}_1,\quad \boldsymbol{b}_2=\frac{2\pi}{a_2^2}\boldsymbol{a}_2,\quad \boldsymbol{b}_3=\frac{2\pi}{a_3^2}\boldsymbol{a}_3 \tag{1.2.6}$$

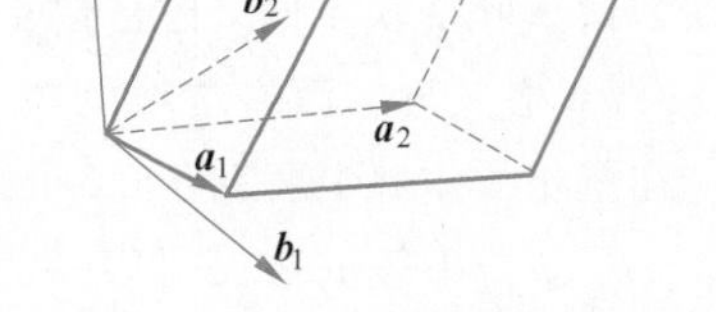

图 1.2.7　正格子和倒格子的几何关系

再看倒格子原胞体积 Ω^*，利用矢量公式

$$\boldsymbol{A}\times(\boldsymbol{B}\times\boldsymbol{C})=(\boldsymbol{A}\cdot\boldsymbol{C})\boldsymbol{B}-(\boldsymbol{A}\cdot\boldsymbol{B})\boldsymbol{C} \tag{1.2.7}$$

则

$$\boldsymbol{b}_2\times\boldsymbol{b}_3=\frac{(2\pi)^2}{\Omega^2}(\boldsymbol{a}_3\times\boldsymbol{a}_1)\times(\boldsymbol{a}_1\times\boldsymbol{a}_2)=\frac{(2\pi)^2}{\Omega^2}\{[(\boldsymbol{a}_3\times\boldsymbol{a}_1)\cdot\boldsymbol{a}_2]\boldsymbol{a}_1-[(\boldsymbol{a}_3\times\boldsymbol{a}_1)\cdot\boldsymbol{a}_1]\boldsymbol{a}_2\}$$

而 $(\boldsymbol{a}_3\times\boldsymbol{a}_1)\cdot\boldsymbol{a}_2=\Omega$，$(\boldsymbol{a}_3\times\boldsymbol{a}_1)\cdot\boldsymbol{a}_1=0$，所以上式化为

$$\boldsymbol{b}_2\times\boldsymbol{b}_3=\frac{(2\pi)^2}{\Omega}\boldsymbol{a}_1 \tag{1.2.8}$$

所以

$$\Omega^* = \boldsymbol{b}_1 \cdot (\boldsymbol{b}_2 \times \boldsymbol{b}_3) = \frac{(2\pi)^2}{\Omega} \boldsymbol{b}_1 \cdot \boldsymbol{a}_1 = \frac{(2\pi)^3}{\Omega} \tag{1.2.9}$$

也就是说，除$(2\pi)^3$因子外，正格子原胞的体积Ω和倒格子原胞体积Ω^*互为倒数。

再看看倒格子的倒格子。若将倒格子的倒格子的基矢取为$\boldsymbol{c}_1$、$\boldsymbol{c}_2$、$\boldsymbol{c}_3$，则由式(1.2.4)得

$$\boldsymbol{c}_1 = \frac{2\pi[\boldsymbol{b}_2 \times \boldsymbol{b}_3]}{\Omega^*}, \quad \boldsymbol{c}_2 = \frac{2\pi[\boldsymbol{b}_3 \times \boldsymbol{b}_1]}{\Omega^*}, \quad \boldsymbol{c}_3 = \frac{2\pi[\boldsymbol{b}_1 \times \boldsymbol{b}_2]}{\Omega^*} \tag{1.2.10}$$

应用式(1.2.8)和式(1.2.9)，得$\boldsymbol{c}_1 = \frac{2\pi[\boldsymbol{b}_2 \times \boldsymbol{b}_3]}{\Omega^*} = \frac{2\pi}{\Omega^*}\frac{(2\pi)^2}{\Omega}\boldsymbol{a}_1 = \boldsymbol{a}_1$。同理，$\boldsymbol{c}_2 = \boldsymbol{a}_2$，$\boldsymbol{c}_3 = \boldsymbol{a}_3$，即**倒格子的倒格子就是原来的正格子**。图1.2.8表示几种不同晶格的正格子和倒格子，第1种简单格子的倒格子还是简单格子，第2种面心格子的倒格子是体心格子，第3种体心格子的倒格子是面心格子，第4种底心格子的倒格子还是底心格子。

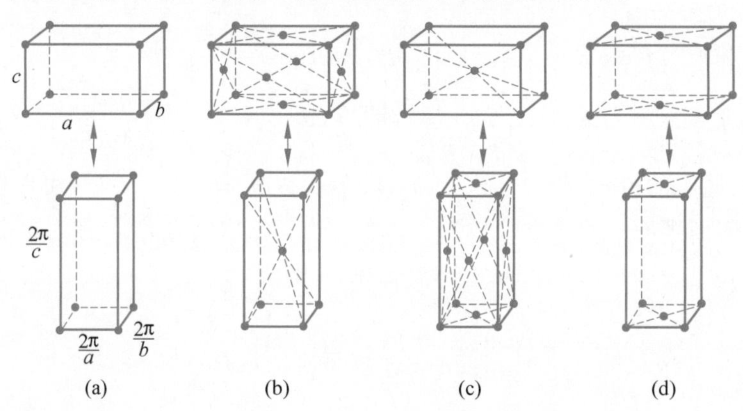

图1.2.8　几种不同晶格的正格子和倒格子

另外，正格子线度的量纲为[米]，倒格子线度的量纲为$[米]^{-1}$。在倒格子定义式(1.2.4)中引入2π因子，可以为处理与波矢有关的问题带来方便。实际上，正格子与倒格子互为傅里叶变换空间，正格子对应的是坐标空间，倒格子对应的是波矢空间。

3. 倒格矢与晶面族法线的关系

在倒格子中，倒格点的相对位矢称为倒格矢，常用符号$\boldsymbol{K}$或$\boldsymbol{G}$表示。设倒格子的基矢为$\boldsymbol{b}_1$、$\boldsymbol{b}_2$、$\boldsymbol{b}_3$，一般倒格矢可表示为

$$\boldsymbol{K}_h = h_1\boldsymbol{b}_1 + h_2\boldsymbol{b}_2 + h_3\boldsymbol{b}_3 \tag{1.2.11}$$

式中，h_1、h_2、h_3为整数。

可证，正格子中一族晶面$(h_1\ h_2\ h_3)$和倒格矢$\boldsymbol{K}_h = h_1\boldsymbol{b}_1 + h_2\boldsymbol{b}_2 + h_3\boldsymbol{b}_3$是正交的。参看图1.2.4，晶面族$(h_1\ h_2\ h_3)$中最靠近原点的晶面$ABC$在基矢$\boldsymbol{a}_1$、$\boldsymbol{a}_2$、$\boldsymbol{a}_3$上的截距为$a_1/h_1$、$a_2/h_2$、$a_3/h_3$。由图1.2.4可知，$ABC$面上的两个矢量$\overrightarrow{CA}$和$\overrightarrow{CB}$可表示为

$$\overrightarrow{CA} = \overrightarrow{OA} - \overrightarrow{OC} = \boldsymbol{a}_1/h_1 - \boldsymbol{a}_3/h_3, \quad \overrightarrow{CB} = \overrightarrow{OB} - \overrightarrow{OC} = \boldsymbol{a}_2/h_2 - \boldsymbol{a}_3/h_3$$

如果能够证明$\overrightarrow{CA}$和$\overrightarrow{CB}$都与$\boldsymbol{K}_h$垂直，即满足$\boldsymbol{K}_h \cdot \overrightarrow{CA} = 0$和$\boldsymbol{K}_h \cdot \overrightarrow{CB} = 0$，则$\boldsymbol{K}_h$必与晶面族$(h_1\ h_2\ h_3)$正交。事实上，因为$\boldsymbol{a}_i \cdot \boldsymbol{b}_j = 2\pi\delta_{ij}$，所以

$$\boldsymbol{K}_h \cdot \overrightarrow{CA} = (h_1\boldsymbol{b}_1 + h_2\boldsymbol{b}_2 + h_3\boldsymbol{b}_3) \cdot (\boldsymbol{a}_1/h_1 - \boldsymbol{a}_3/h_3) = 0$$

$$\boldsymbol{K}_h \cdot \overrightarrow{CB} = (h_1\boldsymbol{b}_1 + h_2\boldsymbol{b}_2 + h_3\boldsymbol{b}_3) \cdot (\boldsymbol{a}_2/h_2 - \boldsymbol{a}_3/h_3) = 0$$

另外，由倒格矢 $\boldsymbol{K}_h$ 的长度很容易求出晶面族$(h_1h_2h_3)$中邻近的两个面的距离。图1.2.4中的ABC面就是晶面族$(h_1h_2h_3)$中最靠近原点的晶面，因此这族晶面的面间距$d_{h_1h_2h_3}$就等于原点到ABC面的垂直距离。而这族晶面的法线方向可用$\boldsymbol{K}_h$表示，所以$d_{h_1h_2h_3}$就等于$\overrightarrow{OA}$在$\boldsymbol{K}_h$方向的投影值(当然也可以是$\overrightarrow{OB}$或$\overrightarrow{OC}$的投影值，结果是一样的)，即

$$d_{h_1h_2h_3} = \frac{\boldsymbol{a}_1}{h_1} \cdot \frac{\boldsymbol{K}_h}{|\boldsymbol{K}_h|} = \frac{\boldsymbol{a}_1}{h_1} \cdot \frac{h_1\boldsymbol{b}_1 + h_2\boldsymbol{b}_2 + h_3\boldsymbol{b}_3}{|\boldsymbol{K}_h|} = \frac{2\pi}{|\boldsymbol{K}_h|} \tag{1.2.12}$$

1.3　晶体结构的对称性　晶系

视频

1.3.1　物体的对称性与对称操作

对称性，特别是几何形状的对称性，是很直观的性质。例如，图1.3.1中的圆形、正方形、等腰梯形和不规则四边形，就有明显的不同程度的对称。但怎样用一种系统的方法才能科学地、具体地概括和区别所有这些不同情况的对称性呢？我们可以结合图1.3.1的具体例子来回答这个问题。

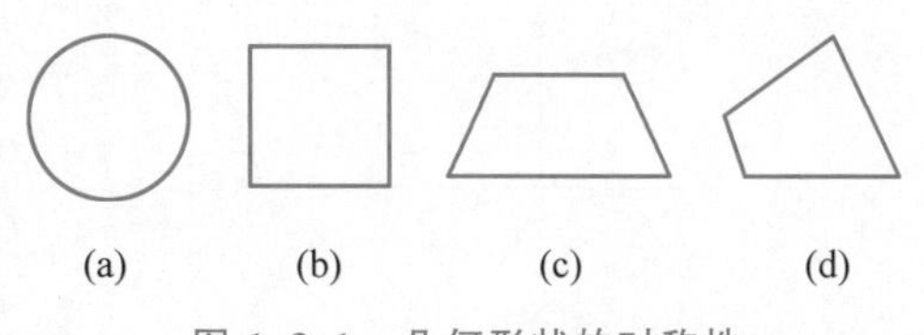

图1.3.1　几何形状的对称性
(a) 圆形；(b) 正方形；(c) 等腰梯形；(d) 不规则四边形

首先，它们不同程度的对称性可以从图形的旋转中来分析。显然，圆形绕过圆心并与纸面垂直的轴旋转任何角度都是不变的，正方形则只有绕中心轴旋转$\pi/2$、π、$3\pi/2$的情况下才会与自身重合，而等腰梯形和不规则四边形则在任何旋转下都不能保持不变。

上面的分析表明，考查图形在旋转中的变化，可以具体地显示出图1.3.1(a)、(b)、(c)之间不同程度的对称，但是，还不足以区别图1.3.1(c)和图1.3.1(d)之间的差别。为了能进一步显示出这样的区别，可以考察图形按一个平面作左右反射(或说镜面成像)后发生怎样的变化。显然，圆形对包含任意的直径并与纸面垂直的平面作反射都不改变，正方形则只有对包含对边中心的连线或包含对角线的垂直平面作反射才保持不变，等腰梯形只有对包含两底中心连线的垂直平面作反射而不变，不规则四边形则不存在任何左右对称的垂直平面。

以上分析所用的方法，概括起来说，就是考察在一定几何变换之下物体的不变性。我们注意上面所考虑的几何变换(旋转和反射)都是**正交变换**(即保持两点距离不变的变换)。概括宏观对称性的系统方法正是考察物体在正交变换下的不变性。在三维情况，正交变换可以写成

$$\begin{bmatrix} x \\ y \\ z \end{bmatrix} \rightarrow \begin{bmatrix} x' \\ y' \\ z' \end{bmatrix} = \begin{bmatrix} a_{11} & a_{12} & a_{13} \\ a_{21} & a_{22} & a_{23} \\ a_{31} & a_{32} & a_{33} \end{bmatrix} \begin{bmatrix} x \\ y \\ z \end{bmatrix} \tag{1.3.1}$$

其中，矩阵$[a_{ij}]$是正交矩阵$(i,j=1,2,3)$。正交变换分成两大类，一类是变换矩阵的行列式等于$+1$，这实际代表一个空间转动。例如，绕z轴旋转π后，坐标变换关系为$x\to x'=-x, y\to y'=-y, z\to z'=z$，记变换矩阵为$\boldsymbol{R}$，则

$$\boldsymbol{R}=\begin{bmatrix}-1 & 0 & 0\\ 0 & -1 & 0\\ 0 & 0 & 1\end{bmatrix} \tag{1.3.2}$$

另一类是变换矩阵的行列式等于-1，例如，对xOy平面作反射，则$x\to x'=x, y\to y'=y, z\to z'=-z$，即变换矩阵为

$$\boldsymbol{M}=\begin{bmatrix}1 & 0 & 0\\ 0 & 1 & 0\\ 0 & 0 & -1\end{bmatrix} \tag{1.3.3}$$

然而，变换矩阵的行列式等于-1的最简单情况是所谓的中心反演，即$x\to x'=-x, y\to y'=-y, z\to z'=-z$。或用位矢表示，变换为$\boldsymbol{r}\to-\boldsymbol{r}$。中心反演的变换矩阵为

$$\boldsymbol{I}=\begin{bmatrix}-1 & 0 & 0\\ 0 & -1 & 0\\ 0 & 0 & -1\end{bmatrix} \tag{1.3.4}$$

由式(1.3.2)～式(1.3.4)可知，$\boldsymbol{M}=\boldsymbol{IR}$。这就是说，平面反射等价于绕垂直轴旋转$\pi$后再进行中心反演。参见图1.3.2，图中所示$P$点经转动到$P'$，再经中心反演到$P''$，很容易看出，$P''$正好是$P$点在通过原点垂直转轴的平面$M$的镜像。所以一般来说，变换矩阵的行列式等于$-1$，代表着一个空间转动加上通过原点的反演。

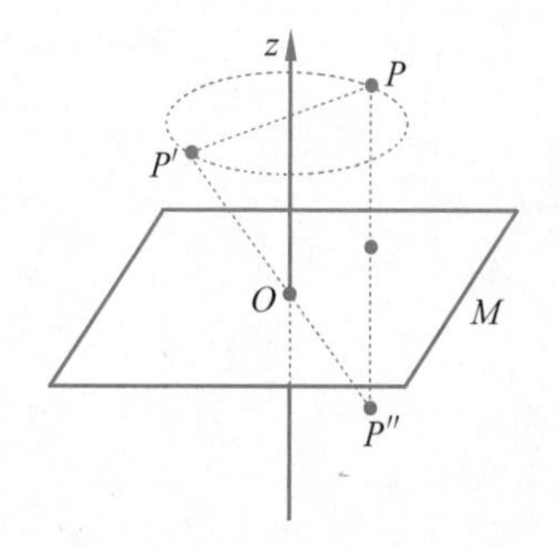

图1.3.2 镜面等价于旋转π加中心反演

如果一个物体在某一正交变换下不变，就称这个变换为物体的一个**对称操作**。说明一个物体的对称性，就归结为列举它的全部对称操作。显然，一个物体的对称操作越多，就表明它的对称性越高。上面对图1.3.1所做的分析，实际上就指出了各图形所具有的对称操作。下面举例说明三维物体的对称性。

【例1-2】 分析立方体的对称性，找出立方体的全部对称操作。

解 立方体三条边长相等，并互相垂直。

(1) 绕对面中心连线(也称立方轴，见图1.3.3(a)中的$\overrightarrow{OA}$、$\overrightarrow{OB}$或$\overrightarrow{OC}$)转动$\pi/2$、π、$3\pi/2$，3个立方轴，共9个对称操作。

(2) 绕对棱中心连线(也称面对角线，见图1.3.3(b)中中心面上的对角线)转动π，6个不同的面对角，共6个对称操作。

(3) 绕对角连线(也称体对角线，见图1.3.3(c))转动$2\pi/3$、$4\pi/3$，4个不同的体对角线，共8个对称操作。

显然，正交变换

$$\boldsymbol{E}=\begin{bmatrix}1 & 0 & 0\\ 0 & 1 & 0\\ 0 & 0 & 1\end{bmatrix} \tag{1.3.5}$$

即不动，也算一个对称操作。这样加起来，一共是 24 个对称操作。

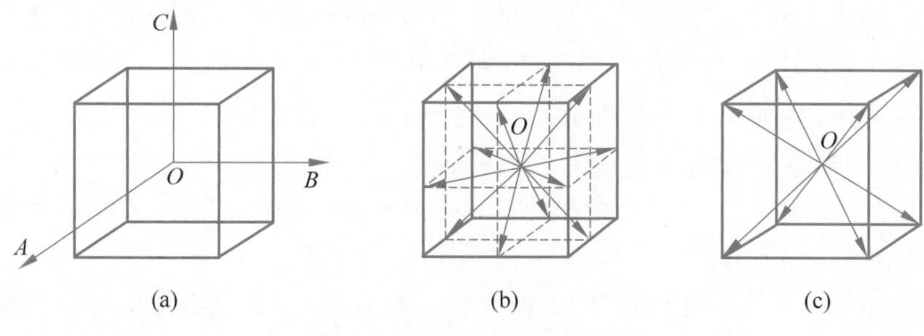

图 1.3.3　立方体的对称轴

显然，立方体的几何中心也是对称中心，即对此点进行中心反演，立方体保持不变。因此，以上每个转动加一中心反演都仍是对称操作。

以上便是立方体所具有的全部对称操作，总共是 48 个。

【例 1-3】 分析正六角柱的对称性，找出它的全部对称操作。

解　(1) 绕底面中心连线（或称中心轴线）转 $\pi/3$、$2\pi/3$、π、$4\pi/3$、$5\pi/3$，共 5 个对称操作。

(2) 绕对棱中点连线转 π，如图 1.3.4 所示，共有 3 条这样的连线（实线），共 3 个对称操作。

(3) 绕对面中心连线（图中虚线）转 π，这样的连线共有 3 条，共 3 个对称操作。

加上式(1.3.5)所示正交变换 $\boldsymbol{E}$，共 12 个对称操作。

以上每一对称操作加上中心反演仍为对称操作。这样得到全部 24 个对称操作。

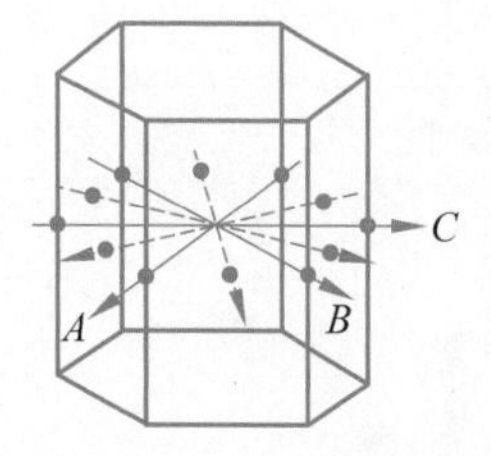

图 1.3.4　正六角柱的对称性

在具体概括一个物体的对称性时，为了简便，有时不去一一列举所有对称操作，而是描述它所具有的所谓“对称素”。如果一个物体绕某一个轴转 $2\pi/n$ 仍与原来的物体重合时，这个轴便称为物体的 n **度（也称 n 重或 n 次）旋转轴**，简称 n 度轴。如果不是简单转动，而是附加反演，就称为旋转-反演轴。一个物体的旋转轴或旋转-反演轴统称为物体的“**对称素**”。显然，列举出一个物体的对称素和列举对称操作一样，只是更为简便。n 度旋转轴和 n 度旋转-反演轴有时分别简单用 n 和 $\bar{n}$ 标记。

*1.3.2　晶体的对称点群

一些晶体在几何外形上表现出明显的对称，如立方、六角等对称。这种对称性不仅表现在几何外形上，而且反映在晶体的宏观物理性质中，对于研究晶体的性质有极其重要的意义。

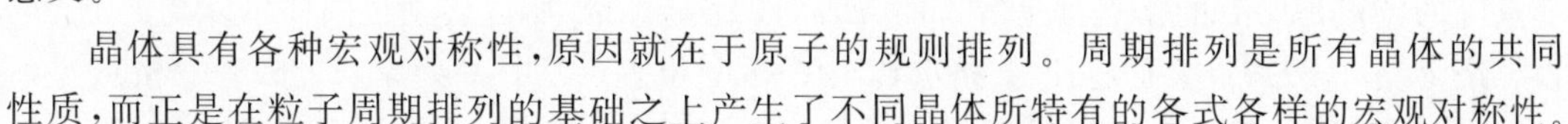

晶体具有各种宏观对称性，原因就在于原子的规则排列。周期排列是所有晶体的共同性质，而正是在粒子周期排列的基础之上产生了不同晶体所特有的各式各样的宏观对称性。

1. 对称操作的组合

设正交变换 $\boldsymbol{A}$ 和正交变换 $\boldsymbol{B}$ 都是物体的对称操作，即物体通过变换 $\boldsymbol{A}$ 或 $\boldsymbol{B}$ 都是不变的。那么，物体经过变换 $\boldsymbol{A}$ 后紧接着进行变换 $\boldsymbol{B}$，物体也应该不变。这就是说，如果 $\boldsymbol{A}$ 和 $\boldsymbol{B}$ 都是对称操作，则其组合 $\boldsymbol{C}=\boldsymbol{BA}$ 也是对称操作。这是不是意味着，如果物体有两个对称操作，就可以组合出第三个对称操作，第三个对称操作与前面的对称操作组合可以得到第四个，以此类推，物体可以有无限多个对称操作？其实不然，两个对称操作的组合虽然也是对称操作，但可能不是新的对称操作。下面举例说明。

【例 1-4】 立方体如图 1.3.5 所示，证明绕 OA 转 π 接着绕 OB 转 π，等价于绕 OC 转 π（结论对长方体同样适用）。

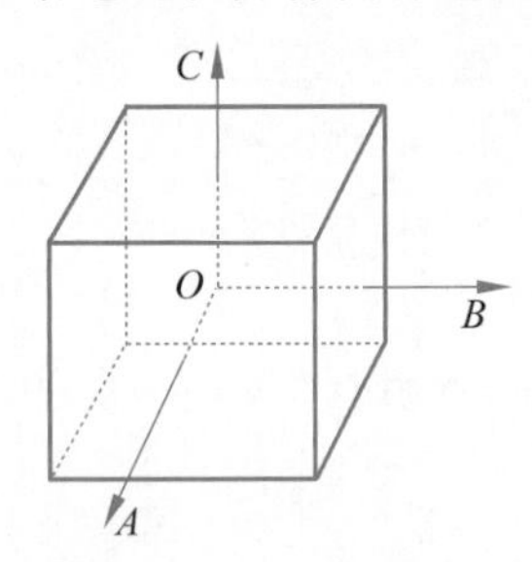

图 1.3.5 操作的等价性

证 取坐标 x、y、z 分别沿 OA、OB、OC 方向，则绕 OA 转 π 的变换矩阵为 $\boldsymbol{A}=\begin{bmatrix}1 & 0 & 0\\ 0 & -1 & 0\\ 0 & 0 & -1\end{bmatrix}$；绕 OB 转 π 的变换矩阵为 $\boldsymbol{B}=\begin{bmatrix}-1 & 0 & 0\\ 0 & 1 & 0\\ 0 & 0 & -1\end{bmatrix}$；绕 OC 转 π 的变换矩阵为 $\boldsymbol{C}=\begin{bmatrix}-1 & 0 & 0\\ 0 & -1 & 0\\ 0 & 0 & 1\end{bmatrix}$。因为 $\boldsymbol{BA}=\boldsymbol{C}$，所以绕 OA 转 π 接着绕 OB 转 π，等价于绕 OC 转 π。

如果将式(1.3.5)所示的单位矩阵 $\boldsymbol{E}$ 包含在内，则 $\boldsymbol{E}$、$\boldsymbol{A}$、$\boldsymbol{B}$、$\boldsymbol{C}$ 四个操作无论怎么组合，都仍然是这四个操作，不会产生新的对称操作。组合关系可由表 1.3.1 表示。

表 1.3.1 四个操作的组合表

操作	**E**	**A**	**B**	**C**	操作	**E**	**A**	**B**	**C**
E	**E**	**A**	**B**	**C**	**B**	**B**	**C**	**E**	**A**
A	**A**	**E**	**C**	**B**	**C**	**C**	**B**	**A**	**E**

一般来说，一个物体的全部对称操作将构成一个闭合的体系，其中任意两个“元”（对称操作）相乘，结果仍包含在这个体系之中。前面指出，我们把原位操作 $\boldsymbol{E}$ 也列为物体的对称操作之一，很容易看到，只有这样，才能保证对称操作的上述闭合性。

实际上，一个物体的对称操作构成数学上的“群”，上面说明的闭合性正是群的最基本的性质，对称性的系统理论就是建立在群的数学理论基础之上的。

2. 点群

下面先分析晶体的布拉菲点阵的对称性，说明由于晶体周期性的限制，布拉菲点阵的对称轴只有若干种类型。

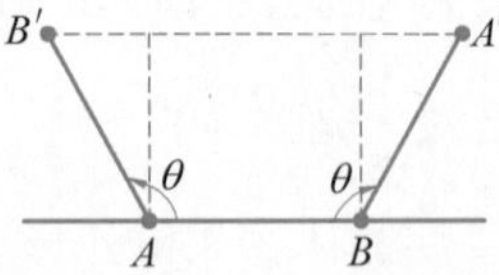

设想有一转动对称轴，转角为 θ。可画出布拉菲点阵中垂直转轴的晶面，在这个晶面内有两个近邻点 A 与 B，如图 1.3.6 所示。如绕 A 转 θ，则将使 B 格点转到 B' 的位置，由于是对称操作，在 B' 处必定原来就有一格点。因为布拉菲点阵的特点是所有的格点都是等价的，B 和 A 完全等价，所以转动也同样可以绕 B 进行，设想绕 B 作 $(-\theta)$ 转动，这将使 A 格点转至图中 A' 位置，说明 A' 处原来也必有一格点。不难看出，$B'A'$ 平行于 AB，两条平行晶列上的格点分布完全相同，而前面假定 A 与 B 是近邻格点，即相距一个周期，故 $B'A'$ 距离应为 AB 距离的整数倍，即

图 1.3.6 布拉菲格子的对称轴

$$|B'A'|=n|AB| \tag{1.3.6}$$

式中，n 为整数。另外，根据图形的几何关系得

$$|B'A'| = |AB| + 2|AB|\cos(\pi - \theta) = |AB|(1 - 2\cos\theta) \tag{1.3.7}$$

由式(1.3.6)和式(1.3.7)得

$$n = 1 - 2\cos\theta$$

因为 $\cos\theta$ 必须在 -1 到 $+1$ 之间，n 只能有 -1、0、1、2、3 五个值，相应地有

$$\theta = 0^\circ、60^\circ、90^\circ、120^\circ、180^\circ \tag{1.3.8}$$

上述对转角 θ 的取值表明，不论任何晶体，它的宏观对称只可能有下列 10 种对称素：

$$1,2,3,4,6 \text{ 和 } \bar{1},\bar{2},\bar{3},\bar{4},\bar{6}$$

值得指出的是，对称素 $\bar{2}$ 代表先转动 π 再对原点作中心反演，前面已经指出(见图 1.3.2)，这相当于有一个对称面。因此，这个对称素一般称为镜面，常引入符号 m 表示。

在以上 10 种对称素的基础上组成的对称操作群，一般称为点群。

具体的分析证明，由于对称素组合时受到的严格限制，由 10 种对称素只能组成 32 个不相同的点群。这就是说，晶体的宏观对称只有 32 个不同类型，分别由 32 个点群来概括，如表 1.3.2 所示。

表 1.3.2　晶体的 32 种宏观对称类型

符号	符号的意义	对称类型	数目
C_n	具有 n 度轴	C_1、C_2、C_3、C_4、C_6	5
C_i	具有对称中心(i)	C_i	1
C_s	具有对称面(m)	C_s	1
C_{nh}	h 代表除 n 度轴外还有与轴垂直的水平对称面	$C_{1h}=C_{1V}$、C_{2h}、C_{3h}、C_{4h}、C_{6h}	4
C_{nV}	V 代表除 n 度轴外还有通过该轴的铅垂对称面	C_{2V}、C_{3V}、C_{4V}、C_{6V}	4
D_n	具有 n 度轴及 n 个与之垂直的 2 度轴	$D_1=C_2$、D_2、D_3、D_4、D_6	4
D_{nh}	h 的意义与前相同	D_{2h}、D_{3h}、D_{4h}、D_{6h}	4
D_{nd}	d 表示还有一个平分两个 2 度轴间夹角的对称面	D_{2d}、D_{3d}	2
S_n	经 n 度旋转后，再经垂直该轴的平面的镜像	$(S_2=C_i, S_1=C_s, S_3=C_{3h})$① S_4、S_6	2
T	代表有四个 3 度轴和三个 2 度轴(正四面体的旋转对称性)	T	1
T_h	h 的意义与前相同	T_h	1
T_d	d 的意义与前相同	T_d	1
O	代表三个互相垂直的 4 度轴及六个 2 度轴、四个 3 度轴(立方体的旋转对称性)	O	1
O_h	h 的意义与前相同	O_h	1
总　计			32

① 有的文献中 S_n 表示经 n 度旋转后再中心反演，即相当于 C_{ni}。而 $C_{1i}=C_i$，$C_{2i}=C_s$，$C_{6i}=C_{3h}$，故只有 C_{3i} 和 C_{4i}。

现在介绍一些常见的点群。

最简单的点群只含一个元素，有时用 C_1 标记。它表征没有任何对称的晶体。

只包含一个转轴的点群称为回转群，标记为 C_2、C_3、C_4、C_6。C_n 表示有一个 n 度旋转轴。

包含一个 n 度旋转轴和 n 个垂直的 2 度轴的点群称为双面群，标记为 D_n。这样的点

群有 D_2、D_3、D_4、D_6。

还有许多点群是由上述点群增加反演中心或一些镜面而成，用以上的点群标记增加一定的角码来表示，如 C_{nh}、C_{nV}、D_{nh} 等。

正四面体有 24 个对称操作，它们构成所谓正四面体群，标记为 T_d。在正四面体群的 24 个对称操作中有 12 个是纯转动（正交矩阵行列式=1），构成 T 群。

正立方体的 48 个对称操作构成立方点群 O_h。立方点群的 48 个操作中有一半是纯转动，构成 O 群。

1.3.3 晶系

结晶学中所选取的布拉菲原胞（即晶胞），不仅反映了晶格的周期性，还反映了晶体的对称性。晶胞不一定是最小的重复单元，一般包括几个最小重复单元，结点不仅在顶角上，而且可以在体心或面心上。晶胞的基矢沿对称轴或在对称面的法向，构成了晶体的坐标系。基矢的晶向就是坐标轴的晶向，称为晶轴。晶轴上的周期就是基矢的大小，称为晶格常数。按坐标系的性质，晶体可划分为七大晶系。每一晶系有一种或数种特征性的晶胞，共有 14 种晶胞。这里只介绍七大晶系中晶轴的选取，并列出各晶系的晶胞，而不介绍选取原胞的具体方法。

因为结晶学中的三个基矢 $\boldsymbol{a}$、$\boldsymbol{b}$、$\boldsymbol{c}$ 沿晶体的对称轴或对称面的法向，在一般情况下，它们构成斜坐标系。它们间的夹角用 α、β、γ 表示，即 $\boldsymbol{a}$、$\boldsymbol{b}$ 间的夹角为 γ；$\boldsymbol{b}$、$\boldsymbol{c}$ 间的夹角为 α；$\boldsymbol{c}$、$\boldsymbol{a}$ 间的夹角为 β，如图 1.3.7 所示。

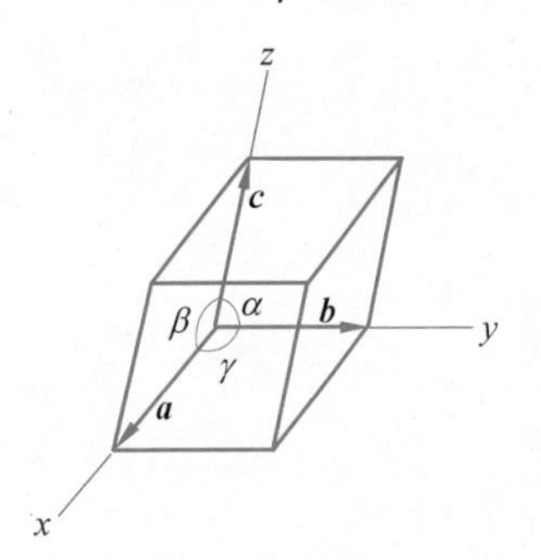

图 1.3.7 晶体对称轴和夹角

下面列出按坐标系性质划分的七大晶系。

1. 三斜晶系

$$\alpha \neq \beta \neq \gamma \neq 90^\circ,\quad a \neq b \neq c \tag{1.3.9}$$

其晶胞就是一般的平行六面体，没有任何对称轴。平行六面体的几何中心是其对称中心，所以这种晶系中的晶体最多只有两种对称操作，即不动和中心反演。

2. 单斜晶系

$$\alpha = \gamma = 90^\circ,\quad \beta \neq 90^\circ,\quad c < a \tag{1.3.10}$$

只有一个角不是直角，即 $\boldsymbol{b}$ 垂直于 $\boldsymbol{a}$ 与 $\boldsymbol{c}$ 所在平面，$\boldsymbol{b}$ 是 2 度转轴。一个 2 度轴和对称中心组合最多可得到四个不同的对称操作。

因为只有 $\boldsymbol{a}$ 与 $\boldsymbol{c}$ 是互相倾斜的，所以称为单斜晶系。

3. 正交晶系

$$\alpha = \beta = \gamma = 90^\circ,\quad a \neq b \neq c \tag{1.3.11}$$

其晶胞实际是一个长方体，对面中心连线都是 2 度轴，即有三个 2 度轴。它们与对称中心组合最多可得到八个不同的对称操作。

4. 三方晶系

$$\alpha = \beta = \gamma \neq 90^\circ,\quad a = b = c \tag{1.3.12}$$

三个角都相等的顶点有两个，其连线是 3 度轴，与之垂直有三个 2 度轴。最多有 12 个不同的对称操作。

5. 四方晶系(又称正方晶系或四角晶系)

$$\alpha=\beta=\gamma=90^\circ,\quad a=b\neq c \tag{1.3.13}$$

其晶胞实际是一个四方体,即上下底面为正方形,四个侧面为长方形。上下底面的中心连线为 4 度轴,共有一个;侧面的对面中心连线是 2 度轴,共有两个;另外侧棱中的对棱中点连线也是 2 度轴,也有两个。一个 4 度轴、四个 2 度轴以及中心组合最多可得到 16 个不同的对称操作。

6. 六方晶系

$$\alpha=\beta=90^\circ,\quad \gamma=120^\circ,\quad a=b \tag{1.3.14}$$

其晶胞可取为正六角柱,由例 1-3 可知,这种晶系中的晶体最多有 24 个不同的对称操作。

7. 立方晶系

$$\alpha=\beta=\gamma=90^\circ,\quad a=b=c \tag{1.3.15}$$

其晶胞取为立方体,由例 1-2 可知,这种晶系中的晶体最多有 48 个不同的对称操作。

晶系是按对称性来划分的,同一晶系中不同的布拉菲点阵的对称性相同。对于某些晶系,在体心或面心放置格点并不破坏其对称性,但形成不同的周期性结构,即有不同类型的布拉菲点阵。现将七类晶系的 14 种布拉菲点阵列于图 1.3.8 中。

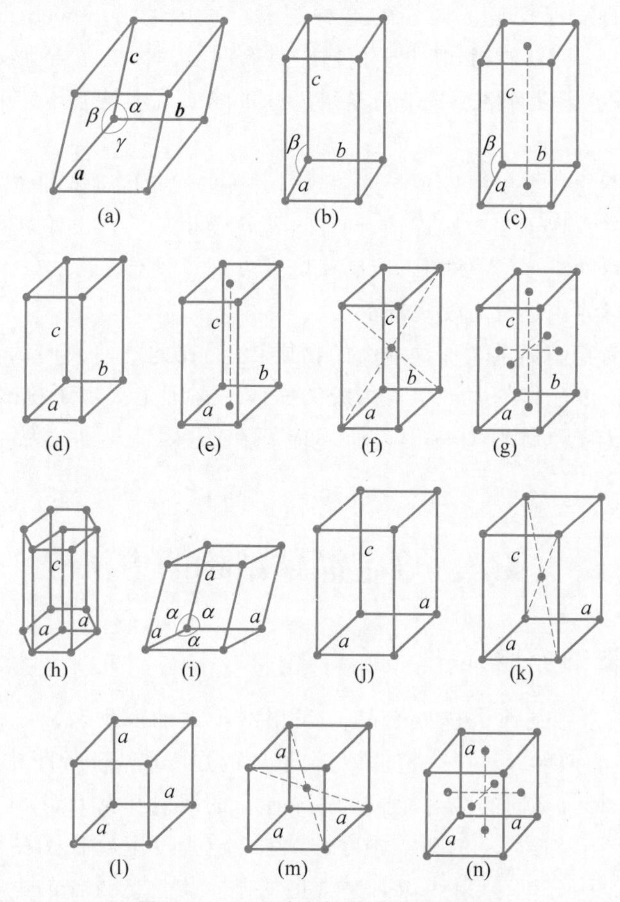

图 1.3.8　14 种布拉菲点阵的晶胞

(a) 简单三斜;(b) 简单单斜;(c) 底心单斜;(d) 简单正交;(e) 底心正交;(f) 体心正交;(g) 面心正交;(h) 六方;(i) 三方;(j) 简单四方;(k) 体心四方;(l) 简单立方;(m) 体心立方;(n) 面心立方

需要指出的是，对于复式格子，晶体的对称性可能低于其布拉菲点阵的对称性。这是因为，复式格子是由若干相同结构的子晶格相互位移套构而成的。复式格子中的各个粒子各构成一个子晶格，虽然各子晶格中的格点的相对分布是相同的，但各子晶格的对称中心在空间不一定重合，有相对位移。只有各子晶格共同的对称操作才是晶体的对称操作，所以，晶体的对称群一般是其布拉菲点阵对称群的一个子群。例如，金刚石结构是个复式格子，单独看一类碳原子形成面心立方的点阵分布，其对称性与立方体相同，有 48 个对称操作；但由于两个面心立方的子晶格彼此沿其空间对角线位移 1/4 的长度，故对两类碳原子都适合的对称操作只有 24 个。

*1.3.4 准晶体

我们知道，固体的分类有两种：粒子有序排列的晶体和粒子无序排列的非晶体。由于晶体的平移周期性，晶体中粒子的三维周期排列方式可以概括为 14 种空间点阵。受这种平移对称约束，晶体的旋转对称只能有 1 次、2 次、3 次、4 次和 6 次五种旋转轴。这种限制就像生活中不能用正五角形拼块铺满地面一样，晶体中原子排列是不允许出现 5 次或 6 次以上的旋转对称性的。

但是，1984 年的发现打破了人们的这种观念。美国的 D. Shechtmen 在快速冷却的 AlMn 合金中发现了一种新的相，其电子衍射斑具有明显的传统晶体所没有的 5 次对称性，但是又没有平移对称性，没有格子构造。这种特殊的物质既不是晶体又不是非晶体，我们称为准晶体。

后来在许多复杂的合金中也发现了这一现象，中国、美国、法国和以色列等国的学者几乎同时在淬冷合金中发现了 5 次对称轴，确证这些合金相是具有长程定向有序，而没有周期平移有序的一种封闭的正 20 面体相。以后又陆续发现了具有 8 次、10 次、12 次对称轴的准晶结构。目前在自然界中还没有发现准晶体。

准晶体的发现为我们提供了一种全新的物质状态，在此之前人们认为物质状态只有晶态和非晶态这两种。准晶体的发现也对传统的晶体对称理论提出了挑战，因为准晶体中所蕴含的对称规律是传统晶体学对称理论所不能解释的，因此迅速发展起一门新的分支学科——准晶体学。

*1.4 确定晶体结构的方法

1.4.1 晶体衍射的一般介绍

20 世纪初，晶体学中的重大进展是晶体 X 射线衍射的发现。X 射线和晶体的相互作用，表现为原子对波的散射。对于一定的波长，散射的强度取决于原子中电子的数目和电子的分布，不同的原子具有不同的散射能力。各个原子的散射互相干涉，在一定的方向构成衍射极大。这种衍射图形（照片上的斑点或条纹）在一定程度上反映了晶格中原子排列的情况。因此对于晶体结构分析，X 射线衍射是常用的基本方法。近代的电子衍射和中子衍射对于 X 射线衍射方法更起着有力的补充作用。

晶格的周期性特征决定了晶格可以作为波的衍射光栅，因为晶体中原子间距的数量级

为 10^{-10} m，所用波的波长也应在此量级。X 射线通常是由被高电压 V 加速了的电子打击在“靶极”物质上而产生的一种电磁波。这样产生的 X 射线，最大的光子能量等于电子的能量 eV，所以 X 射线的最短波长限为

$$\lambda_{极小}=\frac{ch}{eV}\approx\frac{1200}{V} \tag{1.4.1}$$

式中，V 以 V 为单位，波长以 nm 为单位。在晶体衍射工作中，通常设定 V 约为 40kV，所产生的 $\lambda_{极小}$ 约为 0.03nm。

除 X 射线外，还有电子衍射和中子衍射的方法。电子衍射是以电子束直接打在晶体上而形成的。这些电子束的德布罗意(de Broglie)波的波长 $\lambda=h/p$，又因 $p^2/(2m)=eV$，其中 V 是电子的加速电压，因此

$$\lambda=\frac{h}{(2meV)^{1/2}}\approx 0.1\times\left(\frac{150}{V}\right)^{1/2}=\left(\frac{1.5}{V}\right)^{1/2} \tag{1.4.2}$$

可见 150V 电压即能产生波长为 0.1nm 的电子波，而在 X 射线的情形下则需约 12kV 电压。电子波和晶格的作用是由于晶格中的电场，即电子波不仅受到电子的散射，并且也受到原子核的散射，所以散射很大，透射力很弱。在实际工作中常用 50kV 的电子束，正入射时，在一般晶体中的透射深度约为 50nm；若有小角倾斜，则只能穿透 5nm 垂直距离。所以电子束衍射主要用在观察薄膜上。

中子衍射也是利用微观粒子的波粒二象性，但中子质量约为电子质量的 2000 倍，如果能量和电子束一样，则中子波长约为电子波长的 $1/(2000)^{1/2}$，所以，对中子束，只需 0.1eV 能量的中子，就可产生 0.1nm 的波。中子主要受原子核的散射，轻的原子(如氢、碳)对于中子的散射也很强，所以该方法常用来决定氢、碳在晶体中的位置。此外，中子还具有磁矩，尤其适合于研究磁性物质的结构。

1.4.2 衍射方程

设 X 射线源和晶体的距离以及观测点和晶体的距离都比晶体的线度大得多，则入射线和衍射线都可看成平行光线。这里只考虑弹性散射，即散射前后的波长保持不变。设 $\boldsymbol{S}_0$ 和 $\boldsymbol{S}$ 分别为入射线和出射线的单位矢量。为简单起见只讨论简单格子，取格点 O 为原点，晶格中任一格点 A 的位矢为

$$\boldsymbol{R}_l=l_1\boldsymbol{a}_1+l_2\boldsymbol{a}_2+l_3\boldsymbol{a}_3$$

现在讨论晶格的衍射极大条件。自 A 格点作 $AC\perp\boldsymbol{S}_0$ 及 $AD\perp\boldsymbol{S}$，则从图 1.4.1 可以看出，O 格点和 A 格点散射波的光程差为 $|CO|+|OD|$。而用矢量表示，则有 $|CO|=-\boldsymbol{R}_l\cdot\boldsymbol{S}_0$，$|OD|=\boldsymbol{R}_l\cdot\boldsymbol{S}$。衍射加强要求光程差为波长的整数倍，即

$$\boldsymbol{R}_l\cdot(\boldsymbol{S}-\boldsymbol{S}_0)=\mu\lambda \tag{1.4.3}$$

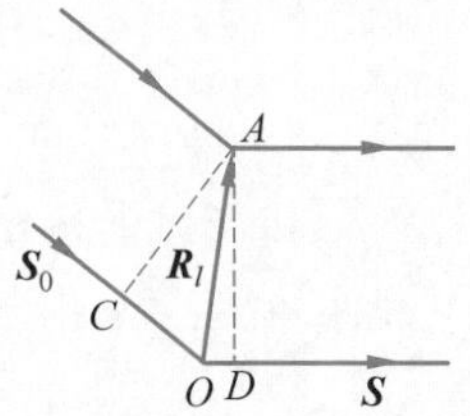

图 1.4.1　两格点散射波的光程差

式中，μ 是整数。这个式子称为劳厄(Laue)衍射方程。由于此式对任意格矢都要成立，所以对入射线和出射线的方向有较大的限制。

把劳厄方程用 X 射线的波矢表示。因为波矢 $\boldsymbol{k}_0=\frac{2\pi}{\lambda}\boldsymbol{S}_0$ 和 $\boldsymbol{k}=\frac{2\pi}{\lambda}\boldsymbol{S}$，所以

$$\boldsymbol{R}_l \cdot (\boldsymbol{k}-\boldsymbol{k}_0)=2\pi\mu \tag{1.4.4}$$

这里 $\boldsymbol{R}_l$ 是正格矢，而矢量$(\boldsymbol{k}-\boldsymbol{k}_0)$实际上相当于倒格矢，因为如果

$$\boldsymbol{k}-\boldsymbol{k}_0=h_1\boldsymbol{b}_1+h_2\boldsymbol{b}_2+h_3\boldsymbol{b}_3 \tag{1.4.5}$$

式中，h_1、h_2、h_3 为整数，则有

$$\boldsymbol{R}_l \cdot (\boldsymbol{k}-\boldsymbol{k}_0)=(l_1\boldsymbol{a}_1+l_2\boldsymbol{a}_2+l_3\boldsymbol{a}_3)\cdot(h_1\boldsymbol{b}_1+h_2\boldsymbol{b}_2+h_3\boldsymbol{b}_3)=2\pi(l_1h_1+l_2h_2+l_3h_3)$$

而 l_1、l_2、l_3 以及 h_1、h_2、h_3 都是整数，故 $(l_1h_1+l_2h_2+l_3h_3)$ 必为整数，也就是说若满足式(1.4.5)则必满足式(1.4.4)，式(1.4.5)是式(1.4.4)的充分条件。而由于正格矢 $\boldsymbol{R}_l=l_1\boldsymbol{a}_1+l_2\boldsymbol{a}_2+l_3\boldsymbol{a}_3$ 中 l_1、l_2、l_3 为任意整数，式(1.4.5)也是式(1.4.4)的必要条件。但整数 h_1、h_2、h_3 不一定是互质的，设它们有公因子 n，并将提取公因子后的倒格矢记作 $\boldsymbol{K}_h$，则式(1.4.5)改写为

$$\boldsymbol{k}-\boldsymbol{k}_0=n\boldsymbol{K}_h \tag{1.4.6}$$

式中，n 为正整数，称为衍射级数；仍将 $\boldsymbol{K}_h$ 写成 $\boldsymbol{K}_h=h_1\boldsymbol{b}_1+h_2\boldsymbol{b}_2+h_3\boldsymbol{b}_3$，但这里的 h_1、h_2、h_3 是互质的，$(h_1h_2h_3)$为晶面指数，$\boldsymbol{K}_h$ 与此晶面垂直。式(1.4.6)所代表的意义是：当出射波矢和入射波矢相差一个或几个倒格矢时，就满足衍射加强条件。

1.4.3 反射公式

先考虑 $n=1$ 的情形。式(1.4.6)表示 $\boldsymbol{k}_0$、$\boldsymbol{k}$ 和 $\boldsymbol{K}_h$ 三矢量围成一个$\triangle OAB$，如图 1.4.2(a)所示。因为$|\boldsymbol{k}|=|\boldsymbol{k}_0|=\dfrac{2\pi}{\lambda}$，三角形是等腰的，因此顶角$\angle AOB$($\boldsymbol{k}_0$ 和 $\boldsymbol{k}$ 间的夹角)的平分线必垂直于底边 $AB(\boldsymbol{K}_h)$，如图 1.4.2(a)中的虚线所示。而 $\boldsymbol{K}_h$ 垂直于晶面$(h_1h_2h_3)$，虚线就代表此晶面的位置。这样，式(1.4.6)又把衍射的加强条件更为形象地表达出来，即 $\boldsymbol{k}$ 可认为是 $\boldsymbol{k}_0$ 经过晶面$(h_1h_2h_3)$的反射而成(见图 1.4.2(b)中的矢量 $\boldsymbol{k}_0$ 经过反射后得 $\boldsymbol{k}$)；衍射极大的方向恰是晶面族的反射方向，所以衍射的加强条件就可转换为晶面的反射条件。

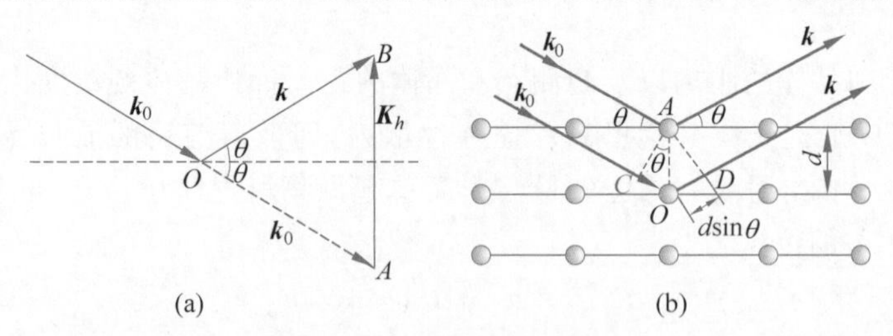

图 1.4.2 布拉格反射

对于 $n>1$ 的情形，只要将$\triangle OAB$ 中的 AB 边对应的$\boldsymbol{K}_h$ 换成$n\boldsymbol{K}_h$ 即可，$n\boldsymbol{K}_h$ 仍垂直于晶面$(h_1h_2h_3)$，所以上述结论不变。

再考虑量值关系：由于$\triangle OAB$ 是等腰三角形，由等腰三角形的性质可得

$$|AB|=2|OA|\sin\theta \tag{1.4.7}$$

即

$$n|\boldsymbol{K}_h|=2|\boldsymbol{k}_0|\sin\theta=2\frac{2\pi}{\lambda}\sin\theta \tag{1.4.8}$$

倒格矢大小与晶面间距的关系满足$|\boldsymbol{K}_h|=\dfrac{2\pi}{d_h}$，因此，结合式(1.4.8)得

$$n\frac{2\pi}{d_h}=2\frac{2\pi}{\lambda}\sin\theta \tag{1.4.9}$$

即

$$2d_h\sin\theta=n\lambda \tag{1.4.10}$$

式中，d_h 是晶面族$(h_1h_2h_3)$的面间距，n 是衍射级数。这就是我们熟知的布拉格(Bragg)反射条件。

1.4.4 反射球

下面从式(1.4.6)引出一个重要的概念，即所谓反射球的概念，把晶格的衍射条件和衍射照片上的斑点直接地联系起来。

先考虑一级反射($n=1$)，$\boldsymbol{k}-\boldsymbol{k}_0=\boldsymbol{K}_h$，而 $\boldsymbol{K}_h$ 的两端都是倒格点。因为$|\boldsymbol{k}|=|\boldsymbol{k}_0|=2\pi/\lambda$，在 $\boldsymbol{K}_h$ 的两端的倒格点，自然就落在以 $\boldsymbol{k}$ 和 $\boldsymbol{k}_0$ 的交点 C(不一定是倒格点)为中心、以 $2\pi/\lambda$ 为半径的球面上，如图 1.4.3(a)所示。反过来说，落在球面上的倒格点满足式(1.4.6)，这些倒格点所对应的晶面族将产生反射，所以这样的球称为反射球。

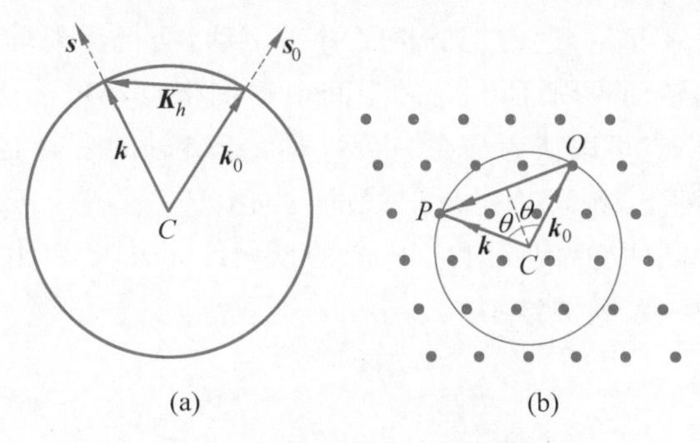

图 1.4.3 反射球示意图

(a) 反射球；(b) 反射球作图法

反射球的作法如下：如图 1.4.3(b)所示设入射线沿 CO 方向，取线段 $OC=2\pi/\lambda$，其中 λ 是所用单色 X 射线的波长。再以 C 为心，以 $CO=2\pi/\lambda$ 为半径所作的球就是反射球。若 P 是球面上一个倒格点，则 CP 就是以 OP 为倒格矢的一族晶面$(h_1h_2h_3)$的反射方向 $\boldsymbol{S}$，如图 1.4.3(b)所示。同样，设想球面上另有一倒格点 Q(图中未曾画出)，则 CQ 代表以 OQ 为倒格矢的另一族晶面的反射方向。作反射球时要注意，参考点并不在球心 C，而是在倒格点 O 处(C 不一定是倒格点)。实际上可在倒格点阵中移动反射球，若有两个倒格点恰好在球面上，则就确定了一个 θ 值。这里所考虑的是一级反射($n=1$)，则自 O 和球面上一倒格点间的连线 OP 间不含倒格点。如果反射是二级的，则当中还含有一个倒格点。一族晶面是否可能同时产生不同的反射级呢？如果晶体不动，只有当 X 射线不是严格的平行光线，或者所用的波长不是单色时，才有可能产生多级反射。在实验中遇到的情况就是如此，所以照片上会同时出现多级反射。对于一定的晶面族，只有当 θ 和 λ 改变时，n 才会等于不同的整数，不同级的反射落在照片上不同之处。

再利用反射球来讨论晶体衍射的几种主要的方法：

在具体的衍射工作中，入射光的方向是固定的。如果晶体不动而入射光又是单色的，则能够落在反射球上面的倒格点，实际上很少，因而晶体所能产生的反射也很少。要增加反射的可能性，对于单晶体实际采用两种主要的方法：一种方法是晶体固定不动，用X射线的连续谱，这种方法就是通称的劳厄法；另一种方法是用单色的标识谱线，转动晶体，这就是常用的转动单晶法。如果在晶体转动的同时，又用未经过滤的多色的入射线，这也是可以的，但由于照片上的斑点过多，不便于分析，实际上不采用。

1. 劳厄法

所用的X射线是连续谱。连续谱有一最小的波长限$\lambda_{极小}$，长波在理论上是无限制的，但实际上容易被吸收(如被X射线管上窗玻璃吸收)，长波也有一定的$\lambda_{极大}$，所以使用的波长介于$\lambda_{极小}$和$\lambda_{极大}$之间。对应于$\lambda_{极小}$的反射球的半径最大；而对应于$\lambda_{极大}$的反射球的半径最小。于是，对应于$\lambda_{极小}$和$\lambda_{极大}$之间的任一波长的反射球介于这两个反射球之间，所有反射球的球心都在入射线方向上，如图1.4.4所示，图中阴影部分的倒格点和各球心的连线都表示晶体可以产生的反射的方向。这是劳厄法的基本原理。

2. 转动单晶法

这里所用的X射线是单色的，反射球就只有一个。但是由于晶体转动，倒格子空间和反射球相对转动(见图1.4.5)。当倒格点落在球面上时，就产生某一可能的反射，所以反射的可能性足够多。为确定起见，通常把倒格子看作不动，而把反射球看作绕通过O的某一轴转动。反射球绕转轴转动一周，所包含的空间中的倒格点都可能产生反射。由于倒格子的周期性，所有这些倒格点可以认为都在一系列垂直于转轴的平面上，每当这些平面上的倒格点(如P点)落在球面上，则可确定反射线的方向CP。注意，CP只是确定反射线的方向。实际的反射线通过晶体O，因而对应于P的反射线是从O引出而平行于CP的直线。这就构成以转轴为轴的一系列圆锥。

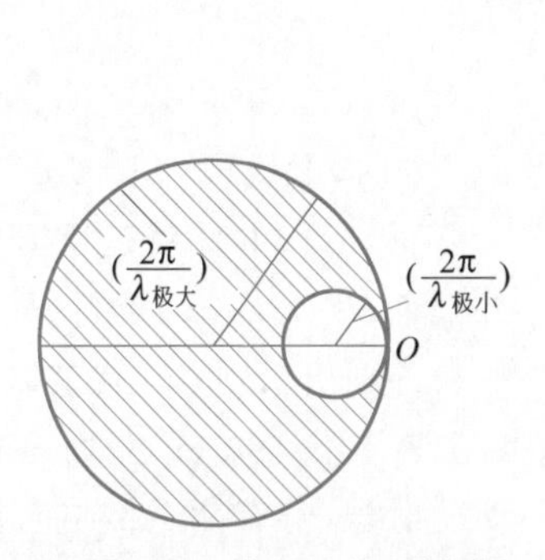

图1.4.4 劳厄法的反射球

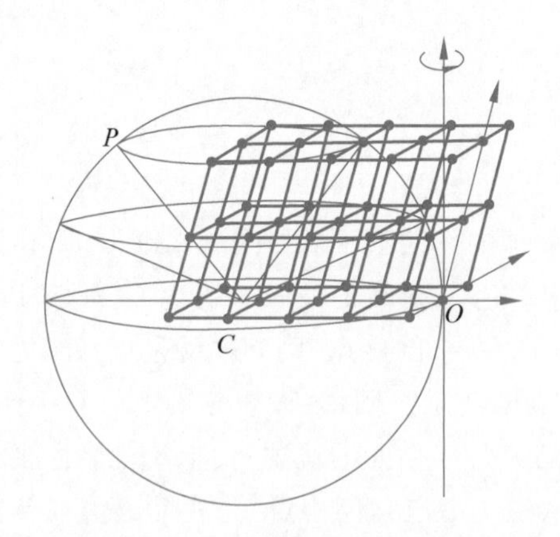

图1.4.5 转动单晶法的反射球

如果照片卷成以转轴为轴的圆筒，则当照片摊平后，反射线和照片的交线就是一些平行的直线，即衍射斑点形成一系列的直线。如果转轴不是任意的而是晶轴，则这些照片上斑点的分布规律就特别有意义。例如，对于正交系的晶体，如以$\boldsymbol{a}$轴为转轴，同$\boldsymbol{a}$轴相应的倒格子基矢$\boldsymbol{b}$的方向也与转轴重合，所以对应于晶面族$(0kl)$，$(1kl)$，$(2kl)$，…，(hkl)的倒格点就分别在垂直于转轴的平面上，这样，照片上的平行线的间距就和晶体基矢(晶格常数)有着简单的比例关系。所以用转动单晶法很容易决定基矢和原胞。

以上是就单晶体的衍射而言的，实际上大多数材料(如金属、合金)是多晶体。所谓多晶体，是指由许多微细的小单晶构成的晶态物质。这些微晶体相互之间的排列往往是杂乱的。

由于在为数众多的微晶体内，同一族晶面的空间取向是多种多样的，虽然采用单色的入射线，并且晶面固定不动，反射条件还是容易满足的。这就是通称的粉末法(或德拜法)。经过改进和发展，这种方法的特点是能够很精确地决定晶格常数，对于合金的组分"相"的分析，以及对于研究复式格子的原胞结构有重大的作用。

视频

1.5 晶体的结合

粒子结合为晶体有几种不同的基本形式。晶体结合的基本形式与晶体的几何结构和物理、化学性质都有密切的联系，因此是研究晶体的重要基础。下面介绍晶体的基本结合形式。

一般晶体的结合，可以概括为离子性结合、共价结合、金属性结合和范德华结合四种不同的基本形式。我们进一步讨论元素和化合物晶体的结合时将看到，实际晶体的结合是以这四种基本结合形式为基础的，但是，可以具有复杂的性质。不仅一个晶体可以兼有几种结合形式，而且由于不同结合形式之间存在一定的联系，实际晶体的结合可以具有两种结合之间的过渡性质。

1.5.1 离子性结合

离子性结合的晶体称为离子晶体或极性晶体。最典型的离子晶体就是周期表中IA族的碱金属元素Li、Na、K、Rb、Cs和ⅦA族的卤族元素F、Cl、Br、I之间形成的化合物。

这种结合的基本特点是以离子而不是以原子为结合的单元，例如，NaCl晶体是以Na^+和Cl^-为单元结合成的晶体。它们的结合就是靠离子之间的库仑吸引作用。虽然同电性的离子之间存在着排斥作用，但由于在离子晶体的典型晶格(如NaCl晶格、CsCl晶格)中，正负离子相间排列，使每种离子以异号的离子为近邻，因此，库仑作用总的效果是吸引的。

典型的离子晶体如NaCl，正负离子的电子都具有满壳层的结构。库仑作用使离子聚合起来，但当两个满壳层的离子相互接近到它们的电子云发生显著重叠时，就会产生强烈的排斥作用。电子云的动能正比于(电子云密度)$^{2/3}$，相邻离子接近时发生电子云重叠使电子云密度增加，从而使动能增加，表现为强烈的排斥作用。实际的离子晶体便是在邻近离子间的排斥作用增强到和库仑吸引作用相抵而达到平衡。

离子性结合要求正负离子相间排列，因此，在晶格结构上有明显的反映。NaCl和CsCl结构便是两种最简单和最常见的离子晶体结构。

1.5.2 共价结合

以共价结合的晶体称为共价晶体或同极晶体。

共价结合是靠两个原子各贡献一个电子，形成所谓共价键。氢分子是靠共价键结合的典型例子。实际上，共价键的现代理论正是由氢分子的量子理论开始的。根据量子理论，两个氢原子各有一个电子在1s轨道上，可以取正自旋或反自旋，两个原子合在一起时，可以形成两个电子自旋取向相反的单重态，或自旋取向相同的三重态，如图1.5.1所示为单重态和三重态的电子云分布(图示为等电子云密度线)。单重态中，自旋相反的电子在两个核之间的区域有较大的密度，在这里它们同时和两个核有较强的吸引作用，从而把两个原子结合起来。这样一对为两个原子所共有的自旋相反配对的电子结构称为共价键。

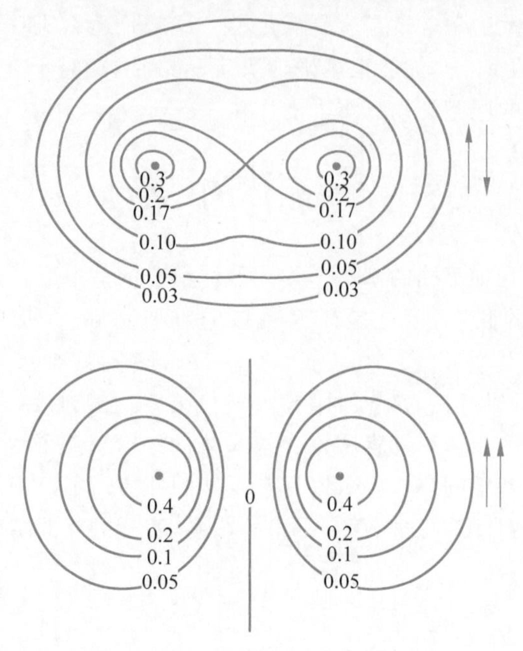

图 1.5.1　H_2 分子中电子云的等密度线图

共价结合有两个基本特征：饱和性和方向性。

饱和性指一个原子只能形成一定数目的共价键，因此，依靠共价键只能和一定数目的其他原子相结合。共价键只能由所谓未配对的电子形成。可以用氢原子和氦原子的对比来说明，氢原子在 1s 轨道上只有一个电子，自旋可以取任意方向，这样的电子称为未配对的电子，而在氦原子中，1s 轨道上有两个电子。根据泡利原理，它们必须具有相反的自旋，这样自旋已经“配对”的电子便不能形成共价键。根据这个原则，价电子壳层如果不到半满，所有价电子都是不配对的，因此，能形成共价键的数目与价电子数目相等；当价电子壳层超过半满时，由于泡利原理，部分电子必须自旋相反配对，所以能形成的共价键数目少于价电子的数目。

方向性指原子只在特定的方向上形成共价键。根据共价键的量子理论，共价键的强弱决定于形成共价键的两个电子轨道相互交叠的程度，因此，一个原子是在价电子波函数最大的方向上形成共价键。例如，在 p 态的价电子云具有哑铃的形状，因此，便是在对称轴的方向上形成共价键。

金刚石中的共价键如图 1.5.2 所示。金刚石中的碳原子有 4 个价电子，一个碳原子可以和邻近的四个碳原子形成 4 个共价键。它们处在四面体的顶角方向。

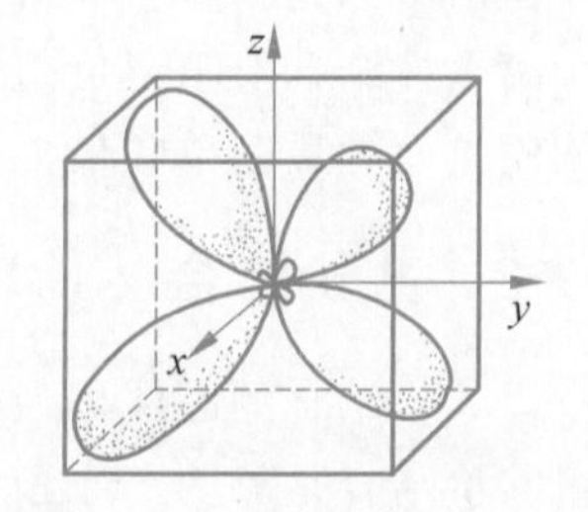

图 1.5.2　金刚石中的共价键

硅单晶和锗单晶也都是共价晶体，它们与金刚石晶格结构相同。随着半导体材料的发展，发现最好的半导体往往主要是以共价键为基础的，从而推进了对共价结合的了解。

1.5.3　金属性结合

金属性结合的基本特点是电子的“共有化”，也就是说，在结合成晶体时，原来属于各原子的价电子不再束缚在原子上，而转变为在整个晶体内运动，它们的波函数遍及整个晶体。这样，在晶体内部，一方面是由共有化电子形成的负电子云；另一方面是浸在这个负电子云中的带正电的各离子实。这种情况如图 1.5.3 所示。晶体的结合主要是靠负电子云和正离子实之间的库仑相互作用。显然体积越小，负电子云越密集，库仑相互作用的库仑能越低，表明把原子聚合起来的作用越弱。晶体的平衡是依靠一定的排斥作用与以上库仑吸引作用相抵。排斥作用有两个来源：当体积缩小，共有化电子密度增加的同时，它们的动能将增加；另外，当离子实相互接近到它们电子云发生显著重叠时，也将和在离子晶体中一样，产生强烈的排斥作用。

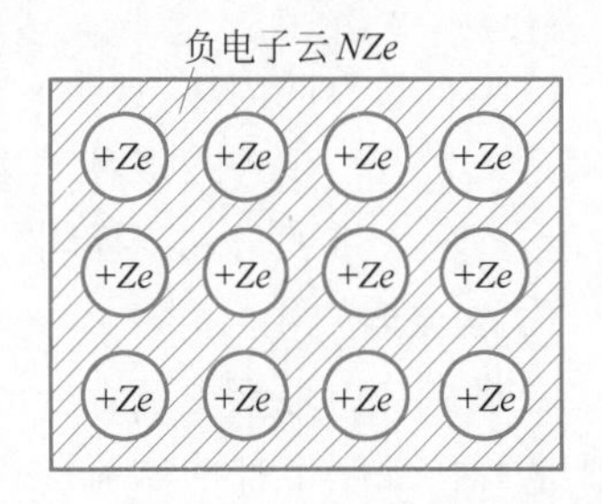

图 1.5.3 金属中价电子的共有化

我们所熟悉的金属的特性，如导电性、导热性、金属光泽，都是和共有化电子可以在整个晶体内自由运动相联系的。

金属性结合和前两种结合对比，还有一个重要的特点，就是对晶格中原子排列的具体形式没有特殊的要求。金属结合可以说首先是一种体积的效应，原子越紧凑，库仑能就越低。由于以上原因，很多的金属元素采取面心立方或六角密排结构，它们都是排列最密集的晶体结构，配位数(近邻的数目)都是 12。体心立方也是一种比较普通的金属结构，也有较高的配位数 8。

金属的一个很重要的特点是一般都具有很大的范性，可以经受相当大的范性形变，这是金属广泛作为机械材料的一个重要原因。正是由于金属结合对原子排列没有特殊的要求，所以比较容易造成排列的不规则性。

1.5.4 范德华结合

在上述几种结合中，原子价电子的状态在结合成晶体时，都发生了根本性的变化：在离子晶体中，原子首先转变为正负离子；在共价晶体中，价电子形成共价键的结构；在金属中，价电子转变为共有化电子。范德华(Van der Waals)结合则往往产生于原来具有稳固的电子结构的原子或分子之间，如具有满壳层结构的惰性气体元素，或价电子已用于形成共价键的饱和分子。它们结合为晶体时基本上保持着原来的电子结构。

简单来讲，范德华结合是一种瞬时的电偶极矩的感应作用。可以结合图 1.5.4 两个原子的示意图定性说明产生这种作用的原因。图 1.5.4(a)和 1.5.4(b)分别表示电子运动中两个典型的瞬时状况。很容易看到，图 1.5.4(a)的库仑作用能为负，图 1.5.4(b)的库仑作用能为正，但根据统计，图 1.5.4(a)的情况出现的概率将略大于图 1.5.4(b)的情况，因此统计平均吸引作用将占优势。由于这个缘故，尽管两个原子都是中性的，但是将产生一定的平均吸引作用，这就是范德华吸引作用。

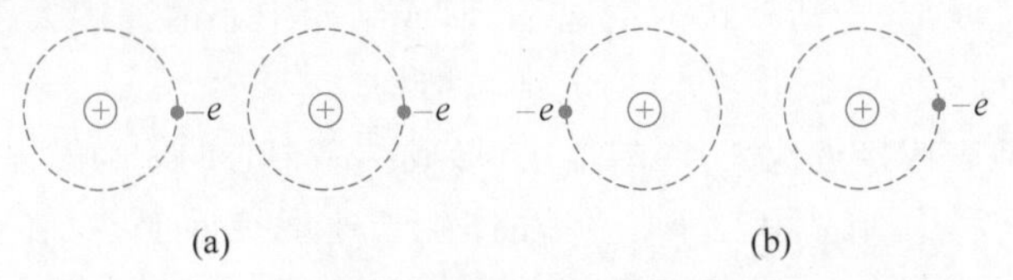

图 1.5.4 分子晶体中瞬间电偶极矩的产生(示意图)

*1.6 晶体生长简介

1.6.1 自然界的晶体

说起自然界的固体,或许首先想到的是岩石,在大山之中、陆地深处或海洋底部,到处都是岩石。岩石是一种或多种矿物的集合体,它是构成地壳的基本部分。按其成因分为三大类,即岩浆岩、沉积岩和变质岩。

1. 岩浆岩

岩浆岩是由地壳内部上升的岩浆侵入地壳或喷出地表冷凝而成的,又称火成岩。岩浆主要来源于地幔上部的软流层,那里温度高达1300℃,压力约为数千个大气压,使岩浆具有极大的活动性和能量,按其活动又分为喷出岩和侵入岩:喷出岩是在岩浆喷出地表的条件下形成,侵入岩是未达到地表的岩浆冷凝而成的岩石。

2. 沉积岩

各种外力作用形成的岩石,都属于沉积岩,其中以经海、河、湖等流水搬运沉积形成的岩石为主。各种沉积物原来是松散的,在地质年代里,沉积物逐层堆积,较老的沉积物被较新的沉积物覆盖掩埋,上覆沉积物逐渐加厚,原来的沉积物逐渐被深埋,由于上覆沉积物的压力,原来的沉积物逐渐脱水、被压实,同时由于粒间水的溶解、沉淀作用,使颗粒互相胶结而固化成岩。

3. 变质岩

变质岩是变质作用形成的岩石,原来已存在的岩石,在特定的地质和物理化学条件下,矿物成分和组构发生变化,转化再造形成的岩石。变质作用的产生,可以是构造运动、岩石被埋深或者岩浆侵入等引起的,它是地壳演化的一定阶段,某些地段温度、压力升高的结果。在变质作用过程中,原有矿物会重新结晶形成较大的晶体,或者被分解重新组合形成新的矿物,如黏土矿物在温度、压力升高时可变为云母。

岩石中的矿物晶体有大有小,用肉眼或放大镜即可看出晶体颗粒的结构称为显晶质结构;晶粒小于0.1mm,岩石呈致密状,矿物颗粒用显微镜才能辨别的结构称为隐晶质结构。结晶程度主要决定于岩石的形成环境和成分。以岩浆岩为例,岩浆在地表或地下不同深度冷凝时,因温度、压力等条件不同,即使是同样成分的岩浆所形成的岩石,也具有不同的结构特征。一般来说,矿物都是在过冷区域,即低于其熔点若干度的条件下结晶的。如果冷却缓慢,过冷度小,有充分的时间结晶,则结晶好;反之,则结晶不好或形成玻璃。下面以岩浆岩的结晶情况为例对此进行说明。

(1) 岩浆在地壳深部,冷却缓慢,晶体生长速度大于形成结晶中心的速度。因此,围绕少数结晶中心晶体迅速生长,形成粗粒结构。

(2) 岩浆在地壳浅部,冷却较快的情况下,形成结晶中心的速度大于晶体生长速度,围绕大量结晶中心形成大量的细小晶体,构成细粒结构。

(3) 岩浆喷出地表或接近地表,冷却很快,形成结晶中心的能力及晶体生长速度都大为减弱,但前者仍大于后者,结晶中心非常多,晶体生长速度接近于零,结晶能力很弱,形成微晶、隐晶、霏细或半晶质结构。

(4) 冷却极快的情况下，几乎不形成结晶中心，更谈不上晶体生长，因而形成玻璃质结构。

按岩石中矿物的结晶程度可分为全晶质结构、半晶质结构和玻璃质(非晶质)结构，如图 1.6.1 所示。

虽然在自然条件下要长成大块的优质晶体是困难的，但大自然在亿万年间还是造就了许多美丽绚烂、惹人喜爱的晶体。有在山洞中形成的各种各样的美丽的水晶，制作珠宝首饰的各种钻石、蓝宝石等，还有黄铁矿、磁铁矿、菱锰矿、金红石等矿物晶体。这里特别提一下方解石，顾名思义，方解石被敲破以后，块块方解，因此得名。这番解释说明了方解石的解理特性，敲击方解石，其碎块均呈菱面体样的块状形态。透明的方解石——冰洲石，是一种十分重要的光学材料，常用来加工分光棱镜和偏振棱镜。方解石是非常常见的矿物，我们常见的钟乳石都是由它们组成的，只是结晶的颗粒非常细小，显示不出“块块方解”的性质而已。

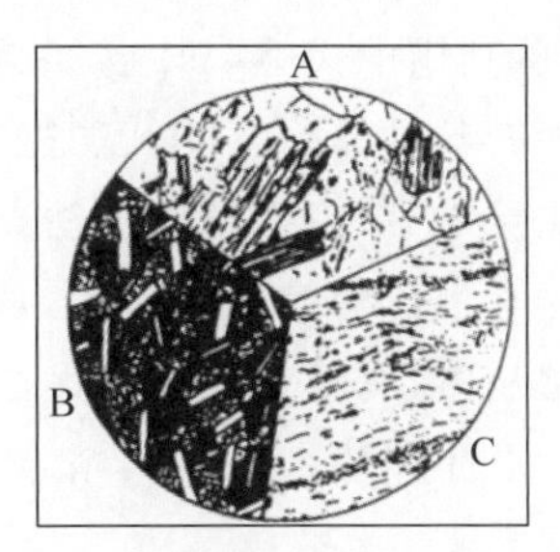

图 1.6.1　岩浆岩的结晶程度(显微镜下)

A—全晶质结构；B—半晶质结构；C—玻璃质(非晶质)结构

除各种矿物晶体、天然宝石、玉石之外，还有多种其他的天然晶体。雪花是人们最熟悉的天然晶体之一，有着千变万化的美丽的形态，如图 1.6.2 所示。仪态万千的雪花是纯粹天然的杰作，每一朵雪花内，都有一粒灰尘作为其晶体生长的种子。1611 年开普勒(Kepler)发表的《论六角形雪花》对雪花形态进行了科学思考。他通过观察与对比，发现所有雪花形态总体上都是六方对称的，但每片雪花形态细节变化多样。海水晒干形成的盐也是晶体，我国有盐田 37.6 万公顷①，年产海盐 1500 万吨左右。由岩石风化而成的泥土、沙子等也是晶体。这可以通过高分辨显微镜来进行观察。很多动植物，在生长过程中会形成各种各样的晶体，例如，大象的牙齿，可以作为高档工艺品原料，象牙本身就是由多晶体组成。珊瑚虫死亡后，其骨骼一代代堆积起来会形成美丽的珊瑚礁，同样也属于晶体的范畴。可以说，晶体无处不在，只不过日常不被人注意。

图 1.6.2　形态各异的雪花

① 1 公顷$=10^4$ 平方米。

自然界中的各种天然晶体，为生活应用、科技发展以及军事工业等做出了巨大的贡献。但是，随着科技进步和社会发展，人们对于功能晶体需求的数量越来越大，对于功能晶体性能要求也越来越高，自然界中出产的各种天然晶体逐渐不能满足人们的要求。这是因为，首先天然晶体作为地球亿万年来逐渐积累的自然资源，其储量是有限的，经过长时间的开采利用，可利用的天然晶体已经越来越少。其次，由于自然条件的自发性，天然晶体不可避免有较多的各种缺陷影响其功能，其纯净度和单晶性远不能和实验室或工厂中生产的人工晶体相比。最后，由于在地球演化过程中，条件属于自然条件，不可能生长出那些只有极端条件下才能生长的晶体。因此，从实验室中利用各种材料的组合，并尝试不同的生长条件来探索新型晶体，有着天然晶体无法比拟的优势，并且可以生长出地球上不存在的高性能晶体。

下面介绍人工生长晶体的一些方法。

1.6.2 溶液中生长晶体

人工生长晶体过程中，从溶液中生长晶体过程的最关键因素是控制溶液的过饱和度。根据晶体的溶解度与温度系数，从溶液中生长晶体的具体方法有以下几种。

1. 降温法

降温法是溶液中培养晶体的一种最常用的方法。这种方法适用于溶解度和温度系数都较大的物质，并需要一定的温度空间。基本原理是利用物质较大的正溶解度温度系数，在晶体生长过程中逐渐降低温度，使析出的溶质不断在晶体上生长。

2. 流动法

流动法生长晶体装置一般由3部分组成：生长槽C、溶解槽A和过热槽B，如图1.6.3所示。B槽的温度高于A槽，而A槽的温度又高于C槽。A槽中过剩的原料在不断地搅拌下溶解，使溶液在高于C槽的温度下饱和，然后经过滤器进入过热槽B。过热槽B的温度一般高于生长槽C的温度5～10℃，这样可以充分溶解从溶解槽A流入的微晶，以提高溶液的稳定性。经过过热后的溶液用泵打入生长槽C，C槽的溶液是过饱和的，保证晶体生长有一定的驱动力。由于晶体的生长，从而使变稀的溶液流回到溶解槽溶解原料，使溶液重新达到饱和。溶液如此循环流动，晶体不断生长。

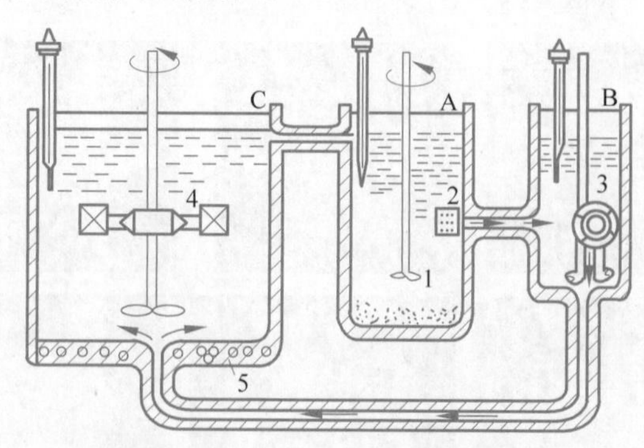

图1.6.3 循环流动育晶装置

1—原料；2—过滤器；3—泵；4—晶体；5—加热电阻丝

3. 蒸发法

蒸发法的基本原理是将溶剂不断蒸发移去，而使溶液保持在过饱和状态，从而使晶体不断生长。这种方法比较适用于溶解度较大而其温度系数很小或是具有负温度系数的物质。蒸发法和流动法一样，晶体生长也是在恒温下进行的。不同的是流动法用补充溶质，而蒸发法用移去溶剂来造成过饱和度。

4. 电解溶剂法

电解溶剂法是从溶液中生长晶体的一种独特的方法，其原理基于用电解法分解溶剂，以除去溶剂，使溶液处于过饱和状态。显然这种方法只能应用于溶剂可以被电解而其产物很容易自溶液中移去(如气体)的体系，同时还要求所培养的晶体在溶液中能导电而不被电解，因此，这种方法特别适用于一些稳定的离子晶体的水溶液体系。

5. 凝胶法

凝胶法也称扩散法或化学反应法。它是以凝胶(最常用的是硅胶)作为扩散和支持介质，使一些在溶液中进行的化学反应，通过凝胶扩散缓慢进行，使溶解度较小的反应产物在凝胶中逐渐形成晶体。对于不同晶体的生长，可选择不同的容器，一般多采用玻璃试管或U形管。这种方法的生长过程是将两种可溶性的反应物扩散到一份凝胶中，胶状结构提供了离子扩散的理想介质，并可以用来使离子彼此隔离直至发生所需要的反应。最终形成一种非溶性的结晶反应产物而在凝胶中析出。

1.6.3　水热法生长晶体

水热法生长晶体的方法主要有温差法、降温法(或升温法)及等温法等，这些方法都是通过不同的物理化学条件使生长系统内的液体获得适当的过饱和状态而结晶。降温法是依靠体系缓慢降温来获得过饱和的，由于降温范围和溶解度温度系数的限制，生长大晶体需要经过多次降温的过程，反复操作很不方便，同时也影响晶体的质量。等温法基于欲生长的晶体与所用原料的溶解度不同而形成过饱和来生长晶体，这种方法随着原料的同晶型化，两者溶解度逐渐相近而会使生长速率趋于零，也不宜生长大的晶体。目前普遍采用的温差法，它是依靠容器内的溶液维持温差对流而形成过饱和状态的，这样可以根据需要经数周以至上百天稳定的连续生长，并且可以根据原料与籽晶的比例，通过缓冲器和加热带来调整温差。

1.6.4　熔体中生长晶体

从熔体中生长晶体是制备大单晶和特定形状的单晶最常用的和最重要的一种方法，电子学、光学等现代技术应用中所需要的单晶材料，大部分是用熔体生长方法制备的。当一个结晶固体的温度高于熔点时，固体就熔化为熔体；当熔体的温度低于凝固点时，熔体就凝固成固体，熔体生长过程只涉及固-液相变过程，这是熔体在受控制的条件下的定向凝固过程。熔体生长的目的是得到高质量的单晶体，为此，首先要在熔体中形成一个单晶核(引入籽晶，或自发成核)，然后在晶柱和熔体的交界面上不断进行原子或分子的重新排列而形成单晶体。只有当晶核附近熔体的温度低于凝固点时，晶核才能继续发展。

熔体生长的方法有多种，根据熔区的特点可分为正常凝固法与逐区熔化法。正常凝固法的特点是在晶体开始生长的时候，全部材料处于熔态(引入的杆晶除外)，在生长过程中，材料体系由晶体和熔体两部分组成，生长过程是以晶体长大和熔体逐渐减少而告终。而逐区熔化法的特点是固体材料中只有一小段区域处于熔态，材料体系是由晶体、熔体和多晶原料三部分组成，体系中存着两个固-液界面，其中一个界面上发生结晶过程，而另一个界面上发生多晶原料的熔化过程，熔区向多晶原料方向移动，尽管熔区的体积不变，实际上是不断地向熔区中添加材料，生长过程将以晶体长大和多晶原料耗尽而告终。具体的操作方法有以下几种。

1. 提拉法

将预先合成好的多晶原料装在坩埚中，并被加热到原料的熔点以上，此时，坩埚内的原料就熔化成熔体。在坩埚的上方有一根可以旋转和升降的提拉杆，杆的下端带有一个夹头，其上装有籽晶。降低提拉杆，使籽晶插入熔体中，只要温度合适，籽晶既不熔掉也不长大，然后缓慢地向上提拉和转动晶杆。同时，缓慢地降低加热功率，籽晶就逐渐长粗，小心地调节加热功率，就能得到所需直径的晶体。

2. 泡生法

这种方法是将一根受冷的籽晶与熔体接触，如果界面的温度低于凝固点，则籽晶开始生长。为了使晶体不断长大，就需要逐渐降低熔体的温度，同时旋转晶体，以改善熔体的温度分布。也可以缓慢地(分阶段地)上提晶体，以扩大散热面。晶体在生长过程中或生长结束时不与坩埚壁接触，这就大幅减少了晶体的应力。

3. 坩埚移动法

坩埚移动法也称 B-S 法，特点是让熔体在坩埚中冷却而凝固。凝固过程虽然都是由坩埚的一端开始而逐渐扩展到整个熔体，但方式不同。坩埚可以垂直放置，熔体自下而上凝固，或自上而下凝固。一个籽晶插入熔体上部，这样，在生长初期，晶体不与坩埚壁接触，以减少缺陷；也可以水平放置(使用“舟”形坩埚)。凝固过程可通过移动固-液界面来完成，移动界面的方式是移动坩埚或移动加热炉或降温均可。

4. 热交换法

该方法的实质是熔体在坩埚内直接凝固。它与坩埚移动法的区别是在这种方法中，坩埚不作任何方向的移动。整个晶体生长过程分两个阶段进行，即成核阶段和生长阶段。在这个过程中晶体生长的驱动力来自固-液界面上的温度梯度。

5. 冷坩埚法

冷坩埚法是无坩埚技术的一种。某些材料当熔点极高或化学活性很强时，则找不到适合的坩埚材料，此时可以用原料本身的外壳作为“坩埚”，由外部冷却系统使其保持较低温度，处于凝固状态，而坩埚内的原料则被加热成熔体。

6. 水平区熔法

该方法与 B-S 法大体相似，不过此法的熔区被限制在一个狭小的范围内，绝大部分的材料处于固态。随着熔区沿着料锭由一端向另一端缓慢移动，晶体的生长过程也就完成。这种方法与 B-S 法相比，其优点是减小了坩埚对熔体的污染，并降低了加热功率。

7. 浮区法

这种方法也可以说是一种垂直的区熔法。生长的晶体和多晶棒之间会有一段熔区，该熔区由表面张力所支持。熔区自上而下，或自下而上移动，以完成结晶过程。该方法的主要优点是不需要坩埚，也由于加热不受坩埚熔点的限制，可以生长熔点极高的材料；生长出来的晶体沿轴向有较小的组分不均匀性，在生长过程中容易观察等。

8. 基座法

该方法与浮区法基本相同，熔区仍然由晶体和多晶原料来支撑。不同的是在此法中多晶原料棒的直径远大于晶体的直径。将一个大直径的多晶原料棒的上端熔化，降低籽晶，使其接触大部分溶体，然后向上提拉籽晶以生长晶体。

9. 焰熔法

原料的粉末在通过高温的氢氧火焰后熔化，熔滴在下落过程中冷却并在籽晶上固结逐渐生长形成晶体。

1.6.5　硅、锗单晶生长

硅、锗单晶属熔体中生长晶体，由于在半导体产业中运用较多，所以单独介绍硅、锗单晶生长方法。生长硅、锗单晶的方法很多，目前锗单晶主要用提拉法；硅单晶则常用提拉法与区熔法，这两种方法生长的硅单晶的优缺点列于表 1.6.1 中。这里主要介绍这两种方法的特点及工艺过程，最后对片状硅、锗单晶的生长方法进行一些介绍。

表 1.6.1　生长硅单晶两种方法的比较

项　目	提　拉　法	区　熔　法
工艺	有坩埚，一般为电阻加热	无坩埚，用高频加热
直径	能生产 ϕ200mm 以下单晶	能生产 ϕ150mm 以下单晶
纯度	碳、氧含量较高，纯度受坩埚污染的影响	纯度较高
少数载流子寿命	低	高
电阻率	适于生产低阻单晶，100Ω·cm 以上者难控制，径向、轴向电阻率分布不太均匀	能生产 200～300Ω·cm(N 型) 10^3～10^4Ω·cm(P 型) 掺杂工艺比提拉法复杂
位错密度	可生产无位错、底位错单晶	细籽晶法可生长无位错单晶，粗籽晶法位错较大
用途	做晶体管、二极管、集成电路等	做耐高压整流器、可控硅、探测器，也可做晶体管、集成电路

1. 提拉法

提拉法的生长过程在熔体生长中有所提及，下面介绍提拉法单晶生长工艺流程。提拉法单晶生长工艺流程如图 1.6.4 所示。在工艺流程中，最为关键的是"单晶生长"或称拉晶过程，它又分为润晶、缩颈、放肩、等径生长、拉光等步骤。

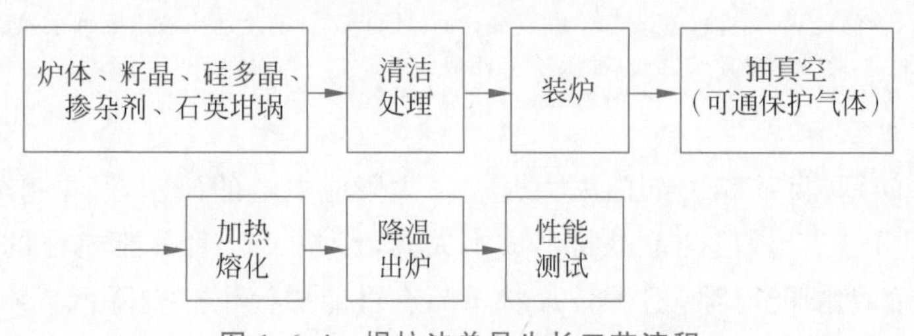

图 1.6.4　提拉法单晶生长工艺流程

当熔体温度稳定在稍高于熔点，将籽晶放在上面烘烤几分钟后将籽晶与熔体熔接，这一步称为润晶或下种；为了消除位错要将籽晶(晶体)拉细一段称为缩颈；之后要把晶体放粗到要求的直径称为放肩；有了正常粗细后就保持此直径生长称为等径生长；最后将熔体全部拉光。

在晶体生长过程中，为了保持单晶等径生长，控制的参数主要是拉速和加热功率。提高拉速、加热功率则使晶体变细；反之则使晶体加粗。现在已实现晶体直径自动控制技术。

提拉法目前已经成熟，它的标志是生产规模大；已有 ϕ200mm、重 60kg 以上的硅单晶；产品质量稳定并且实现了自动化生产，不仅减轻了生产劳动强度，而且能更好地保证单晶的质量。

2. 区熔法

区熔法生长单晶可分为水平区熔法和悬浮区熔法两种。水平区熔法适用于锗、锑化铟等与容器反应不太严重的体系；对于硅，则用悬浮区熔法制备硅单晶。

在区熔法制备成单晶中，往往是将区熔提纯与制备单晶结合在一起，能生长出质量较好的中高阻硅单晶。区熔法制单晶与提拉法相似，甚至拉制的单晶也很相像，其主要工艺流程如图 1.6.5 所示。但是硅区熔单晶也有其特有的问题，如高频加热线圈的分布、形状、加热功率、高频频率；拉制单晶过程中需要特别注意的一些问题，如硅棒预热、熔接、鼓棱等；以及为保证一定的单晶直径，上下轴的配合等。

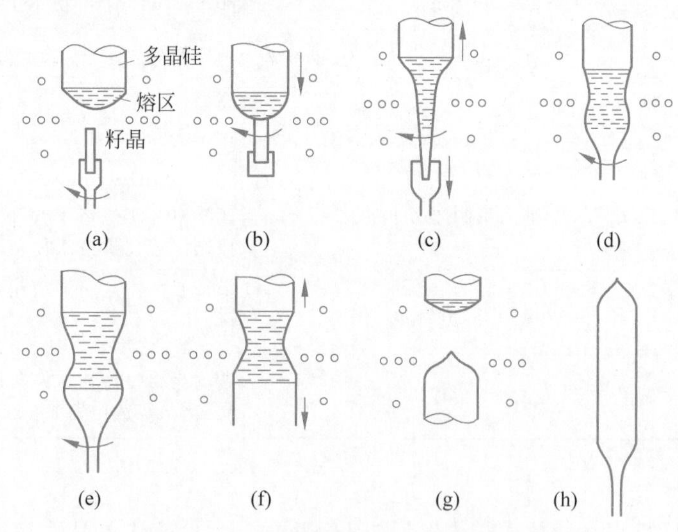

图 1.6.5 区熔鼓棱单晶生长示意图

(a) 将硅棒熔成半球；(b) 下压硅棒熔接籽晶；(c) 缩颈：籽晶硅棒同步下行轻拉上轴使熔区呈漏斗状；(d) 放肩：籽晶硅棒同步下行但上轴拉伸次数减少造成饱满不崩塌熔区；(e) 收肩合棱：熔区饱满梢下压上轴；(f) 等径生长：硅棒晶体同步运行通过适当拉压上轴来控制晶体直径；(g) 收尾：轻拉上轴使熔区逐步拉断最后凝成尖形；(h) 区熔鼓棱单晶外形

3. 片状锗、硅单晶

为解决能源问题，目前相关部门大力开展了太阳能电池的研制，其中硅太阳能电池研究得较成熟，应用也较广泛。但硅单晶材料成本太高，影响了硅太阳能电池的推广和发展，虽然出现非晶态硅的太阳能电池，但生长片状单晶有可能成为生产中降低成本、提高材料利用率的有效方法。

片状单晶制法主要有四种，第一种方法是枝蔓法和蹼状法，前者是在过冷的熔体中生长树枝状晶体，选取枝蔓籽晶与过冷熔体接触，可生长成两个平行的、具有孪晶结构的双晶薄片；蹼状法是以两枝枝蔓为骨架，在过冷熔体中迅速提拉，利用熔硅较大的表面张力，带出一个液膜，凝固后可得蹼状晶体，此法可生长宽 3～4cm 的晶片，生长速度可达 10cm/min，用此晶片做的太阳能电池效率在 10%～14%。第二种方法是斯杰哈诺夫法，用与熔硅不浸润的材料做模具，利用熔硅自身的重力挤压从模具间隙竖直向下拉出晶片。第三种方法是形状可控薄膜晶体生长法。形状可控薄膜晶体生长法使用一个可被熔硅浸润的模具，熔砖通过狭缝毛细管作用上升到模具顶形成液膜，再用籽晶引出成片状晶体，此法已拉出宽 10cm 以上，厚度只有 0.07cm、长 5m 以上的晶片，并且一次可以同时拉几片至十几片，此法生长速度也很快，在 5cm/min 以上，此法生长的硅晶片做成的太阳能电池效率最高达 12.3%，是一种很有前途的方法。第四种方法是横拉法。横拉法是利用坩埚内的熔硅表面张力形成一个凸起的弯月面，用片状籽晶在水平方向与熔硅熔接，利用氩或氦等惰性气体强制冷却造成与籽晶相接的熔体表面的过冷层用来进行生长，生长时放出的相变潜热则通过片状晶体耗散。此法的生长速度更快，生长单晶片时高于 40cm/min，生长多晶片时高于 85m/min。目前用此法已生长出宽 5cm、厚 0.04cm、长约 2m 的硅带，用此材料制作的太阳能电池效率可达 11%。横拉法经过改进后不但晶片厚度由原来 2～5mm 减薄到 0.4mm，而且提高了晶片质量和生长的重复比，是生长硅太阳能电池材料的好方法。

上述四种方法都是处在过冷度较大的状态下生长的，所以有以下优点：①晶体生长速度快；②由于快速生长，杂质来不及分凝，所以无分凝效应，杂质分布均匀；③利用相应模具和籽晶，可生长形状较复杂的管状、棒状晶体。

除上述四种方法以外，为了降低成本，近年来又出现了一些生长太阳能电池材料的方法，如硅浇铸法等，均能提供有一定转换效率(均在 10%以上)的太阳能电池材料。

习　题　1

1.1　晶体具有哪些宏观特征？这些宏观特征与晶体的微观结构有何联系？

1.2　题 1.2 图为一个二维的晶体结构，每个黑点代表一个化学成分相同的原子，请画出原胞和布拉菲点阵。

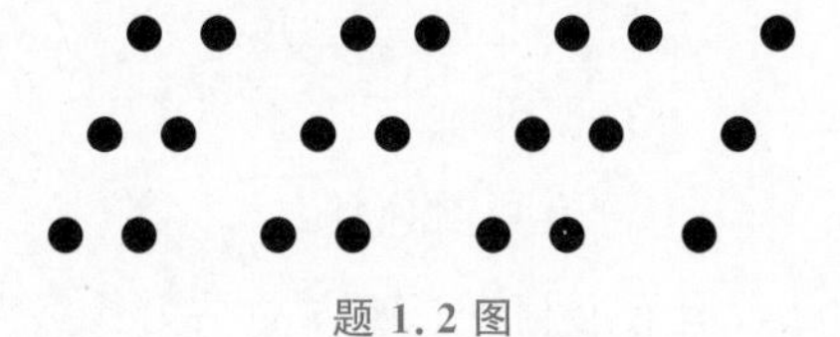

题 1.2 图

1.3　设晶格常数(立方体晶胞边长)为 a，问简单立方、面心立方、体心立方的最近邻和次近邻格点数各为多少？距离多大？

1.4　证明体心立方、面心立方的原胞体积分别为 $a^3/2$ 和 $a^3/4$。

1.5　设晶格常数为 a：

(1) 在 CsCl 晶体中，以某个 Cs^+ 离子为原点，写出离原点最近的 Cs^+ 离子和 Cl^- 离子的坐标。

(2) 在 NaCl 晶体中，以某个 Na^+ 离子为原点，写出离原点最近的 Na^+ 离子和 Cl^- 离子的坐标。

1.6 具有笛卡儿坐标(n_1,n_2,n_3)的所有点形成什么样的布拉菲点阵？如果

(a) n_i 全为奇数或者 n_i 全为偶数的点的集合；

(b) 满足 $\sum_i n_i$ 为偶数的点的集合。

1.7 将原子想象成钢球，钢球占有空间的比例 q 可作为原子排列是否紧密的量度，试计算简单立方、体心立方、面心立方、金刚石各对应的 q 值。

1.8 在面心立方和体心立方结构中，线原子密度最大的方向是什么晶向？面原子密度最大的晶面是哪族晶面？

1.9 试证：体心立方格子的倒格子为面心立方格子。

1.10 设原胞基矢 $\boldsymbol{a}_1$、$\boldsymbol{a}_2$、$\boldsymbol{a}_3$ 相互正交，求倒格子基矢。问什么情况下，晶面($h\ k\ l$)与晶轴[$h\ k\ l$]正交？

1.11 如果基矢 $\boldsymbol{a}_1$、$\boldsymbol{a}_2$、$\boldsymbol{a}_3$ 构成正交系，证明晶面族(h_1,h_2,h_3)的面间距为

$$d=\frac{1}{\sqrt{(h_1/a_1)^2+(h_2/a_2)^2+(h_3/a_3)^2}}$$

1.12 找出四方体($a=b\neq c$)和长方体($a\neq b\neq c$)的全部对称操作。

1.13 证明：如果晶体存在 n 度旋转对称轴，并与该轴垂直的方向有一个 2 度旋转对称轴，则在与 n 度轴垂直的平面内有 n 个 2 度轴。

1.14 设 OA 和 OB 都是晶体点阵的二重旋转轴，证明其夹角 θ 只能是 30°、45°、60°、90°。

1.15 证明：一个具有对称素 $\bar{3}$ 的物体必定具有对称素 3 和 $\bar{1}$；而一个具有对称素 $\bar{6}$ 的物体必定具有对称素 3 和 $\bar{2}$；反之亦然。

1.16 证明：如题 1.16 图所示，立方体绕立方轴 OA 转 $\pi/2$，接着再绕另一立方轴 OC 转 $\pi/2$，等价于绕 OS 转 $2\pi/3$。

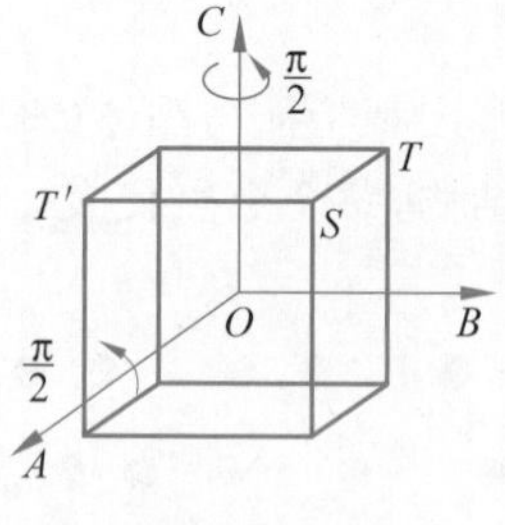

题 1.16 图

1.17 试分析立方晶系为什么没有底心格子；四方晶系为什么没有底心和面心格子。

1.18 试求金刚石结构中共价键之间的夹角。

1.19 问所有晶体结合类型是否都与库仑力有关？

第 2 章 晶格振动和晶体的缺陷

CHAPTER 2

AI 知识图谱

在第 1 章中，我们把组成晶体的粒子看作处在自己的平衡位置上，粒子严格按周期性排列着。实际上，晶体中的粒子并不是固定不动的，而是在平衡位置附近作振动。晶格振动对晶体的许多性质有重要的影响。例如，固体的比热、热膨胀、热导等热学性质直接与晶格振动有关，晶格振动与固体的力学、电学、光学性质等也都有关系，因此，对固体中粒子振动的研究是固体物理中的一个重要课题。

由于晶体内原子间存在着相互作用力，各个原子的振动也并非是孤立的，而是相互联系着的，因此在晶体中形成了各种模式的波。当振动甚为微弱时，原子间的相互作用可以用简谐近似，则不同模式是相互独立的。由于晶格的周期性条件，模式所取的能量值不是连续的而是分立的。对于这些既独立又分立的振动模式，可用一系列独立的简谐振子来描述。这些谐振子可以用声子的概念来描述，其性质和光子的情形相似。

晶体中的原子作微振动时，就破坏了周期性。此外，实际晶体中原子的排列总是或多或少地偏离了严格的周期性，形成了晶体结构中的缺陷。晶体中的各种缺陷破坏了晶体的周期性，影响着晶体的力学、热学、电学、光学等方面的性质，所以本章最后讨论晶体的缺陷。

2.1 晶格振动和声子

视频

2.1.1 一维单原子晶格的振动

考虑如图 2.1.1 所示的一维原子链。每个原子都具有相同的质量 m，平衡时原子间距为 a。由于热运动各原子离开了它的平衡位置，用 μ_n 代表第 n 个原子离开平衡位置的位移，第 n 个原子和第 $n+1$ 个原子间的相对位移是 $\mu_{n+1}-\mu_n$。下面先求由于原子间的相互作用，原子所受到的恢复力与相对位移的关系。

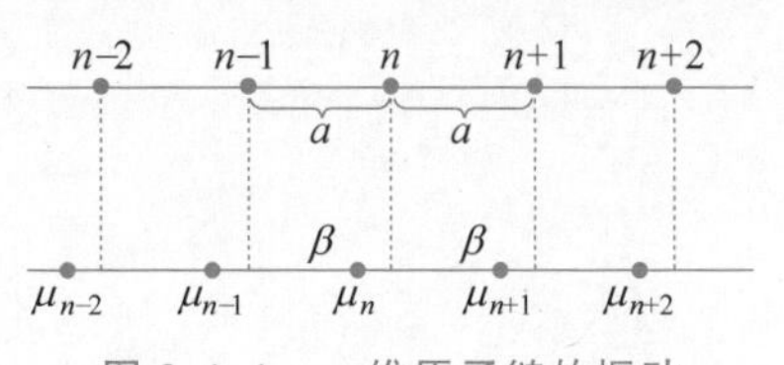

图 2.1.1 一维原子链的振动

设在平衡位置时，两个原子间的互作用势能是 $U(a)$，令 $\delta=\mu_{n+1}-\mu_n$，则产生相对位移后，相互作用势能变成 $U(a+\delta)$。将 $U(a+\delta)$ 在平衡位置附近用泰勒级数展开，得到

$$U(a+\delta)=U(a)+\left(\frac{\mathrm{d}U}{\mathrm{d}r}\right)_a\delta+\frac{1}{2}\left(\frac{\mathrm{d}^2U}{\mathrm{d}r^2}\right)_a\delta^2+\cdots \tag{2.1.1}$$

式中，r 表示两个原子之间的距离，首项为常数，一次项为零(因为在平衡时势能取极小值)。当 δ 很小，即振动很微弱时，势能展式中可只保留到 δ^2 项，则恢复力为

$$F=-\frac{\mathrm{d}U}{\mathrm{d}\delta}=-\left(\frac{\mathrm{d}^2U}{\mathrm{d}r^2}\right)_a\delta=-\beta\delta \tag{2.1.2}$$

这称为简谐近似。式(2.1.2)中的 β 称为恢复力常数，记为

$$\beta=\left(\frac{\mathrm{d}^2U}{\mathrm{d}r^2}\right)_a \tag{2.1.3}$$

如果只考虑相邻原子的相互作用，则第 n 个原子所受到的总作用力是

$$F_n=\beta(\mu_{n+1}-\mu_n)-\beta(\mu_n-\mu_{n-1})=\beta(\mu_{n+1}+\mu_{n-1}-2\mu_n)$$

第 n 个原子的运动方程可写成

$$m\frac{\mathrm{d}^2\mu_n}{\mathrm{d}t^2}=\beta(\mu_{n+1}+\mu_{n-1}-2\mu_n),\quad n=1,2,\cdots,N \tag{2.1.4}$$

对于每个原子，都有一个类似式(2.1.4)的运动方程，因此方程的数目和原子数相同。

式(2.1.4)的解可能有许多种，考虑最简单的解的形式，即各原子作振幅相同(设为 A)、角频率为 ω 的简谐振动，位移为

$$\mu_n=A\mathrm{e}^{\mathrm{i}(qna-\omega t)} \tag{2.1.5}$$

式中，na 是第 n 个原子的平衡位置的坐标，qna 表示第 n 个原子振动的位相因子。如果第 n' 个和第 n 个原子的位相因子之差($qn'a-qna$)为 2π 的整数倍时，有

$$\mu_{n'}=A\mathrm{e}^{\mathrm{i}(qn'a-\omega t)}=A\mathrm{e}^{\mathrm{i}(qna-\omega t)}=\mu_n$$

换言之，当第 n' 个和第 n 个原子的距离($n'a-na$)为 $2\pi/q$ 的整数倍时，原子因振动而产生的位移相等。也就是说，原子振动随空间呈周期性变化，空间周期 $\lambda=2\pi/q$。晶体中所有原子共同参与同一种频率的振动，不同原子的振动位相随空间呈周期性变化，这种振动以波的形式在整个晶体中传播，称为**格波**，如图2.1.2所示。显然，$\lambda=2\pi/q$ 是格波的波长，q 是格波的波矢。

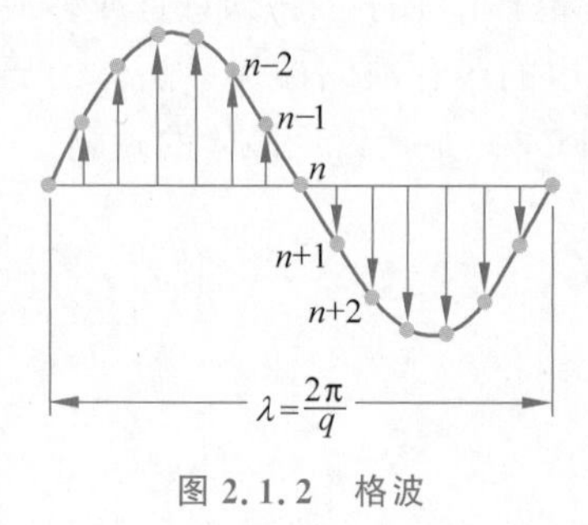

图2.1.2 格波

把式(2.1.5)代入运动方程组式(2.1.4)中，注意到 $\mu_{n\pm1}=\mathrm{e}^{\pm\mathrm{i}qa}\mu_n$，可得

$$m(-\mathrm{i}\omega)^2=\beta(\mathrm{e}^{\mathrm{i}qa}+\mathrm{e}^{-\mathrm{i}qa}-2)$$

所以

$$\omega^2=\frac{2\beta}{m}[1-\cos(qa)] \tag{2.1.6}$$

即

$$\omega=2\left(\frac{\beta}{m}\right)^{1/2}\left|\sin\left(\frac{qa}{2}\right)\right| \tag{2.1.7}$$

格波的波速 $v_p=\omega/q$，由式(2.1.7)看出，波速一般是波矢 q 或波长 λ 的函数。式(2.1.7)代表一维简单晶格中格波的色散关系。图2.1.3为式(2.1.7)所表示的 ω-q 关系，其中取 qa 介于$(-\pi,\pi)$区间。

格波不同于连续介质中的弹性波，其振动点的坐标(即原子的平衡位置 $x_n=na$)在空间是分列的，不同波矢的波动对这些分列点的振动描述可以完全相同。例如，对于一维简单

格子，若 $q'=q+\frac{2\pi}{a}$，由式(2.1.7)知对应的频率 $\omega'=\omega$，而位移 $\mu'_n=Ae^{i(q'na-\omega't)}=Ae^{i(qna+2\pi n-\omega t)}=\mu_n$，说明各原子的振动完全相同。

图 2.1.4 中，一个格波的波矢 $q=\frac{\pi}{2a}$，相应的波长 $\lambda=4a$；另一个格波的波矢 $q'=q+\frac{2\pi}{a}=\frac{5\pi}{2a}$，相应的波长 $\lambda'=\frac{4}{5}a$。两种格波描写的原子的位置是完全相同的，即任意时刻原子都处在两种波形线的交点处。因此，格波具有简约的性质，可将波矢限于一个周期范围，

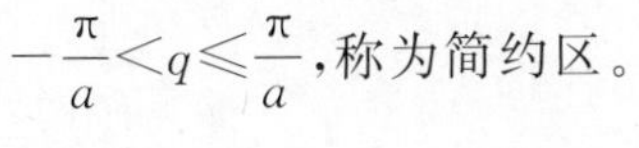

$-\frac{\pi}{a}<q\leqslant\frac{\pi}{a}$，称为简约区。

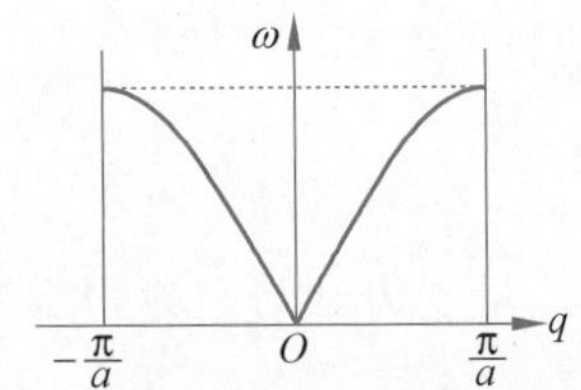

图 2.1.3　一维单原子链格波的色散关系

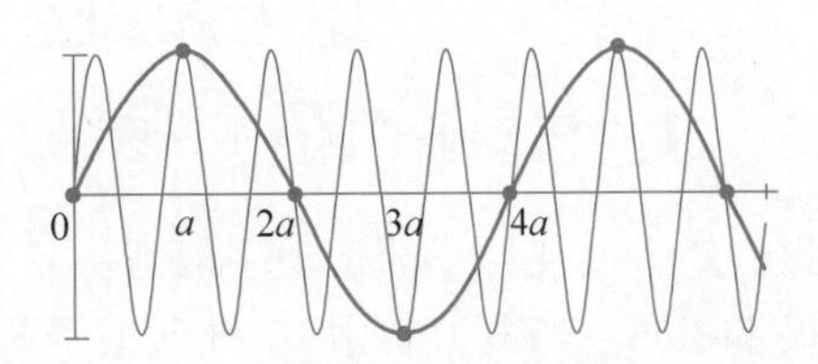

图 2.1.4　不同波矢对应的原子振动相同

2.1.2　周期性边界条件

上面讨论中忽略了边界效应。很显然边界上原子所处的情况与内部原子不同，边界处原子的振动状态应该和内部原子的有所差别。在前面的讨论中，我们没有考虑到这个边界问题，认为一维晶体是无限的。但实际晶体总是有限的，总存在着边界，而此边界对内部原子的振动状态总会有所影响。玻恩和卡门把边界对内部原子振动状态的影响考虑成如下所述的周期性边界条件：设想在一长为 Na 的有限晶体边界之外，仍然有无穷多个相同的晶体，并且各块晶体内相对应的原子的运动情况一样，即第 j 个原子和第 $tN+j$ 个原子的运动情况一样，其中 $t=1,2,\cdots$。这样设想的无限晶体中的原子和原来实际的有限晶体中的原子，两者所受到的相互作用势能却是有差别的。但是进一步的分析表明，由于原子间的作用主要是短程的，实际的有限晶体中只有边界上极少数原子的运动才受到相邻的假想晶体的影响。就有限晶体而言，绝大部分原子的运动实际上不会受到这些假想晶体的影响。

在上述假想的周期性边界条件下，对于一维有限的简单格子，第一个原胞的原子应和第 $N+1$ 个原胞的原子振动情况相同，即

$$\mu_1=\mu_{N+1} \tag{2.1.8}$$

而

$$\mu_1=Ae^{i(qa-\omega t)},\quad \mu_{N+1}=Ae^{i[q(N+1)a-\omega t]} \tag{2.1.8a}$$

因此

$$e^{iqNa}=1 \tag{2.1.8b}$$

要使式(2.1.8b)成立，必须有 $qNa=2\pi l$（l 为整数），即

$$q=2\pi l/(Na),\quad l\text{ 为整数} \tag{2.1.9}$$

即描写晶格振动状态的波矢 q 只能取一些分立的值。因为 q 可限于简约区，即 $-\frac{\pi}{a}<q\leqslant$

$\frac{\pi}{a}$，所以 l 限于 $-\frac{N}{2}<l\leqslant\frac{N}{2}$。由此可知，$l$ 只能取 N 个不同的值，因而 q 也只能取 N 个不同的值，这里 N 是原胞的数目。

周期性边界条件式(2.1.8)并没有规定振动量在边界上的值，但却反映了晶体大小是有限的这一基本特征，得出了波矢只能取分列值这样的结论，也就是说，只要晶体大小是有限的，则波矢取值就不是连续的。而且按式(2.1.9)，波矢取值只与宏观参量 $L=Na$（L 是晶体长度）有关，晶体长度相差若干晶格周期，对波矢取值影响甚微。

上面讨论的是一维单原子晶格情况，每个原胞只有一个原子。如果每个原胞有多个原子，或者原子不限于一维晶体，则一般的结论是：

$$\text{晶格振动波矢的数目}=\text{晶体原胞数} \tag{2.1.10}$$

$$\text{晶格振动模式的数目}=\text{晶体的自由度数} \tag{2.1.11}$$

2.1.3 晶格振动量子化 声子

我们知道微观粒子的运动一般需由量子理论来描写，量子力学与经典力学对谐振子的描写很不相同。经典力学中，一维谐振子的动能为

$$T=\frac{1}{2}m\dot{x}^2$$

势能为

$$U=\frac{1}{2}m\omega^2x^2$$

总能量为

$$E=T+U=\frac{1}{2}m\dot{x}^2+\frac{1}{2}m\omega^2x^2$$

在经典力学中，力学量取连续值。在量子力学中，力学量用算符表示，能量算符即哈密顿算符为

$$\hat{H}=\frac{p^2}{2m}+\frac{1}{2}m\omega^2x^2 \tag{2.1.12}$$

解定态薛定谔方程 $\hat{H}\psi(x)=E\psi(x)$，可得到能量的本征值

$$E_n=\left(n+\frac{1}{2}\right)\hbar\omega,\quad n=0,1,2,\cdots \tag{2.1.13}$$

即能量只能取一些分立值。

晶格振动描写的是许许多多微观粒子的振动，振动的许多性质不能用经典力学阐述。但试图用量子力学的理论讨论晶格振动时会遇到很大的困难，因为各粒子的振动是相互关联的，所以不能简化为单粒子的运动形式。为简单起见，下面只讨论一维简单格子的情况，只考虑最近邻粒子间的相互作用，则晶体的势能为

$$U=\frac{\beta}{2}\sum_n(\mu_{n+1}-\mu_n)^2 \tag{2.1.14}$$

动能为

$$T=\frac{1}{2}\sum_n m\dot{\mu}_n^2 \tag{2.1.15}$$

从式(2.1.14)看出，势能函数包含有依赖于两原子坐标的交叉项，这就给理论的表述带

来了困难。处理多自由度的振动问题时，往往引入新的坐标，势能函数和动能函数用新的坐标描写时，将不出现坐标交叉项，这样引入的坐标称正则坐标(又称简正坐标)。

现引入一组新坐标 $Q_q(t)$，它与原坐标 $\mu_n(t)$ 的关系为

$$Q_q(t)=\sqrt{\frac{m}{N}}\sum_n \mu_n(t)\mathrm{e}^{-\mathrm{i}qna} \tag{2.1.16}$$

可以证明，用 $Q_q(t)$ 表示哈密顿量时可以消去交叉项

$$H=\frac{1}{2}\sum_q(|P_q|^2+\omega_q^2|Q_q|^2) \tag{2.1.17}$$

式中，$P_q=\dot{Q}_q$。显然，式(2.1.17)中等号右侧每项 $H_q=\frac{1}{2}(|P_q|^2+\omega_q^2|Q_q|^2)$ 代表一个谐振子的能量，H 包含有 N 项，所以总能量是 N 个独立谐振子能量之和。

可求得谐振子能量

$$E(\omega_q)=\left(n_q+\frac{1}{2}\right)\hbar\omega_q \tag{2.1.18}$$

以上结果说明，N 个原子的集体振动可转化为 N 个独立的谐振子，各谐振子的能量是量子化的，因此，可以用独立简谐振子的振动来表述格波的独立模式，这就是声子概念的由来。声子就是晶格振动中的简谐振子的能量量子，声子具有能量 $\hbar\omega$、动量 $\hbar\boldsymbol{q}$，但声子只是反映晶体原子集体运动状态的激发单元，它不能脱离固体而单独存在，它并不是一种真实的粒子，只是一种准粒子。

使用声子的概念不仅生动地反映了晶格振动能量的量子化，而且在分析与晶格振动有关的问题时也带来很大的方便，使问题的分析更加形象化。有了声子的概念后，格波在晶体中传播受到散射的过程，可以理解为声子同晶体中的原子的碰撞；电子波在晶体中被散射也可看作是电子和声子的碰撞引起的。实践证明，这样的概念是正确的，而且这样的理解为处理问题带来了很大的方便。光在晶体中的散射，很大程度上也可看作由于光子与声子的相互作用乃至强烈的耦合。

*2.2　声学波与光学波

2.2.1　一维双原子晶格的振动

为简单起见，考虑由两种不同原子所构成的一维复式格子，相邻同种原子间的距离为 $2a$($2a$ 是这复式格子的晶格常数)，如图 2.2.1 所示，质量为 m 的原子位于…$2n-1$，$2n+1$，$2n+3$…各点；质量为 M 的原子位于…$2n-2$，$2n$，$2n+2$…各点。类似于式(2.1.4)得到

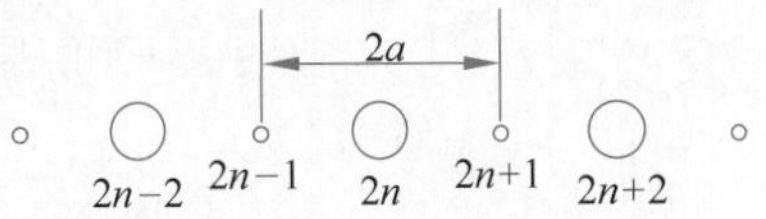

2a
2n−2　2n−1　2n　2n+1　2n+2

图 2.2.1　一维双原子链

$$\left.\begin{aligned} m\frac{\mathrm{d}^2\mu_{2n+1}}{\mathrm{d}t^2}&=\beta(\mu_{2n+2}+\mu_{2n}-2\mu_{2n+1})\\ M\frac{\mathrm{d}^2\mu_{2n+2}}{\mathrm{d}t^2}&=\beta(\mu_{2n+3}+\mu_{2n+1}-2\mu_{2n+2})\end{aligned}\right\} \tag{2.2.1}$$

为明确起见，这里假设 $M>m$。与单原子链情况相似，方程组式(2.2.1)的解也可以是角频率为 ω 的简谐振动：

$$\left.\begin{aligned}\mu_{2n+1}&=A\mathrm{e}^{\mathrm{i}[q(2n+1)a-\omega t]}\\ \mu_{2n+2}&=B\mathrm{e}^{\mathrm{i}[q(2n+2)a-\omega t]}\end{aligned}\right\}\tag{2.2.2}$$

由于这里包含有两种不同的原子，这两种不同原子振动的振幅，一般来说也是不同的。

把解式(2.2.2)代入式(2.2.1)，得

$$\left.\begin{aligned}-m\omega^2A&=\beta(\mathrm{e}^{\mathrm{i}qa}+\mathrm{e}^{-\mathrm{i}qa})B-2\beta A\\ -M\omega^2B&=\beta(\mathrm{e}^{\mathrm{i}qa}+\mathrm{e}^{-\mathrm{i}qa})A-2\beta B\end{aligned}\right\}\tag{2.2.3}$$

式(2.2.3)又可改写为

$$\left.\begin{aligned}(2\beta-m\omega^2)A-[2\beta\cos(qa)]B&=0\\ -[2\beta\cos(qa)]A+(2\beta-M\omega^2)B&=0\end{aligned}\right\}\tag{2.2.4}$$

若 A、B 有异于零的解，则其系数行列式必须等于零，即

$$\begin{vmatrix}2\beta-m\omega^2 & -2\beta\cos(qa)\\ -2\beta\cos(qa) & 2\beta-M\omega^2\end{vmatrix}=0\tag{2.2.5}$$

即

$$mM\omega^4-2\beta(m+M)\omega^2+4\beta^2-4\beta^2\cos^2(qa)=0$$

由此可以解得

$$\begin{aligned}\omega^2&=\frac{1}{2mM}\left[2\beta(m+M)\pm\sqrt{4\beta^2(m+M)^2-4mM\cdot4\beta^2\sin^2(qa)}\right]\\ &=\frac{\beta}{mM}\left\{(m+M)\pm\left[m^2+M^2+2mM\cos(2qa)\right]^{\frac{1}{2}}\right\}\end{aligned}\tag{2.2.6}$$

由式(2.2.6)可以看到，ω 与 q 之间存在着两种不同的色散关系，即对一维复式格子，可以存在两种独立的格波(这一点与前面所讨论的一维简单晶格不同，对于一维简单晶格，只能存在一种格波)。这两种不同的格波各有自己的色散关系：

$$\omega_1^2=\frac{\beta}{mM}\left\{(m+M)-\left[m^2+M^2+2mM\cos(2qa)\right]^{\frac{1}{2}}\right\}\tag{2.2.7}$$

$$\omega_2^2=\frac{\beta}{mM}\left\{(m+M)+\left[m^2+M^2+2mM\cos(2qa)\right]^{\frac{1}{2}}\right\}\tag{2.2.8}$$

由上可以看出，对于一维复式格子，角频率 ω 也是波矢 q 的周期函数，可把 q 值限制在 $\left(-\frac{\pi}{2a},\frac{\pi}{2a}\right)$，其中 $2a$ 是这复式格子的晶格常数。

再回过来看式(2.2.7)和式(2.2.8)，因为 $-1\leqslant\cos(2qa)\leqslant1$，所以 ω_1 的最大值为(假设 $M>m$)

$$(\omega_1)_{\max}=\left(\frac{\beta}{mM}\right)^{\frac{1}{2}}\left[(m+M)-(M-m)\right]^{\frac{1}{2}}=\left(\frac{2\beta}{M}\right)^{\frac{1}{2}}\tag{2.2.9}$$

而 ω_2 的最小值为

$$(\omega_2)_{\min}=\left(\frac{\beta}{mM}\right)^{\frac{1}{2}}\left[(m+M)+(M-m)\right]^{\frac{1}{2}}=\left(\frac{2\beta}{m}\right)^{\frac{1}{2}}\tag{2.2.10}$$

因为 $M>m$，从而 ω_2 的最小值比 ω_1 的最大值还要大，换句话说，ω_1-支的格波频率总比 ω_2-支的频率低。实际上，ω_2-支的格波可以用光来激发，所以常称为光频支格波，简称为光学波；而 ω_1-支则称为声频支格波，简称为声学波。现在，由于高频超声波技术的发展，ω_1-支也可以用超声波来激发了。

2.2.2 声学波和光学波的特点

再来讨论复式格子中两支格波的色散关系。ω_1-支的色散关系式(2.2.7)可改写为

$$\omega_1^2=\frac{\beta}{mM}\{(m+M)-[(m+M)^2-2mM(1-\cos(2qa))]^{\frac{1}{2}}\}$$

$$=\frac{\beta}{mM}(m+M)\left\{1-\left[1-\frac{4mM}{(m+M)^2}\sin^2(qa)\right]^{\frac{1}{2}}\right\} \tag{2.2.11}$$

如果$\frac{4mM}{(m+M)^2}\sin^2(qa)\ll 1$（这对应于波矢较小或波长较大的情形），则式(2.2.11)近似地化为

$$\omega_1=\left(\frac{2\beta}{m+M}\right)^{\frac{1}{2}}|\sin(qa)| \tag{2.2.12}$$

把式(2.2.12)与式(2.1.7)比较可见，ω_1-支的色散关系与一维简单格子的情形形式上是相同的，也具有如图 2.1.3 所示的特征。这也就是说，由完全相同原子所组成的简单格子只有声学波。

ω_2-支的色散关系式(2.2.8)则可改写为

$$\omega_2^2=\frac{\beta}{mM}\{(m+M)+[(m+M)^2-2mM(1-\cos(2qa))]^{\frac{1}{2}}\}$$

$$=\frac{\beta}{mM}(m+M)\left\{1+\left[1-\frac{4mM}{(m+M)^2}\sin^2(qa)\right]^{\frac{1}{2}}\right\} \tag{2.2.13}$$

在$\frac{4mM}{(m+M)^2}\sin^2(qa)<1$ 的条件下，式(2.2.13)近似地化为

$$\omega_2^2=\frac{2\beta}{mM}(m+M)\left[1-\frac{mM}{(m+M)^2}\sin^2(qa)\right] \tag{2.2.14}$$

可见，当 $q\to 0$（即波长 λ 很大）时，光学波的频率具有最大值：

$$(\omega_2)_{\max}=\left(\frac{2\beta}{\mu}\right)^{\frac{1}{2}} \tag{2.2.15}$$

其中，$\mu=\frac{mM}{m+M}$是两种原子的折合质量。由式(2.2.12)看出，当 $q\to 0$ 时，$\omega_1\to 0$，这时，声学波频率最小。

综合以上结果，归纳如下：

(1) 声学波的频率 ω_1 最大值为$\left(\frac{2\beta}{M}\right)^{\frac{1}{2}}\left(当\ q=\pm\frac{\pi}{2a}\right)$；最小值为 0（当 $q\to 0$）。

(2) 光学波的频率 ω_2 最大值为$\left(\frac{2\beta}{\mu}\right)^{\frac{1}{2}}$（当 $q\to 0$）；最小值为$\left(\frac{2\beta}{m}\right)^{\frac{1}{2}}\left(当\ q=\pm\frac{\pi}{2a}\right)$。

一维双原子复式格子中，声学波与光学波的色散曲线如图 2.2.2 所示。

再看相邻两种原子振幅之比，这由式(2.2.4)决定。

(1) 对于声学波，相邻两种原子振幅之比为

$$\left(\frac{A}{B}\right)_1=\frac{2\beta\cos(qa)}{2\beta-m\omega_1^2} \tag{2.2.16}$$

因为 $\omega_1^2<\frac{2\beta}{M}(m<M)$，而一般 $\cos(qa)>0$，所以 $\left(\frac{A}{B}\right)_1>0$。这就是说，相邻两种不同原子的振幅都有相同的正号或负号，即对于声学波，相邻原子都是沿着同一方向振动的，其振动概况如图 2.2.3 所示。当波长相当长时，声学波实际上代表原胞质心的振动。

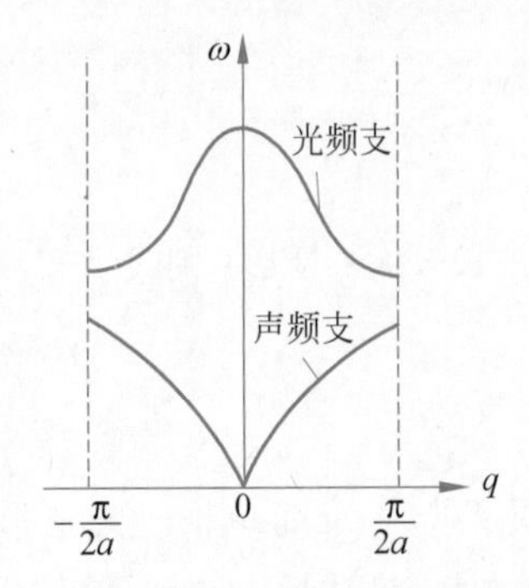

图 2.2.2 一维双原子复式格子的振动频谱

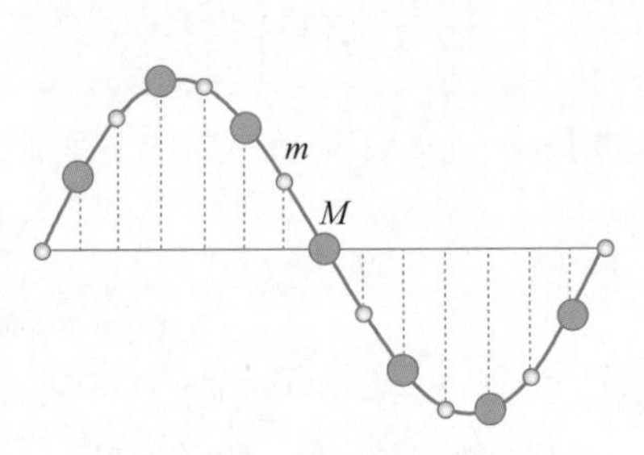

图 2.2.3 声学波示意图

(2) 对于光学波，相邻两种原子振幅之比为

$$\left(\frac{A}{B}\right)_2=\frac{2\beta-M\omega_2^2}{2\beta\cos(qa)}$$

因 $\omega_2^2>\frac{2\beta}{m}(m<M)$，而一般 $\cos(qa)>0$，所以 $\left(\frac{A}{B}\right)_2<0$。由此可见，对于光学波，相邻两种不同原子的振动方向是相反的，而当 q 很小时，$\cos(qa)\approx1$，又 $\omega_2^2=\frac{2\beta}{\mu}$，得出

$$\left(\frac{A}{B}\right)_2=-\frac{M}{m} \tag{2.2.17}$$

因此对于波长很长的光学波(长光学波)，$mA+MB=0$，即原胞的质心保持不动。由此也可定性地看出，光学波是代表原胞中两个原子的相对振动，光学波的振动概况如图 2.2.4 所示。

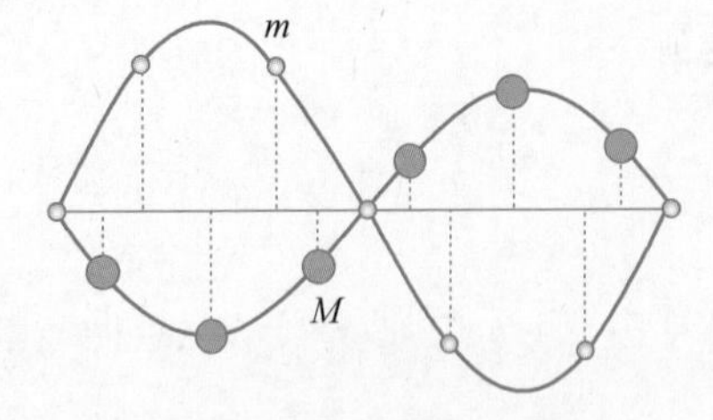

图 2.2.4 光学波示意图

同样，周期性边界条件可以应用于一维复式格子，设晶体有 N 个原胞(每个原胞含两个不同的原子)，则将 $\mu_{2n+1}=\mu_{2(n+N)+1}$ 或 $\mu_{2n+2}=\mu_{2(n+N)+2}$ 应用于式(2.2.2)，得到

$$e^{i2qNa}=1,\quad 即\quad 2qNa=2\pi l\quad (l 为整数)$$

这里 $2a$ 为晶格周期，故相应的 q 可限制在以下范围：

$$-\frac{\pi}{2a}<q\leqslant\frac{\pi}{2a} \tag{2.2.18}$$

所以，一维复式格子的 q 也只能取 N 个不同的值，波矢 q 的数目即振动状态的数目，等于原

胞的数目。在波矢空间,一维双原子复式格子的每个可能的 q 所占据的线度为 π/Na。这里,对应于每个 q 值有两个不同的 ω,一个是光学波角频率；另一个是声学波角频率。因此对于一维双原子的复式格子,角频率数为 $2N$,既然每一角频率对应于一个格波,格波数必为 $2N$。在一维双原子复式格子中,每个原胞有两个原子,晶体的自由度是 $2N$,因此符合式(2.1.10)和式(2.1.11)相同的结论。

*2.3　格波与弹性波的关系

在2.1节中已看出,声学波中相邻原子都沿同一方向振动；光学波中,原胞中不同的原子相对地作振动。当波长比原胞的线度大得多时,这两支格波各自的特点更加显著,这时声学波代表原胞质心的振动,而在光学波中,这时原胞的质心保持不动。若晶体由正负两种离子组成,波长很长的光学波会使晶格中出现宏观的极化。下面主要讨论长声学波。

在2.1节中,对双原子构成的一维复式格子已导出声学波的角频率 ω_1 与波矢 q 间的关系,即式(2.2.7)：

$$\omega_1^2=\frac{\beta}{mM}\{(m+M)-[m^2+M^2+2mM\cos(2qa)]^{\frac{1}{2}}\}$$

当波长很长,即 q 很小时,长声学波的角频率 ω_1 与波矢 q 的关系可以简化成

$$\omega_1\approx\left(\frac{2\beta}{m+M}\right)^{\frac{1}{2}}(qa) \tag{2.3.1}$$

而长声学波的波速 v_p 可表示成

$$v_p=\frac{\omega_1}{q}=\left(\frac{2\beta}{m+M}\right)^{\frac{1}{2}}a \tag{2.3.2}$$

式中,$\beta=\left(\frac{\mathrm{d}^2U}{\mathrm{d}r^2}\right)_a$ 是晶体的恢复力常数,m、M 分别是两种不同原子的质量,$2a$ 是晶格常数。

由式(2.3.1)可以看到,长声学波的角频率与波矢为线性关系,它的波速 v_p 为一常数。长声学波的这些特性与晶体中的弹性波完全一致。实际上,当 $q\to0$ 时,即对于长声学波,不仅相邻原胞中原子振动的位相差趋近于零,而且振幅也趋近于相等。这是由于长声学波的波长比原胞线度大得多时,在半个波长内就已包括了许多原胞,这些原胞都整体地沿同一方向运动,因此晶格可以近似地看成连续介质,而长声学波也就可以近似地认为是弹性波。

设有一维的连续介质,x 点的位移为 $u(x)$,$(x+\mathrm{d}x)$ 点的位移为 $u(x+\mathrm{d}x)$,因此连续介质因位移而引起的形变(应变)为

$$\frac{u(x+\mathrm{d}x)-u(x)}{\mathrm{d}x} \tag{2.3.3}$$

设介质的弹性模量为 c,则因形变而产生的恢复力

$$F(x)=c\,\frac{u(x+\mathrm{d}x)-u(x)}{\mathrm{d}x}=c\,\frac{\mathrm{d}u(x)}{\mathrm{d}x} \tag{2.3.4}$$

同理在 $(x-\mathrm{d}x)$ 点,因形变将有恢复力

$$F(x-\mathrm{d}x)=c\,\frac{\mathrm{d}u(x-\mathrm{d}x)}{\mathrm{d}x} \tag{2.3.5}$$

考虑介质中 x 与$(x-\mathrm{d}x)$间长度为 $\mathrm{d}x$ 的一段，设一维介质的线密度为 ρ，则长度为 $\mathrm{d}x$ 的一段介质质量为$\rho\mathrm{d}x$，而作用在长度为 $\mathrm{d}x$ 的介质上有两个方向相反的恢复力 $F(x)$及 $F(x-\mathrm{d}x)$，因此这段介质的运动方程为

$$\rho\mathrm{d}x\ \frac{\mathrm{d}^2u(x,t)}{\mathrm{d}t^2}=F(x)-F(x-\mathrm{d}x) \tag{2.3.6}$$

即

$$\rho\mathrm{d}x\ \frac{\mathrm{d}^2u(x,t)}{\mathrm{d}t^2}=c\left[\frac{\mathrm{d}u(x,t)}{\mathrm{d}x}-\frac{\mathrm{d}u(x-\mathrm{d}x,t)}{\mathrm{d}x}\right] \tag{2.3.7}$$

也即

$$\rho\ \frac{\mathrm{d}^2u(x,t)}{\mathrm{d}t^2}=c\ \frac{\mathrm{d}u^2(x,t)}{\mathrm{d}x^2} \tag{2.3.8}$$

改用偏微商的符号，则有

$$\frac{\partial^2u(x,t)}{\partial t^2}=\frac{c}{\rho}\ \frac{\partial u^2(x,t)}{\partial x^2} \tag{2.3.9}$$

式(2.3.9)是标准的波动方程，其解为

$$u(x,t)=u_0\mathrm{e}^{\mathrm{i}(qx-\omega t)} \tag{2.3.10}$$

式中，ω 和 q 分别为介质弹性波的角频率和波矢，把式(2.3.10)代入式(2.3.9)，即可得

$$\omega^2=\frac{c}{\rho}q^2 \tag{2.3.11}$$

由此得到弹性波的传播相速度

$$v_{弹}=\frac{\omega}{q}=\sqrt{\frac{c}{\rho}} \tag{2.3.12}$$

在简单情况中，这里的 c 相当于杨氏模量。恢复力

$$F=c\ \frac{\mathrm{d}u}{\mathrm{d}x} \tag{2.3.13}$$

再把式(2.3.13)应用于一维复式格子，应变

$$\frac{\mathrm{d}u}{\mathrm{d}x}=\frac{u_{m+1}-u_m}{a} \tag{2.3.14}$$

式中，u_{m+1} 和 u_m 分别是第 $m+1$ 个和第 m 个原子的位移，a 是晶格常数，因此恢复力 F 又可写成

$$F=c\ \frac{u_{m+1}-u_m}{a} \tag{2.3.15}$$

而在 2.1 节中，根据式(2.1.2)，因第 $m+1$ 个原子的位移而引起的对第 m 个原子产生的恢复力

$$F=\beta(u_{m+1}-u_m) \tag{2.3.16}$$

其中

$$\beta=\left(\frac{\mathrm{d}^2U}{\mathrm{d}r^2}\right)_a \tag{2.3.17}$$

比较式(2.3.15)及式(2.3.16)，可得弹性模量 c 与恢复力常数 β 间的关系

$$c=\beta a \tag{2.3.18}$$

对一维复式格子，很显然质量线密度 ρ 由式(2.3.19)给出，即

$$\rho=\frac{m+M}{2a} \tag{2.3.19}$$

把式(2.3.18)及式(2.3.19)代入式(2.3.12)，则得弹性波的相速度

$$v_{弹}=\left[\beta a\Big/\left(\frac{m+M}{2a}\right)\right]^{\frac{1}{2}}=\left(\frac{2\beta}{m+M}\right)^{\frac{1}{2}}a \tag{2.3.20}$$

把式(2.3.20)与一维复式格子的长声学波相速度相比较，可以看到，弹性波的速度和长声学波速度完全相等，即长声学波和弹性波完全一样。所以对于长声学波，晶格可以看作连续介质。

2.4　声子谱的测量方法

2.1 节及 2.2 节介绍了晶格振动的频率和波矢间的关系，即晶格振动的色散关系，这种频率与波矢间的色散关系，一般称为晶格振动的振动谱。引入声子概念之后，色散关系又称为晶格振动的声子谱，这里将对声子谱的实验测量方法进行简单的介绍。

声子间的相互作用可以直观地理解为声子间的相互碰撞，在碰撞过程中必须满足动量守恒及能量守恒定律。光子也能与晶格振动发生相互作用，因为晶格振动使晶体内的电子分布发生变化，从而使晶体的光学常数，如折射率也发生相应的变化，这就会使在晶体中传播的光波频率和波矢都发生相应的变化。另外，光波在晶体中传播时，光电场也会使晶体的力学性质，如弹性系数发生变化，从而使晶体的晶格振动也发生相应的变化。这样，光子也能与晶格振动发生相互作用，这种相互作用可以理解为光子受到声子的非弹性散射。频率和波矢分别为 ω 及 $\boldsymbol{k}$ 的入射光子，经散射后，频率和波矢都分别改变成为 ω' 和 $\boldsymbol{k}'$，与此同时，在晶格中产生或吸收了一个声子，其频率和波矢分别为 Ω 和 $\boldsymbol{q}$。光子与声子的相互作用过程中，同样也要满足动量守恒和能量守恒定律。假设两者作用中产生一声子(对应于谐振子激发到高一级能态)，则由动量守恒得

$$\hbar\boldsymbol{k}=\hbar\boldsymbol{k}'+\hbar\boldsymbol{q} \tag{2.4.1}$$

由能量守恒定律得

$$\hbar\omega=\hbar\omega'+\hbar\Omega \tag{2.4.2}$$

所以

$$\boldsymbol{q}=\boldsymbol{k}'-\boldsymbol{k} \tag{2.4.3}$$

$$\Omega=\omega-\omega' \tag{2.4.4}$$

测出光子散射前后的频率和波矢，就可算出与光子作用的声子的频率与波矢。

实际上，声子频率 Ω 远小于光子频率，即 $\Omega\ll\omega$，而光子的波矢 $k=\dfrac{\omega}{(c/n)}=\dfrac{n\omega}{c}$，故散射前后光子的波矢大小相差很小，即 $k\approx k'$。由式(2.4.3)知 $\boldsymbol{k}$、$\boldsymbol{k}'$、$\boldsymbol{q}$ 构成三角关系，如图 2.4.1 所示。此三角形近似为等腰三角形，所以

$$q=2k\sin\frac{\phi}{2} \tag{2.4.5}$$

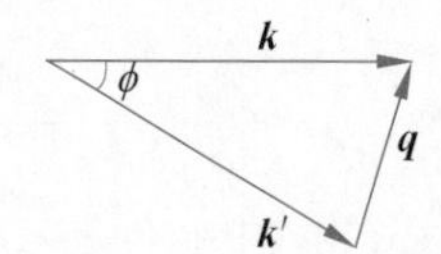

图 2.4.1　k、k'、q 的三角关系

因此当光子被声子散射时，声子的波矢量值可根据式(2.4.5)近似地求出。

上面讨论了光子与声子的作用中产生一个声子的情况，对于吸收一个声子的情况也可作类似讨论。光子与长声学波作用一般称为光子的布里渊(Brillouin)散射，光子与光学波声子相互作用称为光子的喇曼(Raman)散射。一般晶格常数为0.3～0.6nm，简约波矢的最大值$q_{\max}=\frac{\pi}{a}\sim\frac{\pi}{0.3}\text{nm}^{-1}$，而对可见光，$k=\frac{2\pi}{\lambda}\sim\frac{2\pi}{0.6}\mu\text{m}^{-1}$，故$k$与$q_{\max}$相差约三个量级。这是因为光速$c$的数值很大，对一般可见光或红外光的频率，波矢$\boldsymbol{k}$是很小的，因此为了满足式(2.4.3)，声子的波矢$\boldsymbol{q}$也必须是很小的，这就是说光子的喇曼散射也只能限于与长光学波的声子相互作用，所以利用可见光测量只能得到声子谱的长波部分。

用可见光散射方法只能测定原点附近的很小一部分长波声子的振动谱，而不能测定整个晶格振动谱，这是可见光散射法的最根本缺点。为了研究整个波长范围内的声子振动谱，就要求光子也有比较大的波矢，这也就是要求光的波长比较小，因此，常利用X光的非弹性散射来研究声子的振动谱。X光的波长为0.1nm的数量级，其波矢与整个布里渊区的范围相当，原则上，用X光的非弹性散射可以研究整个晶格振动谱。尽管X光的光子能量比声子能量高得多，但式(2.4.5)对X光的非弹性散射也同样适用，即声子的波矢也可以用式(2.4.5)求出。图2.4.2绘出了用X光非弹性散射的方法所测量到的Al晶体中沿[110]方向的声子振动谱。

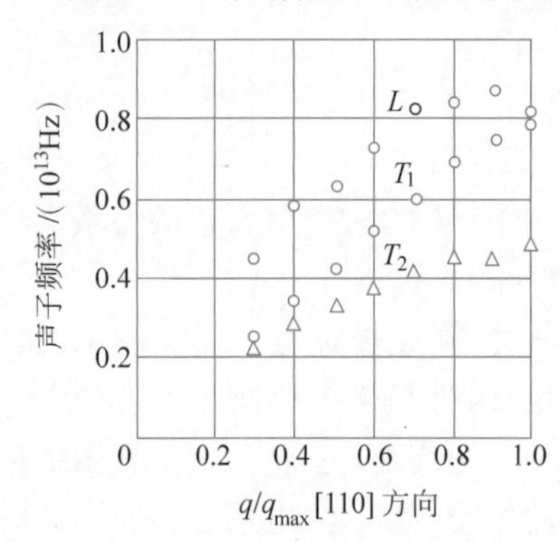

图2.4.2 Al晶体的声子谱

利用X光非弹性散射的方法，虽然可以研究整个波长范围内的声子振动谱，但是要精确地测量X光在散射前后的频率差却不容易。一个典型X光光子的能量约为10^4eV，一个典型声子的能量约为10^{-2}eV。一个X光光子吸收(或发射)一个声子而发生非弹性散射时，X光光子能量的相对变化为10^{-6}，在实验上要分辨这么小的能量改变是非常困难的。

中子散射的实验方法能完全克服上述的困难，在散射前后的中子能量的变动一般可以直接得到测量。与光子与声子的相互作用一样，中子与声子相互作用也必须满足能量守恒定律及动量守恒定律。假设中子的质量为m，入射中子束的动量为$p=\hbar k$，而散射后的中子动量为$p'=\hbar k'$，则在散射过程中的能量守恒定律可写成

$$\frac{\hbar^2 k^2}{2m}=\frac{\hbar^2 k'^2}{2m}\pm\hbar\Omega \tag{2.4.6}$$

这里"＋"号表示产生一个声子，而"－"号表示吸收一个声子。由动量守恒定律可写成

$$\hbar\boldsymbol{k}=\hbar\boldsymbol{k}'\pm\hbar\boldsymbol{q}$$

即

$$\boldsymbol{k}=\boldsymbol{k}'\pm\boldsymbol{q} \tag{2.4.7}$$

由式(2.4.6)得到

$$\frac{\hbar^2}{2m}(k'^2-k^2)=\pm\hbar\Omega \tag{2.4.8}$$

现在如果假定入射的中子能量很小，不足以激发起声子，因此在散射过程中只有吸收声子，这时式(2.4.8)可改写成

$$\frac{\hbar^2}{2m}(k'^2 - k^2) = \hbar\Omega \tag{2.4.9}$$

只要测出在各个方位上的散射中子的能量与入射中子的能量差，并根据散射中子束及入射中子束的几何关系求出 $\boldsymbol{k}'-\boldsymbol{k}$，就可决定声子的振动谱。

图 2.4.3 所示为中子非弹性散射方法所测出的钠晶体中的声子振动谱。

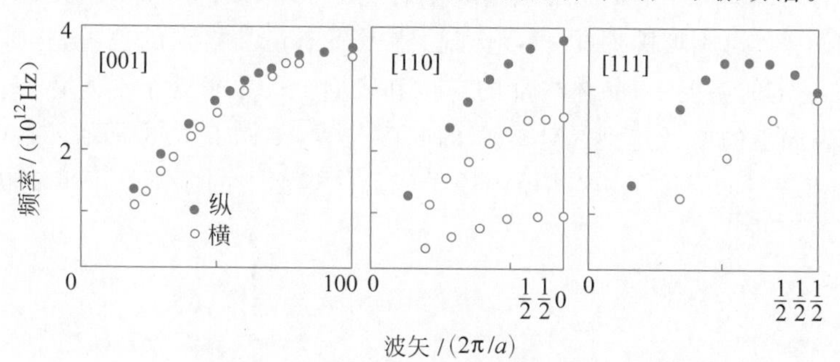

图 2.4.3　钠晶体中的声子振动谱

2.5　晶体中的缺陷

缺陷是对晶体的周期性的破坏，使得实际的晶体偏离了理想晶体的晶体结构。在现实世界，完全理想的、无限周期排列的点阵构成的晶体是不存在的。各种晶体，不管是天然晶体，还是在实验室或工厂中生长的晶体，由于原料、环境、工艺甚至生长方法的差异，都会或多或少偏离理想晶体状态，产生各种各样的缺陷。

缺陷有很多种类型，如点缺陷、线缺陷、面缺陷、体缺陷等，从具体表现形式上看，有包裹体、开裂、色心、空洞、气泡、位错等。

2.5.1　点缺陷

晶体中的空位、填隙原子、杂质原子等，它们所引起晶格周期性的破坏，发生在一个或几个晶格常数的线度范围内，这类缺陷统称为点缺陷。

1. 空位和填隙原子

如果在晶体中拔去正常格点上的一个粒子，就形成一个点阵的空位；如果有一个同类的原子或外来的不同类的原子挤进点阵的间隙位置，就形成一个填隙原子。

原子(或离子)在格点平衡位置的振动并不是单纯的简谐运动。由于振动的非线性，一处的振动和周围的振动有着密切的联系，这使粒子热振动的能量有涨落(起伏)，当能量大到某一程度时，原子脱离格点，而跑到邻近的原子空隙中(见图 2.5.1 的 a)去，它失去多余的动能之后，就被束缚在那里，这样就产生一个暂时的空位和一个暂时的填隙原子，但是由于空位和填隙原子靠

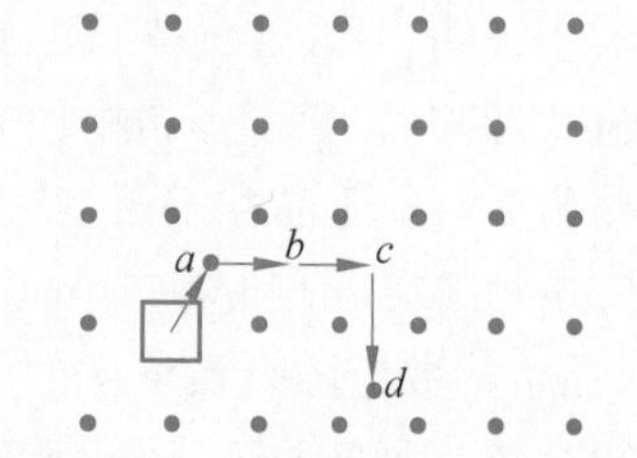

图 2.5.1　空位和填隙原子的产生

(弗仑克尔缺陷)

得很近，经过一段时间后，填隙原子将会再获得足够的动能，返回原来的位置和空位复合，当然也可能跳到较远的间隙中去。当空位和填隙原子相离足够远时，它们就可以比较长期地并存于晶体内部。由热起伏的原因产生的缺陷有下面几种常见的：

(1) 原子脱离格点后，形成填隙原子，称这样的热缺陷为弗仑克尔(Frenkel)缺陷。在这里，空位和填隙原子的数目相等。在一定的温度下，弗仑克尔缺陷的产生和复合的过程相平衡。

(2) 晶体的内部只有空位，这样的热缺陷称为肖特基(Schottky)缺陷。原子脱离格点后，并不在晶体内部构成填隙原子，而跑到晶体表面上正常格点的位置，构成新的一层(见图2.5.2)。在一定的温度下，晶体内部的空位和表面上的原子处于平衡状态。

(3) 晶体表面上的原子跑到晶体内部的间隙位置，如图2.5.3所示。这时晶体内部只有填隙原子。在一定的温度下，这些填隙原子和晶体表面上的原子处于平衡状态。

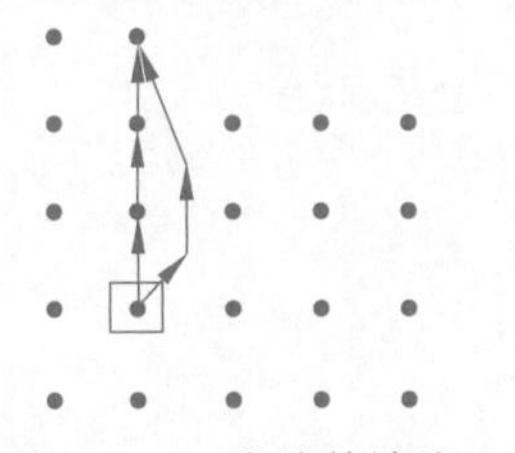

图 2.5.2　肖特基缺陷

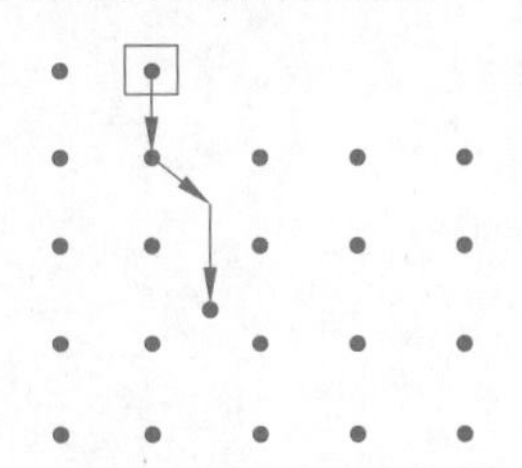

图 2.5.3　晶体内部只有填隙原子的示意图

很显然，热缺陷的这三种产生方式并不是互相独立的，实际上只需考虑(1)、(2)两种方式，即弗仑克尔缺陷和肖特基缺陷就够了。

应当指出：构成填隙原子的缺陷时，必须使原子挤入晶格的间隙位置，这所需的能量要比造成空位的能量大些，所以对于大多数的情形，特别是在温度不太高时，肖特基缺陷存在的可能性要比弗仑克尔缺陷的可能性大得多。但是对于某些情形，特别是当外来的杂质原子比晶体本身的原子小时，这些比较小的外来原子很可能存在于间隙位置。

2. 杂质原子

实际晶体中总是存在一些杂质，杂质的来源一方面是在晶体生长过程中引入的，这些是实际晶体不可避免的杂质缺陷；另一方面，为了有目的地改善晶体的某种性能，常常有控制地在晶体中引进某类外来原子，这在半导体的制备过程中是习以为常的。我们知道，锗、硅单晶体是四价的原子半导体，在纯粹的情况下，它们的半导电性质并不很灵敏，如果在高纯的锗、硅单晶体中有控制地掺入微量的三价杂质硼、铝、镓、铟等或微量的五价杂质磷、砷、锑等，可以使锗、硅的电学性能有很大的改变。例如，在 10^5 个硅原子中有一个硼原子，可以使硅的电导增加 10^3 倍。

实验证明，ⅢA族元素(硼、铝、镓、铟等)和ⅤA族元素(磷、砷、锑等)在锗、硅晶体中形成替位式缺陷，代替了晶格中原来锗、硅原子所占的位置。例如，测量掺硼或磷前后硅单晶的晶格常数，发现晶格常数随杂质浓度的增加而减少，硅、硼和磷的原子半径分别为0.117nm、0.089nm和0.11nm，上面的实验事实说明硼、磷是替位式杂质；否则，对填隙式杂质，晶格常数应随杂质浓度的增加而增加。

再介绍一种替位式杂质，那就是红宝石中的杂质——铬离子(Cr^{3+})。刚玉晶体是由三氧化二铝(α-Al_2O_3)组成，本是白色的，通称为白宝石。制备红宝石晶体时，在 α-Al_2O_3 的粉末烧结过程中有控制地掺进少量 Cr_2O_3 的粉末，使铬离子(Cr^{3+})替代了少数铝离子(Al^{3+})，形成替位式缺陷，这样，白宝石就变成了红宝石。1960 年出现的第一具激光器，就是用红宝石制成的。在这里铬离子的替位式缺陷是发光中心，又称为激活中心。

杂质原子除了形成替位式杂质缺陷外，也可能进入晶格原子间的间隙位置，称为填隙式杂质缺陷。对于一定的晶体而言，杂质原子是形成替位式杂质还是形成填隙式杂质，这主要取决于杂质原子与基质原子几何尺寸的相对大小及其电负性。实验表明，填隙式杂质原子一般比较小，例如，锂离子的半径约为 0.059 nm，它在硅、锗、砷化镓等半导体中一般以填隙方式存在。

*3. 色心

对于化合物晶体而言，可能出现偏离化学计量比的情况，色心就是一种非化学计量比引起的空位缺陷，这种空位可以吸收可见光，使原来透明的晶体出现颜色。人们对色心的研究始于 20 世纪 20 年代。现在色心的研究早已从早期的碱卤化合物扩大到很多金属氧化物晶体，研究手段主要是精细的光谱测量以及电子自旋共振、电子－核双共振等。

把碱卤晶体在碱金属的蒸气中加热，然后使之骤冷到室温，则原来透明的晶体就出现了颜色：氯化钠变成淡黄色，氯化钾变成紫色，氟化锂呈粉红色等。研究这些晶体的吸收光谱，发现在可见光区各有一个像钟形的吸收带，称为 F 带，而把产生这个带的吸收中心称为 F 心，这个名称来自德语“Farbe”一词，意思为颜色。F 心是前面所说的色心的一种。图 2.5.4 表示一些碱卤晶体的 F 带，带的宽度同温度有关，如图 2.5.5 所示，温度越低，带变得越窄。这个吸收带实际上对应一根吸收谱线，吸收谱线变成了吸收带是由晶格振动所引起的，温度越高，晶格振动越剧烈，带就变得越宽。

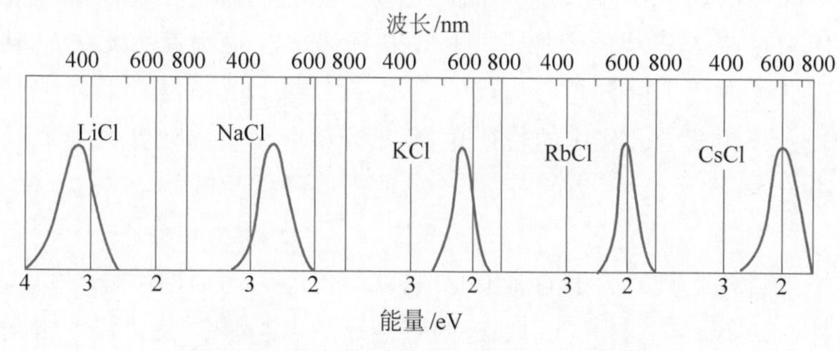

图 2.5.4　一些碱卤族化合物晶体的 F 带

为叙述方便，把碱卤晶体在碱金属蒸气中加热而后骤冷的过程称为增色过程，并把经过这样处理后而具有 F 心的碱卤晶体称为增色的碱卤晶体。

对于 F 心的模型，一般认为是由于在增色过程中碱金属原子扩散进入晶体，并以一价离子的形式占据了晶格的正离子座位；同时晶格中出现了负离子的空位，原来在碱金属原子上的一个电子就被负离子空位所俘获而束缚在它的周围，如图 2.5.6(a)所示。因此，增色的碱卤晶体是含碱金属过剩(组分超过化学比)的晶体。F 心是一个卤素负离子空位加上一个被束缚在其库仑场中的电子。实质上，F 心的组态和氢原子的很相似，所以 F 心的电子能态可以粗略地采用类氢模型来处理。F 带的吸收是由于电子从基态(1s 态)到第一激发态(2p 态)的跃迁而形成的，如图 2.5.6(b)所示。

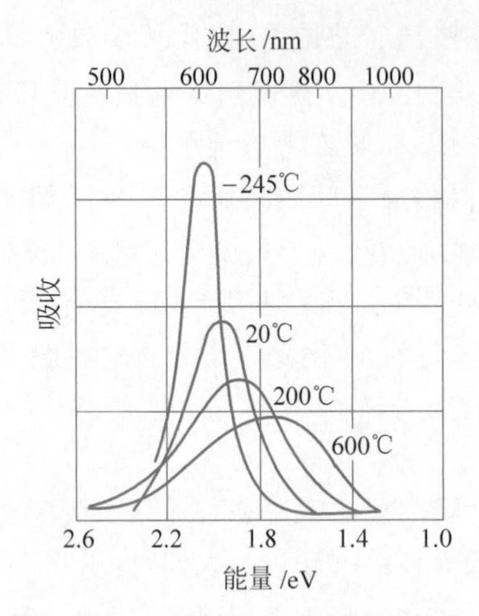

图 2.5.5 F带的宽度同温度的关系

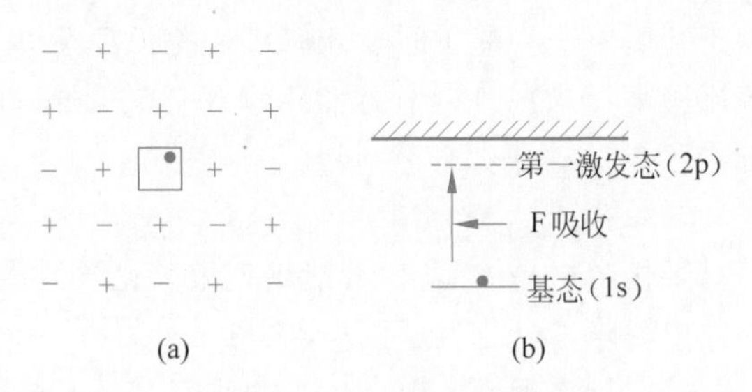

图 2.5.6 F心的模型

(a) 负离子空位和被它俘获的电子；(b) F心的电子能态

当碱卤晶体在过量的卤素蒸气中加热后，由于大量的卤素进入晶体，为保持电中性和原来的晶体结构不变，在晶体中出现相应数量的正离子空位。卤素占据晶体中的格点位置并电离，在附近产生一个空穴。由于空穴带正电，它被正离子空位形成的负电荷中心束缚，这种由正离子空位形成的负电荷中心和被它束缚的空穴所组成的体系称为V心。

所列举的F心和V心是碱卤晶体中色心的两种典型，此外，碱卤晶体中的色心还有B心、M心以及N心等，这里不再赘述。对于碱卤晶体中的色心，早在20世纪30年代就进行了研究并且有实际应用，利用碱卤晶体中的色心能制作可调激光器。而BaFBr：Eu材料中的色心可以被用来存储X射线的图像：当由BaF-Br：Eu材料制成的屏在X射线照射下，X射线的图像在存储屏内产生由F色心构成的潜像，在红色激光的激励下，F色光中的电子被释放出来，与Eu^{2+}离子复合并发出的特征光，利用光接收设备和计算机处理可以得到X射线衍射图像仪中，这种图像仪可以提高医学检验的效率和图像的质量。

*4. 极化子

当一个电子被引入完整的离子晶体中时，它就会使原来的周期性势场发生局部的畸变，这也就构成一种点缺陷，这个电子吸引邻近的正离子，使之内移，又排斥邻近的负离子使之外移，从而产生极化，离子的这种位移极化所产生的库仑引力趋于阻止电子从这个区域逃逸出去，即电子所在处出现了趋于束缚这电子的势能阱，这种束缚作用称为电子的"自陷"作用，在"自陷"作用下产生的电子束缚态称为自陷态。这是同杂质所引进的局部能态有区别的，这里没有固定不动的中心，自陷态永远追随着电子从晶格中一处移至另一处。这样一个携带着四周的晶格略变而运动的电子，可看作一个准粒子(电子＋晶格的极化畸变)称为极化子。

点缺陷的种类还有很多，这里不再一一介绍了。

2.5.2 线缺陷

线缺陷是指晶体内部结构中沿着某条线(行列)方向上的周围局部范围内所产生的晶格缺陷，它的表现形式主要是位错。位错是实际晶体中广泛发育的一种微观到亚微观的线状晶体缺陷，与点缺陷不同，点缺陷只扰乱了晶体局部的短程有序，位错则扰乱了晶体面网的规则平行排列，位错周围的质点排列偏离了长程有序的周期重复规律，即在晶体中的某些区域内，一列或数列质点发生有规律的错乱排列现象。

大量实验事实证明，位错是客观地存在于晶体内部的，并且可以通过把晶体腐蚀在显微镜下观察到。位错影响着晶体的力学、电学、光学等方面的性质，并且直接关系到晶体的生长过程，所以，位错是一种具有普遍意义的晶体缺陷。但当初位错概念的引进是作为解释晶面滑移的机制，为便于说明，这里仍从滑移的角度来表述。

典型的位错有两种：

① 位错线（直线）垂直于滑移的方向，称为刃型位错；

② 位错线（直线）平行于滑移的方向，称为螺旋位错。

1. 刃型位错

刃型位错的构成像似用刀劈柴那样，把半个晶面挤到一组平行晶面之间，这个半截晶面的一端（下端）宛如刀刃，因而得名（即位错线像似刀刃），以后把刃型位错简称为刃位错。

设想一块材料，如图2.5.7(a)所示，把它沿 $ABEF$ 面切开到 FE 为止，把上部 $A'B'EFGH$ 向右推，然后再黏合起来。$A'B'$ 原来和 AB 重合，经过这样推压以后，相对于 AB 滑移一个原子间距 b，这里 $A'F$ 和 $B'E$ 分别同 AF 和 BE 重合。$ABEF$ 是滑移面，FE 是滑移部分和未滑移部分的界线，在这分界线附近的原子不处在完整晶体中原子应该处的位置，FE 是位错线。

这里位错线 FE 和滑移矢量 $\boldsymbol{b}$ 垂直。在实际晶体中，滑移面 $ABEF$ 上下晶面的原子相互作用而彼此连接着。若从垂直于滑移面的横截面看，则截面上原子的排列情况如图2.5.7(b)所示（不要看图中的虚线，它是表示位错运动的），上部 $(n+1)$ 个晶面和下部的 n 个晶面相接；E 处是一刃型位错，以⊥表示。HE 就是多余的半个晶面在截面上的投影。

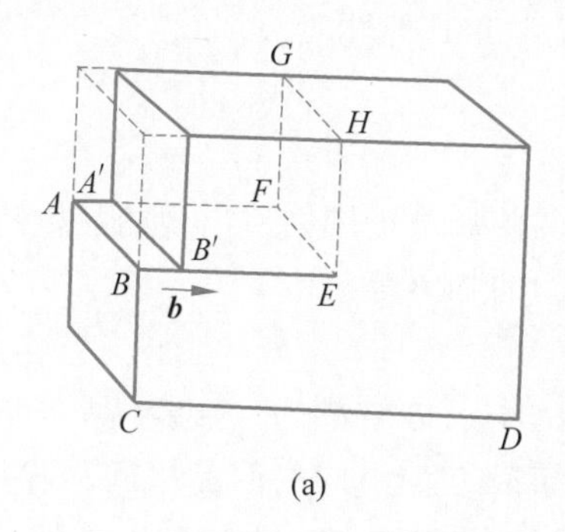

(a)

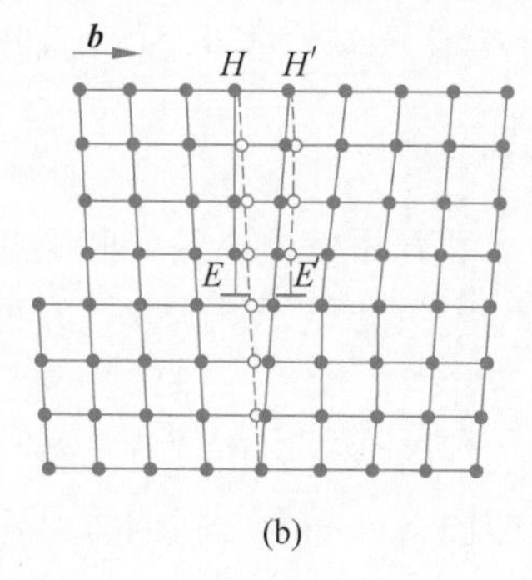

(b)

图2.5.7　刃型位错示意图

2. 螺旋位错

当晶体中存在螺旋位错时，原来的一族平行晶面就变成像单个晶面所组成的螺旋阶梯，以后把螺旋位错简称为螺位错。

设想将一块材料（见图2.5.8(a)）沿滑移面 $ABCD$ 切开到直线 AD 为止。现在同刃型位错的情形不同，不是把上下两部分沿 BA 向推移而是使上下两部分沿 AD 方向滑移一个原

子间距 b(即 b 平行于 AD)，再把上下两部分黏合起来，D 称为螺位错。把图画成图 2.5.8(b)的形式，即把 $ABCD$ 以左的晶格沿 DA 向(即 CB 向)上提一个 b，图 2.5.8(b)中的上表面乍看起来是两个平行的晶面，实际上是由一个晶面构成的两层。所以垂直于 AD 的平行晶面都可看成是由一个晶面以螺旋梯的形式而构成的；螺旋位错正是由此而得名。图 2.5.8(c)就是晶体在滑移面上的投影，圆点◉表示图 2.5.8(b)中滑移面 $ABCD$ 以右的原子；圆圈○代表图 2.5.8(b)中 $ABCD$ 以左的原子。和刃型位错不同，螺位错的滑移矢量 $\boldsymbol{b}$ 和位错线平行，并且没有多余的半截晶面，因此所有包含滑移矢量 $\boldsymbol{b}$ 的晶面都可以是螺位错的滑移面。

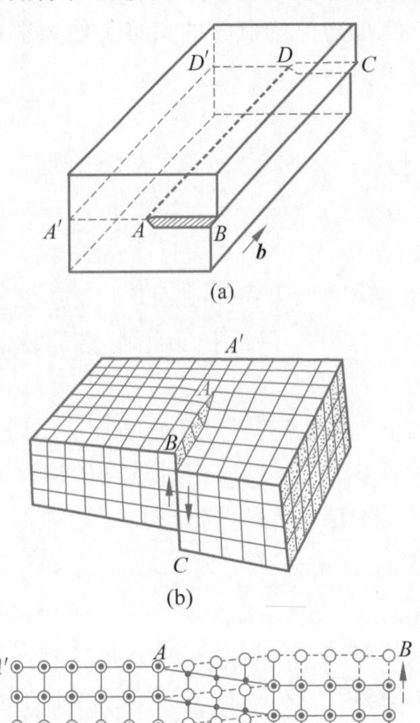

图 2.5.8 螺旋位错示意图

3. 位错与晶体性质的关系

因为位错周围有应力场存在，从而会使杂质原子聚集到位错附近。例如刃型位错，在滑移面的一侧是压缩变形区，而在另一侧则为伸张变形区。如果由半径较小的杂质原子代替压缩变形区附近的基质原子，用半径较大的杂质原子代替伸张变形区附近的基质原子，则可降低晶格的形变，减弱位错附近的应力场，从而降低畸变能量，因而位错对杂质原子有集结作用。

杂质原子的集结降低了位错附近的能量，使位错滑移较之前困难，位错好像被杂质“钉扎”住了，因此晶体对塑性形变表现出更大的抵抗能力，使材料的硬度大幅提高，这一现象称为掺杂硬化。

在半导体材料中，由于杂质在位错周围的聚集，可能形成复杂的电荷中心，从而影响半导体的电学、光学和其他性质。

2.5.3 面缺陷

面缺陷是指沿着晶格内或晶粒间某些面的两侧局部范围内所出现的晶格缺陷。面缺陷主要有同种晶体内的晶界、层错，以及异种晶体间的相界等。

1. 小角晶界

实际晶体往往是由许多块具有完整性结构的小晶体组成的，这些小晶体彼此间的取向有着一定角度的倾斜。晶界是指同种晶体内部结晶方位不同的两晶格间的界面，或说是不同晶粒之间的界面。按结晶方位差异的大小可将晶界分为小角晶界和大角晶界。小角晶界一般指的是两晶格间结晶方位差小于10°的晶界。

例如，一个简单立方的晶体，它的两部分的交界面为(010)面，这两部分绕[001]轴有一小角 θ 的倾斜，如图 2.5.9 所示，图中纸面代表(001)面。可以这样来看待这种情况，即在 θ 角以外的左右两部分都是完整的晶面，而在 θ 角里的部分是个过渡区，通过这过渡区，两个完整的晶体衔接起来。因为这里 θ 是小角，可以设想这过渡区是由少数几个多余的半截晶面所组成的。换句话说，小角晶界可以看成一些刃型位错的排列。令 D 代表两个刃型位错

间的平均距离，b 代表滑移矢的大小，则

$$D=\frac{b}{\theta}$$

由位错的排列构成小角晶界的看法，最早在锗晶体上得到实验证实。在垂直小角晶界的晶体表面上用腐蚀办法观察到了晶界露头处的一行位错坑，并测量了它们的间距 D，同时，用 X 射线方法，测定了晶体内的倾斜角 θ，用锗晶体的晶格常数和观测的 θ 计算出 $\frac{b}{\theta}$，发现和测量所得的 D 接近一致。

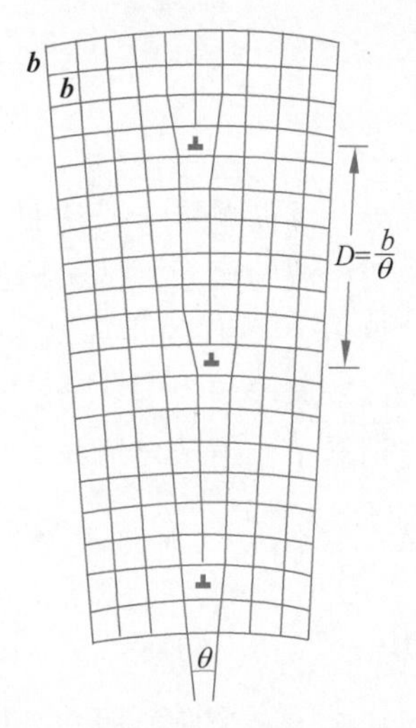

图 2.5.9　简单立方晶体的小角晶界

2. 堆垛层错

晶体结构中周期性的互相平行的堆垛层有其固有的顺序，如果堆垛层偏离了原来固有的顺序，周期性改变，则就产生了堆垛层错。

在第 1 章介绍密堆积时，说明了面心立方结构的原子球的堆积以三层为一组，它们相继排列在晶面 A、B、C 上，其正常的堆垛顺序为…$ABCABC$…，但由于力学因素（如变形）或热力学因素（如加热或冷却），堆垛顺序可能发生局部变化，因而形成缺陷。

例如，在堆积过程中，从某一组开始晶面发生了滑移，原来的 A 位滑移成 B 位，而 B 位滑移成 A 位，C 位仍保持不变，于是构成这样的系列

$$\cdots ABCABCAB(C)BACBACBA\cdots$$

即前面以 ABC 次序重复，到括号内的 C 后以 CBA 次序重复，括号内的 C 处为对称面，形成所谓的孪生结构，这个 C 面是左右两块孪晶的边界。

又如，在堆积过程中某处抽去一密排面，形成

$$\cdots ABCABCAB(A)BCABC\cdots$$

括号内的 A 处原应为 C，由于堆积错误，没有排 C 而排了 A，但以后仍按 ABC 为一组的顺序排列下去，由于此处少了一个 C 面，变成 $ABAB$ 结构，这是六方密积的情况。所以，在这种堆积缺陷中是立方密积结构里夹杂着少量的六方密积。

再如，在堆积过程中某处插入一密排面，形成

$$\cdots ABCABCA(C)\ BCABC\cdots$$

括号内的 C 在正常排序中是没有的，现多了一个 C 面，也形成一种面缺陷。

堆垛层错的出现使晶体中正常堆垛顺序遭到破坏，在局部区域形成了反常顺序的堆垛，不过它并不影响其他区域的原子层堆垛顺序，界面处两部分晶体仍保持共同的点阵平面，层错的影响仅在于层错面两侧的晶体结构间相应于理想情况作了一个特定的非点阵平移。这种层错并不改变原子最近邻关系，只产生次近邻的错排，而且几乎不产生畸变，所以层错能较低。

晶体中形成堆垛层错有多种原因，晶体生长中偶然事故引起的堆垛顺序的错误，晶体形变时原子面间非点阵平移矢量的滑移，空位在密排面聚集成盘而后崩塌和自填隙原子聚集成盘等都能形成堆垛层错。

习 题 2

2.1 推导一维简单格子振动的色散关系。推导过程做了哪些假设？

2.2 说明格波的概念。试将格波的性质与连续介质中的弹性波作比较。

2.3 玻恩-卡门条件的物理图像是什么？由此对晶体振动可以得出哪些结论？

2.4 试以双原子链为例，比较声学波和光学波的异同。

2.5 何谓声子？声子与格波有什么关系？试将声子的性质与光子作比较。

习题讲解

2.6 证明：对于一维简单格子满足 $\sum_q \mathrm{e}^{\mathrm{i}q(n-n')a} = N\delta_{n,n'}$，其中 q 为波矢，即 $q=\frac{2\pi}{Na}l\left(-\frac{N}{2}<l\leqslant\frac{N}{2}\right)$，$N$ 为原胞数目，n 和 n' 都是整数。

2.7 叙述利用光的散射测定晶体声子谱的方法(要求具体列出关系式)。

2.8 试解释点缺陷的主要类型与特点。

第3章 能带论基础

CHAPTER 3

能带论是研究固体中电子运动的重要理论基础。它是在量子力学运动规律确立以后，用量子力学研究金属的电导理论的过程中发展起来的。在这个理论的基础上，第一次深入说明了固体为什么有导体和非导体的区别。在此基础上，半导体开始在技术上应用，能带论正好提供了分析半导体问题的理论基础，同时又使能带论得到更进一步的发展。

能带论的出发点是，固体中的电子不再束缚于个别的原子，而是在整个固体内运动。它是所谓的"单电子理论"，也就是说，各电子的运动基本上看作相互独立的，每个电子是在一个具有晶格周期性的势场中运动。能带论虽然是一个近似的理论，但实际的发展证明，它在某些重要的领域中(如某些重要的半导体)是比较好的近似，可以作为精确概括电子运动规律的基础。在另外很广泛的一些领域中(如许多金属)，它可以作为半定量的系统理论而起重要作用。

本章首先介绍描述晶体中电子状态的一些基本物理概念和图像，然后介绍了晶体中电子能量、波函数计算所需要的一些近似处理条件，接着通过金属自由电子模型和一个最简单的周期场例子，说明晶体电子状态的描述方法以及能带的产生与能带结构的特点，接下来再介绍晶体电子的准经典运动和晶体能带与导电性的关系，最后讨论实际晶体的能带结构。

3.1 晶体中的电子状态

3.1.1 晶体中电子的共有化运动及能带

在理想状态下，由于晶体中的原子按照晶格周期性排列，晶体中的电子状态和在原子中有所不同，特别是原子的外层电子有了显著的变化；但同时晶体中的电子又保留了不少原来它们在原子中的特征。对于单个原子而言，原子中电子分列在内外许多层轨道上。根据量子理论，这些轨道并不像经典运动中有一个确定的轨迹，量子化轨道计算表明电子是以一定的概率出现在原子核周围空间不同位置。例如，所谓内层轨道，是指电子出现的概率更集中于原子核附近；外层轨道则指电子出现的概率更靠近外围区域。当原子接近时，内外各层轨道都有不同程度的交叠，而晶体中相邻原子的最外层电子轨道重叠最多。由于电子轨道重叠，晶体中的电子就不会完全局限于某个特定的原子，可以由一个原子运动到相邻的原子上去。只要在晶体内部，电子都可以通过这种轨道交叠在整个晶体中运动。电子所获得的这一重要特征有时称为**电子的共有化**。一般可以说，晶体中的电子兼有原子运动和共有化运动。

共有化运动可以看成原子运动轨道交叠的结果，但是需要注意产生共有化运动是由于不同原子上相似的轨道间的交叠。每个原子中电子轨道的各层由内到外，常依次表示为1s；2s，2p；3s，…。相似轨道的交叠是指，例如，不同原子的3s轨道的相互交叠，或它们的2p轨道的相互交叠……因为，各原子上相似的轨道，才有相同的能量，所以电子只能在相似轨道间运动，如图3.1.1所示。所以应当说，每个原子能级，结合成晶体后，引起"与之相应"的共有化运动。例如，3s轨道引起的"3s"的共有化运动，2p轨道引起"2p"的共有化运动……从共有化运动来看，当电子"经过"每个原子时，它的运动仍接近于在原来原子轨道（3s或2p，…）上的运动；从原子内运动的观点来看，共有化运动是使电子由一个轨道运动到另一个相似的轨道。

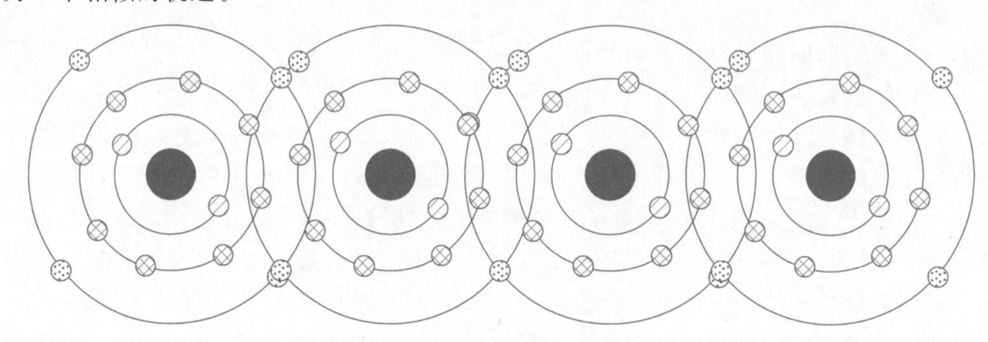

图3.1.1 电子共有化示意图

电子的共有化运动的基本特点与自由电子十分相似，因此可以把晶体中电子共有化规律视作自由电子运动规律的推广。在量子力学中，通过求解自由电子的薛定谔方程可以知道一个具有动量

$$\boldsymbol{P}(P_x, P_y, P_z) \tag{3.1.1}$$

的自由电子的状态是由一个波函数

$$\varphi(x) = C\mathrm{e}^{\mathrm{i}\boldsymbol{k}\cdot\boldsymbol{r}}, \quad C = 常数 \tag{3.1.2}$$

来描述的，其中

$$\hbar\boldsymbol{k} = \boldsymbol{P} \tag{3.1.3}$$

$\boldsymbol{k}$ 称为波数矢量。它的矢量方向与电子波面法线平行，大小等于波长的倒数，即单位长度内对应波长下电子波的数量。

$$k = \frac{2\pi}{\lambda}, \quad \hbar = \frac{h}{2\pi}$$

式(3.1.2)描述的是平面波，式(3.1.3)则描述的是电子波的德布罗意关系。$\boldsymbol{k}$ 态自由电子的速度和能量则根据其动量表达式可得

$$\boldsymbol{v}(\boldsymbol{k}) = \frac{\hbar\boldsymbol{k}}{m} \tag{3.1.4}$$

$$E(\boldsymbol{k}) = \frac{1}{2m}P^2 = \frac{\hbar^2 k^2}{2m} \tag{3.1.5}$$

这里需要注意电子波速度为矢量，方向与波矢方向一致。能量为标量，式(3.1.5)中 P 和 k 均为动量和波矢的大小，因此在三维空间下自由电子的能量也可表示为

$$E(\boldsymbol{k}) = \frac{\hbar^2(k_x^2 + k_y^2 + k_z^2)}{2m} \tag{3.1.6}$$

结合式(3.1.4)和式(3.1.5)考虑,电子波速度还可表示为

$$\boldsymbol{v}(\boldsymbol{k})=\frac{1}{\hbar}\nabla_k E(\boldsymbol{k})=\left(\frac{1}{\hbar}\frac{\partial E}{\partial k_x},\frac{1}{\hbar}\frac{\partial E}{\partial k_y},\frac{1}{\hbar}\frac{\partial E}{\partial k_z}\right) \tag{3.1.7}$$

通过自由电子动量、能量的表达式可以看到,它们都是关于波数矢量 $\boldsymbol{k}$ 的函数。

对于在晶格中运动的电子,它的运动状态也可以用不同 $\boldsymbol{k}$ 态下对应的动量、能量来描述。考虑到电子在具有原子周期性排布规律的晶体中做共有化运动,晶体中电子波函数在自由电子波函数基础上采用一个周期函数进行振幅调制:

$$\varphi(x)=C\mathrm{e}^{\mathrm{i}k\cdot x}\cdot\text{周期函数} \tag{3.1.8}$$

这个波函数中的周期函数反映了电子在每个原子上的运动,而指数因子则反映了电子的共有化运动。在后面章节的学习中,此类函数也称为布洛赫函数,这里先不展开描述。但是需要知道,在晶格中虽然电子运动于各原子之间,但它仍然是被束缚在晶体中,这就决定了波矢 $\boldsymbol{k}$ 不能有任意的数值,其数目受到晶体体积的约束。以一个由 N 个原子构成的一维晶体为例,晶格常数为 a,全长为 Na,根据晶体中电子波函数的特点和周期性边界条件,可知电子波矢 $\boldsymbol{k}$ 的数目就等于晶体的原胞数目 N。晶体中电子不同的 $\boldsymbol{k}$ 态就有不同的能量 $E(\boldsymbol{k})$。这也表明,不同于孤立原子的原子能级,在 N 个原子结合成为晶体时,原来每个原子上的一个能级,即这 N 个原子能级就转化为 N 个共有化运动状态,形成 N 个不同的共有化能级。如图 3.1.2 所示,这些准连续的共有化能级就像一条能量分散开的带子,通常称为能带。当晶体中电子共有化运动所形成的能带之间的能量范围中不存在能级时,则这些能量范围称为禁带。一般而言,原子的外层轨道重叠大,共有化运动的特点更显著,能带较宽。内层轨道相互重叠很少,所以原子内运动的特点仍旧是主要的,能带就很窄。

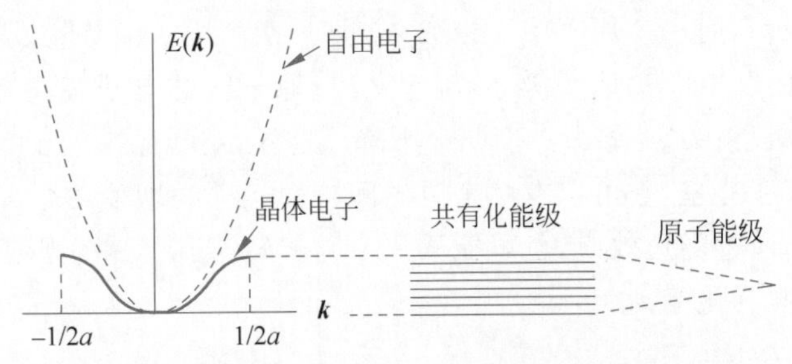

图 3.1.2　原子能级-共有化能级转化形成能带的示意图

实际上,能带和原子能级之间的对应关系并非如一个原子能级对应一个能带这样简单,当原子外层能级引起的能带足够宽,以至于不同能带重叠起来时,此时已不存在简单的对应关系。以金刚石的能带为例,组成金刚石的碳原子中最低的能态由内到外是 1 个 1s,1 个 2s,3 个 2p 电子轨道,图 3.1.3 展示了对于不同的原子间距 r(见图 1.1.12 中金刚石晶体结构)所计算出来的由 2s 和 2p 能级产生的能带。当 r 大时,能带很窄,能量很接近原来的原子能级;随着 r 的缩小,轨道重叠增加,能带变宽,2p 能带包含 $3N$ 个共有化状态,与原来 N 个原子的 2p 能级加起来的总数相同;2s 能带则只含 N 个共有化状态,与各原子 2s 能级加起来的总数相同。但是当 r 减到 r_1 时,两个能带接触;当 r 比 r_1 更小时,又重新分成两个能带,但它们不再和原子能级 2p 和 2s 相对应。现在,上下两个能带都包含 $2N$ 个状态。实际金刚石晶体($r=r_0$) 正是这种情形。

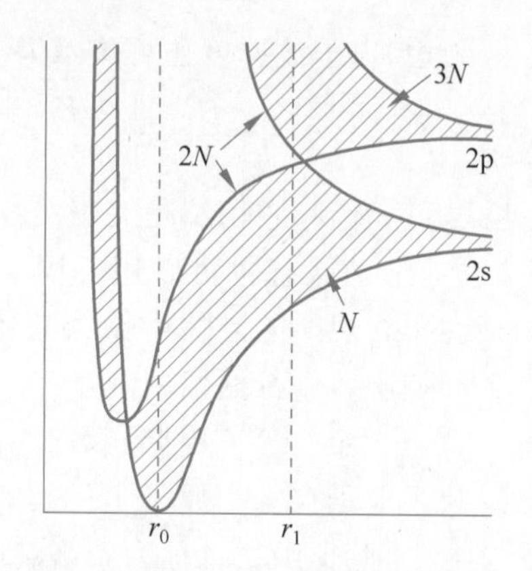

图 3.1.3 不同原子间距时金刚石结构中碳原子 2s、2p 能级向能带转化的示意图

视频

3.1.2 周期性势场的形成

晶体形成过程中，电子能级从孤立原子轨道转换为能带主要还是由于 N 个原子构成的晶体中形成的周期性势场。不难想象，原子按照周期性排布的晶体内其势场分布也具有晶格的周期性，而周期性势场作用下电子能级从孤立原子到晶体变化的情况需要根据基于周期性势场的薛定谔波动方程再结合边界条件进行求解。

在孤立原子中，电子许可的能量构成一系列能级，处于低能态的电子很难脱离原子的束缚，只能在原子内部运动。即使附近有其他原子，如图 3.1.4 所示，如果近邻原子间的距离 R 比原子的线度 a 大得多，则原子中的电子状态和孤立原子中电子态没有什么差异。两个原子的所有电子都被厚为 $R(R \gg a)$ 的势垒隔开，分别在各自原子的势阱中运动。电子几乎不可能从一个原子跑到另一个原子中。当 R 减小时，两个原子的势场发生交叠而使整个势场形状发生改变，如图 3.1.5 所示，当 R 接近 a 时，原子间的电子势垒有两个明显的变化：一是势垒宽度大为减小；二是势垒高度明显下降。这样，对于原来处于较高能级的电子（外围电子）实际已不存在势垒，它可以在两个原子间自由运动。即使对于较低能级上的电子，由于势垒变薄变低，通过隧道效应，也可能从一个原子转移到另一个原子，即在一定程度上在两个原子内部做共有化运动。

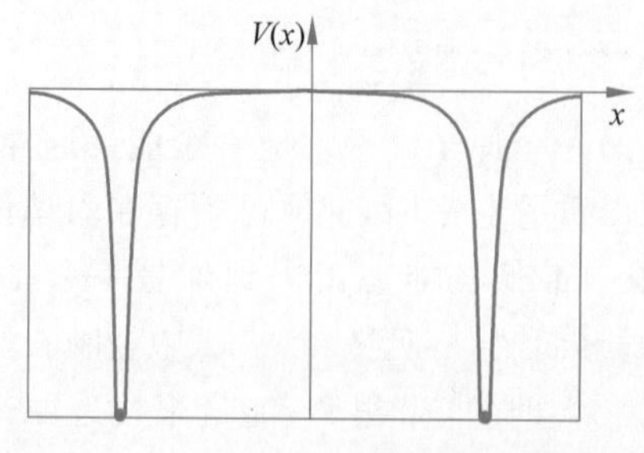

图 3.1.4 两个原子相距较远时的势场

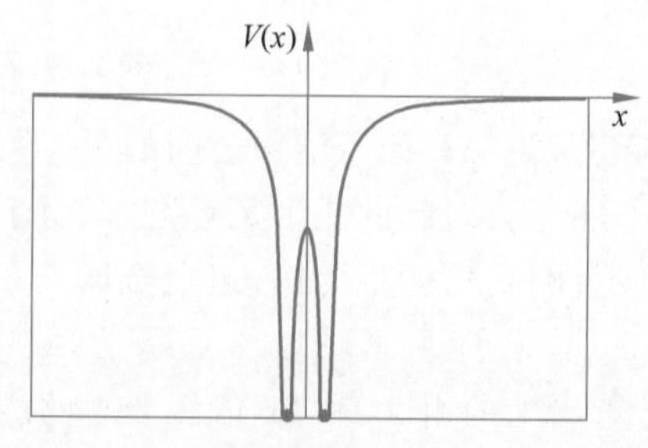

图 3.1.5 两个原子相距很近时的势场

如果有更多原子相互靠近，则叠加势场会出现多个势垒，任意两个原子之间都有一个势垒阻挡。设相邻原子的间距都是 X_0。原子中心的位置坐标分别为 $0, \pm X_0, \pm 2X_0, \pm 3X_0, \cdots$。原子数目越多，则势垒个数也越多，且中间低两边高。图 3.1.6 中有 5 个原子，中间两个势垒低一些，边上两个势垒高一些，再往两边是边界势，高度很高。图 3.1.7 中有

21个原子，中间的势垒高度几乎相同，视域内已看不到边界势，周期性的特征已十分明显。晶体中原子的数目很大，所以在考虑晶体内部电子运动时，其所受势场可以用周期性势场来描绘。

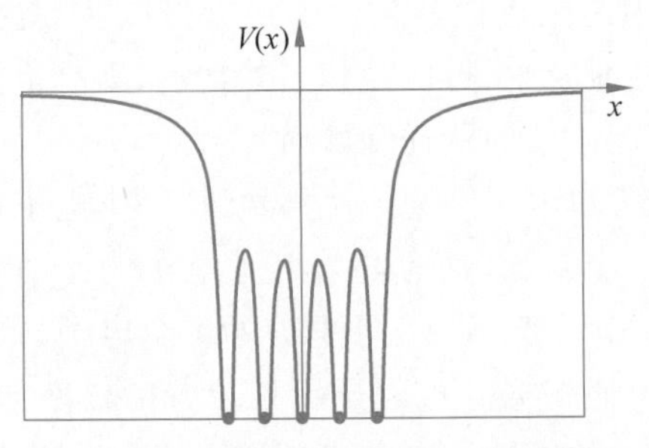

图 3.1.6 5个原子相距较近时的势场

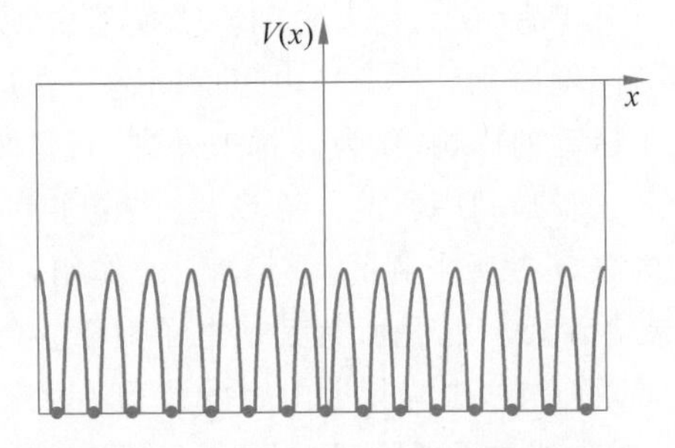

图 3.1.7 15个原子相距很近时的势场

如果势场的起伏不大，甚至势场可以视作一个接近于常数的值(类似金属中电子运动情况)，势场起伏可视作对于这个常数值的一个微扰，在零级近似下薛定谔方程的解便是平面波的形式。对于势场起伏较大的情形(如半导体中电子所处的势场)，则需要采用式(3.1.8)所描述的布洛赫函数形式结合周期性势场函数形式对不同 $\boldsymbol{k}$ 态能量本征值的具体形式进行计算。

3.1.3 晶体中电子状态的近似处理方法

通过对晶体中电子状态基本概念和图像的描述可以知道晶体中电子的能级和波函数是分析电子在晶体中的运动和晶体的许多物理性质(电学、光学和磁学性质等)的理论基础，但是要严格求解电子的能级和波函数是很困难的，所以需要引入适当的近似处理方法。

关于晶体中电子运动状态的最早的理论是金属的自由电子论。金属的显著特性是电导率和热导率高，所以，在1900年，即电子被发现后不久，特鲁德(P. Drude)就提出一种假设，试图解释金属的这些特性。他认为在金属中存在着自由电子，它们可以独立地在晶体中运动，相互之间没有作用，但是可以和粒子发生碰撞。这种自由电子就好比理想气体分子，可以称为电子气体。在外电场作用下，电子产生漂移运动引起了电流；在温度场中电子气体的迁移导致了热传导。在量子力学创立之后，索末菲(A. Sommerfeld)用量子理论对经典的自由电子模型加以改进，这样就能定量地解释金属的许多重要性质，如电子的热容量、热导率、电导率、磁化率等。但是自由电子模型过于简化了，因为没有考虑晶体势场的作用。因此，这种理论具有很大的局限性，它不能解释晶体为什么区分为导体、绝缘体和半导体。

实际上，在晶体中包含有大量的粒子(**这里特指晶格上的原子核或原子实或离子等**)和电子，它们之间存在着相互作用。每个电子的运动都受到粒子和其他电子的影响，因而不是自由的。我们要研究电子的运动，必须把这种相互作用考虑进去。同时，每个粒子的运动也不是独立的。所以，要研究一个电子的运动，原则上说，应把整个晶体作为一个体系统一加以考虑。也就是说，必须同时列出所有粒子和电子的薛定谔方程，并求出它们的解。这是一个非常复杂的多体问题，要算出它们的严格解是很困难的。通常采用单电子近似方法把多体问题简化为单电子问题，这种近似方法包括两个步骤。

第一步是所谓绝热近似。由于电子的质量比粒子的质量小得多，电子的运动速度比粒子的运动速度快得多，相对于电子的运动来说，粒子好像是静止不动的；因此，在研究电子的运动时，可以认为粒子都固定在各自的平衡位置上。这样，就等于把电子的运动和粒子的运动分开考虑，认为两者之间不交换能量，所以称为绝热近似。采用这种近似以后，就把一个多体问题简化为一个多电子的问题。在进一步的研究中，可以把粒子的运动，即晶格振动对电子运动的影响，作为微扰来处理。这种微扰引起电子的跃迁和散射。

第二步是利用所谓自洽场，把多电子问题简化为单电子问题。严格地讲，一个电子在空间中的某一点所受到的其他电子的作用，并不是一个常数，而是随着其他电子的运动而变的；或者说，设 V_i 是所有其他电子对第 i 个电子的作用势，则 V_i 不只是第 i 个电子的位置矢量 $\boldsymbol{r}_i$ 的函数，也与其他电子的位置有关。如果我们根据其他电子所处位置的概率分布，将 V_i 对其他电子的位置求平均，则平均值将只是 $\boldsymbol{r}_i$ 的函数。这样，我们就可以把每个电子的运动分开，单独加以处理，认为每个电子都是在固定的粒子势场和其他电子的平均场中运动。电子应遵从的薛定谔方程是

$$\left[-\frac{\hbar^2}{2m}\nabla^2+V(\boldsymbol{r})\right]\psi(\boldsymbol{r})=E\psi(\boldsymbol{r}) \tag{3.1.9}$$

式中，$V(\boldsymbol{r})$包括粒子势场和其他电子的平均场。式(3.1.9)中 $V(\boldsymbol{r})$是一个周期场，它具有晶体结构的周期性，同时 $V(\boldsymbol{r})$还具有晶体的微观对称性。

应用单电子近似和用周期性势场对晶体中的电子运动状态进行计算研究，可以得出定性描述的能带物理图像。晶体中电子许可的能量状态，既不是像孤立原子中分立的电子能级，也不是像在无限空间中的自由电子平面波所具有的连续能级，而是由在一定范围内准连续分布的能级组成的能带。在相邻的两个能带之间的能量范围称为禁带；对于理想晶体来说，电子的能量不可能处于禁带之中。应用单电子近似方法来处理晶体中电子能谱的理论，称为能带论。大量实验事实表明，对于简单金属和半导体，能带论可以给出半定量或者定量的结果，它能够解释金属、半导体和绝缘体的差别。半导体物理就是建立在能带论的基础上的。因此，掌握能带论的有关知识，对于学习固体物理其他方面的内容来说是很重要的。

视频

3.2 金属中的自由电子模型

按照金属的自由电子论，金属中的价电子可以视为自由电子，它们不受任何外力作用，彼此也没有相互作用，各自独立地运动。在金属内部，自由电子的势能是一个常数，可以取作势能的零点。另外，需要有适当的边界条件才能对薛定谔方程完整求解。实际上，电子在金属边界附近的势场是复杂的，需要对其进行简化处理，下面分别讨论两种不同简化的边界条件。

1. 无限深势阱近似——驻波解

因为在室温时我们没有观察到金属发射电子，所以在金属内部电子的能量比在金属外部电子的能量要低一些，要使金属内部的自由电子逸出体外，必须对它做一定的功。因此，金属中的自由电子处于有限深势阱中，为简便起见，假设势阱是无限深的方势阱，金属体是边长为 L 的立方体。这样，对于有限能量的电子就不可能逸出体外，即晶体外

电子的波函数为0,由于波函数是连续的,故波函数在晶体边界上的值也为0。先考虑一维情况,则

$$V(x)=\begin{cases}0, & 0\leqslant x\leqslant L\\ \infty, & x<0 \text{ 或 } x>L\end{cases} \tag{3.2.1}$$

由于$0\leqslant x\leqslant L$时,$V(x)=0$,且波函数在边界上的值也为0,故定解问题为

$$-\frac{\hbar^2}{2m}\frac{\mathrm{d}^2}{\mathrm{d}x^2}\psi(x)=E\psi(x) \tag{3.2.2}$$

$$\psi(x)\Big|_{x=0}=\psi(x)\Big|_{x=L}=0 \tag{3.2.3}$$

式(3.2.2)的一般解为

$$\psi(x)=A\sin kx+B\cos kx,\quad k=\sqrt{\frac{2mE}{\hbar^2}} \tag{3.2.4}$$

在$x=0$处,$\psi(x)=0$,得$B=0$;在$x=L$处,$\psi(x)=0$,得$A\sin kL=0$,因为$A\neq 0$(否则$\psi(x)\equiv 0$),所以

$$kL=n\pi,\quad E=E_n=\frac{n^2\pi^2\hbar^2}{2mL^2},\quad n=1,2,3,\cdots \tag{3.2.5}$$

相应的波函数为

$$\psi(x)=A\sin\left(\frac{n\pi}{L}x\right) \tag{3.2.6}$$

式中,A为归一化常数。

类似地,在三维的情况下,电子的势能为

$$V(x,y,z)=\begin{cases}0, & 0\leqslant x,y,z\leqslant L\\ \infty, & x,y,z<0 \text{ 或 } x,y,z>L\end{cases} \tag{3.2.7}$$

在势阱内,电子的能量E和波函数$\psi(x,y,z)$应满足的薛定谔方程为

$$-\frac{\hbar^2}{2m}\left(\frac{\partial^2}{\partial x^2}+\frac{\partial^2}{\partial y^2}+\frac{\partial^2}{\partial z^2}\right)\psi(x,y,z)=E\psi(x,y,z) \tag{3.2.8}$$

式(3.2.8)可用分离变量法求解,令

$$\psi(x,y,z)=u_1(x)u_2(y)u_3(z) \tag{3.2.9}$$

再令

$$E=\frac{\hbar^2k^2}{2m}=\frac{\hbar^2}{2m}(k_x^2+k_y^2+k_z^2) \tag{3.2.10}$$

式中,参数k是自由电子波矢的模,k_x、k_y、k_z是波矢的三个分量。将式(3.2.9)和式(3.2.10)代入式(3.2.8),分离变量可得

$$\frac{\mathrm{d}^2u_1(x)}{\mathrm{d}x^2}+k_x^2u_1(x)=0,\quad \frac{\mathrm{d}^2u_2(y)}{\mathrm{d}y^2}+k_y^2u_2(y)=0,\quad \frac{\mathrm{d}^2u_3(z)}{\mathrm{d}z^2}+k_z^2u_3(z)=0 \tag{3.2.11}$$

式(3.2.11)满足三维无限深势阱边界条件的解是我们熟知的,即

$$u_1(x)=A_1\sin k_xx,\quad u_2(y)=A_2\sin k_yy,\quad u_3(z)=A_3\sin k_zz \tag{3.2.12}$$

式中,A_1、A_2、A_3是归一化常数。电子的波矢分量应满足关系:

$$k_x = \frac{n_x \pi}{L}, \quad k_y = \frac{n_y \pi}{L}, \quad k_z = \frac{n_z \pi}{L} \tag{3.2.13}$$

式中，n_x、n_y、n_z 可取任意的正整数。所以最终的结果是

$$\psi(x,y,z) = A\sin k_x x \sin k_y y \sin k_z z \tag{3.2.14}$$

$$E = \frac{\hbar^2 \pi^2}{2mL^2}(n_x^2 + n_y^2 + n_z^2) \tag{3.2.15}$$

式(3.2.14)中的 A 是归一化常数。

上面的结果说明，晶体中自由电子的本征态波函数和能量都由一组量子数(n_x，n_y，n_z)来确定。由于 n_x、n_y 和 n_z 都取正整数，因此能量的许可值是分立的，形成能级。当晶体的线度 L 很大时，能级成为准连续的。

2. 周期性边界条件——行波解

上面对边界影响的处理虽然简单直观，但在晶体内部周期性势场不能忽略时很难应用。类似于晶格振动中的周期性边界条件，不去研究边界势场如何简化，而假设所研究的晶体是许多首尾相连的完全相同的晶体中的一个，每个晶体对应处的运动状态相同。这种处理方法更具普遍性，实际上它只强调晶体的有限性对内部粒子运动状态的影响。

在无限深势阱近似中，方程(3.2.2)在边界条件式(3.2.3)下，只能得到式(3.2.6)形式的解，这实际上是一种驻波解，保证了波函数在边界上的取值为0。在周期性边界条件中，没有限定波函数在边界上的取值，而是要求波函数性质延续到下一个晶体，即

$$\psi(x+L) = \psi(x) \tag{3.2.16}$$

所以方程(3.2.2)的解应取行波解

$$\psi(x) = A\exp(\mathrm{i}k_x x) \tag{3.2.17}$$

这里 k_x 可取正值，也可取负值，分别代表沿 x 轴正方向和反方向的行波。而能量为

$$E = \frac{\hbar^2 k_x^2}{2m} \tag{3.2.18}$$

周期性边界条件虽然没有规定波函数在边界上具体取值，但仍能反映晶体的有限大小给晶体内部电子状态带来的限制。这种处理方式更具普遍性，不仅能用于金属情况，也能用于其他晶体。式(3.2.17)代入式(3.2.16)，化简后可得 $\exp(\mathrm{i}k_x L)=1$，
故

$$k_x L = 2\pi n, \quad n \text{ 为任意整数}$$

所以

$$k_x = 2\pi n/L \tag{3.2.19}$$

这就是说，波矢 k_x 只能取分立值，邻近两波矢的间隔为 $\delta k_x = 2\pi/L$。

讨论：

(1) 由于 L 为晶体的长度，远大于晶格常数，故 δk_x 是很小的，k_x 可看作准连续地取值。

(2) 能量是波矢的偶函数，即 $E(k_x)=E(-k_x)$。按统计原理，能量相同的状态被电子占有的概率相同，故无外场时 k_x 与($-k_x$)出现的概率相同。

(3) 在波矢 k_x 轴上，由于 k_x 的取值是等间隔的，如果用一个点代表一个量子态，则电子在 k_x 轴上均匀分布，如图3.2.1所示。

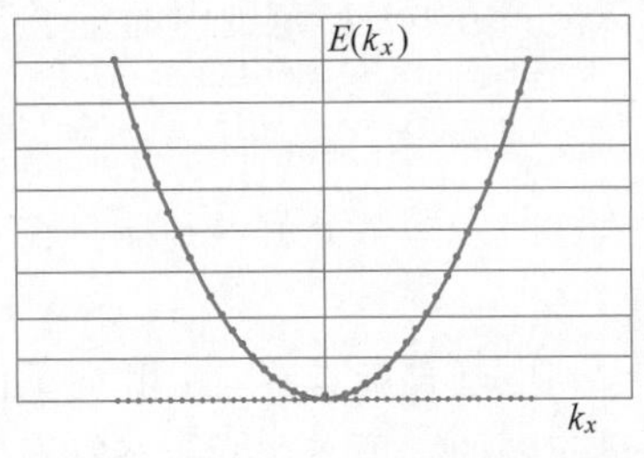

图 3.2.1 一维自由电子的量子态

对照式(3.2.5),可知在无限深势阱近似中,波矢的取值间隔为 π/L,是此处的一半,但那里因为是驻波,即正向波和反向波的叠加,故波矢取正值或负值给出的量子态是相同的,因此波矢只取正值(量子数取正整数)。所以,两种情况计算一定能量范围中的量子态数得到的结果是相同的。

3. 能态密度

由于晶体的长度 L 远大于其晶格常数 a,能级间隔是很小的,故能量几乎是准连续取值。在实际应用中重要的是一定能量范围中的量子态数,我们将单位能量间隔的量子态数称为**能态密度**。

接下来仍按周期性边界条件的结果来讨论能态密度。由式(3.2.19)知 k_x 的取值是等间隔的($\delta k_x = 2\pi/L$),那么能量取值也是等间隔吗?由式(3.2.18)知,能量是波矢的二次函数,能量取值间隔为 $\delta E = \frac{\hbar^2 k_x}{m}\delta k_x$,所以能量取值不是等间隔的,而是随 k_x 增加而增加。由于 k_x 是准连续地取值,所以可用微分的方法求单位能量间隔的量子态数。

能量在 $0 \sim E$ 范围对应的波矢范围:$0 \sim k_x = \pm\sqrt{2mE}/\hbar$。由于 k_x 可正负取值,所以波矢总宽度为 $2\sqrt{2mE}/\hbar$,除以波矢间隔 δk_x,就是能量在 $0 \sim E$ 范围内的量子态数,即

$$N = 2(\sqrt{2mE}/\hbar)/(2\pi/L) = 2L\sqrt{2mE}/h \tag{3.2.20}$$

对式(3.2.20)微分,得到能量在 $E \sim E+\Delta E$ 范围内的量子态数为 $\Delta N = \frac{L}{h}\sqrt{\frac{2m}{E}}\Delta E$。

考虑到电子自旋具有向上和向下两种状态,应乘以 2,故

$$\Delta N = 2\frac{L}{h}\sqrt{\frac{2m}{E}}\Delta E \tag{3.2.21}$$

上面的结果容易推广到三维情况,三维自由电子的波函数为

$$\psi(\boldsymbol{r}) = A\exp(\mathrm{i}\boldsymbol{k}\cdot\boldsymbol{r}) = A\mathrm{e}^{\mathrm{i}(k_x x + k_y y + k_z z)} \tag{3.2.22}$$

而能量为

$$E = \frac{\hbar^2(k_x^2 + k_y^2 + k_z^2)}{2m} = \frac{\hbar^2 k^2}{2m} \tag{3.2.23}$$

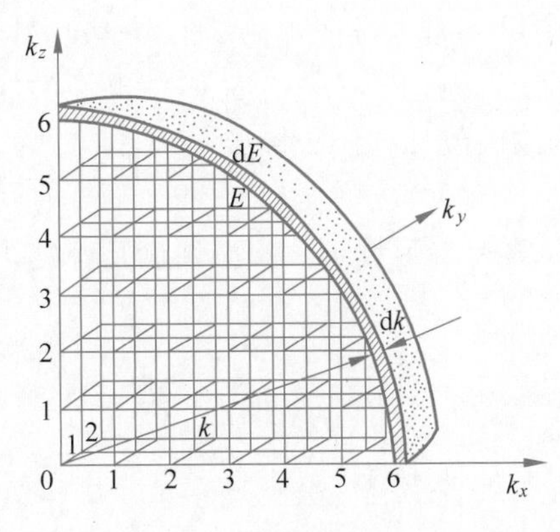

图 3.2.2 三维能态密度的计算

k_x、k_y、k_z 的取值类似于式(3.2.19),都是等间隔取值,间隔为 $2\pi/L$,所以,在 k_x、k_y、k_z 构成的波矢空间中代表量子态的电子分布是均匀的,如图 3.2.2 所示。一个电子占有的"体积"是 $\delta\Omega = (2\pi/L)^3$。

由能量表达式解出波矢大小 k 的取值为

$$k = \sqrt{2mE}/\hbar \tag{3.2.24}$$

能量在 $0 \sim E$ 范围在 k 空间占有的"体积",就是由式(3.2.24)决定的波矢值为半径的球体体积

$$\Omega = \frac{4}{3}\pi k^3 = \frac{4}{3}\pi(2mE)^{3/2}/\hbar^3 \tag{3.2.25}$$

所以能量在 $0\sim E$ 范围内的量子态数为

$$N=\Omega/\delta\Omega=\left[\frac{4}{3}\pi(2mE)^{3/2}/\hbar^{3}\right]/(2\pi/L)^{3}=\frac{4}{3}\pi L^{3}(2mE)^{3/2}/h^{3} \qquad (3.2.26)$$

对式(3.2.26)微分就得到能量在 $E\sim E+\Delta E$ 范围内的量子态数，即

$$\Delta N=2\pi L^{3}(2m)^{3/2}E^{1/2}\Delta E/h^{3} \qquad (3.2.27)$$

考虑到电子自旋具有向上和向下两种状态，应乘以 2，并注意到晶体体积为 $V=L^{3}$，故单位能量间隔的量子态数即能态密度为

$$D(E)=\Delta N/\Delta E=4\pi V(2m)^{3/2}E^{1/2}/h^{3} \qquad (3.2.28)$$

能态密度是一个重要的概念，半导体中载流子浓度的计算、固体比热、电导率、磁导率的计算都要用到能态密度公式。式(3.2.28)是假设金属为立方体情况下导出的结果，实际上它同样适用于长方体或其他外形的情况。

*4. 费米球

如果 k 空间从原点到半径为 k_{F} 的球面之间的量子态数正好等于电子数目 N，则此球称为费米球。费米球体积为 $\left(\frac{4}{3}\pi k_{\mathrm{F}}^{3}\right)$，考虑到自旋有 2 种状态，因此

$$2\times\left(\frac{4}{3}\pi k_{\mathrm{F}}^{3}\right)/\left(\frac{2\pi}{L}\right)^{3}=N \qquad (3.2.29)$$

若 N 已知，而晶体体积为 $V=L^{3}$，则由式(3.2.29)得费米球半径为

$$k_{\mathrm{F}}=\left(\frac{3\pi^{2}N}{V}\right)^{1/3} \qquad (3.2.30)$$

费米球表面处的能量称为费米能量，记作 E_{F}，可得

$$E_{\mathrm{F}}=\frac{\hbar^{2}k_{\mathrm{F}}^{2}}{2m}=\frac{\hbar^{2}}{2m}\left(\frac{3\pi^{2}N}{V}\right)^{2/3} \qquad (3.2.31)$$

自由电子模型可以解释金属的许多性质，但是它完全忽略了晶体中周期性势场的作用，因而具有很大的局限性，例如，它不能揭示出晶体中电子的能带结构。

3.3 布洛赫定理

视频

晶体中的电子是在固定粒子的势场和其他电子的平均场中运动的，电子的势能具有晶体结构的周期性。一个在周期场中运动的电子应该具有哪些基本特征？在量子力学建立以后，布洛赫(F. Bloch)和布里渊等就致力于解决这个问题。他们的工作为晶体中电子的能带理论奠定了基础，本节讨论在周期场中运动的电子的波函数具有什么特点。

1. 布洛赫定理的表述

在一维情况下，在周期场中运动的电子，其能量 $E(k)$ 和波函数 $\psi_k(x)$ 必须满足薛定谔方程：

$$\left[-\frac{\hbar^{2}}{2m}\frac{\mathrm{d}^{2}}{\mathrm{d}x^{2}}+V(x)\right]\psi_k(x)=E(k)\psi_k(x) \qquad (3.3.1)$$

式中，k 是用来表征量子状态的量子数，称为波矢，$V(x)$ 是周期函数

$$V(x)=V(x+na) \tag{3.3.2}$$

式中，a 是一维晶格常数，n 是任意整数。

布洛赫定理指出，在满足式(3.3.2)的周期势场中运动的电子，其薛定谔方程(3.3.1)的解，必定具有如下的特殊形式：

$$\psi_k(x)=\mathrm{e}^{\mathrm{i}kx}u_k(x) \tag{3.3.3}$$

式中，$u_k(x)$也是以 a 为周期的周期函数，即

$$u_k(x)=u_k(x+na) \tag{3.3.4}$$

因此，一个在周期场中运动的电子，其本征态波函数的形式为一个自由电子的波函数 $\mathrm{e}^{\mathrm{i}kx}$ 乘以一个具有晶体结构周期性的函数 $u_k(x)$。这反映了晶体中的电子既具有共有化的倾向，又受到周期排列的粒子的束缚的特点。只有在 $u_k(x)$等于常数时，在周期场中运动的电子的波函数才完全变为自由电子的波函数。

形如式(3.3.3)的函数称为**布洛赫函数**。应注意，布洛赫函数并不是一个周期函数，因为 $\psi_k(x+a)=\mathrm{e}^{\mathrm{i}k(x+a)}u_k(x+a)=\mathrm{e}^{\mathrm{i}ka}\mathrm{e}^{\mathrm{i}kx}u_k(x)=\mathrm{e}^{\mathrm{i}ka}\psi_k(x)$，即

$$\psi_k(x+a)=\mathrm{e}^{\mathrm{i}ka}\psi_k(x) \tag{3.3.5}$$

但容易看出，$|\psi_k(x)|^2$ 是周期函数。对于一个实际晶体来说，其体积总是有限的，因此必须考虑边界效应。为了既不破坏晶体结构的周期性，又能处理有限体积的问题，我们仍然采用周期性边界条件(见 2.1 节)。设一维晶体的原胞数为 N，它的线度 $L=Na$，则布洛赫函数 $\psi_k(x)$ 应满足条件

$$\psi_k(x)=\psi_k(x+Na) \tag{3.3.6}$$

因为 $\psi_k(x)=\mathrm{e}^{\mathrm{i}kx}u_k(x)$，代入式(3.3.6)

$$\psi_k(x+Na)=\mathrm{e}^{\mathrm{i}k(x+Na)}u_k(x+Na)=\mathrm{e}^{\mathrm{i}kNa}\mathrm{e}^{\mathrm{i}kx}u_k(x)=\mathrm{e}^{\mathrm{i}kNa}\psi_k(x)$$

所以

$$\mathrm{e}^{\mathrm{i}kNa}=1 \tag{3.3.7}$$

因此，k 必须满足条件

$$kNa=2l\pi,\quad l=0,\pm1,\pm2,\cdots \tag{3.3.8}$$

即

$$k=l\frac{2\pi}{Na}=l\frac{2\pi}{L} \tag{3.3.9}$$

这说明，边界的影响是使波矢 k 取分立的值。

对于三维情况，布洛赫定理可做类似表述：势场 $V(\boldsymbol{r})$具有晶格周期性时，电子波函数满足薛定谔方程 $\left[-\frac{\hbar^2}{2m}\nabla^2+V(\boldsymbol{r})\right]\psi(\boldsymbol{r})=E\psi(\boldsymbol{r})$的解具有以下形式，即 $\psi(\boldsymbol{r})=\mathrm{e}^{\mathrm{i}\boldsymbol{k}\cdot\boldsymbol{r}}u_{\boldsymbol{k}}(\boldsymbol{r})$，其中 u 为晶格周期性函数，满足 $u_{\boldsymbol{k}}(\boldsymbol{r}+\boldsymbol{R}_n)=u_{\boldsymbol{k}}(\boldsymbol{r})$，$\boldsymbol{k}$ 为一矢量，$\boldsymbol{R}_n$ 为晶格平移矢量。

*2. 布洛赫定理的证明

布洛赫定理只有在周期场下才成立。而周期场的产生是由于晶体具有平移对称性。设 $\hat{T}(na)$是描述平移对称操作的算符(这里 n 是整数)，其意义是：$\hat{T}(na)$作用于任意函数 $f(x)$就产生函数 $f(x+na)$，即

$$\hat{T}(na)f(x)=f(x+na) \tag{3.3.10}$$

$f(x)$可以是势能函数 $V(x)$，也可以是哈密顿算符 $\hat{H}(x)$，还可以是波函数 $\psi(x)$。因为 $V(x)$是周期为 a 的函数，即

$$\hat{T}(na)V(x)=V(x+na)=V(x) \tag{3.3.11}$$

同时$\frac{\mathrm{d}^2}{\mathrm{d}(x+a)^2}=\frac{\mathrm{d}^2}{\mathrm{d}x^2}$，所以在周期场中运动的电子的哈密顿算符 $\hat{H}(x)$也具有周期性或平移对称性：

$$\hat{T}(na)\hat{H}(x)=\hat{H}(x+na)=\hat{H}(x) \tag{3.3.12}$$

但波函数 $\psi(x)$不是周期函数，只满足关系式

$$\hat{T}(na)\psi(x)=\psi(x+na) \tag{3.3.13}$$

如果将算符 $\hat{H}(x)$和 $\hat{T}(na)$连续作用于波函数 $\psi(x)$上，得到下面结果

$$\hat{T}(na)\hat{H}(x)\psi(x)=\hat{H}(x+na)\psi(x+na)=\hat{H}(x)\psi(x+na)=\hat{H}(x)\hat{T}(na)\psi(x)$$

因此，$\hat{T}(na)$和 $\hat{H}(x)$是对易的。根据量子力学原理，两个对易的算符必定具有共同的本征函数。设 $\psi(x)$是 $\hat{H}(x)$和 $\hat{T}(na)$的共同本征函数，即

$$\hat{H}(x)\psi(x)=E\psi(x) \tag{3.3.14}$$

$$\hat{T}(na)\psi(x)=\psi(x+na)=\lambda(na)\psi(x) \tag{3.3.15}$$

因为

$$\hat{T}(n_1a)\hat{T}(n_2a)\psi(x)=\hat{T}(n_1a)\lambda(n_2a)\psi(x)=\lambda(n_1a)\lambda(n_2a)\psi(x) \tag{3.3.16}$$

$$\hat{T}[(n_1+n_2)a]\psi(x)=\lambda[(n_1+n_2)a]\psi(x) \tag{3.3.17}$$

式中，n_1、n_2 是整数；但是，显然应该有

$$\hat{T}(n_1a)\hat{T}(n_2a)f(x)=\hat{T}[(n_1+n_2)a]f(x) \tag{3.3.18}$$

所以

$$\lambda[(n_1+n_2)a]=\lambda(n_1a)\lambda(n_2a) \tag{3.3.19}$$

这说明

$$\lambda(na)=\mathrm{e}^{\mathrm{i}kna} \tag{3.3.20}$$

当 $n=1$ 时，$\lambda=\mathrm{e}^{\mathrm{i}ka}$，注意到式(3.3.15)，得

$$\psi_k(x+a)=\mathrm{e}^{\mathrm{i}ka}\psi_k(x) \tag{3.3.21}$$

显然，若 $\psi_k(x)$取如下平面波形式：

$$\mathrm{e}^{\mathrm{i}(k+K_h)x}$$

其中

$$K_h=h\frac{2\pi}{a},\quad h \text{ 为任意整数}$$

则式(3.3.21)将得到满足。因为

$$\mathrm{e}^{\mathrm{i}(k+K_h)(x+a)}=\mathrm{e}^{\mathrm{i}ka}\mathrm{e}^{\mathrm{i}K_ha}\mathrm{e}^{\mathrm{i}(k+K_h)x}=\mathrm{e}^{\mathrm{i}ka}\mathrm{e}^{\mathrm{i}(k+K_h)x}$$

因此在周期场中运动电子的波函数 $\psi_k(x)$，应是所有形如 $\mathrm{e}^{\mathrm{i}(k+K_h)x}$ 的平面波的线性叠加，即

$$\psi_k(x)=\sum_h A_h(k)\mathrm{e}^{\mathrm{i}(k+K_h)x}=\mathrm{e}^{\mathrm{i}kx}\sum_h A_h(k)\mathrm{e}^{\mathrm{i}K_h x}=\mathrm{e}^{\mathrm{i}kx}u_k(x) \tag{3.3.22}$$

其中

$$u_k(x)=\sum_h A_h(k)\mathrm{e}^{\mathrm{i}K_h x} \tag{3.3.23}$$

显然 $u_k(x)$具有晶体结构的周期性。因为

$$u_k(x+na)=\sum_h A_h(k)\mathrm{e}^{\mathrm{i}K_h(x+na)}=\sum_h A_h(k)\mathrm{e}^{\mathrm{i}K_h x}=u_k(x) \tag{3.3.24}$$

这样,我们就证明了布洛赫定理。

3. 布洛赫函数的意义

布洛赫函数式(3.3.3)与自由电子波函数 $\mathrm{e}^{\mathrm{i}kx}$ 相比,只差一个周期因子 $u_k(x)$。$\mathrm{e}^{\mathrm{i}kx}$ 代表平面波,因此布洛赫函数是一个周期函数 $u_k(x)$所调制的平面波。$u_k(x)$反映了晶格周期势场对电子运动的影响。自由电子在空间各点出现的概率相等,但布洛赫波的因子 $u_k(x)$说明,晶体中的电子在原胞中不同位置上出现的概率不同,正像在单个原子中原子实的势场对电子波函数的影响一样。因此 $u_k(x)$反映了电子在每个原子附近运动的情况。另外,由于 k 是实数,因子 $\mathrm{e}^{\mathrm{i}kx}$ 表明,在晶体中电子不再是局域化的,而是扩展于整个晶体之中。事实上,在晶体中不同原胞的各等价位置上电子出现的概率相同,即有 $|\psi(x)|^2=|\psi(x+na)|^2$。因此,因子 $\mathrm{e}^{\mathrm{i}kx}$ 反映了晶体中电子的共有化。与自由电子的运动有相似之处。设想晶体势场极端微弱的情况,这时布洛赫波应以自由电子波函数为极限,即 $u_k(x)$趋于常数。

图 3.3.1 为晶体波函数示意图,图 3.3.1(a)是沿某一列原子方向电子的势能; 图 3.3.1(b)是某一本征态,其波函数是复数,但只画出实数部分; 图 3.3.1(c)是布洛赫函数中周期函数因子; 图 3.3.1(d)是平面波成分,同样只画出了实数部分。布洛赫函数的平面波因子描述了晶体中电子共有化运动,即电子可以在整个晶体自由运动; 而周期函数因子描述了电子在原胞中的运动,这取决于原胞中电子的势场。

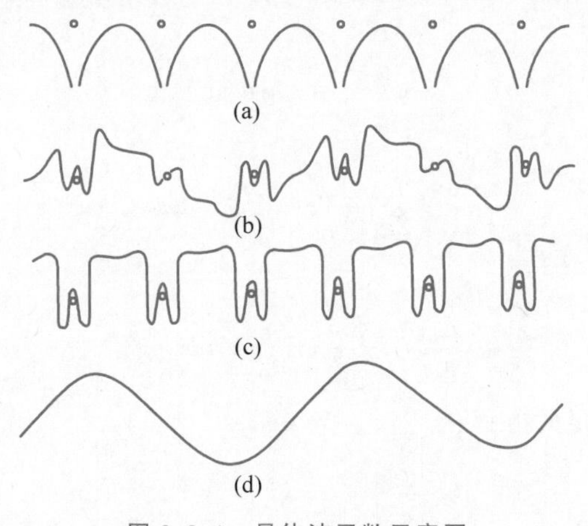

图 3.3.1　晶体波函数示意图

晶体电子与自由电子不同的是,对于自由电子,波矢为 $\boldsymbol{k}$ 的状态具有确定的动量$\hbar\boldsymbol{k}$; 但对于晶体中的电子,布洛赫波的形式说明,波矢为 $\boldsymbol{k}$ 的状态并不具有确定的动量。因此,$\hbar\boldsymbol{k}$ 不再具有严格意义下的动量的含义。但以后可以看到,它仍具有类似于动量的性质。通常

把$\hbar k$称为晶体动量或准动量。

3.4 克龙尼克-潘纳模型

视频

3.3节已经指明，一个在周期场中运动的电子，其波函数一定是布洛赫函数。那么它的许可能级具有什么特点呢？下面我们通过求解一个最简单的一维周期场模型来回答这个问题。

1. 求解过程

克龙尼克-潘纳(Kronig-Penney)周期场模型如图3.4.1所示，它是由方形势阱和方形势垒周期排列组成的。每个势阱的宽度是c；相邻势阶之间的势垒宽度是b；场的周期是$a=b+c$，取势阱的势能为零，势垒的高度为V_0。与图3.3.1比较，可以把每个势阱当作粒子附近势场的粗略近似。

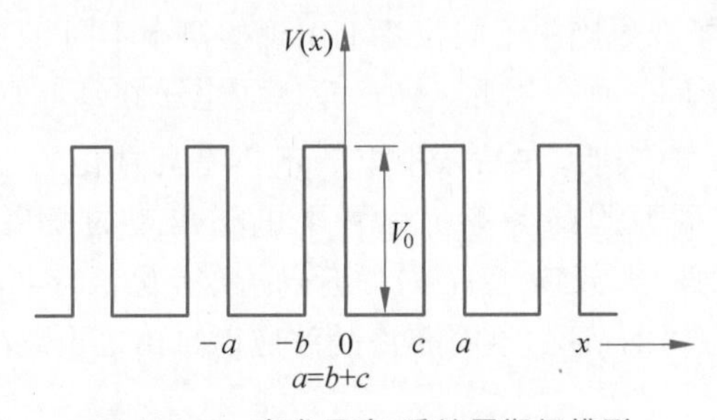

图3.4.1 克龙尼克-潘纳周期场模型

在$-b<x<c$区域，粒子的势能

$$V(x)=\begin{cases}0, & 0<x<c\\ V_0, & -b<x<0\end{cases} \tag{3.4.1}$$

在其他区域，粒子的势能为$V(x)=V(x+na)$，其中n为任意整数。依照布洛赫定理，波函数写成

$$\psi(x)=\mathrm{e}^{\mathrm{i}kx}u(x)$$

代入薛定谔方程

$$-\frac{\hbar^2}{2m}\frac{\mathrm{d}^2\psi}{\mathrm{d}x^2}+V\psi=E\psi$$

即

$$\frac{\mathrm{d}^2\psi}{\mathrm{d}x^2}+\frac{2m}{\hbar^2}(E-V)\psi=0 \tag{3.4.2}$$

经过整理，得到$u(x)$满足的方程：

$$\frac{\mathrm{d}^2u}{\mathrm{d}x^2}+2\mathrm{i}k\frac{\mathrm{d}u}{\mathrm{d}x}+\left[\frac{2m}{\hbar^2}(E-V)-k^2\right]u=0 \tag{3.4.3}$$

在势场突变点，波函数$\psi(x)$以及它的导数

$$\frac{\mathrm{d}\psi}{\mathrm{d}x}=\mathrm{e}^{\mathrm{i}kx}\frac{\mathrm{d}u}{\mathrm{d}x}+\mathrm{i}k\,\mathrm{e}^{\mathrm{i}kx}u(x) \tag{3.4.4}$$

必须连续，实际上这就要求函数$u(x)$和它的导数必须连续。下面分不同区域求出$u(x)$的

表达式。

(1) 在区域 $0<x<c$，即势阱区，势能 $V=0$。

定义

$$\frac{2m}{\hbar^2}E=\alpha^2 \tag{3.4.5}$$

则式(3.4.3)可写成

$$\frac{\mathrm{d}^2u}{\mathrm{d}x^2}+2\mathrm{i}k\frac{\mathrm{d}u}{\mathrm{d}x}+[\alpha^2-k^2]u=0 \tag{3.4.6}$$

这是一个二阶常系数微分方程，其特征方程为

$$r^2+2\mathrm{i}kr+(\alpha^2-k^2)=0 \tag{3.4.7}$$

即

$$[r-\mathrm{i}(\alpha-k)][r+\mathrm{i}(\alpha+k)]=0$$

故特征方程的两个根为

$$r_1=\mathrm{i}(\alpha-k),\quad r_2=\mathrm{i}(\alpha+k)$$

所以，式(3.4.6)的解是

$$u(x)=A_0\mathrm{e}^{\mathrm{i}(\alpha-k)x}+B_0\mathrm{e}^{-\mathrm{i}(\alpha+k)x} \tag{3.4.8}$$

式中，A_0、B_0 是任意常数。

(2) 在区域 $-b<x<0$，即势垒区，势能为 V_0。

我们只讨论 $E<V_0$ 的情形，因为电子在晶体内部的能量比在外部低。定义

$$\beta^2=\frac{2m}{\hbar^2}(V_0-E)=\frac{2mV_0}{\hbar^2}-\alpha^2 \tag{3.4.9}$$

则式(3.4.3)可写成

$$\frac{\mathrm{d}^2u}{\mathrm{d}x^2}+2\mathrm{i}k\frac{\mathrm{d}u}{\mathrm{d}x}-[\beta^2+k^2]u=0 \tag{3.4.10}$$

其解为

$$u(x)=C_0\mathrm{e}^{(\beta-\mathrm{i}k)x}+D_0\mathrm{e}^{-(\beta+\mathrm{i}k)x} \tag{3.4.11}$$

式中，C_0、D_0 也是任意常数。

(3) 由于 $u(x)$ 为周期函数，所以在 $na<x<c+na$ 区域，$u(x)$ 的实际取值与 $0<x<c$ 内对应的点的取值相同，故

$$u(x)=A_0\mathrm{e}^{\mathrm{i}(\alpha-k)(x-na)}+B_0\mathrm{e}^{-\mathrm{i}(\alpha+k)(x-na)} \tag{3.4.12}$$

(4) 同理，在 $-b+na<x<na$ 区域，函数 $u(x)$ 可写成

$$u(x)=C_0\mathrm{e}^{(\beta-\mathrm{i}k)(x-na)}+D_0\mathrm{e}^{-\mathrm{i}(\beta+\mathrm{i}k)(x-na)} \tag{3.4.13}$$

所以，我们在求解波函数时，只需要确定 A_0、B_0、C_0 和 D_0 四个常数。这四个待定常数应由在势场突变点，$u(x)$ 和 $\frac{\mathrm{d}u(x)}{\mathrm{d}x}$ 必须连续的条件来确定。

在 $x=0$ 处，要使函数 $u(x)$ 连续，必须有 $u(+0)=u(-0)$，由式(3.4.8)和式(3.4.11)得

$$A_0+B_0=C_0+D_0 \tag{3.4.14}$$

要使 $\frac{\mathrm{d}u(x)}{\mathrm{d}x}$ 连续，必须有

$$\mathrm{i}(\alpha-k)A_0-\mathrm{i}(\alpha+k)B_0=(\beta-\mathrm{i}k)C_0-(\beta+\mathrm{i}k)D_0 \tag{3.4.15}$$

在 $x=c$ 处，要使函数 $u(x)$ 连续，必须有 $u(c-0)=u(c+0)$，由式(3.4.8)和式(3.4.13)(取 $n=1$)，并注意 $c=-b+a$，得

$$A_0\mathrm{e}^{\mathrm{i}(\alpha-k)c}+B_0\mathrm{e}^{-\mathrm{i}(\alpha+k)c}=C_0\mathrm{e}^{-(\beta-\mathrm{i}k)b}+D_0\mathrm{e}^{(\beta+\mathrm{i}k)b} \tag{3.4.16}$$

同理，在 $x=c$ 处，要使 $\frac{\mathrm{d}u(x)}{\mathrm{d}x}$ 连续，必须有

$$\mathrm{i}(\alpha-k)\mathrm{e}^{\mathrm{i}(\alpha-k)c}A_0-\mathrm{i}(\alpha+k)\mathrm{e}^{-\mathrm{i}(\alpha+k)c}B_0=(\beta-\mathrm{i}k)\mathrm{e}^{-(\beta-\mathrm{i}k)b}C_0-(\beta+\mathrm{i}k)\mathrm{e}^{(\beta+\mathrm{i}k)b}D_0 \tag{3.4.17}$$

式(3.4.14)～式(3.4.17)四个方程是关于 A_0、B_0、C_0 和 D_0 的齐次线性方程组，将它们求解便可以得到波函数。但是我们的目的是求出相应的能级。方程组有异于零的解的条件是其系数行列式必须等于零。此行列式化简后，得到

$$\frac{\beta^2-\alpha^2}{2\alpha\beta}\sinh\beta b\sin\alpha c+\cosh\beta b\cos\alpha c=\cos ka \tag{3.4.18}$$

式中，参量 α 及 β 都与能量 E 有关，所以式(3.14.18)决定了能量的取值。

将式(3.4.18)左边看作 E 的函数，可画出相应的曲线，如图3.4.2所示。在图3.4.2(a)中的三条曲线a、b、c对应的 V_0 值分别为 $4\left(\frac{\hbar^2\pi^2}{2ma^2}\right)$、$8\left(\frac{\hbar^2\pi^2}{2ma^2}\right)$、$16\left(\frac{\hbar^2\pi^2}{2ma^2}\right)$，而取 $b/a=0.2$。由于 $E\leqslant V_0$，故每条曲线的能量范围不同，V_0 值越大，则曲线振荡次数越多，方程(3.4.18)的解就越多。方程的解就是图中曲线与水平线(其位置由 $\cos ka$ 的值决定)的交点，k 的取值不同，则 $\cos ka$ 值不同，解的数目就不同。在 $\cos ka=0$ 即横坐标轴附近，曲线与水平线的交点最多，曲线a、b、c最多的交点分别有2个、3个和4个。波矢 k 不同，则交点的位置就不同，相应的能量值也不同。由于 k 的取值间隔很小，几乎是准连续的，所以能量的值也是准连续的。

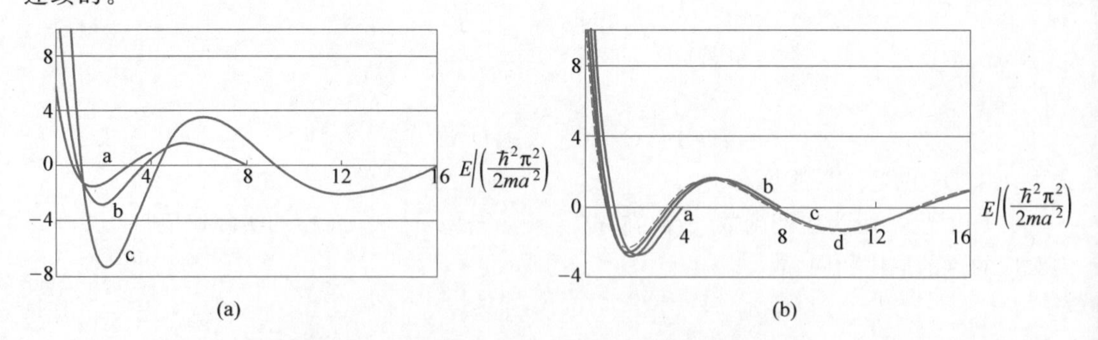

图3.4.2　不同情况下式(3.4.18)左边的函数曲线

在图3.4.2(b)中有四条曲线a、b、c、d，每条曲线的 V_0 与 b 的乘积都相同，曲线a、b、c、d对应的 V_0 值分别为 $4\left(\frac{\hbar^2\pi^2}{2ma^2}\right)$、$8\left(\frac{\hbar^2\pi^2}{2ma^2}\right)$、$16\left(\frac{\hbar^2\pi^2}{2ma^2}\right)$ 和 $32\left(\frac{\hbar^2\pi^2}{2ma^2}\right)$，而 b/a 值分别为0.4、0.2、0.1和0.05。可见，不同曲线间的差异不大，特别是 V_0 值较大的c和d之间差异很小。V_0 与 b 的乘积就是势垒的面积，这就是说，曲线的形状主要由势垒的面积决定。

方程(3.4.18)也称本征值方程，它是决定电子能量的超越方程，其解与 k 值有关，即 $E=E(k)$。但对任意 k 值，总有 $-1\leqslant\cos ka\leqslant1$，所以能量只有在某些区间有解。

2. 讨论

下面我们讨论几种简化情况。

(1) 保持 V_0 不变,令 $b\to 0$,则 $\sinh\beta b\to 0$,$\cosh\beta b\to 1$,$c\to a$。故由式(3.4.18)得 $\alpha=k$,即 $E=\dfrac{\hbar^2 k^2}{2m}$,这就是自由电子情况,表明原子对电子没有束缚作用,电子可在晶体中自由运动。

(2) 保持 b 不变,令 $V_0\to\infty$,则 $\beta\to\infty$,故由式(3.4.18)得 $\sin\alpha c=0$,即 $\alpha c=n\pi$(n 为整数),所以 $E=\dfrac{\hbar^2\pi^2}{2mc^2}n^2$。这相当于无限深势阱情况,这时电子只能束缚在某个原子附近,不能从一个原子转移到另一个原子。

(3) 图 3.4.2(b) 已经说明了曲线的形状主要由势垒的面积决定。实际上,V_0 与 b 的乘积可作为电子受原子束缚的程度的量度。现假设 $V_0 b$ 保持不变,令 $V_0\to\infty$,$b\to 0$,即将势垒变成 δ 函数的极限情形。定义

$$\lim\frac{\beta^2 ab}{2}=\frac{mabV_0}{\hbar^2}=P \tag{3.4.19}$$

因为

$$\beta b=\sqrt{\frac{2Pb}{a}}\ll 1$$

所以

$$\sinh\beta b\approx\beta b,\quad \cos\beta b\approx 1$$

于是,式(3.4.18)简化为

$$P\frac{\sin\alpha a}{\alpha a}+\cos\alpha a=\cos ka \tag{3.4.20}$$

式中,a、P 是已知的常数,因此式(3.4.20)确定了 k 和 α 的关系。由于 α 和电子的能量 E 的关系已由式(3.4.5)给出,所以式(3.4.20)也确定了 k 和 E 的关系。我们用作图法求出 E 的取值范围以及 k 与 E 的关系,如图 3.4.3 所示,首先画出 $f(\alpha a)=P\dfrac{\sin\alpha a}{\alpha a}+\cos\alpha a$ 作为 αa 的函数的曲线。对于给定的 k 值,$\cos ka$ 与 αa 的取值无关,在图中应为平行于横坐标的直线。由于 $\cos ka$ 的值介于 -1 和 $+1$ 之间,所以代表 $\cos ka$ 的直线与代表 $f(\alpha a)$ 的曲线只有在某些区域会有交点,即方程(3.4.20)对于 $|f(\alpha a)|>1|$ 的区域无解。所以 αa(从而 E)的取值受到一定限制。

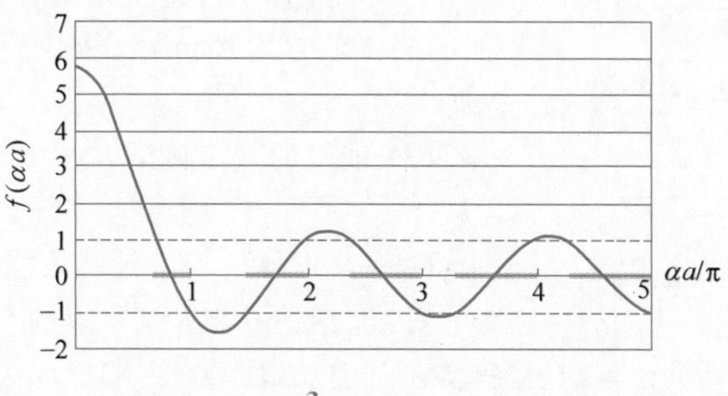

图 3.4.3 $P=\dfrac{3}{2}\pi$ 时式(3.4.20)的图形

图 3.4.3 中，横轴上的粗线表示 αa 的允许取值范围，在这些范围内，$f(\alpha a)$的值也介于 $+1$ 和 -1 之间。当 $\alpha a=\pi,3\pi,5\pi,\cdots$ 时，$f(\alpha a)=-1$；当 $\alpha a=2\pi,4\pi,6\pi,\cdots$时，$f(\alpha a)=+1$。从图中看出，$\alpha a$ 允许取值的范围各段是不同的，随 αa 增加而增大。对于同一个 k 值，直线与曲线的交点有若干，即有若干 αa 的取值满足 $f(\alpha a)=\cos ka$，所以能量 E 是 k 的多值函数。由于 k 是准连续的，所以能量在某些范围也准连续地取值。

图 3.4.4 给出了 E-k 曲线，由于 $\cos ka$ 是 ka 的周期函数，故 E 也是 ka 的周期函数。可以将 ka 限制在一个周期的范围，即 $-\pi<ka\leqslant\pi$，或 $-\dfrac{\pi}{a}<k\leqslant\dfrac{\pi}{a}$，称为简约区或第一布里渊区。

另外，我们也可以在图 3.4.4 中对于 ka 的不同区间，保留 E-k 曲线的某一个曲线段，使能量为 k 的单值函数，如图 3.4.5 所示。图中虚线对应自由电子情况。为方便起见，其中纵坐标取为 $\dfrac{2ma^2}{\pi^2\hbar^2}E$，横坐标取为 ka。我们只给出了 $k>0$ 的情形。

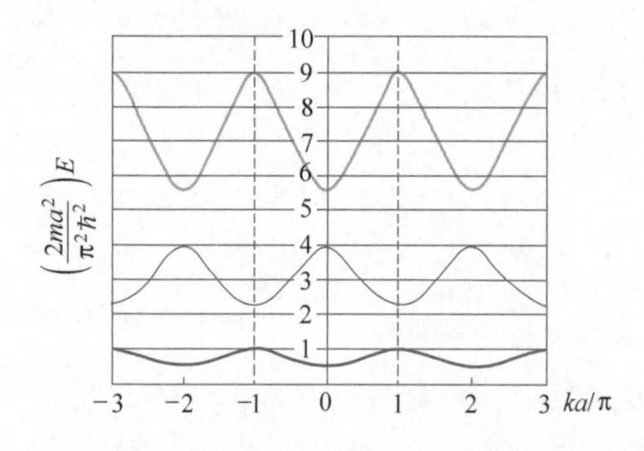

图 3.4.4 $P=1.5\pi$ 时能量和波矢的关系

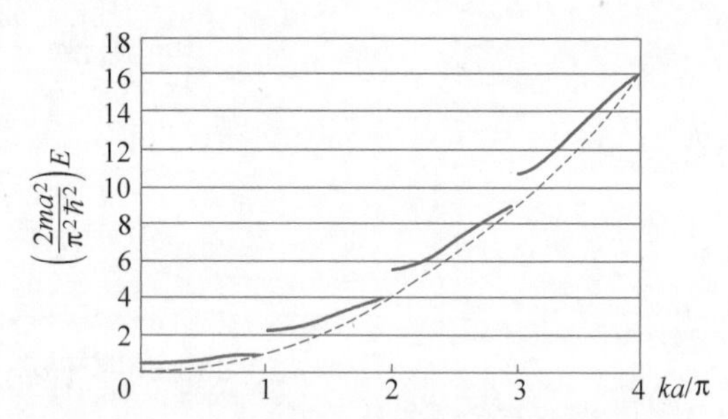

图 3.4.5 $\left(\dfrac{2ma^2}{\pi^2\hbar^2}\right)E$ 时能量和波矢的关系（与自由电子比较）

3. 能带结构的特点

从以上结果我们可以得出下列有意义的结论：

(1) 一个在周期场中运动的电子，其许可能级组成能带，两个相邻的能带之间由禁带隔开。

(2) 能带的宽度随能量的增加而增加。

这是因为 $f(\alpha a)=P\dfrac{\sin\alpha a}{\alpha a}+\cos\alpha a$ 中的第一项平均说来随 αa 的增加而减小，$f(\alpha a)$随 αa 的增加变化速度变慢，其值处于 $+1$ 和 -1 之间的 αa 范围增大；另外，由式(3.4.5)能量 E 随 α 平方增加可知，能带的宽度随 αa 的增加而增加。

(3) 能带的宽度随着粒子对电子束缚程度的增加而减小。

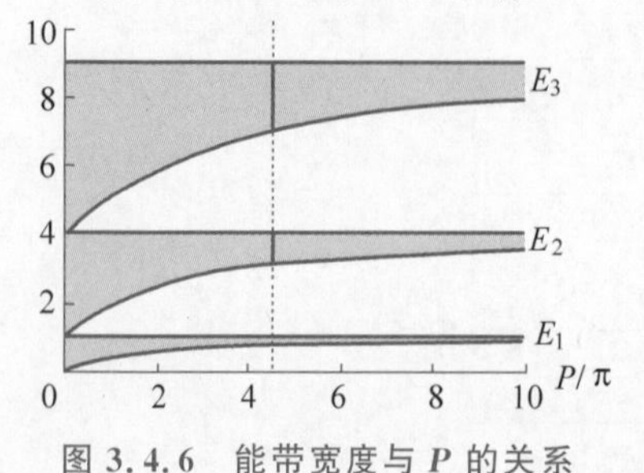

图 3.4.6 能带宽度与 P 的关系

图 3.4.6 画出了最低三条能带的上界和下界。从图中看出，各能带上界是平直的，与 P 无关；而下界随 P 增大而增加，所以，能带宽度随 P 增大而减小。当

$P=0$ 时,上能带的下界与下能带的上界是重合的,没有禁带,这显然是对应于 $V_0 \to 0$ 的自由电子的情况。当 $P\to\infty$时,由式(3.4.20)得$\frac{\sin\alpha a}{\alpha a}=0$,所以 $\alpha a=\pm n\pi, n=1,2,3,\cdots$,因此

$$E=\frac{n^2\pi^2\hbar^2}{2ma^2}$$

显然能级是分立的,与 k 无关,这对应于处在无限深势阱中的电子,即孤立原子中的束缚态电子的情形。实际上,从式(3.4.19)可知,P 正比于势垒的"面积"$V_0 b$,所以它描述了粒子对电子的束缚程度。图 3.4.6 中,最左边 $P=0$,相当于金属自由电子模型;最右边,当 $P=\infty$时,相当于孤立原子的线状谱;实际的晶体位于中间状态,若对一个给定的 P 值,画出一条垂直线,就得到能带和禁带的宽度。

(4) 对于一个给定的能带,电子的能量 E 是波矢 k 的偶函数,$E(k)=E(-k)$,并且是 k 的周期函数,$E(k)=E\left(k+\frac{2\pi}{a}\right)$。这是因为决定了能量取值的方程(3.4.18)或其简化形式(3.4.20)中,k 的影响都是以 $\cos ka$ 的形式出现,而 $\cos ka$ 是 k 的偶函数和周期函数。

若 $K_h=h\frac{2\pi}{a}$(h 是整数),因为 $\cos ka=\cos(k+K_h)a$,所以 $E(k)=E(k+K_h)$。图 3.4.4 表示每个能带都是波矢空间里的周期函数。因此,我们只需将波矢 k 限制在$-\frac{\pi}{a}<k\leqslant\frac{\pi}{a}$便可描绘出所有的能带,由此确定的波矢称作简约波矢。为了避免混淆,应将能带编号通常写成 $E_s(k)$,s 是能带的序号。

由于能量在 k 空间具有周期性,我们可以将不同的能带对应 k 空间不同区域,例如,最低能带对应的波矢 k 限制在$-\frac{\pi}{a}<k\leqslant\frac{\pi}{a}$,而再往上的一个能带的波矢 k 限制在$-\frac{2\pi}{a}<k\leqslant-\frac{\pi}{a}$和$\frac{\pi}{a}<k\leqslant\frac{2\pi}{a}$,…。能带的分界点位于,$k=\frac{\pi}{a},\frac{2\pi}{a},\frac{3\pi}{a},\cdots$处。同时,由于能量 E 是波矢 k 的偶函数,$k=-\frac{\pi}{a},-\frac{2\pi}{a},-\frac{3\pi}{a},\cdots$也是能带的分界点。

上述分界点是波矢 k 的第一,第二,…布里渊区的边界。第一布里渊区是从$-\frac{\pi}{a}$到$\frac{\pi}{a}$;第二布里渊区分为两部分:一部分是从$\frac{\pi}{a}$到$\frac{2\pi}{a}$,另一部分是从$-\frac{\pi}{a}$到$-\frac{2\pi}{a}$,等等。

(5) 在每个能带里,最多只能容纳 $2N$ 个电子。

如果我们用克龙尼克-潘纳模型来描述一个有限的一维晶体,仍然必须考虑周期性边界条件。由式(3.3.9),波矢 k 的取值是分立的,相邻 k 值之差为$\frac{2\pi}{Na}$,而整个第一布里渊区的线度为$\frac{2\pi}{a}$,所以简约波矢的数目为 N,即在每个能带里,有 N 个由简约波矢标志的能态。再考虑到电子的自旋,我们就得出一个重要结论,即在每个能带里,最多只能容纳 $2N$ 个电子。

克龙尼克-潘纳模型是一个最简单的一维周期场，用这个模型来描述晶体中的周期场，当然是一个很粗略的近似，但是它反映了晶体中电子能带结构的一些主要特征。对于实际的晶体来说，需要补充的是：

不同能带在能量上不一定分隔开，而可能发生能带之间的交叠。

由于晶体中存在的杂质和缺陷破坏了晶体的周期性，在禁带中将存在杂质能级。

*3.5 能带的计算方法

克龙尼克-潘纳模型是一个最简单的一维周期场，能够解析求解。实际晶体中的周期势场是很复杂的，图 3.5.1 是晶体中电子所受势场的示意图。孤立原子中，中心区域势能较低，随着离中心的距离增加，势能单调增加，最后趋于一个恒定值。而原子结合成晶体时，原子呈周期性排列，各原子势场叠加后，总势能也呈周期性起伏。

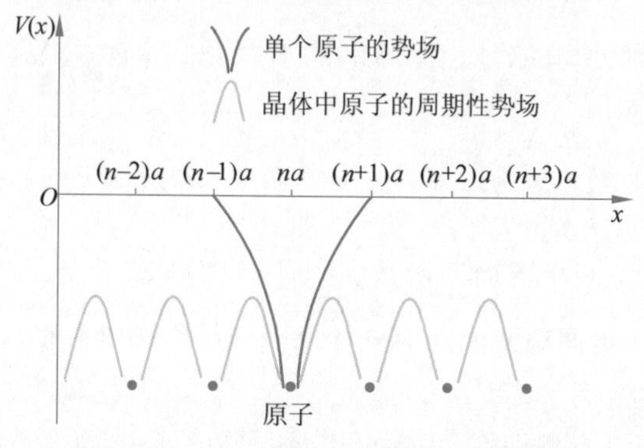

图 3.5.1 晶体中势场的示意图

由于实际势场的复杂性，我们在计算能带结构时，经常采用各种近似方法。这里我们介绍其中的两种方法，即准自由电子近似和紧束缚近似，它们分别从两个极端来考虑能带计算问题。

1. 准自由电子近似

准自由电子近似法的出发点是：在某些晶体（如金属）中，原子对价电子的束缚很弱，电子势能的周期性起伏较小，即势能的变化部分与平均动能比较起来是比较小的；因此，电子的运动虽然受到周期场的影响，但很接近于自由电子；这样，我们就可以把周期场作为对自由电子运动的微扰来处理。

1）零级近似下电子的能量和波函数

零级近似就是用势场平均值代替原子实产生的势场，$\bar{V}=\overline{V(x)}$，而周期性势场的起伏量作为微扰来处理

$$V(x)-\bar{V}=\Delta V \tag{3.5.1}$$

零级近似下，有

$$H_0=-\frac{\hbar^2}{2m}\frac{\mathrm{d}^2}{\mathrm{d}x^2}+\bar{V} \tag{3.5.2}$$

薛定谔方程

$$-\frac{\hbar^2}{2m}\frac{d^2\psi^0}{dx^2}+\bar{V}\psi^0=E^0\psi^0 \tag{3.5.3}$$

零级近似下的波函数和能量本征值

$$\psi_k^0(x)=\frac{1}{\sqrt{L}}e^{ikx},\quad E_k^0=\frac{\hbar^2k^2}{2m}+\bar{V} \tag{3.5.4}$$

满足周期边界条件下的波矢取值为 $k=l\dfrac{2\pi}{Na}$,l 为整数,$Na=L$ 为晶体长度。

2）微扰下的能量本征态

哈密顿量

$$H=H_0+H' \tag{3.5.5}$$

式中,

$$H_0=-\frac{\hbar^2}{2m}\frac{d^2}{dx^2}+\bar{V},\quad H'=V(x)-\bar{V}=\Delta V \tag{3.5.6}$$

微扰下 $\psi_k^0(x)$已不是能量的本征函数。但不同波矢的零级波函数的组合可以得到一般的电子的波函数

$$\psi_k(x)=\psi_k^0(x)+\sum_{k'}{}'c_{k'}\psi_{k'}^0(x) \tag{3.5.7}$$

即波函数总可表示为零级波函数的叠加。第一项为主要项,第二项为修正项,求和号带撇表示不包括 $k'=k$ 项。叠加系数 $c_{k'}$ 与积分因子$\int_0^L\psi_{k'}^{0*}(x)H'\psi_k^0(x)dx$ 有关,可证:当 $k'-k\neq n\dfrac{2\pi}{a}$ 时(见习题 3.17),

$$\int_0^L\psi_{k'}^{0*}(x)H'\psi_k^0(x)dx=0 \tag{3.5.8}$$

这就是说,修正项中只有波矢与主要项的波矢相差$(2\pi/a)$的整数倍时才会起作用。另外,由于 $V(x)$是周期函数,可展开成傅里叶级数

$$V(x)=V_0+\sum_n{}'V_n e^{i\frac{2\pi}{a}nx} \tag{3.5.9}$$

n 取任意整数,但求和号带撇表示不包括 $n=0$ 项。最后可求得修正后波函数为

$$\psi_k(x)=\frac{1}{\sqrt{L}}e^{ikx}+\frac{1}{\sqrt{L}}e^{ikx}\sum_n\frac{V_n^*}{\frac{\hbar^2}{2m}\left[k^2-\left(k-\frac{n}{a}2\pi\right)^2\right]}e^{-i2\pi\frac{n}{a}x} \tag{3.5.10}$$

3）微扰下的电子波函数的意义

式(3.5.10)右边第一项表示波矢为 k 的前进的平面波,第二项表示平面波受到周期性势场作用产生的散射波,散射波的波矢 $k'=k-\dfrac{n}{a}2\pi$,相关散射波成分的振幅 $\dfrac{V_n^*}{\frac{\hbar^2}{2m}\left[k^2-\left(k-\frac{n}{a}2\pi\right)^2\right]}$。如果入射波波矢 $k=\dfrac{n\pi}{a}$,散射波成分的振幅$\dfrac{V_n^*}{\frac{\hbar^2}{2m}\left[k^2-\left(k-\frac{n}{a}2\pi\right)^2\right]}\Rightarrow\infty$,波函数修正项发散,这与修正项作用应较小相矛盾,说明入射波波矢取(π/a)的整数倍时,简单微扰法不再适用。

下面说明为什么入射波波矢取(π/a)的整数倍时，散射波很强以致不能用简单微扰法来处理。图 3.5.2 表示晶格原子对入射波的散射。由于原子间距为 a，所以相邻原子散射波的路程差为 $2a$，对应的相位差为 $k\cdot 2a$。如果相邻原子散射波的相位差为 2π 的整数倍，$k\cdot 2a=2\pi n$，则满足相干加强条件，散射波会很强。这时的入射波波矢 $k=n\pi/a$，这就是入射波波矢取(π/a)的整数倍时会导致散射波很强的原因。散射波与入射波方向相反，其波矢为 $k'=-n\pi/a$，按式(3.5.4)，零级能量值与 $k=n\pi/a$ 的状态相同，对于能量相同或非常接近的状态应当用简并微扰理论来处理。

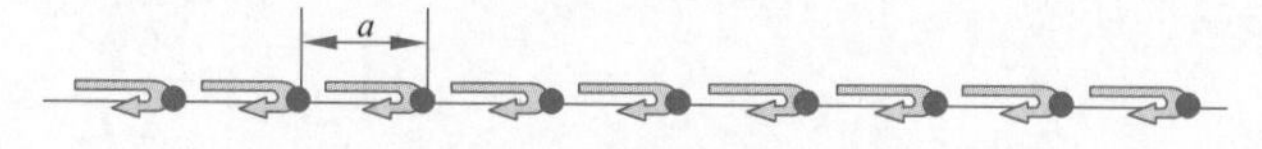

图 3.5.2　入射波受周期排列的原子散射

4) 电子波矢在 $k=n\pi/a$ 附近的能量和波函数

入射波矢 $k=\dfrac{n\pi}{a}$(即所谓的布里渊边界)处，用简单微扰论会出现奇异现象，原因是能量相同的 $k'=-\dfrac{n\pi}{a}$会形成很强的散射波，需要用简并微扰理论处理。实际上，就是要用能量相同或十分接近的波函数进行适当组合，构成新的(零级)近似波函数。

为了更具普遍性，考虑 $k=\dfrac{n\pi}{a}$附近的一点，$k=\dfrac{n\pi}{a}(1+\Delta)$，$\Delta$ 是一个小量(不妨假设 $\Delta>0$，见图 3.5.3(a))，对其有主要影响的状态是 $k'=k-\dfrac{2n\pi}{a}$，即 $k'=-\dfrac{n\pi}{a}(1-\Delta)$。按简并微扰理论，$k$ 与 k'组合得到两个新的近似波函数对应的能量为

$$E_+=\bar{V}+T_n+|V_n|+\Delta^2 T_n\left(\frac{2T_n}{|V_n|}+1\right),\quad E_-=\bar{V}+T_n-|V_n|-\Delta^2 T_n\left(\frac{2T_n}{|V_n|}-1\right) \tag{3.5.11}$$

式中

$$T_n=\frac{\hbar^2}{2m}\left(\frac{n\pi}{a}\right)^2 \tag{3.5.12}$$

如图 3.5.3(b)所示，两个相互影响的状态 k 和 k'微扰后，能量变为 E_+和 E_-，E_+比原来能量较高的状态 E_k^0 更高，而 E_-比原来能量较低的状态 $E_{k'}^0$ 更低。

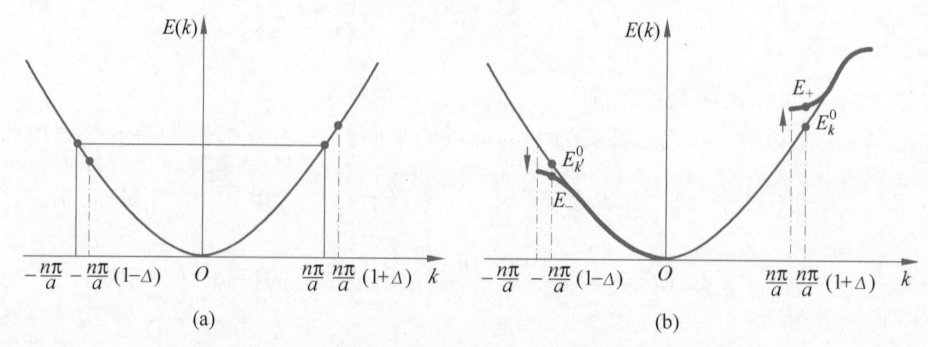

图 3.5.3　布里渊边界附近两个状态的耦合

5）能带和带隙(禁带)

图 3.5.4 同时画出了 $\Delta>0$ 和 $\Delta<0$ 两种情形下完全对称的能级图。A 和 C、B 和 D 代表同一状态，它们从 $\Delta>0$，$\Delta<0$ 两个方向当 $\Delta=0$ 的共同极限。

在远离布里渊区边界，近自由电子的能谱和自由电子的能谱相近，即能量曲线近似为抛物线；在布里渊边界 $k=\pm\frac{\pi}{a}n$ 附近，能量曲线偏离抛物线，能量较低侧曲线向下弯，能量较高侧曲线向上弯，造成能量分裂，即较大范围能量不能取值。

由于每个波矢 k 都有一个量子态，而晶体中原胞的数目 N 是很大的，$k=l\frac{2\pi}{Na}$，波矢 k 取值非常密集。波矢 k 准连续地取值，相应的能量也就准连续地取值。但与自由电子情况不同，准自由电子的能量在布里渊区边界发生断裂，形成所谓的带状结构，即能量在某些范围密集地取值使许多能级集合在一起(称允带)，而在另一些范围能量不能取值为一条能级也没有(称禁带)，如图 3.5.5 所示。

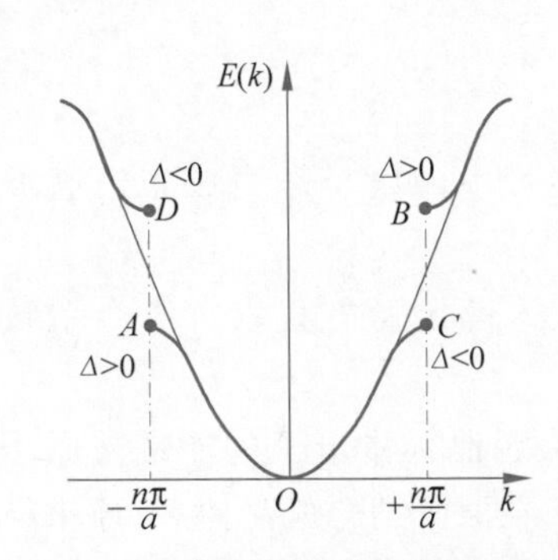

图 3.5.4　布里渊边界处能量的分裂

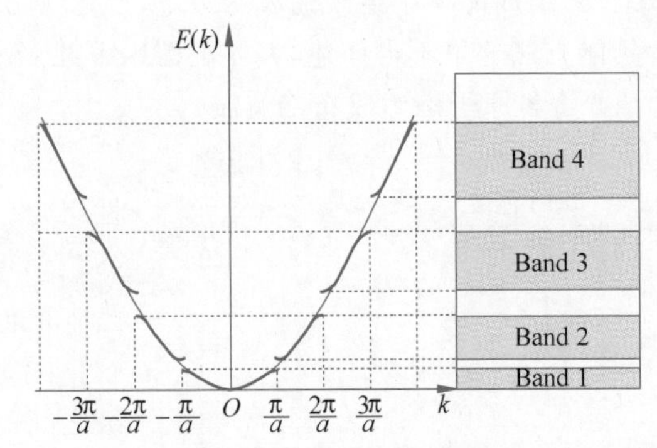

图 3.5.5　能带和带隙

有关能带，可总结以下一些特点：

(1) 能带底部，能量向上弯曲；能带顶部，能量向下弯曲。

(2) 禁带出现在波矢空间倒格矢的中点处。

$$k=\pm\frac{1}{2}\frac{2\pi}{a};\ \pm\frac{1}{2}\frac{4\pi}{a};\ \pm\frac{1}{2}\frac{6\pi}{a};\ \pm\frac{1}{2}\frac{8\pi}{a};\ \cdots \tag{3.5.13}$$

(3) 禁带的宽度

$$E_g=2|V_1|,2|V_2|,2|V_3|,\cdots,2|V_n| \tag{3.5.14}$$

V_n 大小取决于晶体中势场的形式。

(4) 能带中电子的能量 E 是波矢 k 的偶函数

对于任意能带都满足 $E_s(k)=E_s(-k)$，这里 s 是能带序数。

***2. 布洛赫函数的例子**

在式(3.5.10)表示的波函数中提取一因子，即

$$u_k(x)=1+\sum_n\frac{V_n^*}{\frac{\hbar^2}{2m}\left[k^2-\left(k-\frac{n}{a}2\pi\right)^2\right]}e^{-i2\pi\frac{n}{a}x} \tag{3.5.15}$$

注意到 $e^{-i2\pi n}=1$，由式(3.5.15)很容易证明 $u_k(x)$ 是周期函数，即满足

$$u_k(x+a)=u_k(x) \tag{3.5.16}$$

所以，周期性势场中运动的电子的波函数可表示成

$$\psi_k(x)=\frac{1}{\sqrt{L}}\mathrm{e}^{\mathrm{i}kx}u_k(x) \tag{3.5.17}$$

或将归一化因子并入周期性函数中，则

$$\psi(x)=\mathrm{e}^{\mathrm{i}kx}u_k(x) \tag{3.5.18}$$

上面形式的函数称为布洛赫函数。不难验证

$$\psi(x+a)=\mathrm{e}^{\mathrm{i}k(x+a)}u_k(x+a)=\mathrm{e}^{\mathrm{i}ka}\mathrm{e}^{\mathrm{i}kx}u_k(x)=\mathrm{e}^{\mathrm{i}ka}\psi(x) \tag{3.5.19}$$

当平移晶格周期时，波函数只增加了位相因子。

3. 紧束缚近似

紧束缚近似的基础是：在一些非导体中，原子间的距离较大；电子受每个原子的束缚比较紧；当电子处在某个原子附近时，将主要受到该原子势场的作用，其他原子的影响很小；因此，电子的运动类似于孤立原子中束缚电子的情形；这样我们就可以从原子轨道波函数出发，组成晶体中电子的波函数，所以这种方法也称为原子轨道线性组合法(LCAO)。

具体方法这里不再详述，大体上有以下几个步骤：

(1) 将各原子态组成布洛赫波。

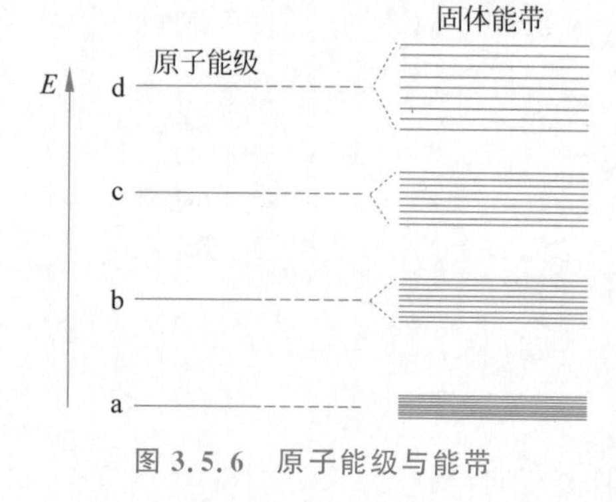

图 3.5.6　原子能级与能带

(2) 再将能带中的电子态写成布洛赫波的线性组合。

(3) 最后代入薛定谔方程求解组合系数和能量本征值。

图 3.5.6 表示晶体中电子的能带与原子的能级之间的联系。在原子结合成晶体后，原来孤立原子中的一个电子能级，现在由于原子之间的相互作用而分裂成一个能带。能量低的带对应于内层电子的能级，而对于内层电子来说，原子之间相互作用的影响较小，所以能量低的带较窄。

能带计算的其他方法有：正交化平面波方法、$\boldsymbol{k}\cdot\boldsymbol{p}$ 微扰法、原胞法、赝势法等。在计算中都充分利用晶体结构的周期性和对称性进行简化。

3.6　晶体的导电性

视频

1. 电子运动的速度和加速度，有效质量

现在讨论外场作用下晶体电子的运动规律。首先要知道晶体电子在波矢 k_0 状态的平均运动速度。通常电子的波矢并非是一个确定值，而是以某 k_0 为中心在 Δk 范围内取值，即形成一个波包。所以电子运动的平均速度相当于以 k_0 为中心的波包移动的速度。

波包的速度即为群速度，其计算公式与近单色平面波构成的波包类似

$$v(k_0)=\left(\frac{\mathrm{d}\omega}{\mathrm{d}k}\right)_0=\frac{1}{\hbar}\left(\frac{\mathrm{d}E}{\mathrm{d}k}\right)_0 \tag{3.6.1}$$

晶体中电子的运动可以看作波包的运动，对应的波包远大于原胞线度。波包的运动规律与经典粒子一样，波包移动的速度等于粒子处于波包中心那个状态所具有的平均速度。

对完全自由的电子，在一维运动的情形下，能量为 $E=\dfrac{\hbar^2k_x^2}{2m}$，由式(3.6.1)得到，$v_x=\dfrac{1}{\hbar}\dfrac{\mathrm{d}E}{\mathrm{d}k_x}=\dfrac{\hbar k_x}{m}$，这是我们熟悉的结果。

现在求在外力 F_x 作用下，晶体电子的加速度。按照力学的原理，在 $\mathrm{d}t$ 时间内电子获得的能量 $\mathrm{d}E$ 等于外力所做的功，即

$$\mathrm{d}E=F_xv_x\mathrm{d}t \tag{3.6.2}$$

或写成

$$\frac{\mathrm{d}E}{\mathrm{d}t}=F_xv_x=F_x\frac{1}{\hbar}\frac{\mathrm{d}E}{\mathrm{d}k_x} \tag{3.6.3}$$

电子的加速度可由速度对时间求导得到

$$\frac{\mathrm{d}v_x}{\mathrm{d}t}=\frac{\mathrm{d}}{\mathrm{d}t}\left(\frac{1}{\hbar}\frac{\mathrm{d}E}{\mathrm{d}k_x}\right)=\frac{1}{\hbar}\frac{\mathrm{d}}{\mathrm{d}k_x}\left(\frac{\mathrm{d}E}{\mathrm{d}t}\right) \tag{3.6.4}$$

将式(3.6.3)代入式(3.6.4)，得

$$\frac{\mathrm{d}v_x}{\mathrm{d}t}=F_x\frac{\mathrm{d}}{\mathrm{d}k_x}\left(\frac{1}{\hbar^2}\frac{\mathrm{d}E}{\mathrm{d}k_x}\right)=\frac{1}{\hbar^2}\frac{\mathrm{d}^2E}{\mathrm{d}k_x^2}F_x \tag{3.6.5}$$

与牛顿定律 $\dfrac{\mathrm{d}v_x}{\mathrm{d}t}=\dfrac{1}{m^*}F_x$ 比较，确定电子的**有效质量** m^* 的倒数

$$m^{*-1}=\frac{1}{\hbar^2}\frac{\mathrm{d}^2E}{\mathrm{d}k_x^2} \tag{3.6.6}$$

这由 $E(k_x)$ 函数的二阶导数决定。若 E 与 k_x 的关系如图 3.6.1(a)所示，则 v_x 与 k_x 的关系如图 3.6.1(b)所示，在能带底部及顶部，电子平均速度为零，因为在此处 $\dfrac{\mathrm{d}E}{\mathrm{d}k_x}=0$。由图 3.6.1 还可以看出，当 $k_x=k_x^0$ 时，即在 $E(k_x)$ 曲线上的拐点处，v_x 的绝对值最大，超过此点时，v_x 随 E 的增大而减小，这是与自由电子不同的地方。图 3.6.1 (c)表示了形如图 3.6.1 (a)的 E-k_x 关系下的有效质量。由图可见，在能带底部电子的有效质量为正，而在能带顶部电子的有效质量为负，这说明在能带顶部，电子的运动好像是具有负质量 $m^*_{顶}$ 的自由电子。

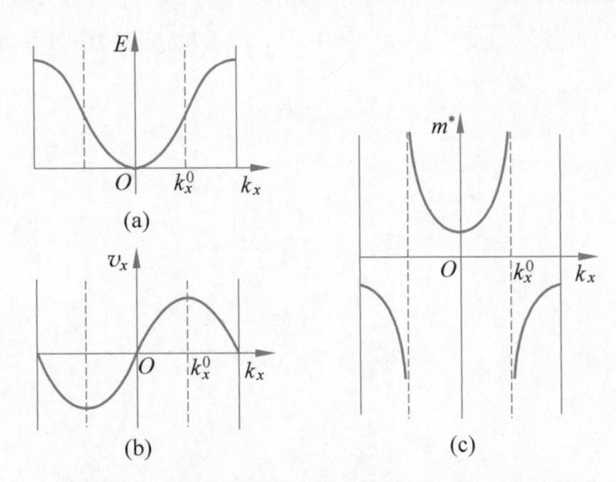

图 3.6.1 能量、速度、有效质量 k_x 的函数关系

下面对有效质量作进一步的物理解释。按牛顿定律，$m\frac{\mathrm{d}v}{\mathrm{d}t}=\boldsymbol{F}_{合}=\boldsymbol{F}_{外}+\boldsymbol{F}_{晶}$，$\boldsymbol{F}_{外}$ 指外场对电子的作用力；$\boldsymbol{F}_{晶}$ 指周期场即晶格对电子的作用力，称为晶格力。由于周期场对电子的作用力（晶格力）比较复杂，并且往往事先不能知道。实际上晶格对电子的作用是量子效应，即使知道也不能简单地用经典的方法来处理。若引入有效质量 $m^*=\frac{\boldsymbol{F}_{外}}{\boldsymbol{F}_{外}+\boldsymbol{F}_{晶}}m$，则牛顿定律表达式可写为$\frac{\mathrm{d}\boldsymbol{v}}{\mathrm{d}t}=\frac{\boldsymbol{F}_{外}}{m^*}$。这样，至少我们可以在形式上不必考虑晶格力，而只考虑外场力对电子运动的影响。

有效质量包含了周期场的影响，所以，有效质量与惯性质量是两个不同的概念。对于自由电子：$\boldsymbol{F}_{晶}=0$，所以，$m^*=m$。而周期场中的电子已不是自由电子，它在运动过程中总是受到周期场的作用，即 $\boldsymbol{F}_{晶}\neq 0$。我们只是为了讨论电子运动的方便，在形式上把它看成一个"自由电子"，将周期场的作用归并到有效质量中，而将电子对外场的响应写成类似于经典牛顿定律的形式。引入有效质量的意义是，在讨论电子的运动时，无须涉及晶体内部势场对电子的作用，只需考虑外场的作用。有效质量引进之后，电子在晶体中的运动，犹如自由空间中的电子一样。一般来说，对应外层能带的电子有效质量较小，而对应内层能带的电子有效质量较大。这就是电子的有效质量 m^* 与电子的真实质量 m 可以有很大差别的原因。

晶体中电子的有效质量 m^* 不同于自由电子的质量 m，是由于计入了周期场的影响，而有效质量的正负也可从电子与晶格交换动量方面来理解。在有效质量 $m^*>0$ 的情况，电子从外力场 $\boldsymbol{F}_{外}$ 获得的动量多于电子交给晶格的动量，在有效质量 $m^*<0$ 的情况，电子从外场中得到的动量比它交给晶格的动量少。

在三维情况，由于晶体的各向异性，通常有效质量是一个张量，有效质量的一般定义（张量定义）：

$$(m_{ij}^*)^{-1}=\frac{1}{\hbar^2}\frac{\partial^2 E}{\partial k_i \partial k_j} \tag{3.6.7}$$

但若能带为球形等能面，E 只与波矢的大小有关而与波矢的方向无关，此时有效质量可简化为一个标量，即对角元素相等 $m_{xx}^*=m_{yy}^*=m_{zz}^*=m^*$，非对角元素为 0，$m_{ij}^*=0(i\neq j)$。

下面介绍准动量的概念。在外力 F_x 作用下，电子能量的增加等于外力做功，故

$$\frac{\mathrm{d}E}{\mathrm{d}k_x}\Delta k_x=F_x v_x \Delta t$$

因为

$$v_x=\frac{1}{\hbar}\frac{\mathrm{d}E}{\mathrm{d}k_x}$$

所以

$$\hbar\Delta k_x=F_x\Delta t$$

或

$$\frac{\mathrm{d}k_x}{\mathrm{d}t}=\frac{1}{\hbar}F_x \tag{3.6.8}$$

与力学中的冲量定理比较，可知$\hbar k_x$ 具有动量的特点，称为**准动量**。由于 F_x 只是外场

对电子的作用力，它并不是电子所受的合外力，因此，$\hbar k_x$ 并不是电子的真实动量，称为电子的准动量就不难理解了。

2. 电子导电和空穴导电

前面谈到能带中电子的能量 E 是波矢 k_x 的函数，而且是偶函数，即 $E_s(k_x)=E_s(-k_x)$，这里，s 是能带序数。而速度

$$v_x=\frac{1}{\hbar}\frac{\mathrm{d}E_s(k_x)}{\mathrm{d}k_x}$$

是 k_x 的奇函数，在 $-k_x$ 状态的粒子其平均速度

$$v_x(-k_x)=\frac{1}{\hbar}\frac{\mathrm{d}E_s(-k_x)}{\mathrm{d}(-k_x)}=-\frac{1}{\hbar}\frac{\mathrm{d}E_s(k_x)}{\mathrm{d}k_x}=-v_x(k_x) \tag{3.6.9}$$

该关系式表明，波矢为 k_x 的状态和波矢为 $-k_x$ 的状态中电子的速度是大小相等但方向相反的。

在没有外电场时，在一定的温度下，电子占据某个状态的概率只与状态的能量 E 有关。$E_s(k_x)$ 是 k_x 的偶函数，电子占有 k_x 状态的概率等于它占有 $-k_x$ 状态的概率。因此在这两个状态的电子电流互相抵消，晶体中总的电流为零，如图 3.6.2 所示。

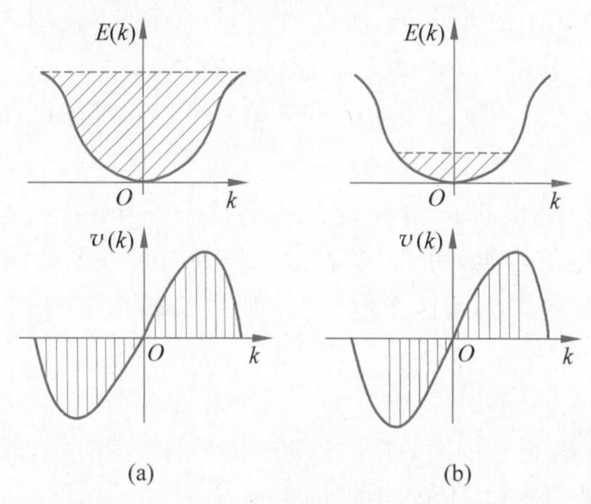

图 3.6.2 无外场时，晶体电子的能量和速度示意图

(a) 满带；(b) 不满带

(画线部分表示被电子填充的状态)

若有外电场存在(设沿 x 方向，以 E_x 表示电场强度)，充满了电子的能带和不满的能带对电流的贡献有很大差别。

在满带的情况，当有电场 E_x 存在时，电子可能由一个状态跃迁到另一状态，但必有其他电子回填这个状态，所有的状态仍被电子填满。可见对于满带，即使有电场，晶体中也没有电流，即电子没有导电的作用。相反，如果不满带，由于电场的作用，电子在布里渊区中的分布不再是对称的。如图 3.6.3 所示，此时向左方运动的电子比较多，总的电流不是零。因此在电场作用之下，如果能带不满，则在晶体中有电流；即在不满的能带中，由于电子的运动，可以产生电流。

以上的结果说明：在电场的作用下，一个充满了电子的能带不可能产生电流。如果孤立原子的电子都形成满壳层，当有 N 个原子组成晶体时，能级过渡成能带，能带中的状态是能级中的状态数目的 N 倍。因此，原有的电子恰好充满能带中所有的状态，这些电子并不

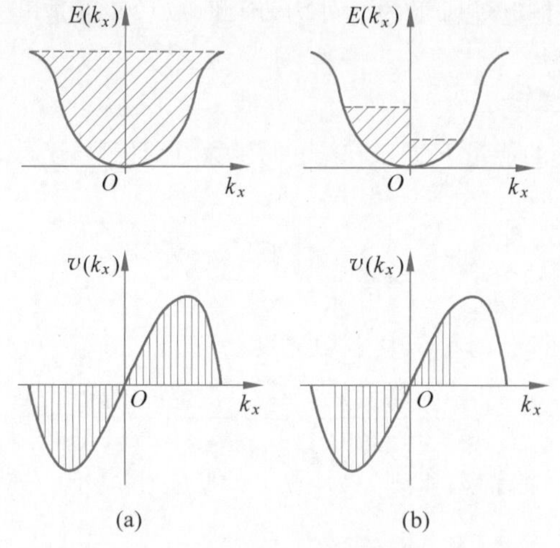

图 3.6.3　有电场时，电子的能量状态和速度的分布

(a) 满带；(b) 不满带

参与导电。相反，如果原来孤立原子的壳层并不满，如金属钠，每个原子有 11 个电子($1s^2$，$2s^2$，$2p^6$，$3s^1$)，其 3s 状态可有 2 个电子，所以当 N 个原子组成晶体时，3s 能级过渡成能带，能带中有 N 个状态，可以容纳 $2N$ 个电子。但钠只有 N 个 3s 电子，因此能带是半满的，在电场作用下，可以产生电流。周期表中第一族元素的情况都和钠相似，因此，它们都是善于导电的金属。

最后引进“空穴”概念。设想在满带中有某个状态 k 未被电子占据，此时能带是不满的，在电场作用下，应有电流产生，用 I_k 来表示。如果引入一个电子填补这个空的状态，这个电子的电流等于 $-ev(k)$。引入这个电子后，能带又被电子充满，总的电流应为零。所以，$I_k+[-ev(k)]=0$，即

$$I_k = ev(k) \tag{3.6.10}$$

式(3.6.10)说明，当状态 k 是空的时，能带中的电流就像是由一个正电荷 e 所产生的，而其运动的速度等于处在 k 状态的电子运动的速度 $v(k)$。

在电场作用下，空穴的位置的变化和周围电子的能态变化是一样的(注意这里所说的变化是指 k 空间的状态变化，不是坐标空间中的位置变化)。就如同坐标空间前进队伍中缺少了一个人，这个空位可以随着前进队伍一起运动一样。空状态 k 的变化规律为

$$\frac{\mathrm{d}k}{\mathrm{d}t} = \frac{1}{\hbar}(-eE_x) \tag{3.6.11}$$

由于满带顶的电子比较容易受热而激发到导带，因此空位多位于能带顶。在能带顶附近电子的有效质量是负的，即在能带顶的电子的加速度犹如一个具有质量 $m^* < 0$ 的粒子，令 $m_h = -m^*$，则 $m_h > 0$。

$$\frac{\mathrm{d}v(k)}{\mathrm{d}t} = -\frac{1}{m_h}(-eE_x) = \frac{1}{m_h}(eE_x) \tag{3.6.12}$$

式(3.6.12)犹如一个具有正电荷 e、正质量 m_h 的粒子在电磁场中运动所产生的加速度，因此空穴的运动规律与一个带正电荷 e、正质量 m_h 的粒子的运动规律完全相同。

当满带顶附近有空状态 k 时，整个能带中的电流以及电流在外电磁场作用下的变化，完全如同一个带正电荷 e，具有正有效质量 m_h 和速度 $v(k)$ 的粒子的情况一样。我们将这种假想的粒子称为**空穴**。空穴是一个带有正电荷 e，具有正有效质量的准粒子。它是在整个能带的基础上提出来的，它代表近满带中所有电子的集体行为，因此，空穴不能脱离晶体而单独存在，它只是一种准粒子。空穴概念的引进，对于讨论半导体的许多物理性质起很大的作用。

3. 导体、半导体和绝缘体的区别

虽然所有的固体都包含大量的电子，但有的具有很好的电子导电的性能，有的则基本上观察不到任何电子导电性，这一基本事实曾长期得不到解释。直到能带论建立以后，才对为什么有导体、绝缘体和半导体的区分提出了理论上的说明，这是能带论发展初期的一个重大成就。也正是以此为起点，逐步发展了有关导体、绝缘体和半导体的现代理论。

我们已经知道，一个能带最多只能容纳 $2N$ 个电子。一个完全被电子充满的能带，称为满带；而一个完全没有被电子占据的能带，称为空带。

在外电场的作用下，晶体中的电子将要发生移动，从而产生电流。按能带理论，对于一个满带来说，尽管其中每个电子都在外电场作用下移动，但是它们的效果是互相抵消的，对电流的总贡献等于零。因此，满带中的电子不能起导电作用，相反，在部分被填充的能带中，电子运动产生的电流只是部分抵消，因而将产生一定的电流。

在这种分析的基础上，对导体和非导体提出了如图 3.6.4 所示的基本模型：在导体中，除去满带外，还有部分被填充的能带，后者可以起导电作用，常称为**导带**；在温度极低的条件下，在非导体中，一些能量较低的能带完全被电子所充满，而能量较高的能带完全被空着，满带与空带之间被禁带分开，没有部分被填充的能带存在，由于满带不产生电流；所以尽管存在很多电子，也并不导电。半导体和绝缘体都属于上述非导体的类型，但是半导体的禁带宽度较小，一般在 2eV 以下，而绝缘体的禁带宽度较大。在极低温度下，两者电子填充情况相同。当温度逐渐升高以后，总会有少数电子，由于热激发，从满带跳到邻近的空带中去；使原来的空带也有了少数电子，成为导带；而原来的满带，现在缺了少数电子，成为近满带，也具有导电性；这种现象称为本征导电。在半导体中，电子容易从满带激发到导带中，形成一定程度的本征导电性；在绝缘体中，激发的电子数目极少，以致没有可察觉的导电性。

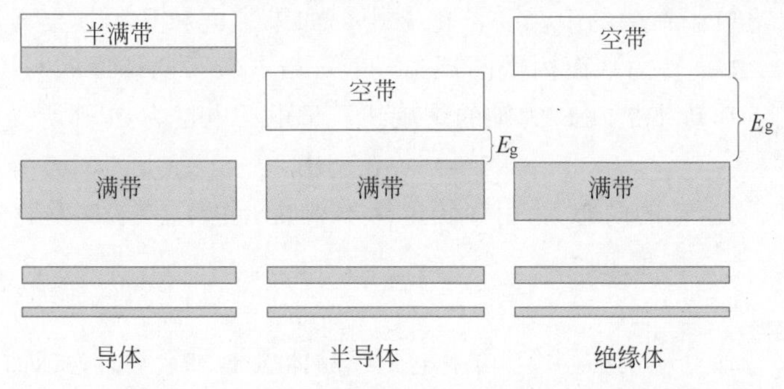

图 3.6.4　导体、半导体和绝缘体能带结构的差别

我们把能量较高的满带称作**价带**，因为它们是由形成化学键的价电子占据的能带。满带中缺少了电子，就形成所谓的空穴。满带顶附近的空穴和在导带底附近的电子都能参与导电，分别称为空穴导电和电子导电。本征导电就是由相同数目的空穴和电子构成的混合导电性。导带中的电子和满带中的空穴统称为载流子。半导体除具有本征导电性以外，还

往往由于存在一定的杂质，使能带填充情况有所改变，产生电子和空穴，从而导致一定的导电性能。

电子填充能带的情况与价电子的多少与实际的能带结构都有关系。例如，碱金属元素的原子，除去内部的各满壳层，最外面的 ns 态有一个价电子。根据紧束缚近似，与各原子态对应有相应的能带，而且每个能带能容纳正、反自旋的电子共 $2N$ 个。这样，原来填充原子满壳层的电子正好充满相应的能带，但是，N 个原子的 N 个价电子只能填充与 ns 态对应的能带的一半。因此，碱金属是典型的金属导体。

*3.7 实际晶体的能带

实际晶体是三维的，电子能量 E 是波矢 $\boldsymbol{k}$ 的函数，沿 $\boldsymbol{k}$ 空间不同方向 E 的变化情况是不同的。由于实际晶体的复杂性，要想通过求解薛定谔方程掌握完整的 E 与 $\boldsymbol{k}$ 的函数关系是十分困难的。然而，一般只有能带顶附近或能带底附近的电子对材料电特性的影响较大，因此，通常情况下只要讨论能带极值附近 $E(\boldsymbol{k})$ 与 $\boldsymbol{k}$ 的关系就可以了。

假如某种晶体中其 $\boldsymbol{k}$ 空间的某一点 $\boldsymbol{k}_0(\boldsymbol{k}_{0x},\boldsymbol{k}_{0y},\boldsymbol{k}_{0z})$ 取得能量极值为 $E(\boldsymbol{k}_0)$，由于极值点附近一阶导数为 0，所以能量 E 在 $\boldsymbol{k}_0$ 附近作泰勒级数展开可得

$$E(\boldsymbol{k})=E(\boldsymbol{k}_0)+\frac{1}{2}\sum_{i,j}\left(\frac{\partial^2 E}{\partial k_i \partial k_j}\right)_{k_0}(k_i-k_{0i})(k_j-k_{0j}) \tag{3.7.1}$$

在 $\boldsymbol{k}$ 空间能量相等的点构成一个曲面称为等能面。由式(3.7.1)可知，极值点附近的等能面为二次曲面，可以证明，这种二次曲面为椭球面。由式(3.6.7)可知，式(3.7.1)展开系数与有效质量相关，所以椭球面的形状决定了有效质量。球面是特殊的椭球面，当等能面为球面时，有效质量可以简化为一个标量。

实际晶体的能带结构取决于其晶体结构和组成元素，而载流子的有效质量则是反映能带结构的重要参量。著名的回旋共振实验在测量有效质量方面发挥了很大的作用。本节将简要介绍回旋共振的基本原理，并在其基础上介绍几种最重要的半导体的实际能带结构。

1. 回旋共振和有效质量

我们知道，带电粒子在磁场中会受洛伦兹力。如果带电粒子的速度 $\boldsymbol{v}$ 与磁场 $\boldsymbol{B}$ 垂直，则带电粒子将在与 $\boldsymbol{B}$ 垂直的平面内做圆周运动；若带电粒子的速度 $\boldsymbol{v}$ 与磁场 $\boldsymbol{B}$ 成一定角度，则带电粒子的运动轨迹是以 $\boldsymbol{B}$ 为轴的螺旋线。记电子电量为 q，则所受洛伦兹力为

$$\boldsymbol{F}=-q\boldsymbol{v}\times\boldsymbol{B} \tag{3.7.2}$$

此力正好提供了圆周运动的向心力，由牛顿定律不难导出电子在与 $\boldsymbol{B}$ 垂直方向上的回旋频率 ω_c 为

$$\omega_c=qB/m^* \tag{3.7.3}$$

此式适用于自由电子或晶体电子的等能面为球面的情形。

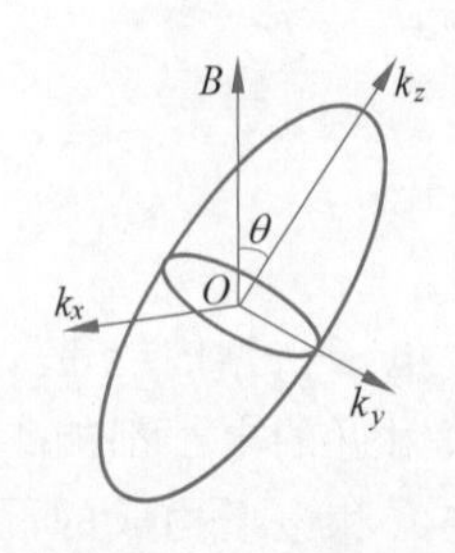

图 3.7.1 主轴坐标系

若等能面不是球面，则有效质量不能用一个标量来描写，此时有效质量实际上是二级张量。但如果适当选择 $\boldsymbol{k}$ 空间的坐标系，可以使张量的元素简化。如以等能面是椭球面的导带为例，设导带极小值 E_0 位于 $\boldsymbol{k}$ 空间原点，并选择沿椭球主轴的坐标系(见图 3.7.1)，则可将 E_0 附近能带表示为

$$E(\boldsymbol{k})=E_0+\frac{\hbar^2}{2}\left(\frac{k_x^2}{m_x^*}+\frac{k_y^2}{m_y^*}+\frac{k_z^2}{m_z^*}\right) \tag{3.7.4}$$

式中，m_x^*、m_y^*、和 m_z^* 为三个独立的有效质量张量元素，分别代表沿椭球主轴的有效质量。下面我们讨论这种情形下能量在 E_0 附近的电子在磁场中的回旋频率与有效质量的关系。

设外磁场 $\boldsymbol{B}$ 相对于椭球主轴的方向余弦分别为 α、β、γ，即

$$\boldsymbol{B}=(\alpha\boldsymbol{i}+\beta\boldsymbol{j}+\gamma\boldsymbol{k})B \tag{3.7.5}$$

式中，$\boldsymbol{i}$、$\boldsymbol{j}$、$\boldsymbol{k}$ 分别为沿椭球主轴的单位矢量。3.6 节讨论了电子的速度与能带结构的关系，在三维情形下，应为

$$v_x=\frac{1}{\hbar}\frac{\mathrm{d}E}{\mathrm{d}k_x},\quad v_y=\frac{1}{\hbar}\frac{\mathrm{d}E}{\mathrm{d}k_y},\quad v_z=\frac{1}{\hbar}\frac{\mathrm{d}E}{\mathrm{d}k_z} \tag{3.7.6}$$

应用式(3.7.4)得在椭球主轴坐标系中写成分量式

$$v_x=\frac{\hbar k_x}{2m_x^*},\quad v_y=\frac{\hbar k_y}{2m_y^*},\quad v_z=\frac{\hbar k_z}{2m_z^*} \tag{3.7.7}$$

式(3.7.7)对时间 t 求导，注意 $\frac{\mathrm{d}(\hbar\boldsymbol{k})}{\mathrm{d}t}=\boldsymbol{F}$ 以及式(3.7.2)和式(3.7.5)，得到

$$\left.\begin{aligned}&\frac{\mathrm{d}v_x}{\mathrm{d}t}+\frac{qB}{m_x^*}(v_y\gamma-v_z\beta)=0\\&\frac{\mathrm{d}v_y}{\mathrm{d}t}+\frac{qB}{m_y^*}(v_z\alpha-v_x\gamma)=0\\&\frac{\mathrm{d}v_z}{\mathrm{d}t}+\frac{qB}{m_z^*}(v_x\beta-v_y\alpha)=0\end{aligned}\right\} \tag{3.7.8}$$

将试解

$$\left.\begin{aligned}v_x&=V_x\mathrm{e}^{\mathrm{i}\omega t}\\v_y&=V_y\mathrm{e}^{\mathrm{i}\omega t}\\v_z&=V_z\mathrm{e}^{\mathrm{i}\omega t}\end{aligned}\right\} \tag{3.7.9}$$

代入式(3.7.8)，得

$$\left.\begin{aligned}&\mathrm{i}\omega V_x+\frac{qB}{m_x^*}\gamma V_y-\frac{qB}{m_x^*}\beta V_z=0\\&-\frac{qB}{m_y^*}\gamma V_x+\mathrm{i}\omega V_y+\frac{qB}{m_y^*}\alpha V_z=0\\&\frac{qB}{m_z^*}\beta V_x-\frac{qB}{m_z^*}\alpha V_y+\mathrm{i}\omega V_z=0\end{aligned}\right\} \tag{3.7.10}$$

式(3.7.10)表明，如果式(3.7.8)有异于零的解，则要求行列式

$$\begin{vmatrix}\mathrm{i}\omega & \frac{qB}{m_x^*}\gamma & -\frac{qB}{m_x^*}\beta\\-\frac{qB}{m_y^*}\gamma & \mathrm{i}\omega & \frac{qB}{m_y^*}\alpha\\\frac{qB}{m_z^*}\beta & -\frac{qB}{m_z^*}\alpha & \mathrm{i}\omega\end{vmatrix}=0 \tag{3.7.11}$$

将式(3.7.11)展开，化简之后，则可解得 ω 即回旋频率 ω_c 为

$$\omega_c = qB\left(\frac{m_x^*\alpha^2 + m_y^*\beta^2 + m_z^*\gamma^2}{m_x^* m_y^* m_z^*}\right)^{1/2} \tag{3.7.12}$$

方程有解则说明，等能面不是球面时电子在静磁场中仍做螺旋运动。将式(3.7.12)与式(3.7.3)相比可知，相当于有效质量为

$$m^* = \left(\frac{m_x^* m_y^* m_z^*}{m_x^*\alpha^2 + m_y^*\beta^2 + m_z^*\gamma^2}\right)^{1/2} \tag{3.7.13}$$

如果此时在与 $\boldsymbol{B}$ 的垂直方向上施加横向交变电场(或适当的电磁波)，则电子在绕 $\boldsymbol{B}$ 回旋的同时，由于受到交变场的加速而与交变场交换能量。不难想象，当横向交变电场的频率 ω 与 ω_c 相符时电子从外电场获得的能量最大。可见，如测量半导体样品对固定频率为 ω 的交变场(通常在微波频率范围)的功率吸收与静磁场强度的关系，应当在 $B=m^*\omega_c/q$ 处得到吸收峰；而从吸收峰的位置又能直接算得有效质量。这就是**回旋共振实验**。

显然，在等能面为球面的情形，吸收峰的位置与 $\boldsymbol{B}$ 的方向没有关系，而且当 $\boldsymbol{B}$ 数值变化时也只能观察到一个吸收峰。等能面不是球面时，从式(3.7.13)明显地看出，吸收峰的位置与外加磁场相对于等能面椭球主轴的相对取向有关。由上面的分析还可做如下进一步的推论。如果能带极值不在 $\boldsymbol{k}$ 空间的原点，并且晶体具有某种对称性，则 $\boldsymbol{k}$ 空间的能量极值点将不止一个，相应的等能面椭球也就不止一个。这样，不仅交变场吸收峰的位置会随 $\boldsymbol{B}$ 的取向而变化，就是吸收峰的数目也会改变。事实上，正是由 n 型锗回旋共振吸收峰的位置与数目随 $\boldsymbol{B}$ 变化的实验结果而导出锗的导带结构的。

2. 硅和锗的能带结构

1) 硅和锗的导带结构

对 n 型硅回旋共振的实验结果指出，当磁感应强度相对于晶轴有不同取向时，改变磁场强度可以得到数目不等的吸收峰。

(1) 若 $\boldsymbol{B}$ 沿[100]晶轴方向，可以观察到两个吸收峰；

(2) 若 $\boldsymbol{B}$ 沿[110]晶轴方向，也可以观察到两个吸收峰；

(3) 若 $\boldsymbol{B}$ 沿[111]晶轴方向，只能观察到一个吸收峰；

(4) 若磁感应强度 $\boldsymbol{B}$ 沿其他任一确定的方向，通过改变磁感应强度的大小，可以观察到三个吸收峰。

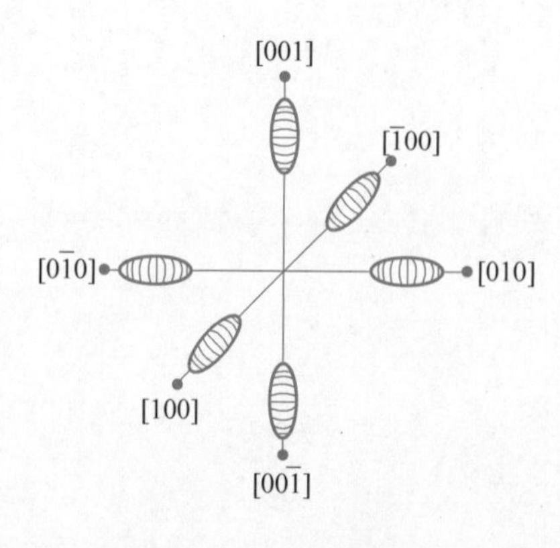

图 3.7.2　6 个旋转椭球面

如果认为硅导带底附近等能面是沿[100]方向的旋转椭球面，椭球长轴与该方向重合，就可以很好地解释上面的实验结果。硅导带最小值不在 $\boldsymbol{k}$ 空间原点，而在[100]方向上。根据硅晶体立方对称性的求，在与[100]等价的其他⟨100⟩晶轴方向也必须有同样的能量极值，如图 3.7.2 所示，共有 6 个旋转椭球面。设旋转轴方向(称纵向)有效质量为 m_l，而与之垂直方向(称横向)有效质量为 m_t；并取[100]、[010]、[001]分别为 x、y、z 方向；则 m_x^*、m_y^*、m_z^* 有三种不同取值：

(a) 平行 x 轴的椭球，$m_x^*=m_l$、$m_y^*=m_z^*=m_t$；

(b) 平行 y 轴的椭球，$m_y^* = m_l$、$m_x^* = m_z^* = m_t$；

(c) 平行 z 轴的椭球，$m_z^* = m_l$、$m_x^* = m_y^* = m_t$。

根据式(3.7.13)，可算出 $\boldsymbol{B}$ 沿不同方向时的上面三种情况对应的有效质量：

(1) 若 $\boldsymbol{B}$ 沿[100]晶轴方向，则三个方向余弦取值 $\alpha=1,\beta=\gamma=0$，而由式(3.7.13)知，$m^* = \left(\dfrac{m_x^* m_y^* m_z^*}{m_x^*\alpha^2 + m_y^*\beta^2 + m_z^*\gamma^2}\right)^{1/2} = \sqrt{m_y^* m_z^*}$，故(a)、(b)、(c)三种情况的有效质量分别为 $m^* = m_t, m^* = \sqrt{m_l m_t}, m^* = \sqrt{m_l m_t}$。即有效质量有两种不同的取值，对应有两种不同的回旋频率，因此可以观察到两个吸收峰。

(2) 若 $\boldsymbol{B}$ 沿[110]晶轴方向，则 $\alpha^2 = \beta^2 = \dfrac{1}{2}, \gamma = 0$，而由式(3.7.13)知，$m^* = \left(\dfrac{2m_x^* m_y^* m_z^*}{m_x^* + m_y^*}\right)^{1/2}$，故(a)、(b)、(c)三种情况的有效质量分别为 $m^* = m_t\left(\dfrac{2m_l}{m_l + m_t}\right)^{1/2}$，$m^* = m_t\left(\dfrac{2m_l}{m_l + m_t}\right)^{1/2}$，$m^* = \sqrt{m_l m_t}$。也有两种不同的取值，因此也可以观察到两个吸收峰。

(3) 若 $\boldsymbol{B}$ 沿[111]晶轴方向，则 $\alpha^2 = \beta^2 = \gamma^2 = \dfrac{1}{3}$，而由式(3.7.13)知，$m^* = \left(\dfrac{m_x^* m_y^* m_z^*}{m_x^*\alpha^2 + m_y^*\beta^2 + m_z^*\gamma^2}\right)^{1/2} = \left(\dfrac{3m_x^* m_y^* m_z^*}{m_x^* + m_y^* + m_z^*}\right)^{1/2} = m_t\sqrt{\dfrac{3m_l}{m_l + 2m_t}}$，故(a)、(b)、(c)三种情况的有效质量取值相同，因此只能观察到一个吸收峰。

(4) 若磁感应强度 $\boldsymbol{B}$ 沿其他任一确定的方向，则(a)、(b)、(c)三种情况的有效质量各不相同，因此可以观察到三个吸收峰。

由实验数据可得出硅的纵向有效质量和横向有效质量

$$m_l = (0.98 \pm 0.04)m_0, \quad m_t = (0.19 \pm 0.01)m_0 \tag{3.7.14}$$

式中，m_0 为电子惯性质量。仅从电子回旋共振试验还不能确定导带极值(椭球中心)的确切位置。可通过施主电子自旋共振实验得出，硅的导带极值位于〈100〉方向的布里渊区中心到布里渊区边界的 0.85 倍处。

类似实验对 n 型锗进行，结果指出，锗的导带极值位于〈111〉方向的边界上，共有 8 个。极值附近等能面为沿〈111〉方向旋转的 8 个旋转椭球，每个椭球面有半个在第一布里渊区内，在第一布里渊区内共有 4 个椭球。锗的纵向有效质量和横向有效质量为

$$m_l = (1.64 \pm 0.03)m_0, \quad m_t = (0.0819 \pm 0.0003)m_0 \tag{3.7.15}$$

硅和锗的布里渊区中 $\boldsymbol{k}$ 空间导带等能面如图 3.7.3 所示。

2) 硅和锗的价带结构

关于 p 型锗和 p 型硅的分析结果，表明锗和硅的价带具有类似的结构特点。价带顶都在 $\boldsymbol{k}$ 空间的原点，但等能面并非球面，而呈“扭曲”的形状。如计入自旋以及自旋-轨道相互作用，可认为价带包含三条，其中两条在 $\boldsymbol{k}=0$ 简并，$E(\boldsymbol{k})$关系可以表示为

$$E_{1,2} = E_{\mathrm{V}} - \frac{\hbar^2}{2m_0}\left[Ak^2 \pm \sqrt{B^2k^4 + C^2(k_x^2k_y^2 + k_y^2k_z^2 + k_z^2k_x^2)}\right] \tag{3.7.16}$$

式中，A、B、C 为常数，m_0 为电子的惯性质量。图 3.7.4 为平面 $k_x = k_y$ 与锗价带等能面的交线，可以看出其与球面的偏离。至于第三条，其等能面在 $\boldsymbol{k}$ 空间原点附近近似为球面。可表示为

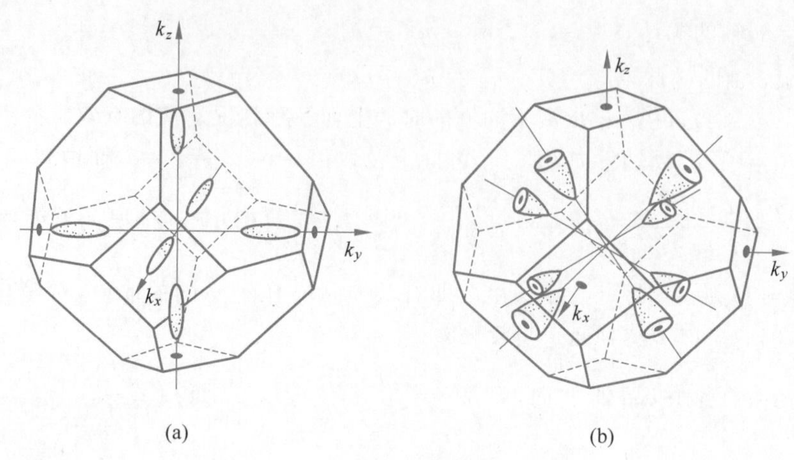

图 3.7.3 硅和锗的导带等能面

(a) 硅；(b) 锗

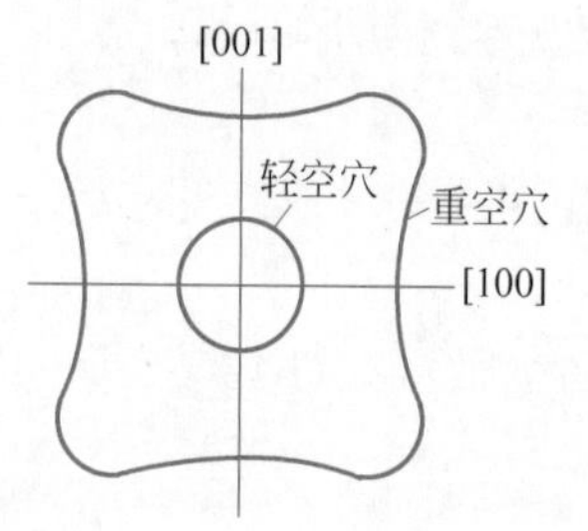

图 3.7.4 锗价带示意图

$$E_3 = E_V - \Delta_{s0} - \frac{A\ \hbar^2 k^2}{2} m_0 \tag{3.7.17}$$

式中，Δ_{s0} 称为自旋—轨道裂距。对于式(3.7.16)所示的两条价带，平均而言(或近似地当作球形等能面)，相应的有效质量并不一样，根式前取正号的具有小的有效质量，故称为轻空穴带；而根式前取负号的则称为重空穴带。

表 3.7.1 列出锗和硅的价带参数。从表中看出，锗第三条价带距价带顶较远，往往不必考虑其影响。

表 3.7.1 锗和硅的价带参数

类　型	A	B	C	Δ_{s0}/eV
锗	13.38	8.48	13.15	0.29
硅	4.29	0.68	4.87	0.044

理论和实验相结合得出的硅、锗沿〈111〉和〈100〉方向上的能带结构图如图 3.7.5 所示(图中没有画出价带的第三条能带)。锗和硅的价带顶 E_V 都位于布里渊区中心，而导带底 E_c 则分别位于〈100〉方向的简约布里渊区边界上和布里渊区中心到布里渊区边界的 0.85 倍处，即导带底与价带顶对应的波矢不同。这种半导体称为间接禁带半导体。若半导体材料的导带底与价带顶能量对应的波矢相同(如均在布里渊区的中心)，则这种半导体称为直接禁带半导体，如砷化镓、氧化锌等。从图 3.7.5 中还可看出，在导带底或导带极小值附近，$E(\boldsymbol{k})$关系犹如一个山谷，因此通常称锗、硅的导带具有多谷结构。

最后指出，硅、锗的禁带宽度是随温度变化的。在 $T=0$K 时，硅、锗的禁带宽度 E_g 分别趋近于

$$E_{gSi}(0) = 1.170\text{eV}, \quad E_{gGe}(0) = 0.7437\text{eV}$$

随着温度升高，E_g 按下面的规律减小：

$$E_g(T) = E_g(0) - \frac{\alpha T^2}{T+\beta} \tag{3.7.18}$$

式中，$E_g(T)$和 $E_g(0)$ 分别表示温度为 T 和 0K 时的禁带宽度。温度系数 α 和β 分别为

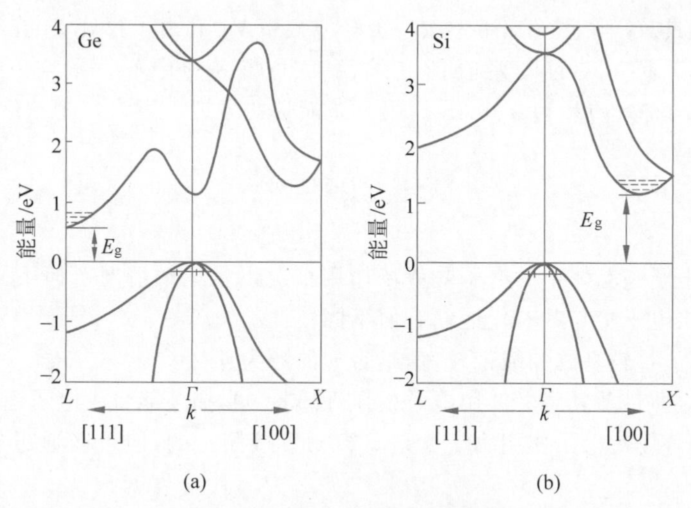

图 3.7.5　锗和硅的能带结构

(a) 锗；(b) 硅

$$硅：\alpha = 4.73 \times 10^{-4}\,\mathrm{eV/K},\quad \beta = 636\mathrm{K}$$

$$锗：\alpha = 4.774 \times 10^{-4}\,\mathrm{eV/K},\quad \beta = 235\mathrm{K}$$

当 $T=300\mathrm{K}$ 时，$E_{\mathrm{gSi}}=1.12\mathrm{eV}$，$E_{\mathrm{gGe}}=0.67\mathrm{eV}$，所以 E_g 具有负温度系数。

3. 砷化镓的能带结构

除了Ⅳ族元素半导体锗、硅外，Ⅲ-Ⅴ族化合物也是重要半导体材料，其中砷化镓(GaAs)又是研究与应用最广泛的一种。所有Ⅲ-Ⅴ族化合物半导体都具有闪锌矿型的结构。布里渊区也与面心立方的一样。

砷化镓的导带极小值位于布里渊区中心 $k=0$ 的 Γ 处，等能面是球面，导带底电子的有效质量为 $0.067m_0$。在[111]和[100]方向布里渊区边界 L 和 X 处还各有一个极小值，电子的有效质量分别为 $0.55m_0$ 和 $0.85m_0$。在室温下，Γ、L 和 X 点的三个极小值与价带顶的能量差分别为 1.424eV、1.708eV 和 1.900eV。图 3.7.6 是砷化镓沿[111]和[100]方向的能带结构示意图。

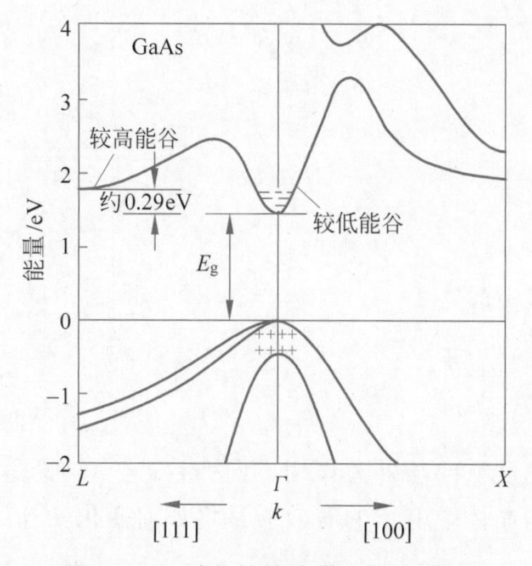

图 3.7.6　砷化镓的能带结构示意图

砷化镓价带具有一个重空穴带 V_1、一个轻空穴带 V_2 和由于自旋-轨道耦合分裂出来的第三条能带 V_3。重空穴的极大值稍许偏离布里渊区的中心。重空穴的有效质量为 $0.45m_0$，轻空穴的有效质量为 $0.082m_0$，第三条能带的分裂距离为 0.34eV。

习　题　3

3.1 原子中的电子和晶体中的电子受势场作用情况以及运动情况有何不同？原子中内层电子和外层电子参与共有化运动有何不同？

3.2 一般来说，能量较高处的能带较宽，是否如此？为什么？

3.3 试解释有效质量及其意义。用电子的惯性质量 m_0 描述能带中电子运动有何局限性？

3.4 通常，晶格势场对电子作用力 $F_{晶}$ 是不容易直接测定的，但可以通过它与外力场 $F_{外}$ 的关系：

$$F_{晶}=\left(\frac{m_0}{m^*}-1\right)F_{外}$$

去求得。式中，m_0 表示电子质量，m^* 表示电子有效质量，试推导上述关系。

3.5 有两种晶体其能量与波矢的关系如题 3.5 图所示。试问，哪种晶体电子的有效质量大一些？为什么？

3.6 一维晶格能量 E 与波矢 k 的关系如题 3.6 图所示。分别讨论下面几个问题：

(1) 如电子能谱和自由电子一样，写出与简约波矢 $k=\pi/2a$ 对应的 A（第Ⅰ能带）、B（第Ⅱ能带）、C（第Ⅲ能带）三点处的能量 E。

(2) 题 3.6 图中，哪条能带上的电子有效质量最小？

(3) 题 3.6 图中，能带上是否有某些位置，外力对这些位置上的电子没有影响？

(4) 若能带Ⅰ、Ⅱ完全填满，而能带Ⅲ是完全空着的，此时稍稍加热晶体，把少数电子从第Ⅱ能带激发到第Ⅲ能带，问空穴数是否等于电子数？

(5) 第Ⅱ能带上空穴的有效质量 $|m_h|$ 比第Ⅲ能带上的电子有效质量 $|m_e|$ 大还是小？

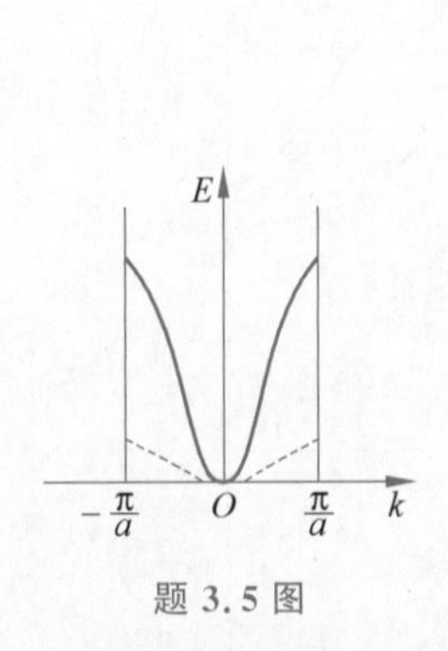

题 3.5 图

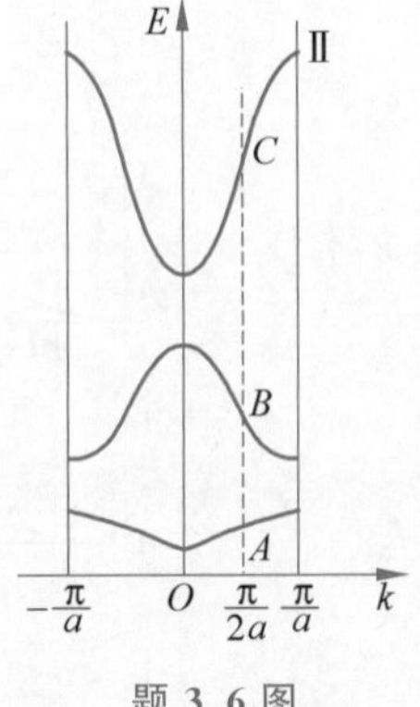

题 3.6 图

3.7 对于自由电子，加速度方向与外力作用方向一致，这个结论是否适用于布洛赫电子？

3.8 从能带底到能带顶，晶体中电子的有效质量将如何变化？外场对电子的作用效果有什么不同？

3.9　请解释，对于能带中的电子，波矢为 k_x 和 $-k_x$ 的两种状态中的电子速度大小相等方向相反，即 $v_x(-k_x)=-v_x(k_x)$。并解释为什么无外场时，晶体总电流等于零。

3.10　在讨论三维自由电子的能态密度时，如果晶体为长方体，边长分别为 L_1、L_2、L_3，试推导其能态密度的表达式。

习题讲解

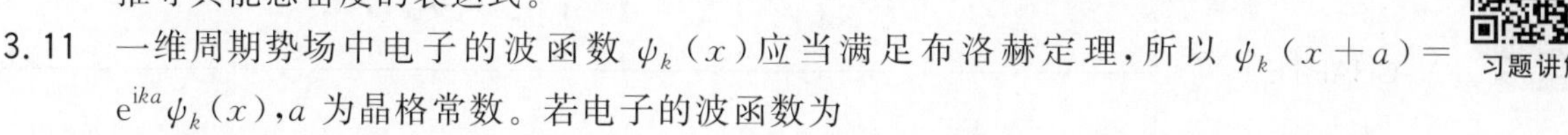

3.11　一维周期势场中电子的波函数 $\psi_k(x)$ 应当满足布洛赫定理，所以 $\psi_k(x+a)=e^{ika}\psi_k(x)$，$a$ 为晶格常数。若电子的波函数为

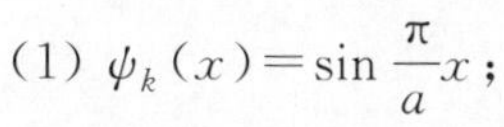

(1) $\psi_k(x)=\sin\dfrac{\pi}{a}x$；

(2) $\psi_k(x)=\mathrm{i}\cos\dfrac{3\pi}{a}x$；

(3) $\psi_k(x)=\sum\limits_{n=-\infty}^{+\infty}f(x-na)$。（$f$ 为某一确定的函数）

试求电子在这些状态的波矢 k。

3.12　已知一维晶体的电子能带可写成

$$E(k)=\frac{\hbar^2}{ma^2}\left(\frac{7}{8}-\cos ka+\frac{1}{8}\cos 2ka\right)$$

式中，a 是晶格常数。试求：

(1) 能带的宽度；

(2) 电子在波矢为 k 的状态时的速度；

(3) 能带底部和顶部的电子有效质量。

3.13　按照有效质量的一般定义（张量定义）：

$$(m_{ij}^*)^{-1}=\frac{1}{\hbar^2}\frac{\partial^2 E}{\partial k_i \partial k_j}$$

试写出下列各种情况下 m^* 的形式：

(1) 自由电子；

(2) 等能面为球形等能面；

(3) 等能面为旋转椭球面。

3.14　某晶体的 s 态电子的能带为

$$E(\boldsymbol{k})=E_0-A-8J\left(\cos\frac{k_x a}{2}\cos\frac{k_y a}{2}\cos\frac{k_z a}{2}\right)$$

式中，E_0、A、J、a 为常数，试求：

(1) 能带宽度；

(2) 能带底部和顶部电子有效质量（m_x^*、m_y^*、m_z^*）。

3.15　在各向异性晶体中，其能量 E 可用波矢 k 的分量表示成

$$E(k)=Ak_x^2+Bk_y^2+Ck_z^2$$

试求出能代替牛顿方程 $\boldsymbol{F}=m_0\dfrac{\mathrm{d}^2\boldsymbol{r}}{\mathrm{d}t^2}$ 的电子运动方程。

3.16　用能带理论解释金属、半导体、绝缘体在导电性能方面的差异。

3.17　准自由电子近似零级近似下的波函数为 $\psi_k^0(x)=\dfrac{1}{\sqrt{L}}e^{ikx}$，其中 $k=l\dfrac{2\pi}{L}$，l 为整数。而 $H'=V(x)-V_0=\sum\limits_n{}'V_n e^{i\frac{2\pi}{a}nx}$。证明：当 $k'-k\neq n\dfrac{2\pi}{a}$ 时，$\int_0^L \psi_{k'}^{0*}(x)H'\psi_k^0(x)\mathrm{d}x=0$。

第 4 章 半导体中的载流子

CHAPTER 4

半导体材料是一种特殊的固体材料，电子器件多数与半导体有关。利用半导体硅、锗等可以制造各种二极管、三极管等基本电子器件和光敏器件、热敏器件等各种敏感器件以及具有各种特殊用途的电子元器件。利用半导体材料还可以制造太阳能电池、激光器、照明器件、显示器件、图像器件等。半导体极大地改变了人们的生活，计算机、数码相机、手机等现代生活必备的设备就依赖于半导体芯片，电话卡、公交卡、银行卡等中都有不同的半导体芯片在发挥作用。集成电路的迅速发展使信息技术发生了深刻的变化，以超大规模集成电路为基础的电子计算机，极大地推动着科学技术的发展，影响着人们生活的各方面。半导体技术在今后的科技发展中仍将起着基础性和关键性的作用。

半导体中的导带电子和价带空穴是荷电粒子，并可在体内自由运动，统称为载流子。本章从介绍半导体掺杂与载流子形成开始，主要讨论半导体中载流子的产生、载流子的统计分布、载流子的运动规律等。

4.1 本征半导体与杂质半导体

我们知道，极低温度下半导体的能带，要么所有能级被电子占满，要么所有能级都是空的。但半导体的禁带宽度较小，一般均在 2eV 以下，因而在室温已有少量电子从下面的满带（价带）跃迁到上面的空带（导带），电阻率为 $10^{-4}\sim10^{7}\Omega\cdot\mathrm{m}$（一般绝缘体的室温电阻率约为 $10^{12}\Omega\cdot\mathrm{m}$ 以上，而金属电阻率则约为 $10^{-7}\Omega\cdot\mathrm{m}$）。不过半导体电阻率的一个显著特点在于其对纯度的依赖极为敏感。例如，百万分之一的硼含量就能使纯硅的电阻率成万倍地下降。

4.1.1 本征半导体

本征半导体是指没有杂质、没有缺陷的理想半导体，即设想半导体中不存在任何杂质原子，并且原子在空间的排列也遵循严格的周期性。在这种情形，半导体中的载流子，只能是从满带激发到导带的电子以及在满带中留下的空穴。这种激发可借助于能给满带电子提供大于禁带宽度 E_g 能量的任何物理作用。最常见的则是热激发，即在一定的温度下，由于热运动的起伏，一部分价带电子可以获得超过 E_g 的附加能量而跃迁至导带。价带电子获得能量直接跃迁至导带的过程称为**本征激发**。

如果我们用 n 和 p 分别代表导带电子和满带空穴的浓度，显然对本征激发应满足 $n=p$，如图 4.1.1 所示。不难想到，对于热激发而言，最易发生的本征激发过程乃是使价带顶附近的电子跃迁至导带底附近，因为这样所需的能量最低。因此我们总是认为导带中的电子处在导带底附近，而价带中的空穴则处在价带顶附近。

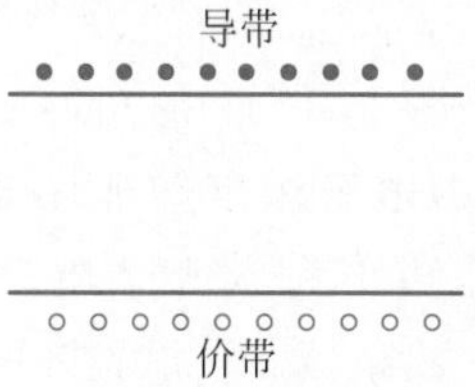

导带

价带

图 4.1.1　本征半导体中的载流子

4.1.2　杂质半导体

如果对纯净半导体掺加适当的杂质，也能提供载流子。我们把能向导带提供电子的杂质称为**施主**；而将能接受电子并向价带提供空穴的杂质称为**受主**。例如，在锗、硅这类处于周期表第Ⅳ族的元素半导体中，Ⅲ族杂质硼、铝、镓、铟等是受主，而Ⅴ族杂质磷、砷、锑等则是施主。这些杂质都是以替位的形式存在于锗、硅晶体中。这种含有杂质原子的半导体称为杂质半导体。

锗和硅是使用最广的、最重要的半导体材料，晶体结构与金刚石相似。每个原子的最近邻有四个原子，组成正四面体。锗、硅原子最外层都具有四个价电子，恰好与最近邻原子形成四个共价键。现在设想有一个锗原子为Ⅴ族原子砷所取代的情形，如图 4.1.2(a)所示。砷原子共有五个价电子，于是与近邻锗原子形成共价键后尚“多余”一个价电子。共价键是一种相当强的化学键，就是说束缚在共价键上的电子能量是相当低的。这个多余的电子不在共价键上，而仅受到砷原子实的静电吸引，这种束缚作用是相当微弱的。只要给这个电子不大的能量就可使之脱离 As^+ 的束缚而在晶体内自由运动，即成为导带电子。由此可见，束缚于 As^+ 上的这个“多余”电子的能量状态，在能带图上的位置应处于导带下方的禁带中，并且十分接近导带底。由于掺杂引起禁带中出现的能级，称为杂质能级。每个施主引进的杂质能级称为施主能级，用 E_D 代表。束缚于 As^+ 周围的电子就是处在施主能级上的电子。导带底 E_C 与 E_D 之差 $E_I=E_C-E_D$ 称为施主电离能，因为施主能级上的电子脱离束缚进入导带后，施主杂质就成为荷正电的正离子。可见，如果施主能级为电子占据，则对应于中性的施主原子；而如果施主能级上没有电子，则对应于施主电离成正离子。在表 4.1.1

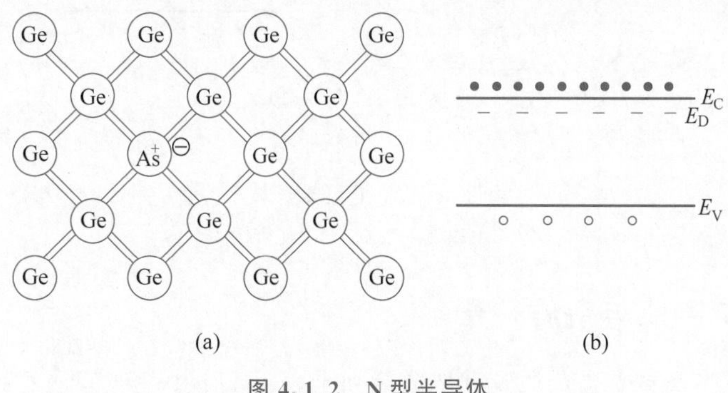

图 4.1.2　N 型半导体

(a) 掺施主杂质；(b) 能带图

中列出了锗和硅的重要施主的电离能，我们看到，一般都在 0.05eV 以下。因此，室温已可提供足够的热能，使施主能级上的电子跃迁至导带而使施主电离。顺便指出，在一般掺杂水平，杂质原子之间的距离是远大于母体晶格常数的，相邻杂质所束缚的电子波函数不发生交叠，因此它们的能量相同，表现在能带图上，便是位于同一水平上的分立能级，如图 4.1.2(b)所示。显然，**掺入施主杂质后，半导体中电子浓度增加，$n>p$，半导体的导电性以电子导电为主，故称为 N 型半导体**。施主杂质也可称为 N 型杂质。在 N 型半导体中，电子又称为多数载流子（简称**多子**），而空穴则称为少数载流子（简称**少子**）。

表 4.1.1 锗、硅中的浅杂质能级

（电离能 E_1，以 eV 为单位）

杂质元素	施主（$E_I=E_C-E_D$）			受主（$E_I=E_A-E_V$）			
	磷	砷	锑	硼	铝	镓	铟
锗	0.0126	0.0127	0.0096	0.01	0.01	0.011	0.011
硅	0.044	0.049	0.039	0.045	0.057	0.065	0.16

现在再以锗中掺硼为例，讨论受主杂质的作用。硼原子只有 3 个价电子，与近邻锗原子组成共价键时尚缺 1 个电子。在此情形，附近锗原子价键上的电子不需要增加多大能量就可相当容易地填补硼原子周围价键的空缺，而在原先的价键上留下空位，这也就是价带中缺少了电子而出现了一个空穴，硼原子则因接受一个电子而成为负离子，如图 4.1.3(a)所示。上述过程所需的能量就是受主电离能。与施主情形类似，受主的存在也在禁带中引进能级，用 E_A 代表。不过 E_A 的位置接近于价带顶 E_V，E_A-E_V 就是受主电离能，如图 4.1.3(b)所示。在一般掺杂水平，E_A 也表现为能量相同的一些能级。显然，受主能级为电子占据时对应于受主原子电离成负电荷的离子，而空的受主能级则对应于中性受主。**在掺受主的半导体中，由于受主电离，使 $p>n$，空穴导电占优势，因而称为 P 型半导体**，受主杂质也称 P 型杂质。在 P 型半导体中，空穴是多子，电子是少子。

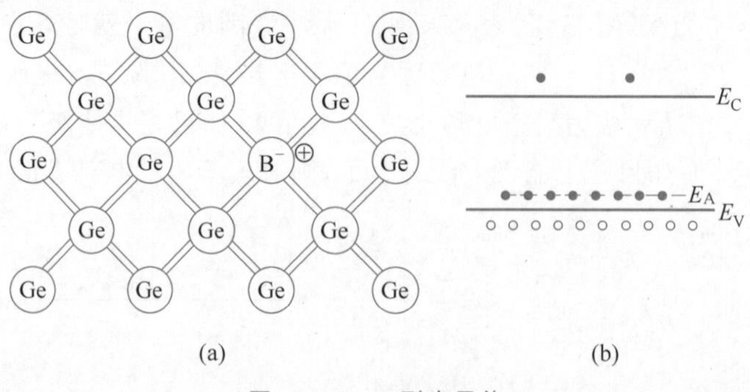

图 4.1.3 P 型半导体

(a) 掺受主杂质；(b) 能带图

4.1.3 杂质电离能与杂质补偿

锗、硅中的一些重要受主杂质及其电离能列于表 4.1.1 中。我们注意到，受主电离能与施主电离能并无数量级的差别。

晶体中存在杂质时出现禁带中的能级乃是由于杂质替代母体晶体原子后改变了晶体的局部势场,使一部分电子能级从许可带中分离了出来。例如,N_D 个施主的存在使导带中有 N_D 个能级下移到 E_D 处,而 N_A 个受主的存在则使 N_A 个能级从价带上移至 E_A 处。这就是说,杂质能级是因为破坏了晶格的周期性引起的。晶体中掺入与基质原子只差一个价电子的杂质原子并形成替位式杂质时,其影响可看作在周期性结构的均匀背景下叠加一个"原子",这个"原子"只有一个正电荷和一个负电荷,与氢相似,可借用氢原子能级公式处理。但因为背景不是真空,需要作修正:一是要用有效质量 m^* 代替电子的惯性质量 m_0;二是要考虑介质极化的影响,需用介质的介电常数代替真空介电常数。于是,杂质电离能 E_I 写为

$$E_I = \frac{m^*}{m_0}\frac{E_H}{\varepsilon_r^2} \tag{4.1.1}$$

式中,$E_H = m_0 e^4/(8\varepsilon_0^2 h^2) = 13.6\text{eV}$,为氢原子的基态电离能;而 ε_r 为母体晶体的相对介电常数。上述分析杂质电离能的方法称为**类氢模型**。式(4.1.1)所示的数值在数量级上与实验结果一致。常把这类电离能很小、距能带边缘(导带底或价带顶)很近的杂质能级称为浅能级。此外,还有其他杂质也具有施主或受主的性质,但在禁带中引进的能级距能带边缘较远而比较接近禁带中央,称为深能级。除去杂质原子外,其他晶格结构上的缺陷也可引进禁带中的能级。

应当指出,通常在同一块半导体材料中往往同时存在两种类型的杂质,这时半导体的导电类型主要取决于掺杂浓度高的杂质。例如,设硅中磷的浓度比硼高,则表现为 N 型半导体。图 4.1.4 为同时存在施主和受主,并且施主浓度高于受主时的能带图。可以看出施主能级上的电子除填充受主之外,余下的将激发到导带。由于受主的存在使导带电子数减少,这种作用称为**杂质补偿**。在常温下,由于一般半导体靠本征激发提供的载流子甚少,半导体的导电性质主要取决于掺杂水平。然而随着温度的升高,本征载流子的浓度将迅速增长,至于杂质提供的载流子则基本上不改变。因此,即使是掺杂半导体,高温时由于本征激发将占主要地位,使 $n \approx p$,也总是呈现出本征半导体的特点。

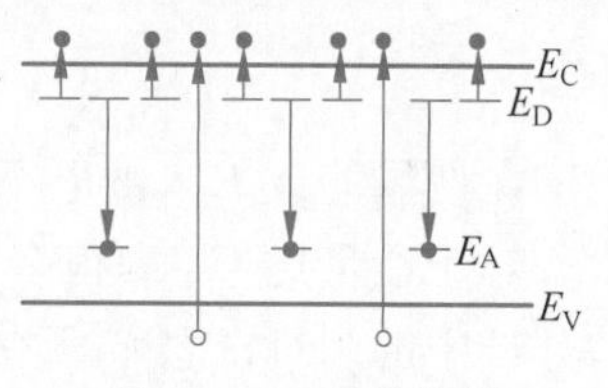

图 4.1.4 杂质补偿

4.2 半导体中的载流子浓度

在 4.1 节中看到,载流子的浓度与温度及掺杂情况密切相关。若要建立它们之间的定量关系,则需要用到统计物理的知识。下面先介绍费米分布函数,再计算导带电子及价带空穴浓度的一般表达式。

4.2.1 费米分布函数

固体能带是由大量的、不连续的能级组成的,每一量子态都对应于一定的能级。在热平衡下,能量为 E 的状态被电子占据的概率为

$$f(E) = \frac{1}{e^{(E-E_F)/k_B T} + 1} \tag{4.2.1}$$

$f(E)$称**费米分布函数**。式中，E_F 称为费米能量，它一般是温度 T 的函数。

图 4.2.1 是费米分布函数 $f(E)$在不同温度时的图像。图中横坐标是$(E-E_F)$，单位是 eV；纵坐标是 $f(E)$。图中画出了三种不同温度的 $f(E)$曲线，在绝对零度，$E<E_F$ 时，$f(E)=1$；在 $E>E_F$ 时，$f(E)=0$；在 $E=E_F$ 时，$f(E)$发生陡直的变化。如果温度很低，$f(E)$ 从 $E\ll E_F$ 时的接近 1 的数值下降到 $E\gg E_F$ 时的接近零的数值；函数在 $E=E_F$ 附近发生很大的变化，温度上升使函数 $f(E)$发生大变化的能量范围变宽，但在任何情况，此能量范围约为 E_F 附近$\pm k_B T$。

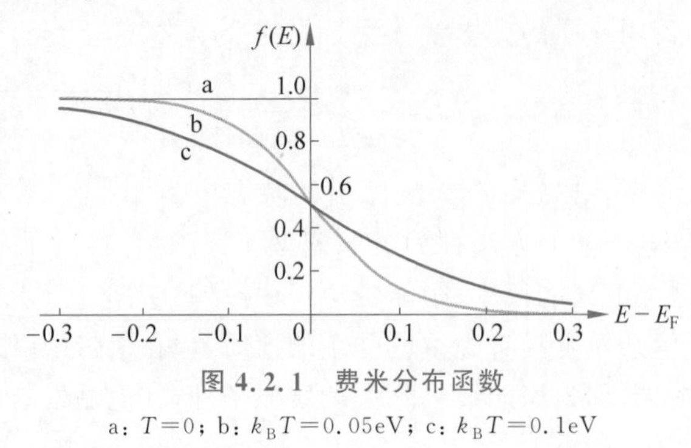

图 4.2.1　费米分布函数

a：$T=0$；b：$k_BT=0.05\text{eV}$；c：$k_BT=0.1\text{eV}$

当 $T\neq 0$ 时，在 $E=E_F$ 能级，

$$f(E_F)=\frac{1}{2}$$

表示在费米能级 E_F，被电子填充的概率和不被电子填充的概率是相等的。

对于能量比 E_F 高很多的能级，当满足$(E-E_F)\gg k_B T$ 时，$f(E)$中的指数函数远大于 1，分母中的 1 可以忽略，则费米分布函数被简化为

$$f(E)\approx \mathrm{e}^{-(E-E_F)/k_B T}=f_B(E) \tag{4.2.2}$$

$f_B(E)$称**玻耳兹曼函数**。

费米分布函数或玻耳兹曼函数本身并不给出具有某一能量的电子数，而只给出某一指定能态为一个电子所占据的概率。为了确定在具有某一能量的系统中的实际电子数，就必须知道在某一给定范围内可以利用的能态数。用 $g(E)$表示晶体中单位体积单位能量间隔的量子态数，则能量在 $E\sim E+\mathrm{d}E$ 之间的量子态数为 $g(E)\mathrm{d}E$，乘以每个量子态被电子占据的概率 $f(E)$，即为此能量范围的电子数

$$\mathrm{d}n=g(E)f(E)\mathrm{d}E \tag{4.2.3}$$

4.2.2　平衡态下的导带电子浓度和价带空穴浓度

如设导带具有球形等能面，即导带能带结构可表为 $E=E_C+\dfrac{\hbar^2 k^2}{2m_n^*}$，则根据类似于 3.2 节的讨论，可得

$$g(E)=4\pi\left(\frac{2m_n^*}{h^2}\right)^{3/2}(E-E_C)^{1/2} \tag{4.2.4}$$

式中，m_n^*、E_C 及 h 分别为电子有效质量、导带底能量值及普朗克(Planck)常数，并已考虑了电子有两种自旋态。

将式(4.2.4)的 $g(E)$ 和式(4.2.1)的 $f(E)$ 代入式(4.2.3)，得

$$\mathrm{d}n = 4\pi\left(\frac{2m_n^*}{h^2}\right)^{3/2}(E-E_C)^{1/2}\frac{\mathrm{d}E}{\mathrm{e}^{\frac{E-E_F}{k_BT}}+1}$$

对式两边积分，即可得导带电子浓度 n

$$n=\int\mathrm{d}n = 4\pi\left(\frac{2m_n^*}{h^2}\right)^{3/2}\int_{E_C}^{E_{CT}}\frac{(E-E_C)^{1/2}\mathrm{d}E}{\mathrm{e}^{\frac{E-E_F}{k_BT}}+1} \tag{4.2.5}$$

式中，E_{CT} 为导带顶。通常，对导带中的所有能级而言，$f(E)\ll 1$，可以用经典的玻耳兹曼分布代替费米分布。这种情形称为**非简并化**。此时，可将式(4.2.5)写为

$$n = 4\pi\left(\frac{2m_n^*}{h^2}\right)^{3/2}\mathrm{e}^{E_F/k_BT}\int_{E_C}^{E_{CT}}\mathrm{e}^{-E/k_BT}(E-E_C)^{1/2}\mathrm{d}E$$

再作积分变换，令 $x=(E-E_C)/k_BT$。当 $(E-E_C)/k_BT\gg 1$ 时，式中的积分上限推至∞而不致引入明显误差。于是

$$n = 4\pi\left(\frac{2m_n^*}{h^2}\right)^{3/2}\mathrm{e}^{(E_F-E_C)/k_BT}(k_BT)^{3/2}\int_0^{\infty}\mathrm{e}^{-x}x^{1/2}\mathrm{d}x \tag{4.2.6}$$

利用 $\int_0^{\infty}x^{1/2}\mathrm{e}^{-x}\mathrm{d}x=\frac{\sqrt{\pi}}{2}$，并令

$$N_C = 2(2\pi m_n^* k_BT/h^2)^{3/2} \tag{4.2.7}$$

则得

$$n = N_C\mathrm{e}^{-(E_C-E_F)/k_BT} \tag{4.2.8}$$

N_C 称为导带有效能级密度。这一术语的意义是很清楚的，由式(4.2.8)可见，为了计算导带电子浓度，我们可以等效地设想导带中所有的能级均位于导带底，并且单位体积的晶体所具有的能态数就是 N_C。

同理，对价带而言，在球形等能面(价带能带可表为 $E=E_V-\frac{\hbar^2k^2}{2m_p^*}$，$m_p^*$ 为空穴有效质量)和非简并(对价带，这意味着 $f(E)\approx 1$)情形，可得价带空穴浓度 p 为

$$p = N_V\mathrm{e}^{-(E_F-E_V)/k_BT} \tag{4.2.9}$$

$$N_V = 2(2\pi m_p^* k_BT/h^2)^{3/2} \tag{4.2.10}$$

式中，E_V 代表价带顶，N_V 称价带有效能级密度。

对于非球形等能面，能带边缘也不在布里渊区中心的复杂情形(如锗、硅)，式(4.2.7)和式(4.2.10)仍然有效，只要将 m_n^* 及 m_p^* 代以相应的合适数值(所谓状态密度有效质量)即可。表4.2.1列出300K时锗和硅的部分参数值。

表4.2.1　锗和硅的部分参数值(300K)

	E_g/eV	m_n^*/m_0	m_p^*/m_0	N_C/cm^{-3}	N_V/cm^{-3}	n_i/cm^{-3}(计算值)	n_i/cm^{-3}(测量值)
锗	0.67	0.56	0.37	1.05×10^{19}	5.7×10^{18}	2.0×10^{13}	2.4×10^{13}
硅	1.12	1.08	0.59	2.8×10^{19}	1.1×10^{19}	7.8×10^{9}	1.5×10^{10}

4.2.3 本征载流子浓度与费米能级

式(4.2.8)和式(4.2.9)给出了载流子的计算公式,它们对本征半导体和杂质半导体都是适用的,但公式中的费米能级 E_F 与掺杂有关,通常是未知的,所以一般不能简单地用它们求出载流子浓度。但考察电子浓度和空穴浓度的乘积,由式(4.2.8)和式(4.2.9)得

$$np = N_C N_V e^{-(E_C-E_V)/k_B T} \tag{4.2.11}$$

即乘积与费米能级 E_F 无关,也就是与掺杂无关。在本征半导体中,由于 $n=p$,故将电子或空穴浓度统称为本征载流子浓度,记作 n_i。代入式(4.2.11)得

$$n_i^2 = N_C N_V e^{-(E_C-E_V)/k_B T}$$

即

$$n_i = (N_C N_V)^{1/2} e^{-E_g/2k_B T} \tag{4.2.12}$$

式中,$E_g = E_C - E_V$ 为禁带宽度。式(4.2.12)中 n_i 对温度的依赖关系主要取决于指数因子,从而得到随着温度上升,本征载流子浓度将急剧增加的结论。对于硅,室温(300K)的 $n_i = 1.5\times10^{16}\,\mathrm{m}^{-3}$。由于式(4.2.11)不仅适用于本征半导体,事实上,只要是热平衡条件下非简并化的情形,对杂质半导体仍然成立。结合式(4.2.12),得

$$np = n_i^2 \tag{4.2.13}$$

这表明,如果材料中掺施主杂质使电子浓度增加,则空穴浓度必减少;如果材料中掺受主杂质使空穴浓度增加,则电子浓度必减少。

对于本征半导体,利用 $n=p$ 很容易求出它的费米能级,式(4.2.8)和式(4.2.9)代入,即

$$N_C e^{-(E_C-E_F)/k_B T} = N_V e^{-(E_F-E_V)/k_B T}$$

由此可解得本征费米能级 E_F(改记为 E_{Fi})

$$E_{Fi} = \frac{E_C + E_V}{2} + \frac{1}{2}k_B T \ln\frac{N_V}{N_C} \tag{4.2.14}$$

令

$$E_i = \frac{1}{2}(E_C + E_V) \tag{4.2.15}$$

代表禁带中央能量,并结合式(4.2.7)、式(4.2.10),得

$$E_{Fi} = E_i + \frac{1}{2}k_B T \ln\left(\frac{m_p^*}{m_n^*}\right)^{3/2} \tag{4.2.16}$$

一般 m_p^* 和 m_n^* 具有相同的数量级,故常可将式(4.2.16)右边第二项略去,即对本征半导体有

$$E_{Fi} \approx E_i \tag{4.2.17}$$

这表明,本征半导体的费米能级接近禁带中央。

如图 4.2.2 所示,与本征半导体不同,掺杂半导体中电子和空穴的浓度一般不相等,所以费米能级一般也不在禁带中央。N 型半导体中,$n>p$,所以费米能级偏向导带;P 型半导体中,$p>n$,所以费米能级偏向价带。

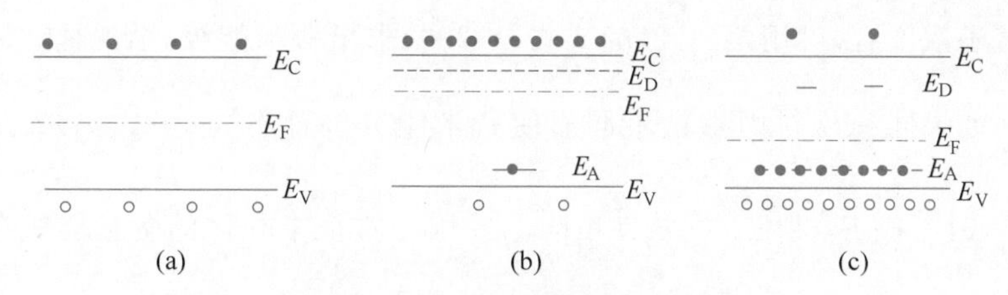

图 4.2.2　室温半导体的费米能级

(a) 本征半导体；(b) N 型半导体；(c) P 型半导体

4.2.4　杂质充分电离时的载流子浓度

对于杂质半导体，载流子除了来自本征激发外，还来自杂质电离。下面先讨论仅掺施主的 N 型半导体，设掺杂浓度为 N_D，电离了的杂质浓度为 N_D^+。通常，在温度不是很低、掺杂浓度又不是很高的情况下，杂质基本上都电离了(参考习题 4.20)，即 $N_D^+ \approx N_D$。那么，电子浓度是否等于 $n_i + N_D^+$ 呢？其实不然，因为离开杂质原子的电子，并没有全部进入导带，有部分落到了价带，使空穴数目减少。更确切地说，这时平衡条件发生了变化，需要满足

$$n = N_D^+ + p \approx N_D + p \tag{4.2.18}$$

式(4.2.18)左边代表负电荷数，右边代表总的正电荷数，也称**电中性条件**。代入式(4.2.13)即 $np = n_i^2$，得 $p(p + N_D) = n_i^2$，解得 $p = \frac{1}{2}(-N_D \pm \sqrt{N_D^2 + 4n_i^2})$。由于 $p > 0$，式中应取正号，故

$$p = \frac{1}{2}(-N_D + \sqrt{N_D^2 + 4n_i^2}) \tag{4.2.19}$$

代入式(4.2.18)得

$$n = \frac{1}{2}(N_D + \sqrt{N_D^2 + 4n_i^2}) \tag{4.2.20}$$

通常本征载流子浓度 n_i 数值较小，满足 $N_D \gg n_i$，此时

$$n \approx N_D, \quad p \approx n_i^2 / N_D \tag{4.2.21}$$

一般为了避免两个数值十分接近的数相减而带来较大的计算误差，少子空穴浓度不是由式(4.2.19)计算，而是利用多子浓度计算，即用公式 $p = n_i^2 / n$ 计算。

同理，仅掺受主的 P 型半导体，设掺杂浓度为 N_A，载流子浓度由下式计算

$$p = \frac{1}{2}(N_A + \sqrt{N_A^2 + 4n_i^2}), \quad n = n_i^2 / p \tag{4.2.22}$$

在温度不是很高时，n_i 数值较小，满足 $N_A \gg n_i$，则

$$p \approx N_A, \quad n \approx n_i^2 / N_A \tag{4.2.23}$$

如果材料中同时掺入了施主和受主，则根据补偿原理，需要比较两种杂质的多少。如果施主浓度高于受主浓度，即 $N_D > N_A$，则材料为 N 型半导体，用 $N_D' = N_D - N_A$ 代替式(4.2.20)和式(4.2.21)中的 N_D；如果 $N_A > N_D$，则为 P 型半导体，用 $N_A' = N_A - N_D$ 代替式(4.2.22)和式(4.2.23)中的 N_A。

求出载流子浓度后，可用式(4.2.8)或式(4.2.9)求出费米能级。表征能级一般需有一个参考位置。如果同一材料因掺杂不同而使费米能级位置不同，用式(4.2.8)可得$\frac{n_1}{n_2}=e^{(E_{F1}-E_{F2})/k_BT}$，改写成$E_{F1}=E_{F2}+k_BT\ln\left(\frac{n_1}{n_2}\right)$。因为本征半导体的费米能级在禁带中央，即当$n_2=n_i$时$E_{F2}=E_i$，所以费米能级以禁带中央为参考位置的表达式

$$E_F=E_i+k_BT\ln\left(\frac{n}{n_i}\right) \tag{4.2.24}$$

由于$n=n_i^2/p$，式(4.2.24)也可表示为

$$E_F=E_i-k_BT\ln\left(\frac{p}{n_i}\right) \tag{4.2.25}$$

仿真图解

【例4-1】 设N型硅，掺施主浓度$N_D=1.5\times10^{14}\text{cm}^{-3}$，试分别计算温度在300K和500K时电子和空穴的浓度和费米能级的位置。设温度在300K和500K时的本征载流子浓度分别为$n_i=1.5\times10^{10}\text{cm}^{-3}$和$n_i=2.6\times10^{14}\text{cm}^{-3}$。

解 (1) 当$T=300\text{K}$时，因为$N_D\gg n_i$，故电子主要来源于杂质电离，所以电子浓度

$$n\approx N_D=1.5\times10^{14}\text{cm}^{-3}$$

空穴浓度

$$p=\frac{n_i^2}{n}=\frac{2.25\times10^{20}}{1.5\times10^{14}}=1.5\times10^{6}(\text{cm}^{-3})$$

费米能级

$$E_F=E_i+k_BT\ln\frac{n}{n_i}=E_i+0.026\ln\frac{1.5\times10^{14}}{1.5\times10^{10}}=E_i+0.239(\text{eV})$$

(2) 当$T=500\text{K}$时，因为N_D与n_i为同一量级，故电子的来源除了杂质电离外，本征激发也不能忽略，所以列出联立方程

$$\begin{cases}n=N_D^++p\approx N_D+p\\ np=n_i^2\end{cases}$$

消去p解得

$$n=\frac{1}{2}\left(N_D+\sqrt{N_D^2+4n_i^2}\right)$$

将N_D与n_i的数据代入，得

$$n=3.46\times10^{14}\text{cm}^{-3}$$

$$p=\frac{n_i^2}{n}=\frac{(2.6\times10^{14})^2}{3.46\times10^{14}}=1.95\times10^{14}(\text{cm}^{-3})$$

$$E_F=E_i+k_BT\ln\frac{n}{n_i}=E_i+0.026\times\frac{500}{300}\ln\frac{3.46\times10^{14}}{2.6\times10^{14}}=E_i+0.012(\text{eV})$$

这个例子说明当$T=500\text{K}$时，多数载流子浓度n与少数载流子浓度p差别不大，杂质导电特性已不明显。

4.2.5 杂质未充分电离时的载流子浓度

如果温度很低,热运动能量不足以使杂质充分电离,电离了的杂质可能比实际掺入的杂质少许多,则需要仔细计算电离杂质的浓度。然而,杂质能级上的量子态被电子占据的概率与能带中的量子态是不同的,原因是一个杂质能级有 2 个自旋态,但只能容纳 1 个电子,可以证明电子占据施主能级的概率是

$$f_D(E_D)=\frac{1}{\frac{1}{2}e^{E_D-E_F/k_BT}+1} \tag{4.2.26}$$

与费米分布相比,分母中多了一个(1/2)因子,所以比 $f(E_D)$要大一些,但比 $2f(E_D)$要小,且满足 $0\leqslant f(E_D)\leqslant 1$。而受主能级为空(或说空穴占据受主能级)的概率是

$$f_A(E_A)=\frac{1}{\frac{1}{2}e^{E_F-E_A/k_BT}+1} \tag{4.2.27}$$

1. 仅掺施主的 N 型半导体

设施主杂质的浓度为 N_D,结合式(4.2.26)可计算电离的施主浓度为

$$N_D^+=N_D[1-f_D(E_D)]=N_D\frac{1}{1+2e^{(E_F-E_D)/k_BT}} \tag{4.2.28}$$

由电中性条件知

$$n=p+N_D^+ \tag{4.2.29}$$

在较低温度下,本征激发较弱,空穴浓度远小于电子浓度,所以 $n\approx N_D^+$。由式(4.2.8)和式(4.2.28),可得

$$N_Ce^{-(E_C-E_F)/k_BT}=N_D\frac{1}{1+2e^{(E_F-E_D)/k_BT}} \tag{4.2.30}$$

令

$$x=e^{-(E_C-E_F)/k_BT},\quad \eta=e^{(E_C-E_D)/k_BT} \tag{4.2.31}$$

则式(4.2.30)改写为 $x(1+2\eta x)=\frac{N_D}{N_C}$,解得

$$x=\frac{1}{4\eta}\left(-1+\sqrt{1+8\eta\frac{N_D}{N_C}}\right) \tag{4.2.32}$$

解出 x 后,电子浓度可由 $n=N_Cx$ 求出,或直接由下式求电子浓度:

$$n=\frac{N_C}{4\eta}\left[-1+\sqrt{1+8\eta\frac{N_D}{N_C}}\right] \tag{4.2.33}$$

图 4.2.3 表示 N 型硅中电子浓度与温度的关系。当温度很低时,杂质电离很弱,电子浓度很低。温度升高到一定数值后,杂质较多电离,电子浓度迅速增加。温度再高,杂质可视为全部电离,多数载流子(电子)的浓度基本上不随温度变化。但此时本征激发尚不明显,这段温度范围常称为饱和温区。由图 4.2.3 看出,相当宽的温度范围属于饱和温区,虽然掺杂浓度不同饱和温区的范围有所不同,但室温(300K 附近)一般在饱和温区。

2. 仅掺受主的 P 型半导体

与仅掺施主的 N 型半导体类似,可导出仅掺受主的 P 型半导体中空穴浓度

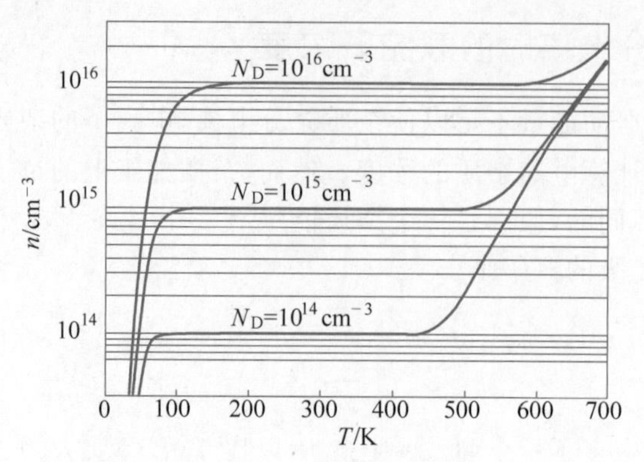

图 4.2.3 N 型硅中电子浓度与温度的关系

$$p=\frac{N_{\mathrm{V}}}{4\eta'}\left(-1+\sqrt{1+8\eta'\frac{N_{\mathrm{A}}}{N_{\mathrm{V}}}}\right) \tag{4.2.34}$$

其中

$$\eta'=\mathrm{e}^{(E_{\mathrm{A}}-E_{\mathrm{V}})/k_{\mathrm{B}}T} \tag{4.2.35}$$

3. 同时掺施主和受主的半导体

电中性条件为

$$n+N_{\mathrm{A}}^{-}=p+N_{\mathrm{D}}^{+} \tag{4.2.36}$$

当 $N_{\mathrm{D}}>N_{\mathrm{A}}$ 时，受主能级全部电离 $N_{\mathrm{A}}^{-}=N_{\mathrm{A}}$，且空穴很少，故 $n+N_{\mathrm{A}}\approx N_{\mathrm{D}}^{+}$，结合式(4.2.8)和式(4.2.28)，可导出电子浓度为

$$n=\frac{1}{4\eta}\left[-(N_{\mathrm{C}}+2\eta N_{\mathrm{A}})+\sqrt{(N_{\mathrm{C}}+2\eta N_{\mathrm{A}})^2+8\eta N_{\mathrm{C}}(N_{\mathrm{D}}-N_{\mathrm{A}})}\right] \tag{4.2.37}$$

少子空穴的浓度由 $p=n_{\mathrm{i}}^2/n$ 求出。

类似地，当 $N_{\mathrm{A}}>N_{\mathrm{D}}$ 时，可导出空穴浓度为

$$p=\frac{1}{4\eta'}\left[-(N_{\mathrm{V}}+2\eta' N_{\mathrm{D}})+\sqrt{(N_{\mathrm{V}}+2\eta' N_{\mathrm{D}})^2+8\eta' N_{\mathrm{V}}(N_{\mathrm{A}}-N_{\mathrm{D}})}\right] \tag{4.2.38}$$

此时的少子即电子的浓度由 $n=n_{\mathrm{i}}^2/p$ 求出。

【例 4-2】 设 N 型硅，施主浓度 $N_{\mathrm{D}}=2\times10^{14}\mathrm{cm}^{-3}$，受主浓度 $N_{\mathrm{A}}=1\times10^{14}\mathrm{cm}^{-3}$，试计算温度在 100K 时的电子浓度和费米能级的位置及施主杂质的电离率。设 $\Delta E_{\mathrm{D}}=E_{\mathrm{C}}-E_{\mathrm{D}}=0.05\mathrm{eV}$。

解 (1) $N_{\mathrm{D}}>N_{\mathrm{A}}$，按式(4.2.37)计算。$N_{\mathrm{C}}\propto T^{3/2}$，而按表 4.2.1，$T=300\mathrm{K}$ 时，$N_{\mathrm{C}}=2.8\times10^{19}\mathrm{cm}^{-3}$，故

$$N_{\mathrm{C}}=2.8\times10^{19}\times(T/300)^{3/2}=5.39\times10^{18}(\mathrm{cm}^{-3})$$

$$\eta=\mathrm{e}^{(E_{\mathrm{C}}-E_{\mathrm{D}})/k_{\mathrm{B}}T}=330, N_{\mathrm{C}}+2\eta N_{\mathrm{A}}=5.45\times10^{18}(\mathrm{cm}^{-3})$$

代入式(4.2.37)得

$$n=9.76\times10^{13}\mathrm{cm}^{-3}$$

(2) 由 $n=N_{\mathrm{C}}\mathrm{e}^{-(E_{\mathrm{C}}-E_{\mathrm{F}})/k_{\mathrm{B}}T}$，得 $E_{\mathrm{C}}-E_{\mathrm{F}}=k_{\mathrm{B}}T\ln\dfrac{N_{\mathrm{C}}}{n}=0.094(\mathrm{eV})$。

(3) $N_{\mathrm{D}}^{+}\approx n+N_{\mathrm{A}}=1.976\times10^{14}(\mathrm{cm}^{-3})$，故施主杂质电离率为 $N_{\mathrm{D}}^{+}/N_{\mathrm{D}}=0.988$。

*4.3 简并半导体

由于施主能级位于导带底下方,所以施主能级被电子占据的概率总是比导带中的能级高。在 $N_D \ll N_C$ 时,即使大多数杂质电离后的电子进入导带,导带中的能级被电子占据的概率仍很小。但当 N_D 的量级接近 N_C 时,由于平衡态下高能级电子占有率不会高于低能级,故施主能级上的电子占有率不会很低,杂质不可能充分电离。若杂质多数没有电离,则说明费米能级可能高于施主能级而向能带边缘靠近,甚至进入导带。显然,这时 $(E-E_F) \gg k_B T$ 的关系也不再成立,换言之,不能再采用经典的玻耳兹曼(Boltzman)统计,而必须严格按费米统计计算能带中载流子的浓度。同理,对于P型半导体,重掺杂会导致费米能级靠近价带甚至进入价带。出现上述情形的半导体,称为**简并半导体**。

首先来推导简并半导体中载流子浓度的一般表达式,这与4.2节中推导非简并半导体的载流子浓度表达式时所用的方法类似。与非简并半导体不同的是,费米分布函数不能简化为玻耳兹曼函数,故式(4.2.5)中的被积函数不能简化,但积分上限仍可扩充至无限而不会有大的误差,即

$$n = 4\pi\left(\frac{2m_n^*}{h^2}\right)^{3/2}\int_{E_C}^{\infty}\frac{(E-E_C)^{1/2}\mathrm{d}E}{e^{\frac{E-E_F}{k_B T}}+1} \tag{4.3.1}$$

令

$$\xi = \frac{E_F - E_C}{k_B T} \tag{4.3.2}$$

并作积分变换 $x=\dfrac{E-E_C}{k_B T}$,由式(4.2.7),式(4.3.1)可化为

$$n = N_C \frac{2}{\sqrt{\pi}}\int_0^{\infty}\frac{x^{1/2}}{1+\exp(x-\xi)}\mathrm{d}x \tag{4.3.3}$$

令

$$F_{1/2}(\xi) = \int_0^{\infty}\frac{x^{1/2}}{1+\exp(x-\xi)}\mathrm{d}x \tag{4.3.4}$$

则

$$n = N_C \frac{2}{\sqrt{\pi}} F_{1/2}(\xi) \tag{4.3.5}$$

$F_{1/2}(\xi)$称为费米积分,其值可以数值积分得到。表4.3.1列出了部分点的费米积分值。

表 4.3.1 费米积分的若干数值

ξ	−7	−6.5	−6	−5.5	−5	−4.5	−4	−3.5	−3	−2.5
$F_{1/2}(\xi)$	0.0008	0.0013	0.0022	0.0036	0.0060	0.0098	0.016	0.026	0.043	0.071
ξ	−2	−1.5	−1	−0.5	0	0.5	1	1.5	2	2.5
$F_{1/2}(\xi)$	0.115	0.184	0.29	0.450	0.678	0.990	1.40	1.90	2.50	3.20
ξ	3	3.5	4	4.5	5	5.5	6	6.5	7	
$F_{1/2}(\xi)$	3.98	4.84	5.77	6.77	7.84	8.96	10.14	11.38	12.66	

在图 4.3.1 中画出了两条曲线，一条为费米分布，呈弯曲形状；另一条为费米分布简化为玻耳兹曼分布时对应的积分值，为直线。从图 4.3.1 中可以看出，当 $\xi<-2(E_C-E_F>2k_BT)$时，费米分布与玻耳兹曼分布对应的结果非常接近，这就是非简并情况；当 $-2\leqslant\xi<0(0<E_C-E_F\leqslant 2k_BT)$时，两者可以看出差别，这是弱简并情况；当 $\xi\geqslant 0(E_C-E_F\leqslant 0)$时，两者差异很大，这属于简并情况。

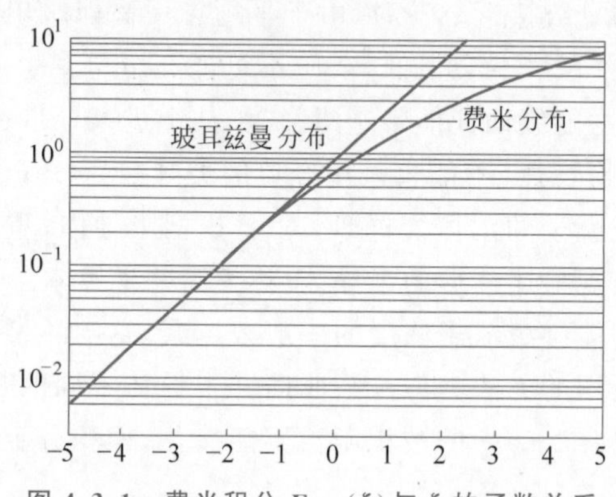

图 4.3.1 费米积分 $F_{1/2}(\xi)$与 ξ 的函数关系

与电子浓度的推导类似，可得到简并半导体价带空穴浓度表达式为

$$p=N_V\frac{2}{\sqrt{\pi}}F_{1/2}(\xi'),\quad \xi'=\frac{E_V-E_F}{k_BT}\tag{4.3.6}$$

【例 4-3】 对于掺磷的 N 型硅、锗材料，计算其在室温下发生弱简并时的杂质浓度。

解 $E_C-E_F=2k_BT$，即 $\xi=-2$ 时开始发生弱简并。由于空穴浓度很低，故 $n\approx N_D^+$。而

$$n=N_C\frac{2}{\sqrt{\pi}}F_{1/2}(\xi),N_D^+=N_D\frac{1}{1+2\mathrm{e}^{(E_F-E_D)/k_BT}}$$

所以

$$N_D=(1+2\mathrm{e}^{(E_F-E_D)/k_BT})N_D^+=(1+2\mathrm{e}^{(E_F-E_D)/k_BT})N_C\frac{2}{\sqrt{\pi}}F_{1/2}(-2)$$

由表 4.3.1 知，$F_{1/2}(-2)=0.115$，所以

(1) 对于硅，$T=300\mathrm{K}$ 时 $N_C=2.8\times10^{19}\mathrm{cm}^{-3}$，硅中磷的电离能 $\Delta E_D=E_C-E_D=0.044\mathrm{eV}$，代入得

$$N_D=(1+2\mathrm{e}^{-2+(0.044/0.026)})\times2.8\times10^{19}\times\frac{2}{\sqrt{\pi}}\times0.115=8.9\times10^{18}(\mathrm{cm}^{-3})$$

(2) 对于锗，$T=300\mathrm{K}$ 时 $N_C=1.04\times10^{19}\mathrm{cm}^{-3}$，锗中磷的电离能 $\Delta E_D=E_C-E_D=0.012\mathrm{eV}$，代入得

$$N_D=(1+2\mathrm{e}^{-2+(0.012/0.026)})\times1.04\times10^{19}\times\frac{2}{\sqrt{\pi}}\times0.115=1.91\times10^{18}(\mathrm{cm}^{-3})$$

由于费米积分是一个积分函数，而费米能级往往事先不知道，所以求解简并半导体中的电子与空穴浓度十分困难。一般只能数值求解，即利用电中性条件列出 E_F 满足的方程，通过计算机编程求解。

图 4.3.2 就是编程计算得到的结果，与图 4.2.3 比较可看出两者的不同，若掺杂浓度很高($10^{19}\mathrm{cm}^{-3}$ 以上)，电子浓度总是随温度增加而增加，不会出现饱和温度区，因为简并时杂质没有充分电离。由图 4.3.2 中看出，对于 $N_D=10^{18}\mathrm{cm}^{-3}$，电离率约为 75%；$N_D=10^{19}\mathrm{cm}^{-3}$，电离率约为 37%；$N_D=10^{20}\mathrm{cm}^{-3}$，电离率约为 13%。杂质浓度越高，则电离率越低。一般 N_D 接近或大于 N_C，或 N_A 接近或大于 N_V，半导体会发生简并化。另外，半导体发生简并化的杂质浓度的多少还与杂质电离能有关，若杂质电离能越小，半导体发生简并化的杂质浓度也越少。

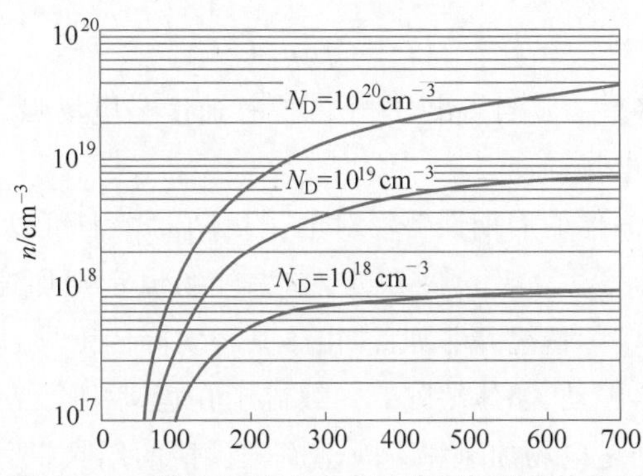

图 4.3.2　简并 N 型硅中电子浓度与温度的关系

从数学上看，非简并情况载流子浓度计算公式是简并情况公式的近似，所以简并情况的计算程序也适用于非简并情况的计算。实际上，在程序中将较低掺杂浓度的数值代入，得到的结果与 4.2 节完全相同。

4.4　载流子的漂移运动

视频

均匀半导体中不加外场时，载流子的运动是随机的，各个方向都有，所以载流子随机运动的速度平均值为零。加外场后，载流子在外力场作用下运动速度的平均值不再为零，即有一定的定向运动。载流子在外场作用下非随机的定向运动称为**漂移运动**。

4.4.1　迁移率

考虑空穴在半导体内运动，设单位体积空穴数为 p，速度为 v_p。取一面元 $\mathrm{d}s$ 与速度垂直，在 $\mathrm{d}t$ 时间内空穴的运动距离为 $v_p\mathrm{d}t$，如图 4.4.1 所示，在 $\mathrm{d}t$ 时间内小柱体端面 A、B 间的所有空穴都会流过面元 $\mathrm{d}s$，故电荷量

$$\mathrm{d}Q=qp\,\mathrm{d}s v_p\mathrm{d}t$$

图 4.4.1　电荷运动形成电流

所以单位时间流过单位面积的电荷即电流密度为

$$J_p=\mathrm{d}Q/(\mathrm{d}s\mathrm{d}t)=qpv_p \tag{4.4.1}$$

或写成矢量式

$$\boldsymbol{J}_p=qp\,\boldsymbol{v}_p \tag{4.4.2}$$

上面假设所有空穴的运动速度是相同的，而实际情况并非如此。例如，均匀半导体中不加外场时，空穴的运动是随机的，各方向都有，所以式(4.4.2)中的速度矢量应该理解为平均

值。随机运动时速度平均值为零，故电流也为零。加电场后，空穴运动速度的平均值不再为零，这个平均速度称为电场作用下的漂移速度 $\boldsymbol{v}_{dp}$。一般情况下漂移速度正比于外加的电场强度，即

$$\boldsymbol{v}_{dp} = \mu_p \boldsymbol{E} \tag{4.4.3}$$

比例系数 μ_p 称为空穴的迁移率。于是，式(4.4.2)改写为

$$\boldsymbol{J}_p = qp\mu_p \boldsymbol{E} \tag{4.4.4}$$

对于电子也有类似的关系式，即

$$\boldsymbol{J}_n = qn\mu_n \boldsymbol{E} \tag{4.4.5}$$

式中，μ_n 称为电子的迁移率。应当指出，电子的漂移速度与电场强度方向相反，但其电量是负值，所以电子电流仍与电场同向。

在第 3 章我们知道，晶体的周期性势场对电子运动的影响可以用有效质量来简化。载流子在外场下获得的加速度由 $\boldsymbol{F}=m^*\boldsymbol{a}$ 决定，如果外场恒定则加速度不变，载流子不断加速，速度越来越大。然而实际情况并非如此，由于某种实际因素导致在半导体中势场偏离严格的周期性，如杂质、晶格振动、晶体缺陷等。载流子在运动中会受到碰撞(散射)而改变运动方向。载流子漂移运动是电场加速和不断碰撞(散射)的结果，两种因素的共同作用使载流子在恒定外场下有稳定的漂移速度。

迁移率一方面取决于有效质量(影响电场的加速作用)；另一方面取决于散射概率。不同的散射机构对载流子的散射概率是不同的。电离杂质对载流子的散射概率 P_i 与温度 T 和电离杂质浓度 N_i 的关系为

$$P_i \propto N_i T^{-3/2} \tag{4.4.6}$$

N_i 越大，载流子受到散射的机会就越多；温度越高，载流子热运动的平均速度越大，可以较快地掠过电离杂质库仑场的作用，偏转就小，所以散射概率越小。晶格振动对载流子也会起散射作用，声学波散射概率 P_s 与温度 T 的关系为

$$P_s \propto T^{3/2} \tag{4.4.7}$$

这说明温度越高，晶格振动越强烈，对载流子的散射作用就越大。光学波对载流子的散射也是随温度升高而增强，变化甚至更明显。因此，在较高的温度下晶格散射是主要的，它随温度升高而增多，杂质散射在较低温度下可以成为主要的。

散射越强则迁移率越小，迁移率与散射概率是成反比的，因此由式(4.4.7)和式(4.4.6)知

$$\frac{1}{\mu} \approx AT^{3/2} + BN_i T^{-3/2} \tag{4.4.8}$$

图 4.4.2 表示硅中电子和空穴的迁移率随温度及杂质浓度的变化关系。当杂质浓度较低时，迁移率随温度上升而迅速下降，从式(4.4.8)很容易理解这一结果，当 N_i 较小时，式中第二项作用不大，第一项起主导作用。当 N_i 增大时，式中第二项开始起作用，由于两项温度效应相反，所以迁移率随温度不再快速变化。当 N_i 很大时，低温处第二项甚至起主导作用，温度上升电子迁移率略有上升。

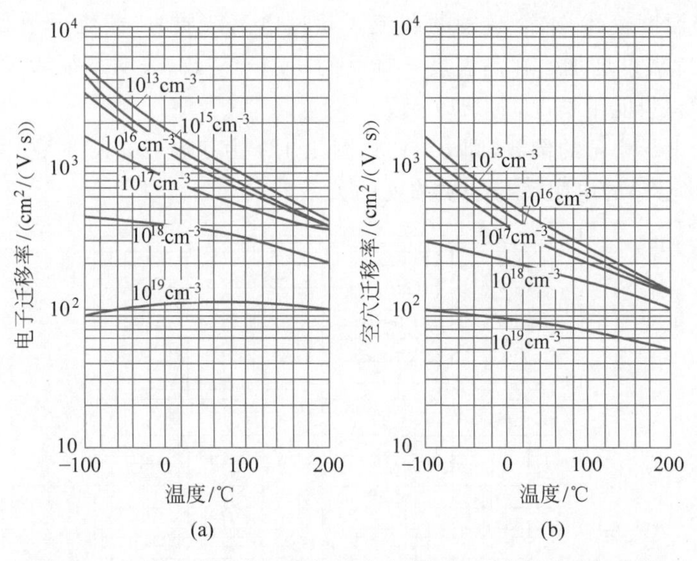

图 4.4.2 硅中电子和空穴的迁移率随温度及杂质浓度的变化

4.4.2 电导率

半导体中同时存在电子和空穴，由式(4.4.4)和式(4.4.5)得到总电流为

$$\boldsymbol{J}=\boldsymbol{J}_{\mathrm{p}}+\boldsymbol{J}_{\mathrm{n}}=q(p\mu_{\mathrm{p}}+n\mu_{\mathrm{n}})\boldsymbol{E} \tag{4.4.9}$$

与欧姆定律的微分形式即 $\boldsymbol{J}=\sigma\boldsymbol{E}$ 比较，得到电导率 σ 为

$$\sigma=q(p\mu_{\mathrm{p}}+n\mu_{\mathrm{n}}) \tag{4.4.10}$$

对于 N 型半导体，$n\gg p$，故电导率近似为 $\sigma=qn\mu_{\mathrm{n}}$；对于 P 型半导体，$p\gg n$，故电导率近似为 $\sigma=qp\mu_{\mathrm{p}}$；对于本征半导体，$p=n=n_{\mathrm{i}}$，$\sigma=qn_{\mathrm{i}}(\mu_{\mathrm{p}}+\mu_{\mathrm{n}})$。

由式(4.4.10)可知，材料的电导率由载流子浓度和迁移率共同决定。图 4.4.3 是根据图 4.4.2 表示的迁移率随温度及杂质浓度的变化关系和图 4.2.3 表示的载流子浓度与温度的关系计算的硅样品电导率随温度变化关系。我们看到，在较低温度时电导率随温度迅速增加，且不同的样品 σ 是不同的。这是由于在较低温度时杂质电离随温度迅速增加，且载流子数目随所含杂质情况不同而不同。在中间温度区，当温度升高时 σ 反而下降，这是由于在这一范围，杂质已基本上全部电离，因此载流子数目增加不多，而晶格散射随温度加强，使得

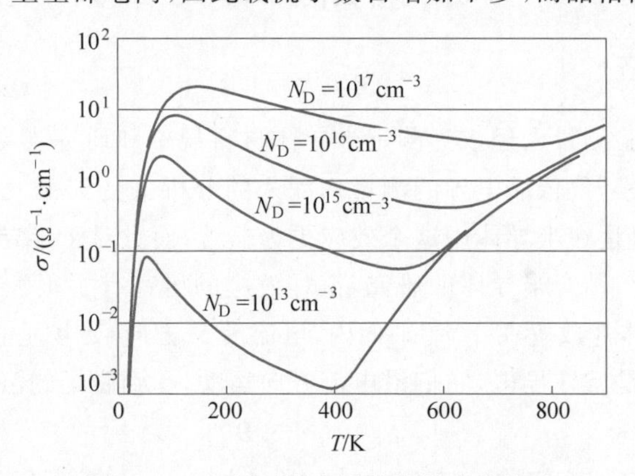

图 4.4.3 N 型硅的电导率和温度的关系

迁移率下降。当温度较高，本征激发的载流子超过电离杂质时，载流子数目随温度增加很快，相应地，σ 又随温度增加。在高温度各样品的 σ 趋于一致，表明本征激发已成为主要的，载流子只取决于材料能带情况，与杂质无关。

电阻率 ρ 为电导率 σ 的倒数，即 $\rho=1/\sigma$，图 4.4.4 为室温(300K)时常用半导体(N 型和 P 型的硅、锗、砷化镓)的电阻率与杂质浓度的关系。

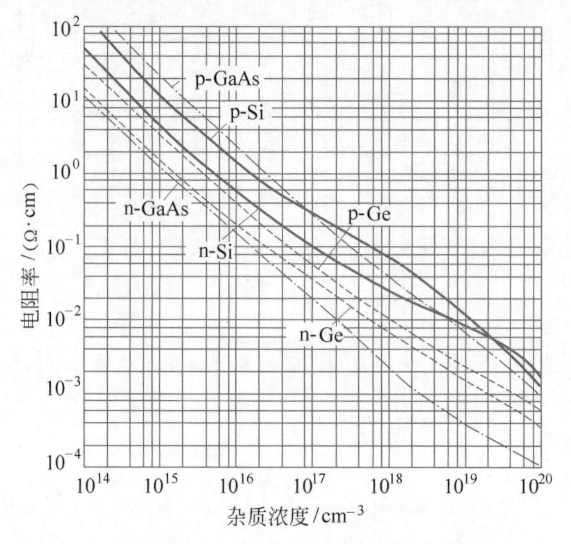

图 4.4.4 室温(300K)时半导体的电阻率与杂质浓度的关系

【例 4-4】 用本征硅材料制成的一个热敏电阻，在 290K 时的电阻值为 500Ω。设硅的禁带宽度 $E_g=1.12\text{eV}$，且认为不随温度变化，若假设载流子迁移率不变，试估计在 325K 时热敏电阻的近似值。

解 本征半导体，$p=n=n_i$，故 $\sigma=qn_i(\mu_p+\mu_n)$，而 $n_i=(N_C N_V)^{1/2}e^{-E_g/2k_B T}$

电阻反比于电导率，故 $R\propto\dfrac{1}{\sigma}\propto n_i^{-1}\propto T^{-3/2}e^{E_g/2k_B T}$，因此

$$\frac{R_2}{R_1}=\left(\frac{T_1}{T_2}\right)^{3/2}e^{\frac{E_g}{2k_B}\left(\frac{1}{T_2}-\frac{1}{T_1}\right)}$$

将 $T_1=290\text{K}$，$R_1=500\Omega$，$T_2=325\text{K}$ 等参数代入，得 $R_2=0.0756\times500\Omega=37.8\Omega$。

*4.4.3 霍耳效应

虽然电导率的实验测量已经成为测定半导体材料规格和研究半导体的基本方法，但由于 σ 中包含了各种因素，仅依靠电导的测量作深入的分析就受到很大限制。霍耳效应原来是在金属中发现的，但是在半导体中这个效应更为显著，而且对于半导体的分析能提供一些特别重要的信息，因此，结合半导体的研究，霍耳效应的研究有了很大的发展。下面简单地说明霍耳效应：半导体片放置在 xOy 平面内，电流沿 x 方向，磁场垂直于片而沿 z 方向，如图 4.4.5 所示。如果是空穴导电，它们沿电流方向运动，受到磁场的洛伦兹偏转力

$$\boldsymbol{f}_L=q\boldsymbol{v}\times\boldsymbol{B}$$

方向沿 $-y$ 的方向。这使空穴除 x 方向运动外还产生向 $-y$ 的运动。这种横向运动将造成

半导体片两边电荷积累，从而产生一个沿 y 方向的电场 E_y。在实际测量的稳定情况中，E_y 的横向力刚好抵消磁场的偏转力：

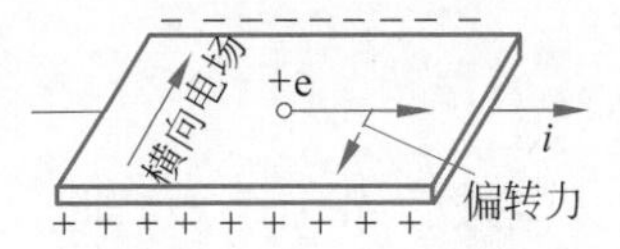

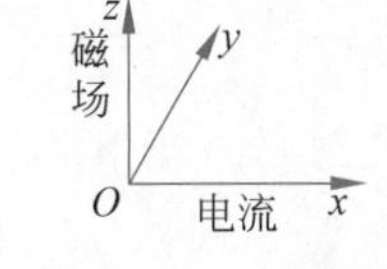

图 4.4.5 霍耳效应

$$qE_y = q(v_x B_z)$$

因为电流密度为

$$J_x = qpv_x$$

所以

$$E_y = \frac{1}{qp} J_x B_z \tag{4.4.11}$$

这就是说，横向电场正比于电流密度与磁感应强度的乘积，比例系数称为霍耳系数，即

$$R_H = 1/(qp) \tag{4.4.12}$$

如果是 N 型导电，情况类似，只是电场沿 $-y$ 方向，

$$E_y = -\frac{1}{qn} J_x B_z \tag{4.4.13}$$

这时，霍耳系数是负值，即

$$R_H = -1/(qn) \tag{4.4.14}$$

由于霍耳系数与载流子数目成反比，因此半导体的霍耳效应比金属强得多。由霍耳系数的测定可以直接得到载流子的密度，而且，从它的符号可以确定是空穴导电还是电子导电。

电子和空穴的霍耳系数符号相反，在同一块半导体中，电子和空穴对霍耳效应的贡献有彼此抵消的作用，这是因为电子和空穴运动方向相反，所受洛伦兹力方向相同，偏向同一侧，因此对侧面电荷积累有抵消作用。

如果电子和空穴同时存在，并且浓度没有显著差异，则霍耳系数公式需要重新推导。推导时首先要明确稳定的条件：只有一种载流子时，载流子所受的横向电场力与所受洛伦兹力平衡时就达到了稳定；当电子和空穴同时存在时，两种载流子的稳定条件不一定相同，那么如何设定稳定条件呢？实际上，侧面不再有净电荷积累横向电场就达到稳定值，所以稳定条件应该是总的横向电流为零。

注意电子和空穴在 x 方向的速度是相反的，分别为 $-\mu_n E_x$ 和 $\mu_p E_x$。而载流子在 y 方向有电场 E_y 作用力和洛伦兹力，相应的电流也有两项：

$$J_{py} = p\mu_p(qE_y - q\mu_p E_x B_z) \tag{4.4.15}$$

$$J_{ny} = n\mu_n(qE_y + q\mu_n E_x B_z) \tag{4.4.16}$$

稳定条件下，总的横向电流为 0，即

$$J_y = J_{py} + J_{ny} = 0 \tag{4.4.17}$$

所以

$$q(p\mu_p + n\mu_n)E_y - q(p\mu_p^2 - n\mu_n^2)E_x B_z = 0 \tag{4.4.18}$$

得

$$E_y = \frac{p\mu_p^2 - n\mu_n^2}{p\mu_p + n\mu_n} E_x B_z \tag{4.4.19}$$

而 x 方向的电流密度为 $J_x = qp\mu_p E_x + qn\mu_n E_x$，故式(4.4.19)化为

$$E_y = \frac{p\mu_p^2 - n\mu_n^2}{q(p\mu_p + n\mu_n)^2} J_x B_z \tag{4.4.20}$$

比例系数为霍耳系数，即

$$R_H = \frac{p\mu_p^2 - n\mu_n^2}{q(p\mu_p + n\mu_n)^2} \tag{4.4.21}$$

由式(4.4.21)知，当 $p \gg n$ 时，$R_H = 1/(qp)$；而当 $n \gg p$ 时，$R_H = -1/(qn)$。与前面结果一致。

视频

4.5 非平衡载流子及载流子的扩散运动

4.5.1 稳态与平衡态

如果一个系统的状态不随时间变化，则称系统到达了**稳态**；如果一个系统的状态不随时间变化，且与外界没有物质及能量交换，则此系统就处于**平衡态**。在平衡态下，系统内各点温度处处相同，能带中电子的分布服从费米分布。在非简并情形，载流子浓度可由式(4.2.8)和式(4.2.9)计算，所以满足

$$p_0 n_0 = n_i^2$$

这里给载流子浓度加上下标“0”，以强调其为平衡态下的浓度值。实际上平衡是一种动态平衡，不断地有电子-空穴对通过本征激发产生出来，同时不断地有电子和空穴相遇而彼此复合消失。当产生率 G(单位时间通过单位体积产生的电子-空穴对数)和复合率 R(单位时间通过单位体积复合掉的电子-空穴对数)相等时，材料内的电子和空穴数就达到了稳定值。通常在平衡态下，无论是导带电子还是价带空穴都是借助于热激发产生的，就是说杂质电离或本征激发所需的能量都是来自热能，这种载流子称为平衡载流子。平衡态下的产生率和复合率分别记作 G_0 和 R_0，则 $G_0 = R_0$。

然而，除热激发之外，还可以借助其他方法产生载流子，从而使电子和空穴的浓度超过热平衡时的数值 n_0 和 p_0。把这种“过剩”的载流子称为**非平衡载流子**。非平衡载流子是半导体器件工作中的一个极为重要的因素。通常可用光学或电学的方法产生非平衡载流子。例如，可以对半导体照射光子能量超过禁带宽度的光波，或对 PN 结施加正向偏压，以产生非平衡载流子，分别称为非平衡载流子的光注入和电注入。现在设想以稳定的光照射半导体，光照开始时，$G > R$，由于载流子产生率的增加，电子与空穴的浓度升高，这必然导致复合率升高，直至在新的基础上产生率又与复合率相等时，再达到稳态。此时载流子的浓度 n 及 p 均比热平衡时的数值增加了 Δn 及 Δp，而且光照引起的载流子浓度变化满足 $\Delta n = \Delta p$。

如果是 N 型半导体，Δn 可能远少于平衡多子浓度 n，但 Δp 却可能远大于平衡少子浓度 p。就是说非平衡少子浓度可以远较平衡值为大。

进一步设想，在达到稳态之后的某个时刻将光照撤除，即撤除对热平衡的扰动，可以预期载流子的浓度 n 及 p 经过一段时间后将恢复到热平衡值 n_0 和 p_0，这是由于在光照停止后的一段时间内复合率将大于产生率(稳态时两者相等，光照停止则使产生率下降)，从而导致载流子浓度随时间下降，直至平衡恢复。下面针对 N 型半导体中的少子空穴来定量地计算非平衡载流子的浓度随时间的衰减规律。

4.5.2　寿命

光照停止后，热激发仍然存在，所以载流子的产生率并不为零。因此，我们采用“净复合率”这一术语描写载流子浓度的实际减小量：

$$\text{净复合率}\ \gamma = \text{复合率}\ R - \text{产生率}\ G$$

此时的产生率仅由热激发引起，即 $G=G_0$。

载流子的复合可以有多种途径。半导体中的自由电子和空穴在运动中会有一定概率直接相遇而复合，使一对电子和空穴同时消失，这称为直接复合。从能带角度讲，直接复合就是导带电子直接落入价带与空穴复合。实际半导体中含有杂质和缺陷，它们在禁带中形成能级，导带电子可能先落入这些能级，然后再落入价带与空穴复合，这称为间接复合。无论直接复合还是间接复合，净复合 γ 一般正比于$(pn-n_i^2)$，显然，平衡态时由于 $pn=p_0n_0=n_i^2$，故 $\gamma=0$。对于硅、锗等半导体材料，直接复合概率较小，间接复合往往起主导作用。研究表明，对于间接复合 γ 可表示为

$$\gamma = \frac{pn - n_i^2}{(p+p_1)\tau_n + (n+n_1)\tau_p} \tag{4.5.1}$$

式中，$n_1=n_i e^{(E_t-E_i)/k_BT}$，$p_1=n_i e^{(E_i-E_t)/k_BT}$，$E_t$ 为复合中心能级；τ_n 和 τ_p 意义后面再说。仔细分析可知，γ 取决于少数载流子浓度。设空穴为少子，则 $pn=(p_0+\Delta p)(n_0+\Delta n)\approx p_0n_0+n_0\Delta p$（利用了 $p_0\ll n_0$ 和 $\Delta n=\Delta p$）。最有效的复合中心是位于禁带中央附近的深能级，故 n_1 和 p_1 也较小，代入式(4.5.1)不难得出

$$\gamma \approx \Delta p/\tau_p \tag{4.5.2}$$

也就是说，净复合率正比于非平衡少子浓度。在任意时刻 t，少子的浓度为 $p(t)$，而在时刻 $t+\delta t$ 时少子浓度为 $p(t+\delta t)$。如用 γ 代表空穴的净复合率，则有

$$\gamma\delta t = p(t) - p(t+\delta t) = -\delta p$$

这里我们用 δp 代表空穴浓度的增量，光照停止后它应为负值。在极限情形有

$$\gamma = -\mathrm{d}p/\mathrm{d}t \tag{4.5.3}$$

结合式(4.5.2)，得到空穴浓度 p 所满足的微分方程

$$\frac{\mathrm{d}p}{\mathrm{d}t} + \frac{p-p_0}{\tau_p} = 0 \tag{4.5.4}$$

容易看出，τ_p 具有时间的量纲，后面将介绍其物理意义。

式(4.5.4)的解可写成

$$p = p_0 + C e^{-t/\tau_p} \tag{4.5.5}$$

如果取光照停止的瞬时作为时间的起点，则可由 $t=0$ 时，$p(0)=p_0+\Delta p(0)$，代入式(4.5.5)得积分常数 $C=\Delta p(0)$，所以

$$\Delta p = p - p_0 = \Delta p(0) e^{-t/\tau_p} \tag{4.5.6}$$

这说明非平衡载流子浓度随时间作指数衰减。非平衡载流子浓度不是突然降为 0，表明非平衡载流子的“生存时间”有长有短。在 $t\sim t+\delta t$ 时间内消失掉的非平衡空穴数为

$$\delta p = \Delta p(t) - \Delta p(t+\delta t) \approx \frac{1}{\tau_p}\Delta p(0) e^{-t/\tau_p}\delta t$$

因此平均“生存时间”为

$$\bar{t}=\frac{\sum t\cdot\delta p}{\sum\delta p}=\frac{\int_0^{\infty}t\cdot \mathrm{e}^{-t/\tau_{\mathrm{p}}}\mathrm{d}t}{\int_0^{\infty}\mathrm{e}^{-t/\tau_{\mathrm{p}}}\mathrm{d}t}=\tau_{\mathrm{p}} \tag{4.5.7}$$

所以参量 τ_{p} 称为非平衡载流子(空穴)的**寿命**。

τ_{p} 的物理意义就是非平衡载流子浓度衰减至 1/e 所需的时间或非平衡载流子的平均生存时间,它可以描述扰动撤除后平衡恢复的快慢。式(4.5.6)早已得到实验证实,实际上这正是通常用光电导衰退法测量非平衡少子寿命的理论基础。

非平衡载流子的寿命与半导体中晶体结构的缺陷以及重金属杂质的存在与否有着直接的关系。这些晶格不完整性的存在往往促进非平衡载流子的复合而使其寿命降低。因此非平衡载流子寿命的测量就成了鉴定半导体材料晶体质量的常规手段。

4.5.3 扩散运动

我们再讨论非平衡载流子在空间不均匀分布时的情况。如图 4.5.1 所示,设想以均匀光照射半无限的 N 型半导体表面,因此问题实际上可简化成一维来处理。

假设半导体对光的吸收相当强,以至于实际上可以认为只是在表面极薄的一层范围内产生非平衡载流子,从而形成了表面与体内载流子浓度的差异。非平衡的空穴将向材料内部扩散,取垂直于半导体表面指向内部为 x 轴的正方向。

以 S_{p} 代表空穴扩散流密度(单位时间通过单位面积扩散的空穴数),根据扩散的一般规律有

$$S_{\mathrm{p}}=-D_{\mathrm{p}}\frac{\partial\Delta p}{\partial x} \tag{4.5.8}$$

式中,D_{p} 为空穴的扩散系数。此式表明非平衡载流子扩散速度与其浓度的梯度成正比,扩散方向与梯度方向相反。现考虑一小体积元,如图 4.5.2 所示,设底面积为 Σ,则单位时间通过 x 处底面流入小体元的空穴数为 $S_{\mathrm{p}}(x)\cdot\Sigma$,通过 $x+\delta x$ 处底面流出小体元的空穴数为 $S_{\mathrm{p}}(x+\delta x)\cdot\Sigma$,两者之差就是净复合空穴数,故

$$S_{\mathrm{p}}(x)\cdot\Sigma-S_{\mathrm{p}}(x+\delta x)\cdot\Sigma=\frac{\Delta p}{\tau_{\mathrm{p}}}\cdot\Sigma\cdot\delta x$$

即

$$-\frac{\partial S_{\mathrm{p}}}{\partial x}=\frac{\Delta p}{\tau_{\mathrm{p}}} \tag{4.5.9}$$

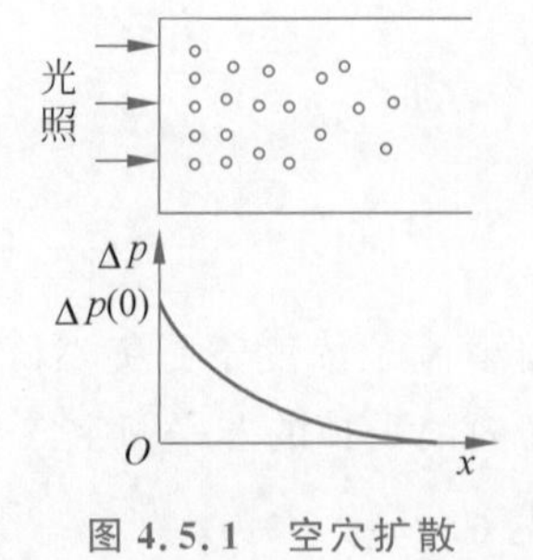

图 4.5.1 空穴扩散

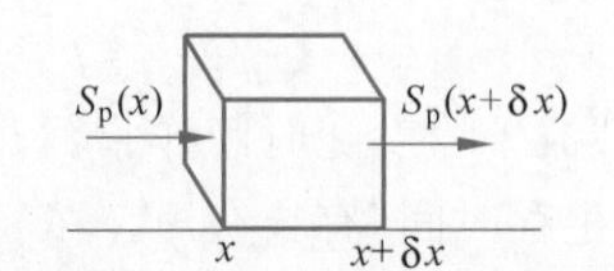

图 4.5.2 扩散流密度的不同

式中，Δp 为非平衡空穴浓度，S_p 为空穴扩散流密度。式(4.5.9)左边代表空穴流密度随空间位置的变化而引起的空穴积累；右边则代表复合引起的损失。将式(4.5.8)代入式(4.5.9)，Δp 满足的方程为

$$\frac{\partial^2 \Delta p}{\partial x^2} - \frac{\Delta p}{D_p \tau_p} = 0 \tag{4.5.10}$$

其一般解可写为

$$\Delta p = C_1 \exp\left(\frac{x}{\sqrt{D_p \tau_p}}\right) + C_2 \exp\left(-\frac{x}{\sqrt{D_p \tau_p}}\right)$$

利用 $x=0$ 处 $\Delta p = \Delta p(0)$ 和 $x=\infty$ 处应与平衡情形一致，即 $\Delta p(\infty)=0$ 的边界条件可得 $C_1=0, C_2=\Delta p(0)$，所以

$$\Delta p = \Delta p(0) \exp\left(-\frac{x}{\sqrt{D_p \tau_p}}\right) \tag{4.5.11}$$

这就是非平衡少子浓度的空间分布。式中 $\sqrt{D_p \tau_p}$ 具有长度的量纲，称为扩散长度，用 L_p 表示：

$$L_p = \sqrt{D_p \tau_p} \tag{4.5.12}$$

L_p 反映非平衡载流子在遭遇复合前平均能扩散多远，其物理意义则是非平衡载流子浓度降至 1/e 所需的距离。

完全类似，对非平衡电子，其扩散长度 L_n 为

$$L_n = \sqrt{D_n \tau_n} \tag{4.5.13}$$

式中，D_n 及 τ_n 分别为电子的扩散系数和寿命。

扩散系数与迁移率之间存在着著名的**爱因斯坦关系**：

$$D_p/\mu_p = k_B T/q, \quad D_n/\mu_n = k_B T/q \tag{4.5.14}$$

式中，k_B 为玻耳兹曼常数，T 为绝对温度，q 为电子电量。

【例 4-5】 设有受主浓度 $N_A = 10^{15}\,\text{cm}^{-3}$ 的 P 型硅，其本征载流子浓度 $n_i = 1.5 \times 10^{10}\,\text{cm}^{-3}$。若 $x \geqslant 0$ 区域内产生的非平衡电子浓度为 $\Delta n(x) = 10^{17} e^{-2000x}\,\text{cm}^{-3}$，求空穴浓度 $p(x)$，并计算在 $x=0$ 处电子浓度与空穴浓度的比值。

解 平衡空穴浓度

$$p_0 \approx N_A = 10^{15}\,\text{cm}^{-3}$$

平衡电子浓度

$$n_0 = \frac{n_i^2}{p_0} = \frac{2.25 \times 10^{20}}{10^{15}} = 2.25 \times 10^5 (\text{cm}^{-3})$$

而 $\Delta p = \Delta n$，故

$$n(x) = n_0 + 10^{17} e^{-2000x}, \quad p(x) = p_0 + 10^{17} e^{-2000x}$$

则 $x=0$ 处电子浓度与空穴浓度的比值

$$n(0)/p(0) = 0.99$$

4.5.4 连续性方程

在许多实际问题中，往往需要分析非平衡载流子同时存在扩散运动和漂移运动时的运

动规律，从而得到它们的分布。

为简单起见，仍讨论图 4.5.1 情形，即光均匀照在 N 型半导体表面，假设半导体对光的吸收相当强，实际上可以认为只是在表面极薄的一层范围内产生非平衡载流子。现在再令沿 x 方向施加电场 E，则少数载流子将同时存在扩散运动和漂移运动，空穴流密度为

$$S_{\mathrm{p}}=p\mu_{\mathrm{p}}E-D_{\mathrm{p}}\frac{\mathrm{d}p}{\mathrm{d}x} \tag{4.5.15}$$

式中，第一项为漂移流密度，第二项为扩散流密度。

在运动过程中，空穴会不断地和电子复合而减少，因此空穴流密度是随 x 变化的。与式(4.5.9)推导方法类似，因空穴运动引起在单位体积的空穴积累率为 $-\frac{\mathrm{d}S_{\mathrm{p}}}{\mathrm{d}x}$，所以反映空穴运动的连续性方程为

$$\frac{\partial p}{\partial t}=-\frac{\mathrm{d}S_{\mathrm{p}}}{\mathrm{d}x}+G-R \tag{4.5.16}$$

式中，G 为产生率，R 为复合率。将 G 写为

$$G=G_0+g \tag{4.5.17}$$

式中，g 为除热激发外其他外界作用的产生率（如光在半导体内部有吸收时，体内光生载流子的产生率）。热平衡时产生等于复合，所以

$$G-R=(G_0+g)-(R_0+\gamma)=g-\gamma \tag{4.5.18}$$

式中，γ 为非平衡载流子的净复合率。热平衡时 $\gamma=0$；N 型半导体 $\gamma=\Delta p/\tau_{\mathrm{p}}$；P 型半导体 $\gamma=\Delta n/\tau_{\mathrm{n}}$。将式(4.5.15)和式(4.5.18)代入式(4.5.16)得

$$\frac{\partial p}{\partial t}=D_{\mathrm{p}}\frac{\partial^2 p}{\partial x^2}-\mu_{\mathrm{p}}E\frac{\partial p}{\partial x}-\mu_{\mathrm{p}}p\frac{\partial E}{\partial x}+g-\gamma \tag{4.5.19}$$

类似地，电子流密度为

$$S_{\mathrm{n}}=-n\mu_{\mathrm{n}}E-D_{\mathrm{n}}\frac{\mathrm{d}n}{\mathrm{d}x} \tag{4.5.20}$$

电子运动连续性方程

$$\frac{\partial n}{\partial t}=D_{\mathrm{n}}\frac{\partial^2 n}{\partial x^2}+\mu_{\mathrm{n}}E\frac{\partial n}{\partial x}+\mu_{\mathrm{n}}n\frac{\partial E}{\partial x}+g-\gamma \tag{4.5.21}$$

连续性方程反映了半导体中载流子运动的普遍规律，是研究半导体器件原理的基本方程之一。

电子和空穴都是带电粒子，无论扩散运动或漂移运动都伴随着电流的出现。空穴电流为

$$J_{\mathrm{p}}=qS_{\mathrm{p}}=qp\mu_{\mathrm{p}}E-qD_{\mathrm{p}}\frac{\mathrm{d}p}{\mathrm{d}x} \tag{4.5.22}$$

式中，q 为电子电量。电子电流为

$$J_{\mathrm{n}}=-qS_{\mathrm{n}}=qn\mu_{\mathrm{n}}E+qD_{\mathrm{n}}\frac{\mathrm{d}n}{\mathrm{d}x} \tag{4.5.23}$$

总电流为空穴电流与电子电流之和

$$J=J_{\mathrm{p}}+J_{\mathrm{n}}=q(p\mu_{\mathrm{p}}+n\mu_{\mathrm{n}})E+q\left(D_{\mathrm{n}}\frac{\mathrm{d}n}{\mathrm{d}x}-D_{\mathrm{p}}\frac{\mathrm{d}p}{\mathrm{d}x}\right) \tag{4.5.24}$$

【例 4-6】 设有一均匀的 N 型硅样品，在左半部用一稳定的光源照射，如图 4.5.3 所示，均匀产生电子-空穴对，产生率为 g_0，若样品两边都很长，试求稳态时样品两边的空穴浓度分布。

解　设左右分界处为 $x=0$，依题意，连续性方程可分段写为

$$\frac{\partial p}{\partial t}=D_{\mathrm{p}}\frac{\partial^2 p}{\partial x^2}-\frac{p-p_0}{\tau_{\mathrm{p}}}+g_0,\quad x\leqslant 0 \tag{4.5.25}$$

$$\frac{\partial p}{\partial t}=D_{\mathrm{p}}\frac{\partial^2 p}{\partial x^2}-\frac{p-p_0}{\tau_{\mathrm{p}}},\quad x\geqslant 0 \tag{4.5.26}$$

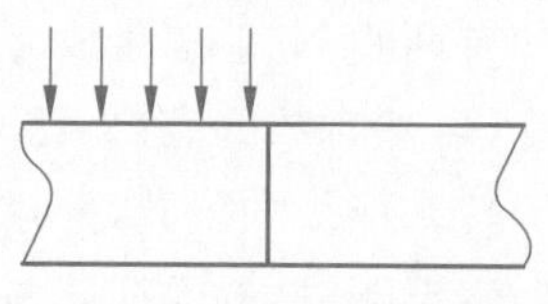

图 4.5.3　长条样品半边光照

稳态时，$\frac{\partial p}{\partial t}=0$，得

$$D_{\mathrm{p}}\frac{\partial^2 p}{\partial x^2}-\frac{p-p_0}{\tau_{\mathrm{p}}}+g_0=0,\quad x\leqslant 0 \tag{4.5.27}$$

$$D_{\mathrm{p}}\frac{\partial^2 p}{\partial x^2}-\frac{p-p_0}{\tau_{\mathrm{p}}}=0,\quad x\geqslant 0 \tag{4.5.28}$$

解式(4.5.27)得

$$p(x)=p_0+g_0\tau_{\mathrm{p}}+A\mathrm{e}^{-x/L_{\mathrm{p}}}+B\mathrm{e}^{x/L_{\mathrm{p}}},\quad x\leqslant 0$$

因为样品足够长，而 $x\to-\infty$ 时 $p(x)$ 不能为无穷大，故 $A=0$，所以

$$p(x)=p_0+g_0\tau_{\mathrm{p}}+B\mathrm{e}^{x/L_{\mathrm{p}}},\quad x\leqslant 0 \tag{4.5.29}$$

同理，解式(4.5.28)得

$$p(x)=p_0+C\mathrm{e}^{-x/L_{\mathrm{p}}},\quad x\geqslant 0 \tag{4.5.30}$$

再利用 $x=0$ 处，$p(x)$ 及其导数 $\frac{\mathrm{d}p}{\mathrm{d}x}$ 应连续，得

$$p_0+g_0\tau_{\mathrm{p}}+B=p_0+C,\quad B\frac{1}{L_{\mathrm{p}}}=-C\frac{1}{L_{\mathrm{p}}}$$

解得 $B=-\frac{1}{2}g_0\tau_{\mathrm{p}}$，$C=\frac{1}{2}g_0\tau_{\mathrm{p}}$，代入式(4.5.29)和式(4.5.30)得

$$p(x)=p_0+g_0\tau_{\mathrm{p}}-\frac{1}{2}g_0\tau_{\mathrm{p}}\mathrm{e}^{x/L_{\mathrm{p}}},\quad x\leqslant 0 \tag{4.5.31}$$

$$p(x)=p_0+\frac{1}{2}g_0\tau_{\mathrm{p}}\mathrm{e}^{-x/L_{\mathrm{p}}},\quad x\geqslant 0 \tag{4.5.32}$$

习　题　4

4.1　问纯 Ge、Si 中掺入Ⅲ族或Ⅴ族元素后，为什么使半导体导电性能有很大的改变？杂质半导体(P 型或 N 型)应用很广，但为什么我们很强调对半导体材料的提纯？

4.2　当 $E-E_{\mathrm{F}}$ 为 $1.5k_{\mathrm{B}}T$、$4k_{\mathrm{B}}T$、$10k_{\mathrm{B}}T$ 时，分别用费米分布函数和玻耳兹曼分布函数计算电子占据各该能级的概率。

4.3　$f(E,T)$ 为费米分布函数，而费米能级 E_{F} 又与温度有关，试证

$$\frac{\partial f}{\partial T}=-\left[T\frac{\mathrm{d}}{\mathrm{d}T}\left(\frac{E_F}{T}\right)+\frac{E}{T}\right]\frac{\partial f}{\partial E}$$

4.4 解释本征半导体、N型半导体、P型半导体，它们的主要特点是什么？

4.5 有两块N型硅材料，在某一温度 T 时，第一块与第二块的电子浓度之比为 $n_1/n_2=\mathrm{e}$（自然对数的底）。已知第一块材料的费米能级在导带底以下 $2k_BT$，求第二块材料中费米能级的位置，并求出两块材料空穴密度之比。

习题讲解

4.6 室温下，硅的本征载流子密度为 $n_i=1.5\times10^{16}\mathrm{m}^{-3}$，费米能级为 E_i，现在硅中掺入密度为 $10^{20}\mathrm{m}^{-3}$ 的磷，试求：(1)电子浓度和空穴浓度；(2)费米能级的位置。

4.7 现有3块半导体硅材料，已知室温下(300K)它们的空穴浓度分别为 $p_{01}=2.25\times10^{16}\mathrm{cm}^{-3}$，$p_{02}=1.5\times10^{10}\mathrm{cm}^{-3}$，$p_{03}=2.25\times10^{4}\mathrm{cm}^{-3}$（取 $E_g=1.12\mathrm{eV}$，$n_i=1.5\times10^{10}\mathrm{cm}^{-3}$）。

(1) 分别计算这3块材料的电子浓度 n_{01}、n_{02}、n_{03}；

(2) 判别这3块材料的导电类型；

(3) 分别计算这3块材料的费米能级的位置。

4.8 推导式(4.2.37)。

4.9 计算施主杂质浓度分别为 $10^{16}\mathrm{cm}^{-3}$、$10^{18}\mathrm{cm}^{-3}$、$10^{19}\mathrm{cm}^{-3}$ 的硅在室温下的电子浓度。计算时，取施主能级在导带底下面0.05eV处。取室温下 $N_C=2.8\times10^{19}\mathrm{cm}^{-3}$，$k_BT=0.026\mathrm{eV}$。

4.10 (1) 对于N型半导体材料，记 γ 为电离率，即 $\gamma=N_D^+/N_D$，并令 $\beta=\frac{N_C}{4\eta N_D}$，证明在本征激发很弱时满足 $\beta=\frac{\gamma^2}{2(1-\gamma)}$。

(2) 以施主杂质电离90%作为强电离的标准，而 $N_D/n>0.9$ 时认为载流子以杂质电离为主，求掺砷的N型锗在300K时，以杂质电离为主的饱和区掺入杂质的浓度范围。取300K时 $N_C=1.05\times10^{19}\mathrm{cm}^{-3}$，砷在锗中的电离能为 $\Delta E_D=0.013\mathrm{eV}$。

4.11 若硅中施主杂质电离能 $\Delta E_D=0.04\mathrm{eV}$，施主杂质浓度分别为 $10^{15}\mathrm{cm}^{-3}$、$10^{18}\mathrm{cm}^{-3}$，计算：(1)99%电离；(2)90%电离；(3)50%电离时的温度。利用 $N_C\propto T^{3/2}$，并取300K时 $N_C=2.8\times10^{19}\mathrm{cm}^{-3}$，$k_B=8.62\times10^{-5}\mathrm{eV/K}$。

4.12 (1) 考虑到 E_g 与温度的关系，设 $E_g=E_g(0)+\beta T$，β 为常量，$E_g(0)$ 为 $T\to0$ 时的禁带宽度，证明本征载流子 n_i 与温度的关系 $n_i\propto T^{3/2}\exp\left(-\frac{E_g(0)}{2k_BT}\right)$。

(2) 锗、硅、砷化镓的 $E_g(0)$ 分别为0.78eV、1.21eV、1.53eV，温度300K时的本征载流子 n_i 分别为 $2.4\times10^{13}\mathrm{cm}^{-3}$、$1.5\times10^{10}\mathrm{cm}^{-3}$、$1.1\times10^{7}\mathrm{cm}^{-3}$，推导 n_i 与温度的关系式。

4.13 研究本征硅的电导率随温度变化，只考虑晶格振动对载流子的散射，并认为散射概率正比于 $T^{3/2}$。300K时取 $\mu_n=1300\mathrm{cm}^2/(\mathrm{V\cdot s})$，$\mu_p=500\mathrm{cm}^2/(\mathrm{V\cdot s})$，本征载流子 n_i 与温度的关系可利用习题4.12的结果。

4.14 以N型半导体为例，讨论“多子浓度等于有效掺杂浓度”这一结论的适用条件。以ε表示允许的相对误差，即只要$1-\varepsilon<n/N_D<1+\varepsilon$，则$n\approx N_D$被认为是较好的近似。

4.15 室温下，本征锗的电阻率为$47\Omega\cdot cm$，试求本征载流子浓度。若掺入锑杂质，使每10^6个锗原子中有一个杂质原子，计算室温下电子浓度和空穴浓度。设杂质全部电离。锗原子的浓度为$4.4\times10^{22}cm^{-3}$，试求该掺杂锗材料的电阻率。设$\mu_n=3600cm^2/(V\cdot s)$，$\mu_p=1700cm^2/(V\cdot s)$，且认为不随掺杂而变化。

4.16 截面积为$0.001cm^2$圆柱形硅样品，长1mm，接于10V的电源上，室温下希望通过0.1A的电流，问：(1)样品的电阻是多少？(2)样品的电导率应是多少？(3)应掺入浓度为多少的施主？取$\mu_n=1300cm^2/(V\cdot s)$，$\mu_p=500cm^2/(V\cdot s)$。

4.17 (1) 试证明室温下半导体的电子浓度$n=n_i\sqrt{\mu_p/\mu_n}$时，其电导率σ为最小值。式中，n_i是本征载流子浓度，μ_p、μ_n分别为空穴和电子的迁移率。并求在上面条件下空穴浓度。

(2) 当$n_i=2.5\times10^{13}cm^{-3}$，$\mu_n=3800cm^2/(V\cdot s)$，$\mu_p=1900cm^2/(V\cdot s)$时，试求锗的本征电导率和最小电导率。

(3) 试问当n_0和p_0(除了$n_0=p_0=n_i$外)为何值时，该晶体的电导率等于本征电导率？

4.18 某N型半导体硅，其掺杂浓度$N_D=10^{15}cm^{-3}$，少子寿命$\tau_p=5\mu s$，若由于外界作用，使其少数载流子全部被清除(如反向偏压的PN结附近)，试求此时电子-空穴的产生率是多大？设$n_i=1.5\times10^{10}cm^{-3}$。

4.19 一块N型硅样品，空穴寿命$\tau_p=5\mu s$，在其平面形的表面处有稳定的空穴注入，过剩浓度$(\Delta p)_0=10^{13}cm^{-3}$。计算从这个表面扩散进入半导体内部的空穴电流密度，以及在离表面多远处过剩空穴浓度等于$10^{12}cm^{-3}$？取$\mu_n=1300cm^2/(V\cdot s)$，$\mu_p=500cm^2/(V\cdot s)$。

4.20 用玻耳兹曼分布估算杂质充分电离的条件。证明对于仅掺施主杂质N_D的N型半导体，若90%电离可认为是充分电离，则条件可表示为$N_D<0.05N_C/\eta$，其中$\eta=e^{-(E_C-E_D)/k_BT}$。

AI 知识图谱

第 5 章 PN 结

CHAPTER 5

如果把一块 P 型半导体和一块 N 型半导体(如 P 型硅和 N 型硅)结合在一起,在二者的交界面处就形成了所谓的 PN 结。显然,具有 PN 结的半导体的杂质分布是不均匀的,其物理性质与体内杂质分布均匀的半导体是不相同的。半导体器件和集成电路是电子、计算机、自动控制、光电信息的核心,尽管半导体器件和集成电路种类繁多,但绝大多数器件均包含 PN 结或以 PN 结为基础,所以了解和掌握 PN 结的性质就具有很重要的实际意义。本章先介绍 PN 结的制备以及 PN 结的形成过程,再讨论 PN 结的一些特性,如 PN 结的电流电压特性、电容效应、击穿特性等。

5.1 PN 结及其能带图

视频

5.1.1 PN 结的制备

在一块 N 型(或 P 型)半导体单晶上,用适当的工艺方法(如合金法、扩散法、生长法、离子注入法等)把 P 型(或 N 型)杂质掺入其中,使这块单晶的不同区域分别具有 N 型和 P 型的导电类型,在二者的交界面处就形成了 PN 结。

图 5.1.1 表示用合金法制造 PN 结的过程。把一小粒铝放在一块 N 型单晶硅片上,加热到一定的温度,形成铝硅的熔融体,然后降低温度,熔融体开始凝固,在 N 型硅片上形成一含有高浓度铝的 P 型硅薄层,它和 N 型硅衬底的交界面处即为 PN 结(这时称为铝硅合金结)。

合金结的杂质分布如图 5.1.2 所示,其特点是,N 型区中施主杂质浓度为 N_D,而且均匀分布; P 型区中受主杂质浓度为 N_A,也是均匀分布。在交界面处,杂质浓度由 N_A(P 型)突变为 N_D(N 型),具有这种杂质分布的 PN 结称为**突变结**。设 PN 结的位置在 $x=x_j$,则突变结的杂质分布可以表示为

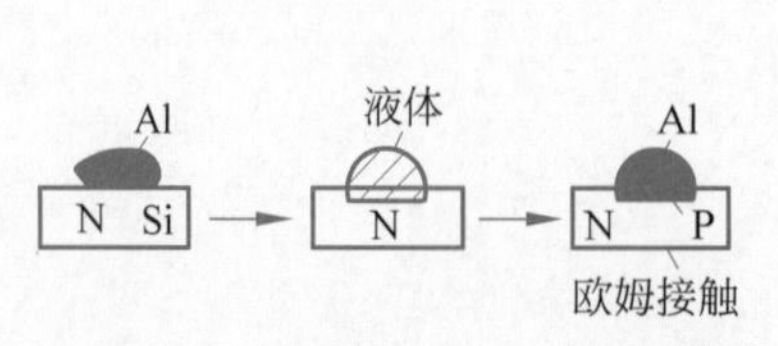

图 5.1.1 合金法制造 PN 结过程

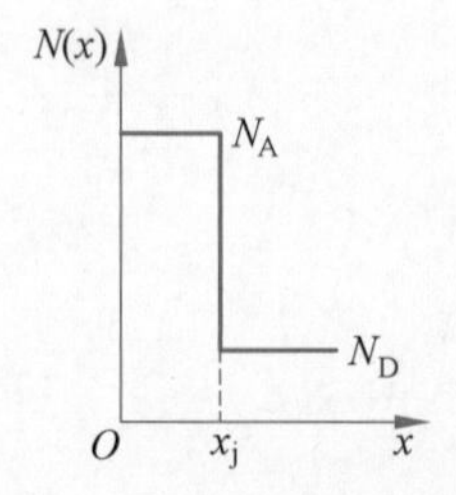

图 5.1.2 突变结的杂质分布

$$
\left.\begin{aligned}
x < x_j,\quad N(x) = N_A \\
x > x_j,\quad N(x) = N_D
\end{aligned}\right\} \tag{5.1.1}
$$

实际的突变结，两边的杂质浓度相差很多，如 N 区的施主杂质浓度为 $10^{16}\,\text{cm}^{-3}$，而 P 区的受主杂质浓度为 $10^{19}\,\text{cm}^{-3}$，通常称这种结为单边突变结(P^+N 结)。

图 5.1.3 表示用扩散法制造 PN 结(也称扩散结)的过程。它是在 N 型单晶硅片上，通过氧化、光刻、扩散等工艺制得的 PN 结。其杂质分布由扩散过程及杂质补偿决定。在这种结中，杂质浓度从 P 区到 N 区是逐渐变化的，通常称为**缓变结**，如图 5.1.4(a)所示。设 PN 结位置在 $x=x_j$，则结中的杂质分布可表示为

$$
\left.\begin{aligned}
x < x_j,\quad N_A(x) > N_D(x) \\
x > x_j,\quad N_D(x) > N_A(x)
\end{aligned}\right\} \tag{5.1.2}
$$

图 5.1.3　扩散法制造 PN 结过程

在扩散结中，若杂质分布可用 $x=x_j$ 处的切线近似表示，则称为**线性缓变结**，如图 5.1.4(b)所示。因此线性缓变结的杂质分布可表示为

$$
N_D(x) - N_A(x) = \alpha_j (x - x_j) \tag{5.1.3}
$$

式中，α_j 是 $x=x_j$ 处切线的斜率，称为杂质浓度梯度。它取决于扩散杂质的实际分布，可以用实验方法测定。但是对于高表面浓度的浅扩散结，x_j 处的斜率 α_j 很大，这时扩散结用突变结来近似，如图 5.1.4(c)所示。

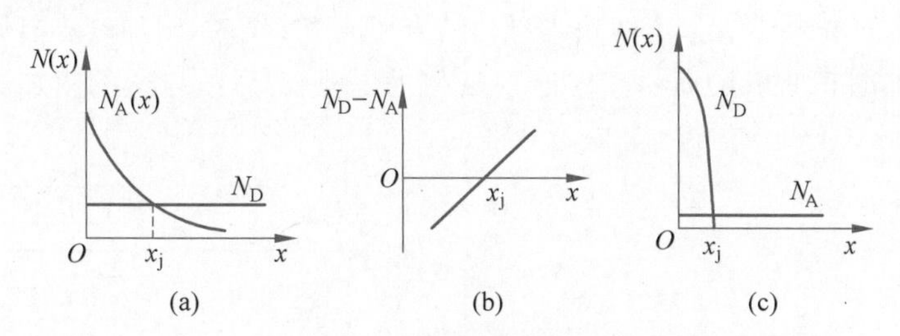

图 5.1.4　扩散结的杂质分布

(a) 扩散结；(b) 线性缓变结近似；(c) 突变结近似

综上所述，PN 结的杂质分布一般可以归纳为两种情况，即突变结和线性缓变结。合金结和高表面浓度的浅扩散结(P^+N 结或 N^+P 结)一般可认为是突变结；而低表面浓度的深扩散结，一般可以认为是线性缓变结。

5.1.2　PN 结的内建电场与能带图

考虑两块半导体单晶，一块是 N 型，另一块是 P 型。在 N 型中，电子很多而空穴很少；在 P 型中，空穴很多而电子很少。但是，在 N 型中的电离施主以及少量空穴的正电荷严格平衡电子电荷；而 P 型中的电离受主及少量电子的负电荷严格平衡空穴电荷。因此，单独的 N 型和 P 型半导体是电中性的。当这两块半导体结合形成 PN 结时，由于它们之间存在

着载流子浓度梯度，导致了空穴从 P 区到 N 区、电子从 N 区到 P 区的扩散运动。对于 P 区，空穴离开后，留下了不可动的带负电荷的电离受主，这些电离受主，没有正电荷与之保持电中性，因此，在 PN 结附近 P 区一侧出现了一个负电荷区。同理，在 PN 结附近 N 区一侧出现了由电离施主构成的一个正电荷区，如图 5.1.5 所示。

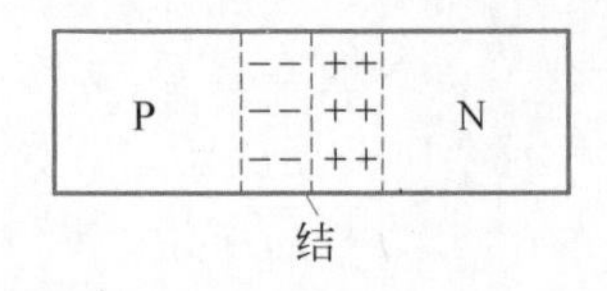

图 5.1.5 PN 结的空间电荷区

由电离杂质形成的空间电荷区中形成了一个电场，称为**内建电场**，它从正电荷指向负电荷，即从 N 区指向 P 区。在内建电场作用下，载流子做漂移运动。显然，电子和空穴的漂移运动方向与它们各自的扩散运动方向相反。因此，内建电场起着阻碍电子和空穴继续扩散的作用。

随着扩散运动的进行，空间电荷逐渐增多，空间电荷区也逐渐扩展；同时，内建电场逐渐增强，载流子的漂移运动也逐渐加强。在无外加电压的情况下，载流子的扩散和漂移最终将达到动态平衡，即从 N 区向 P 区扩散过去多少电子，同时就将有同样多的电子在内建电场作用下返回 N 区。因而电子的扩散电流和漂移电流的大小相等、方向相反而互相抵消。对于空穴，情况完全相似。因此，没有电流流过 PN 结，或者说流过 PN 结的净电流为零。这时空间电荷的数量一定，空间电荷区不再继续扩展，保持一定的宽度。一般称这种情况为热平衡状态下的 PN 结（简称为平衡 PN 结）。

与电场对应有一个电势分布 $V(x)$，正电荷侧（靠近 N 区侧）电势较高而负电荷侧（靠近 P 区侧）电势较低。取 P 区电势为零，则势垒区中一点 x 的电势 $V(x)$ 为正值。越接近 N 区的点，其电势越高，到势垒区边界 x_N 处的 N 区电势最高为 V_D，如图 5.1.6 所示，图中 x_N、$-x_P$ 分别为 N 区和 P 区势垒区边界。电子的附加电势能为 $-qV(x)$，造成总的电子能量随 x 变化。

图 5.1.7(a)表示 N 型、P 型两块半导体接触前的能带图，图中 E_{FN} 和 E_{FP} 分别表示 N 型和 P 型半导体的费米能级。当两块半导体结合形成 PN 结时，附加电势能使导带底或价带顶随空间弯曲，如图 5.1.6(b)所示。靠近 N 区侧的电势较高，故电子的附加电势能 $-qV(x)$ 较低，即电子能带从 P 区到 N 区是向下弯曲的。

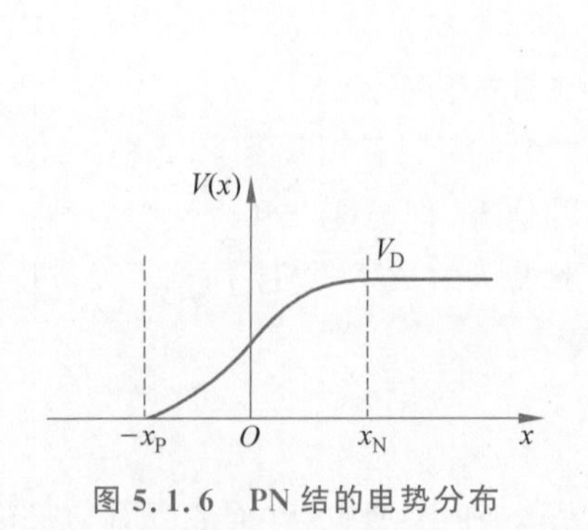

图 5.1.6 PN 结的电势分布

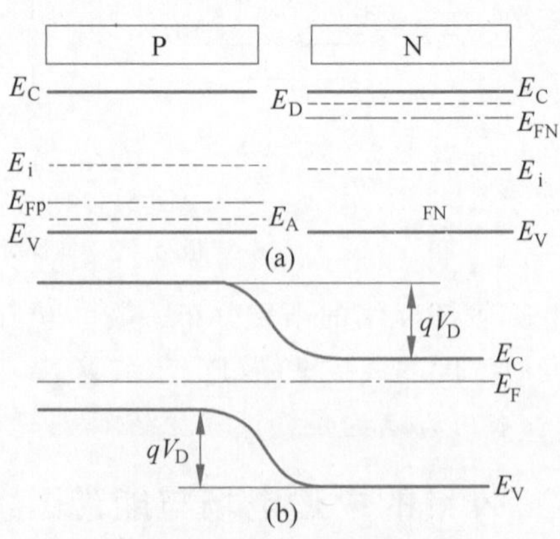

图 5.1.7 平衡 PN 结的能带图

(a) 接触前 P、N 区的能带；(b) PN 结能带

那么能带的弯曲量或说势垒高度 qV_D 有多大呢？费米能级表征电子填充能级的水平，P 区和 N 区接触前费米能级不同，两者之间不平衡，故接触时电子将从费米能级高的 N 区

流向费米能级低的 P 区，引起 N 侧的费米能级下降，能带随之变动。当电子流动使 PN 结两边的费米能级相等时，电子停止流动。所以，势垒高度就是 P 区和 N 区接触前的费米能级之差，即

$$qV_D = E_{FN} - E_{FP} \tag{5.1.4}$$

令 n_{N0} 和 n_{P0} 分别表示 N 区和 P 区的平衡电子浓度，则按式(4.2.24)有

$$E_{FN} = E_i + k_B T\ln\left(\frac{n_{N0}}{n_i}\right), \quad E_{FP} = E_i + k_B T\ln\left(\frac{n_{P0}}{n_i}\right) \tag{5.1.5}$$

因为 $n_{N0} \approx N_D$，$n_{P0} \approx n_i^2/N_A$，则由式(5.1.4)和式(5.1.5)得

$$V_D = \frac{1}{q}(E_{FN} - E_{FP}) = \frac{k_B T}{q}\left(\ln\frac{n_{N0}}{n_{P0}}\right) = \frac{k_B T}{q}\left(\ln\frac{N_D N_A}{n_i^2}\right) \tag{5.1.6}$$

式(5.1.6)表明，V_D 和 PN 结两边的掺杂浓度、温度、材料的禁带宽度有关。在一定的温度下，突变结两边掺杂浓度越高，接触电势差 V_D 越大；禁带宽度越大，n_i 越小，V_D 越大，所以硅 PN 结的 V_D 比锗 PN 结的 V_D 大。

5.1.3 PN 结的载流子分布

视频

现在计算平衡 PN 结中各处的载流子浓度。由于有附加的势能，电子能带会发生弯曲，$E_C \to E_C(x) = E_{CP} - qV(x)$。对非简并材料，点 x 处的电子浓度

$$n(x) = N_C e^{[E_F - E_C(x)]/k_B T} = N_C e^{(E_F - E_{CP})/k_B T} e^{qV(x)/k_B T} = n_{P0} e^{qV(x)/k_B T} \tag{5.1.7}$$

当 $x \geqslant x_N$ 时，$V(x) = V_D$，$n(x) = n_{N0}$，故 $n_{N0} = n_{P0} e^{qV_D/k_B T}$，所以式(5.1.7)也可写成

$$n(x) = n_{N0} e^{[qV(x) - qV_D]/k_B T} \tag{5.1.8}$$

同理，由于 $E_V \to E_V(x) = E_{VP} - qV(x)$，可以求得点 x 处的空穴浓度

$$p(x) = p_{P0} e^{-qV(x)/k_B T} \tag{5.1.9}$$

式(5.1.8)和式(5.1.9)表示平衡 PN 结中电子和空穴的浓度分布，如图 5.1.8 所示。这说明同一种载流子在势垒区两边的浓度关系服从玻耳兹曼分布函数的关系。

利用式(5.1.8)和式(5.1.9)可以估算 PN 结势垒区中各处的载流子浓度。例如，设势垒高度为 0.7eV，对于取中间值的电势，即 $V(x) = 0.35\text{V}$，则室温下，$n(x)/n_{N0} \approx 1.4 \times 10^{-6}$，$p(x)/p_{P0} \approx 1.4 \times 10^{-6}$，可见此处电子或空穴的浓度都很低。一般在室温附近，对于绝大部分势垒区，载流子浓度比起 N 区或 P 区的多数载流子浓度要小得多。好像载流子已经耗尽了，所以通常也称势垒区为耗尽层，即认为其中载流子浓度很小，可以忽略，空间电荷密度就等于电离杂质浓度。

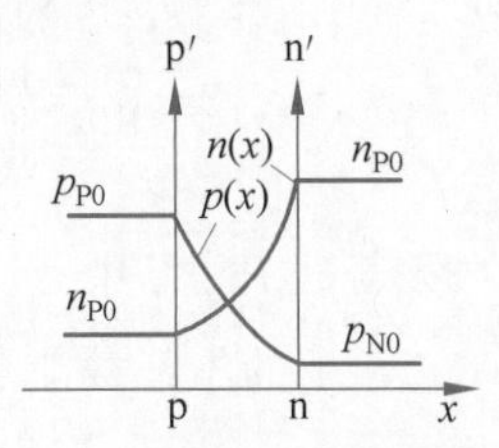

图 5.1.8 平衡 PN 结中电子和空穴的浓度分布

5.1.4 PN 结的势垒形状

下面以突变结为例讨论如何求解电势随坐标的变化关系。势垒区载流子浓度很小，可以忽略，空间电荷密度就等于电离杂质浓度，故对于突变结，电荷密度可写为

$$\rho = \begin{cases} -qN_A, & -x_P \leqslant x \leqslant 0 \\ qN_D, & 0 \leqslant x \leqslant x_N \end{cases} \tag{5.1.10}$$

电势 $V(x)$ 与电荷密度的关系由泊松方程决定,即

$$\frac{d^2V}{dx^2}=-\frac{\rho(x)}{\varepsilon_s}=\begin{cases}qN_A/\varepsilon_s, & -x_P\leqslant x\leqslant 0\\ -qN_D/\varepsilon_s, & 0\leqslant x\leqslant x_N\end{cases} \tag{5.1.11}$$

式中,ε_s 是半导体的介电常数,可以表示为 $\varepsilon_s=\varepsilon_0\varepsilon_r$。$\varepsilon_r$ 为相对介电常数,是一个无量纲的数,对于硅,$\varepsilon_r\approx 12$。ε_0 为真空介电常数,$\varepsilon_0=8.85\times10^{-12}\,\mathrm{F/m}$。对式(5.1.11)积分一次,注意电场强度与电势的关系为 $E_x=-\frac{dV}{dx}$,而耗尽层边缘电场为零,即 $\left.\frac{dV}{dx}\right|_{x=-x_P}=\left.\frac{dV}{dx}\right|_{x=x_N}=0$,所以

$$\frac{dV}{dx}=\begin{cases}qN_A(x+x_P)/\varepsilon_s, & -x_P\leqslant x\leqslant 0\\ -qN_D(x-x_N)/\varepsilon_s, & 0\leqslant x\leqslant x_N\end{cases} \tag{5.1.12}$$

$x=0$ 处电场强度最大,数值为

$$E_{xm}=\left|-\left.\frac{dV}{dx}\right|_{x=0}\right|=\frac{qN_Ax_P}{\varepsilon_s}=\frac{qN_Dx_N}{\varepsilon_s} \tag{5.1.13}$$

再对式(5.1.12)积分,并以 $x=-x_P$ 处作为电势零点,且应用 $x=0$ 处电势连续,得

$$V(x)=\begin{cases}\dfrac{qN_A}{2\varepsilon_s}(x+x_P)^2, & -x_P\leqslant x\leqslant 0\\ -\dfrac{qN_D}{2\varepsilon_s}\left(x^2-2x_Nx-\dfrac{N_A}{N_D}x_P^2\right), & 0\leqslant x\leqslant x_N\end{cases} \tag{5.1.14}$$

【例 5-1】 对于突变结,由式(5.1.13)和式(5.1.14)证明:

(1) 接触电势差 $V_D=\frac{q}{2\varepsilon_s}[N_Dx_N^2+N_Ax_P^2]$,或写为 $V_D=\frac{1}{2}E_{xm}(x_N+x_P)$;

(2) $x_N=\left\{\frac{2\varepsilon_sV_D}{q}\frac{N_A}{N_D}\frac{1}{N_D+N_A}\right\}^{\frac{1}{2}}$,$x_P=\left\{\frac{2\varepsilon_sV_D}{q}\frac{N_D}{N_A}\frac{1}{N_D+N_A}\right\}^{\frac{1}{2}}$,以及势垒区总宽度 $W=x_P+x_N=\left\{\frac{2\varepsilon_sV_D}{q}\frac{N_D+N_A}{N_DN_A}\right\}^{\frac{1}{2}}$;

(3) 若硅 PN 结中,$N_A=10^{16}\,\mathrm{cm^{-3}}$,$N_D=10^{15}\,\mathrm{cm^{-3}}$,求室温下势垒的高度和宽度。取室温 300K 下的本征载流子浓度为 $1.5\times10^{10}\,\mathrm{cm^{-3}}$,$\varepsilon_r=11.9$。

证 (1) 由式(5.1.14)可得

$$V_D=V(x_N)=\frac{q}{2\varepsilon_s}(N_Ax_P^2+N_Dx_N^2) \tag{5.1.15}$$

而由式(5.1.13)可得,$N_Ax_P=N_Dx_N$,表明 PN 结中负电荷总量与正电荷总量相等。所以上式也可写为

$$V_D=\frac{q}{2\varepsilon_s}N_Ax_P(x_P+x_N)=\frac{1}{2}E_{xm}(x_P+x_N) \tag{5.1.16}$$

(2) 利用 $N_Ax_P=N_Dx_N$,消去式(5.1.15)中的 x_N 得

$$V_D=\frac{q}{2\varepsilon_s}[N_Ax_P^2+N_Dx_N^2]=\frac{q}{2\varepsilon_s}N_A^2x_P^2\left[\frac{1}{N_A}+\frac{1}{N_D}\right]=\frac{q}{2\varepsilon_s}\frac{N_D}{N_A}(N_A+N_D)x_P^2$$

所以

$$x_P = \left[\frac{2\varepsilon_s V_D}{q}\frac{N_D}{N_A(N_A+N_D)}\right]^{\frac{1}{2}} \tag{5.1.17}$$

$$x_N = \frac{N_A}{N_D}x_p = \left[\frac{2\varepsilon_s V_D}{q}\frac{N_A}{N_D(N_A+N_D)}\right]^{\frac{1}{2}} \tag{5.1.18}$$

PN 结总宽度

$$W = x_P + x_N = \left[\frac{2\varepsilon_s V_D}{q}\frac{1}{(N_A+N_D)}\right]^{\frac{1}{2}}\left[\left(\frac{N_D}{N_A}\right)^{\frac{1}{2}}+\left(\frac{N_A}{N_D}\right)^{\frac{1}{2}}\right]$$

即

$$W = \left[\frac{2\varepsilon_s V_D}{q}\frac{(N_A+N_D)}{N_A N_D}\right]^{\frac{1}{2}} \tag{5.1.19}$$

(3) 根据式(5.1.6),

$$V_D = 0.026\ln\frac{10^{16}\times10^{15}}{(1.5\times10^{10})^2} = 0.637(\text{V})$$

而 $\varepsilon_s=\varepsilon_0\varepsilon_r=8.85\times10^{-12}\times11.9=1.053\times10^{-10}(\text{F/m})=1.053\times10^{-12}(\text{F/cm})$

$$W = \left[\frac{2\varepsilon_s V_D}{q}\frac{(N_A+N_D)}{N_A N_D}\right]^{\frac{1}{2}} = 9.6\times10^{-5}(\text{cm})$$

视频

5.2 PN 结电流电压特性

5.2.1 非平衡 PN 结的势垒与电流的定性分析

平衡 PN 结中,存在着具有一定宽度和高度的势垒区,其中相应地出现了内建电场;每种载流子的扩散电流和漂移电流互相抵消,没有净电流通过 PN 结;相应地在 PN 结中费米能级处处相等。当 PN 结两端有外加电压时,PN 结处于非平衡状态,其中将会发生什么变化呢?下面先对外加电压下,PN 结势垒的变化及载流子的运动作定性分析。

PN 结加正向偏压 V(即 P 区接电源正极,N 区接负极)时,因势垒区内载流子浓度很小,电阻很大,势垒区外的 P 区和 N 区中载流子浓度很大,电阻很小,所以外加正向偏压基本降落在势垒区。正向偏压在势垒区中产生了与内建电场方向相反的电场,因而减弱了势垒区中的电场强度,这就表明空间电荷相应减少。故势垒区的宽度也减小,同时势垒高度从 qV_D 下降为 $q(V_D-V)$,如图 5.2.1 所示。

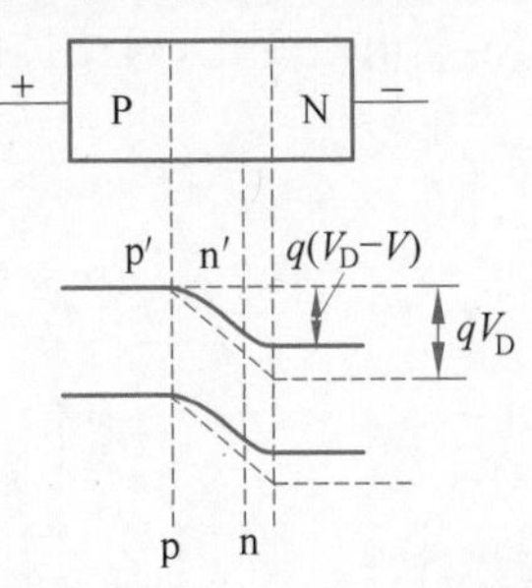

图 5.2.1 正向偏压 PN 结势垒的变化

势垒区电场减弱,破坏了载流子的扩散运动和漂移运动之间原有的平衡,削弱了漂移运动,使扩散流大于漂移流。所以在加正向偏压时,产生了电子从 N 区向 P 区以及空穴从 P 区向 N 区的净扩散流。电子通过势垒区扩散入 P 区,在边界 pp′($x=-x_p$)处形成电子的积累,成为 P 区的非平衡少数载流子,结果使 pp′处电子浓度比 P 区内部高,进而形成了从 pp′处向 P 区内部的电子扩散流。非平衡少子边扩散边与P区的空穴复合，经过比扩散长度大若干倍的距离后，全部被复合，这一段区域称为**扩散区**。在一定的正向偏压下，单位时间内从N区来到pp′处的非平衡少子浓度是一定的，并在扩散区内形成一稳定的分布。所以，当正向偏压一定时，在pp′处就有一不变的向P区内部流动的电子扩散流。同理，在边界nn′处也有一不变的向N区内部流动的空穴扩散流。N区的电子和P区的空穴都是多数载流子，分别进入P区和N区后成为P区和N区的非平衡少数载流子。当增大正偏压时，势垒降得更低，增大了流入P区的电子流和流入N区的空穴流，这种由于外加正向偏压的作用使非平衡载流子进入半导体的过程称为**非平衡载流子的电注入**。

图5.2.2为正向偏压时PN结中电流的分布情况。在正向偏压下，N区中的电子向边界nn′漂移，越过势垒区，经边界pp′进入P区，构成进入P区的电子扩散电流，进入P区后，继续向内部扩散，形成电子扩散电流。在扩散过程中，电子与从P区内部向边界pp′漂移过来的空穴不断复合，电子电流就不断地转化为空穴电流，直到注入的电子全部复合，电子电流全部转变为空穴电流为止。对于N区中的空穴电流，可作类似分析。可见，在平行于pp′的任何截面处通过的电子电流和空穴电流并不相等，但是根据电流连续性原理，通过PN结中任一截面的总电流是相等的，只是对于不同的截面，电子电流和空穴电流的比例有所不同而已，即$J=J_n(x)+J_p(x)$为常数（与x无关）。一般势垒区载流子浓度较低，且势垒区较窄，其复合作用往往可以忽略，所以可假定通过势垒区的电子电流和空穴电流均保持不变，即$J_n(-x_P)\approx J_n(x_N)$，$J_p(-x_P)\approx J_p(x_N)$。这样，通过PN结的总电流，就是通过边界pp′的电子电流与通过边界nn′的空穴电流之和，即

$$J=J_n(-x_P)+J_p(-x_P)\approx J_n(-x_p)+J_P(x_N) \tag{5.2.1}$$

当PN结加反向偏压V时，反向偏压在势垒区产生的电场与内建电场方向一致，势垒区的电场增强，势垒区也变宽，势垒高度由qV_D增高为$q(V_D-V)$，如图5.2.3所示。势垒区电场增强，破坏了载流子的扩散运动和漂移运动之间的原有平衡，增强了漂移运动，使漂移流大于扩散流。这时N区边界nn′处的空穴被势垒区的强电场驱向P区，而P区边界pp′处的电子被驱向N区。当这些少数载流子被电场驱走后，内部的少子就来补充，形成了反向偏压下的电子扩散电流和空穴扩散电流，这种情况好像少数载流子不断地被抽出来，所以称为少数载流子的抽取或吸出。PN结中总的反向电流等于势垒区边界nn′和pp′附近的少数载流子扩散电流之和。因为少子浓度很低，而扩散长度基本不变化，所以反向偏压时少子的浓度梯度也较小；当反向电压很大时，边界处的少子可以认为是零，这时少子的浓度梯度不再随电压变化，因此扩散流也不随电压变化，所以在反向偏压下，PN结的电流较小并且趋于不变。

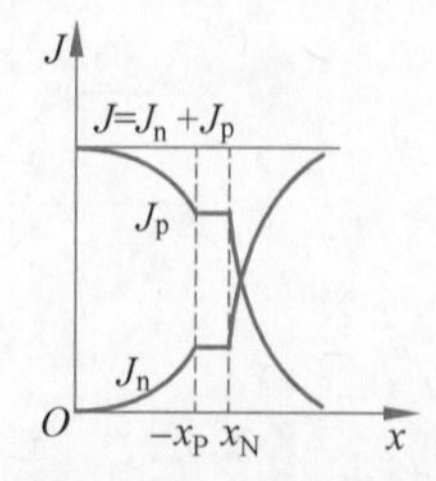

图5.2.2 正向偏压时PN结中电流的分布

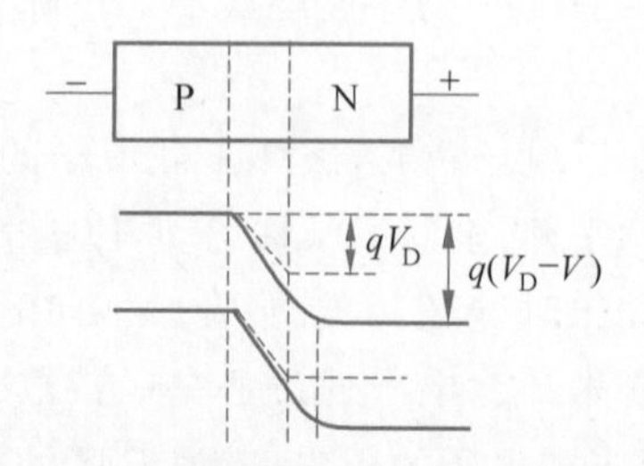

图5.2.3 反向偏压时PN结势垒的变化

*5.2.2 非平衡PN结的少子分布

1. 准费米能级

对于处于热平衡状态的半导体,其中载流子在能带中的分布遵从费米分布函数,并且整个系统具有统一的费米能级,其中的电子和空穴的浓度都可以采用这同一条费米能级来表示。而对于处于非(热)平衡状态的半导体,由于费米分布函数及其费米能级的概念在这时已经失去了意义,从而,也就不能再采用费米能级来讨论非平衡载流子的统计分布了。不过,对于非平衡状态下的半导体,常常可以近似地看成处于一定的准平衡状态。例如,注入半导体中的非平衡电子,在它们所处的导带内,通过与其他电子的相互作用,可以很快地达到与该导带相适应的、接近(热)平衡的状态,这个过程所需要的时间很短(大约在10^{-10}s以下),比非平衡载流子的寿命(通常是μs数量级)要短得多,所以,可近似地认为,注入能带内的非平衡电子在导带内是处于一种"准平衡状态"。类似地,注入价带中的非平衡空穴,也可以近似地认为它们在价带中是处于一种"准平衡状态"。因此,半导体中的非平衡载流子,可以认为它们都处于准平衡状态(导带所有的电子和价带所有的空穴分别处于准平衡状态)。当然,导带电子与价带空穴之间,并不能认为处于准平衡状态(因为导带电子和价带空穴之间并不能在很短的时间内达到准平衡状态)。

对于处于准平衡状态的非平衡载流子,可以近似地引入与费米能级相类似的物理量——**准费米能级**来分析其统计分布,当然,采用准费米能级这个概念,是一种近似,但确是一种较好的近似。基于这种近似,对于导带中的非平衡电子,即可引入电子的准费米能级E_F^n;对于价带中的非平衡空穴,即可引入空穴的准费米能级E_F^p。

引入了准费米能级之后,就能够仿照平衡载流子分布那样来分析非平衡载流子的统计分布,即在计算导带电子浓度和价带空穴浓度时公式中的费米能级分别用E_F^n和E_F^p代替。在小注入情况下,对于非平衡态的N型半导体,其中电子是多数载流子,总的非平衡电子浓度与总的平衡电子浓度差不多,因此,这时电子的准费米能级与平衡态时系统的费米能级基本上是一致的,处于导带底附近;但是空穴——少数载流子的准费米能级却可能偏离平衡态时系统的费米能级较远,甚至可能处于近价带顶附近。对于非平衡态的P型半导体,情况相反,空穴准费米能级与平衡态时系统的费米能级基本上是一致的,处于近价带顶附近;而电子的准费米能级则可能处于导带底附近。

外加直流正向电压下,PN结的N区和P区都有非平衡少数载流子的注入。在非平衡少数载流子存在的区域内,必须用电子的准费米能级E_F^n和空穴的准费米能级E_F^p取代原来平衡时的统一费米能级E_F。而且费米能级将随位置不同而变化。在空穴扩散区内,电子浓度高,故电子的准费米能级E_F^n的变化很小,可看作不变;但空穴浓度很小,故空穴的准费米能级E_F^p的变化很大。从P区注入N区的空穴,在边界nn′处浓度很大,随着远离nn′,因为和电子复合,空穴浓度逐渐减小,故E_F^p为一斜线;到离nn′比L_p大很多的地方,非平衡空穴已衰减为零,这时E_F^p和E_F^n相等。因为扩散区比势垒区大,准费米能级的变化主要发生在扩散区,在势垒区中的变化则略而不计,所以在势垒区内,准费米能级保持不变。在电子扩散区内,可作类似分析,综上所述可见,E_F^p从P型中性区到边界nn′处为一水平线,在空穴扩散区E_F^p斜线上升,到注入空穴为零处E_F^p与E_F^n相等,而E_F^n在N型中性区到边界

pp′处为一水平线，在电子扩散区 E_F^n 斜线下降，到注入电子为零处 E_F^n 与 E_F^p 相等，如图 5.2.4 所示。

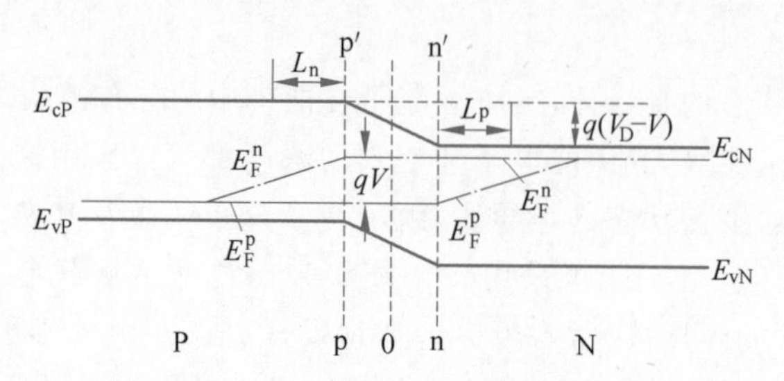

图 5.2.4　正向偏压下 PN 结的费米能级

因为在正向偏压下，势垒降低为 $q(V_D-V)$，由图 5.2.4 可见，从 N 区一直延伸到 P 区 pp′处的电子准费米能级 E_F^n 与从 P 区一直延伸到 N 区边界 nn′处的空穴准费米能级 E_F^p 之差，正好等于 qV，即 $E_F^n-E_F^p=qV$。

当 PN 结加反向偏压时，电子和空穴的准费米能级也有类似的变化，这里不再赘述。

2. 非平衡少子分布

先看 $x\geqslant x_N$ 区域的少子空穴，其浓度取决于 E_F^p 相对价带顶的位置，$p(x)=N_V e^{-[E_F^p(x)-E_V(x)]/k_BT}$。由图 5.2.4 可见，$x\leqslant x_N$ 区域，E_F^p 处于平直状态，但价带顶在势垒区弯曲了 $q(V_D-V)$。在 P 区远离 PN 结的地方($x\to-\infty$)，空穴浓度等于平衡时的值 p_{P0}，而 $E_F^p(x_N)-E_V(x_N)=E_F^p(-\infty)-E_V(-\infty)+q(V_D-V)$，所以

$$p(x_N)=N_V e^{-[E_F^p(x_N)-E_V(x_N)]/k_BT}=p_{P0}e^{-q(V_D-V)/k_BT} \tag{5.2.2}$$

而 $p_{N0}=p_{P0}e^{-qV_D/k_BT}$，所以式(5.2.2)改写为

$$p(x_N)=p_{N0}e^{qV/k_BT} \tag{5.2.3}$$

在稳定态时，空穴扩散区中非平衡少子的连续性方程为

$$D_p\frac{d^2\Delta p}{dx^2}-\mu_p\boldsymbol{E}_x\frac{d\Delta p}{dx}-\mu_p p\frac{d\boldsymbol{E}_x}{dx}-\frac{p-p_{N0}}{\tau_p}=0 \tag{5.2.4}$$

$x\geqslant x_N$ 区域为势垒区外，可认为 $E_x=0$，故

$$D_p\frac{d^2\Delta p}{dx^2}-\frac{p-p_{N0}}{\tau_p}=0 \tag{5.2.5}$$

这个方程的通解是

$$\Delta p(x)=p(x)-p_{N0}=Ae^{-x/L_p}+Be^{x/L_p} \tag{5.2.6}$$

式中，$L_p=\sqrt{D_p\tau_p}$ 是空穴扩散长度，系数 A、B 由边界条件确定。因 $x\to\infty$ 时，$p(\infty)=p_{N0}$；$x=x_N$ 时，$p(x_N)=p_{N0}e^{qV/k_BT}$。代入式(5.2.6)，解得

$$\left.\begin{aligned}A&=p_{N0}(e^{qV/k_BT}-1)e^{x_N/L_p}\\B&=0\end{aligned}\right\} \tag{5.2.7}$$

代入式(5.2.6)，得

$$p(x)-p_{N0}=p_{N0}(e^{qV/k_BT}-1)e^{(x_N-x)/L_p},\quad x\geqslant x_N \tag{5.2.8}$$

同理，对于注入 P 区的非平衡电子可以求得

$$n(x)-n_{\mathrm{P0}}=n_{\mathrm{P0}}(\mathrm{e}^{qV/k_{\mathrm{B}}T}-1)\mathrm{e}^{(x_{\mathrm{P}}+x)/L_{\mathrm{n}}},\quad x\leqslant -x_{\mathrm{P}} \tag{5.2.9}$$

式(5.2.8)和式(5.2.9)表示PN结有外加电压时的非平衡少数载流子在扩散区中的分布。在外加正向偏压作用下，当V一定时，在势垒区边界处($x=x_{\mathrm{N}}$和$x=-x_{\mathrm{P}}$)非平衡少数载流子浓度一定，对扩散区形成了稳定的边界浓度，这时是一稳定边界浓度的一维扩散，在扩散区，非平衡少数载流子按指数规律衰减。在外加反向偏压作用下，如果$q|V|\gg k_{\mathrm{B}}T$，则$\mathrm{e}^{qV/k_{\mathrm{B}}T}\to 0$，对N区来说，即$p(x)\to 0$；在N区内部，即$x\gg L_{\mathrm{p}}$处，$\mathrm{e}^{(x_{\mathrm{N}}-x)/L_{\mathrm{p}}}\to 0$，则$p_{\mathrm{N}}(x)\to p_{\mathrm{N0}}$。图5.2.5表示了外加偏压下式(5.2.8)和式(5.2.9)的曲线。

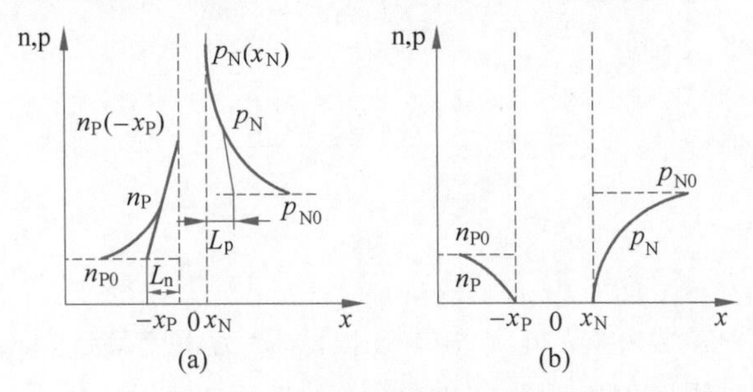

图5.2.5 非平衡少子的分布

(a) 正向偏压下；(b) 反向偏压下

5.2.3 理想PN结的电流电压方程

符合以下假设条件的PN结称为理想PN结模型：

(1) 小注入条件：即注入的少数载流子浓度比平衡多数载流子浓度小得多。

(2) 突变耗尽层条件：即外加电压和接触电势差都降落在耗尽层上，耗尽层中的电荷由电离施主和电离受主的电荷组成，耗尽层外的半导体是电中性的。因此，注入的少数载流子在P区和N区是纯扩散运动。

(3) 通过耗尽层的电子和空穴电流为常量，不考虑耗尽层中载流子的产生及复合作用。

(4) 玻耳兹曼边界条件即在耗尽层两端，载流子分布满足玻耳兹曼统计分布。

前面指出，由于外加电压使势垒高度变化了qV，所以载流子浓度也会发生变化，并推导了式(5.2.8)和式(5.2.9)。实际上这个结论也可以通过类比的方法得到，假定载流子分布满足玻耳兹曼统计分布，则载流子浓度与能量成指数关系，而因为外加电压使边界nn′处的能带变动了qV，故此处的非平衡空穴为

$$\Delta p(x_{\mathrm{N}})=p_{\mathrm{N0}}(\mathrm{e}^{qV/k_{\mathrm{B}}T}-1) \tag{5.2.10}$$

非平衡载流子在扩散时随距离呈指数式衰减，所以在$x\geqslant x_{\mathrm{N}}$的空穴扩散区

$$\Delta p(x)=\Delta p_{\mathrm{N}}(x_{\mathrm{N}})\mathrm{e}^{-(x-x_{\mathrm{N}})/L_{\mathrm{p}}},\quad x\geqslant x_{\mathrm{N}} \tag{5.2.11}$$

即

$$p(x)-p_{\mathrm{N0}}=p_{\mathrm{N0}}(\mathrm{e}^{qV/k_{\mathrm{B}}T}-1)\mathrm{e}^{-(x-x_{\mathrm{N}})/L_{\mathrm{p}}},\quad x\geqslant x_{\mathrm{N}} \tag{5.2.12}$$

在$x=x_{\mathrm{N}}$处，空穴扩散电流密度为

$$J_{\mathrm{p扩}}(x_{\mathrm{N}})=-qD_{\mathrm{p}}\left.\frac{\mathrm{d}p_{\mathrm{N}}(x)}{\mathrm{d}x}\right|_{x=x_{\mathrm{N}}}=\frac{qD_{\mathrm{p}}p_{\mathrm{N0}}}{L_{\mathrm{p}}}(\mathrm{e}^{qV/k_{\mathrm{B}}T}-1) \tag{5.2.13}$$

同理，在$x=-x_{\mathrm{P}}$处，电子扩散流密度为

$$J_{\text{n扩}}(-x_{\mathrm{P}})=qD_{\mathrm{n}}\left.\frac{\mathrm{d}n_{\mathrm{N}}(x)}{\mathrm{d}x}\right|_{x=-x_{\mathrm{P}}}=\frac{qD_{\mathrm{n}}n_{\mathrm{P0}}}{L_{\mathrm{n}}}(\mathrm{e}^{qV/k_{\mathrm{B}}T}-1) \tag{5.2.14}$$

小注入时，扩散区中不存在电场，可忽略漂移电流，因此由式(5.2.1)得到通过PN结的总电流密度 J 为

$$J\approx J_{\mathrm{n}}(-x_{\mathrm{P}})+J_{\mathrm{p}}(x_{\mathrm{N}})\approx J_{\text{n扩}}(-x_{\mathrm{P}})+J_{\text{p扩}}(x_{\mathrm{N}}) \tag{5.2.15}$$

将式(5.2.13)和式(5.2.14)代入式(5.2.15)，得

$$J=\left(\frac{qD_{\mathrm{n}}n_{\mathrm{P0}}}{L_{\mathrm{n}}}+\frac{qD_{\mathrm{p}}p_{\mathrm{N0}}}{L_{\mathrm{p}}}\right)(\mathrm{e}^{qV/k_{\mathrm{B}}T}-1) \tag{5.2.16}$$

令

$$J_{\mathrm{s}}=\frac{qD_{\mathrm{n}}n_{\mathrm{P0}}}{L_{\mathrm{n}}}+\frac{qD_{\mathrm{p}}p_{\mathrm{N0}}}{L_{\mathrm{p}}} \tag{5.2.17}$$

则

$$J=J_{\mathrm{s}}(\mathrm{e}^{qV/k_{\mathrm{B}}T}-1) \tag{5.2.18}$$

式(5.2.18)就是理想PN结模型的电流电压方程，又称为**肖克莱(Shockley)方程**。

上面推导虽是针对正向偏压($V>0$)的情况，但式(5.2.18)对反向偏压($V<0$)的情况同样适用。

从式(5.2.18)看出：

(1) PN结具有单向导向性。在正向偏压下，正向电流密度随正向偏压呈指数关系迅速增大。在室温下，$k_{\mathrm{B}}T/q=0.026\mathrm{V}$，一般外加正向偏压约零点几伏，故 $\mathrm{e}^{qV/k_{\mathrm{B}}T}\gg 1$，式(5.2.18)可以表示为

$$J=J_{\mathrm{s}}\mathrm{e}^{qV/k_{\mathrm{B}}T} \tag{5.2.19}$$

在反向偏压下，$V<0$，当 $q|V|\gg k_{\mathrm{B}}T$ 时，则 $\mathrm{e}^{qV/k_{\mathrm{B}}T}\to 0$。式(5.2.18)化为

$$J=-J_{\mathrm{s}}=-\frac{qD_{\mathrm{n}}n_{\mathrm{P0}}}{L_{\mathrm{n}}}-\frac{qD_{\mathrm{p}}p_{\mathrm{N0}}}{L_{\mathrm{p}}} \tag{5.2.20}$$

式中，负号表示电流密度方向与正向时相反。而且反向电流密度为常量，与外加电压无关，故称 J_{s} 为反向饱和电流密度。由式(5.2.18)作 J-V 关系曲线如图5.2.6所示。可见在正向及反向偏压下，曲线是不对称的。表现出PN结具有单向导电性或整流效应。

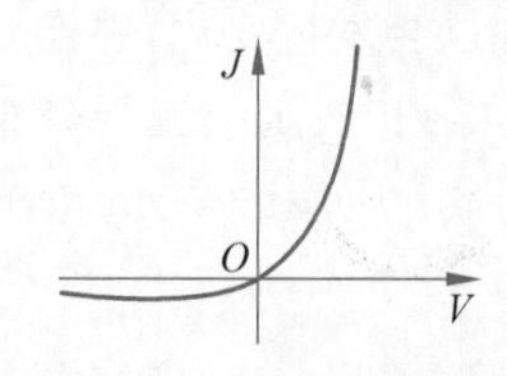

图5.2.6 理想PN结的 J-V 曲线

(2) 温度对电流密度的影响很大。对于反向电流密度 $-J_{\mathrm{s}}$，因为式中两项的情况相似，所以只需考虑式(5.2.20)中的第一项即可。因 D_{n}、L_{n}、n_{P0} 与温度有关(D_{n}、L_{n} 均与 μ_{n} 及 T 有关)，设 $D_{\mathrm{n}}/\tau_{\mathrm{n}}$ 与 T^{γ} 成正比，γ 为一常数，则有

$$J_{\mathrm{s}}\approx\frac{qD_{\mathrm{n}}n_{\mathrm{P0}}}{L_{\mathrm{n}}}=q\sqrt{D_{\mathrm{n}}/\tau_{\mathrm{n}}}\,\frac{n_{\mathrm{i}}^{2}}{N_{\mathrm{A}}}\propto T^{\gamma/2}\cdot T^{3}\mathrm{e}^{-E_{\mathrm{g}}/k_{\mathrm{B}}T}$$
$$=T^{3+\frac{\gamma}{2}}\mathrm{e}^{-E_{\mathrm{g}}/k_{\mathrm{B}}T}$$

式中，$T^{3+\frac{\gamma}{2}}$ 随温度变化较缓慢，故 J_{s} 随温度变化主要由 $\mathrm{e}^{-E_{\mathrm{g}}/k_{\mathrm{B}}T}$ 决定。因此，J_{s} 随温度升高而迅速增大，并且 E_{g} 越大的半导体，J_{s} 变化越快。

因为 $E_g = E_g(0) + \beta T$，设 $E_g(0) = qV_{g0}$，$E_g(0)$为绝对零度时的禁带宽度，qV_{g0} 为绝对零度时导带底和价带顶的电势差，将上述关系代入上式中，则加正向偏向 V_F 时，式(5.2.19)表示的正向电流与温度关系为

$$J \propto T^{3+\frac{\gamma}{2}} e^{q(V_F - V_{g0})/k_B T}$$

所以正向电流密度随温度上升而增加。

上面讨论的是理想 PN 结的电流电压方程，实际上由于表面效应、势垒区中的产生及复合、大注入条件、串联电阻效应等原因会出现偏差。实验测量表明，理想的电流电压方程与小注入下锗 PN 结的实验结果符合较好，而与硅 PN 结的实验结果偏离较大，但它在定性和半定量分析中仍有较多的应用。

【例 5-2】 有硅 PN 结，P 区和 N 区的掺杂浓度为 $N_A = 9\times10^{16}\text{cm}^{-3}$ 和 $N_D = 2\times10^{16}\text{cm}^{-3}$；P 区中的空穴和电子的迁移率分别为 $350\text{cm}^2/(\text{V}\cdot\text{s})$ 和 $500\text{cm}^2/(\text{V}\cdot\text{s})$，N 区中的空穴和电子的迁移率分别为 $300\text{cm}^2/(\text{V}\cdot\text{s})$ 和 $900\text{cm}^2/(\text{V}\cdot\text{s})$；设两区内非平衡载流子的寿命均为 $1\mu\text{s}$，PN 结截面积为 0.01cm^2；取 $n_i = 1.5\times10^{10}\text{cm}^{-3}$，$k_B T = 0.026\text{eV}$。当外加正向电压为 0.65V 时，试求：

(1) 在 300K 时流过 PN 结的电流 I 的大小；

(2) 假设以 P 区指向 N 区为 x 轴的正方向，列出 N 区内的空穴和电子浓度分布的表达式；

(3) 确定 N 区内空穴扩散电流、电子扩散电流、电子漂移电流和总的电子电流随 x 变化的表达式。

解　(1) 对于 N 区的空穴：

$$D_p = \frac{k_B T}{q}\mu_p = 0.026\times300 = 7.8(\text{cm}^2/\text{s})$$

$$L_p = \sqrt{D_p \tau_p} = 2.8\times10^{-3}(\text{cm})$$

对于 P 区的电子：

$$D_n = \frac{k_B T}{q}\mu_n = 0.026\times500 = 13(\text{cm}^2/\text{s})$$

$$L_n = \sqrt{D_n \tau_n} = 3.6\times10^{-3}(\text{cm})$$

而少子浓度：

$$p_{N0} = \frac{n_i^2}{N_D} = \frac{(1.5\times10^{10})^2}{2\times10^{16}} = 1.1\times10^4(\text{cm}^{-3})$$

$$n_{P0} = \frac{n_i^2}{N_A} = \frac{(1.5\times10^{10})^2}{9\times10^{16}} = 2.5\times10^3(\text{cm}^{-3})$$

故反向饱和电流 $I_s = Aq\left(\frac{D_p p_{N0}}{L_p} + \frac{D_n n_{P0}}{L_n}\right)$，将面积 A 等参数代入得

$$I_s = 0.01\times1.6\times10^{-19}\times\left(\frac{7.8\times1.1\times10^4}{2.8\times10^{-3}} + \frac{13\times2.5\times10^3}{3.6\times10^{-3}}\right) \approx 6.3\times10^{-14}(\text{A})$$

由电流-电压方程 $I = I_s(e^{qV/k_B T} - 1)$ 得

$$I = 6.3\times10^{-14}\times(e^{0.65/0.026} - 1) = 0.0045(\text{A}) = 4.5(\text{mA})$$

(2) 按式(5.2.8)，N 区内空穴浓度分布为

$$p_{\mathrm{N}}(x)=p_{\mathrm{N0}}(\mathrm{e}^{qV/k_{\mathrm{B}}T}-1)\mathrm{e}^{-(x-x_{\mathrm{N}})/L_{\mathrm{p}}}+p_{\mathrm{N0}}$$

数据代入得

$$p_{\mathrm{N}}(x)=7.9\times10^{14}\mathrm{e}^{-357(x-x_{\mathrm{N}})}+1.1\times10^{4}(\mathrm{cm}^{-3})\quad(\text{式中坐标单位用 cm})$$

利用 $\Delta n=\Delta p$，得电子浓度分布为

$$n_{\mathrm{N}}(x)\approx\Delta p_{\mathrm{N}}(x)+N_{\mathrm{D}}=7.9\times10^{14}\mathrm{e}^{-357(x-x_{\mathrm{N}})}+2\times10^{16}(\mathrm{cm}^{-3})$$

(3) N 区内空穴扩散电流

$$I_{\mathrm{pD}}(x)=-AqD_{\mathrm{p}}\frac{\mathrm{d}}{\mathrm{d}x}p_{\mathrm{N}}(x)=0.01\times1.6\times10^{-19}\times7.8\times7.9\times10^{14}\times357\mathrm{e}^{-357(x-x_{\mathrm{N}})}$$
$$=3.5\times10^{-3}\mathrm{e}^{-357(x-x_{\mathrm{N}})}(\mathrm{A})$$

注意 N 区中的电子迁移率不同于 P 区，

$$D'_{\mathrm{n}}=\frac{k_{\mathrm{B}}T}{q}\mu'_{\mathrm{n}}=0.026\times900=23.4(\mathrm{cm}^2/\mathrm{s})$$

故

$$I_{\mathrm{nD}}(x)=AqD'_{\mathrm{n}}\frac{\mathrm{d}}{\mathrm{d}x}n_{\mathrm{N}}(x)=-0.01\times1.6\times10^{-19}\times23.4\times7.9\times10^{14}\times357\mathrm{e}^{-357(x-x_{\mathrm{N}})}$$
$$=-1.06\times10^{-2}\mathrm{e}^{-357(x-x_{\mathrm{N}})}(\mathrm{A})$$

稳定时，总电流不随坐标而变，上面已得 $I=0.0045(\mathrm{A})$，而 N 区注入的空穴浓度远小于 N 区的电子的浓度，故空穴漂移电流可忽略，$I_{\mathrm{P}}\approx I_{\mathrm{PD}}$，所以电子漂移电流

$$I_{\mathrm{nt}}(x)=I-I_{\mathrm{nD}}(x)-I_{\mathrm{pD}}(x)=4.5\times10^{-3}+7.1\times10^{-3}\mathrm{e}^{-357(x-x_{\mathrm{N}})}(\mathrm{A})$$

总的电子电流等于电子漂移电流与扩散电流之和，即

$$I_{\mathrm{n}}(x)=I_{\mathrm{nt}}(x)+I_{\mathrm{nD}}(x)=I-I_{\mathrm{pD}}(x)$$
$$=4.5\times10^{-3}-3.5\times10^{-3}\mathrm{e}^{-357(x-x_{\mathrm{N}})}(\mathrm{A})$$

5.3 PN 结电容

视频

PN 结有整流效应，但是它又包含着破坏整流特性的因素，这个因素就是 PN 结的电容。一个 PN 结在低频电压下，能很好地起整流作用，但当电压频率增高时，其整流特性变坏，甚至基本上没有整流效应。频率对 PN 结的整流作用为什么有影响呢？这是因为 PN 结具有电容特性。PN 结为什么有电容特性呢？PN 结电容的大小和什么因素有关呢？这就是本节要讨论的主要问题。

PN 结电容包括势垒电容和扩散电容两部分，下面分别说明两种电容的起因和计算方法。

5.3.1 势垒电容

当 PN 结加正向偏压时，势垒区的电场随正向偏压的增加而减弱，势垒区宽度变窄，空间电荷数量减少，如图 5.3.1(a)、(b)所示。因为空间电荷是由不能移动的杂质离子组成的，所以空间电荷的减小是由于 N 区的电子和 P 区的空穴过来中和了势垒区中一部分电离

施主和电离受主，图 5.3.1(c)中箭头 A 表示了这种中和作用。这就是说，在外加正向偏压增加时，将有一部分电子和空穴“存入”势垒区。反之，当正向偏压减小时，势垒区的电场增强，势垒区宽度增加，空间电荷数量增多，这就是有一部分电子和空穴从势垒区中“取出”。对于加反向偏压的情况，可作类似分析。总之，PN 结上外加电压的变化，引起了电子和空穴在势垒区的“存入”和“取出”作用，导致势垒区的空间电荷数量随外加电压而变化，这与一个电容器的充放电作用相似。这种 PN 结的电容效应称为势垒电容，以 C_T 表示。

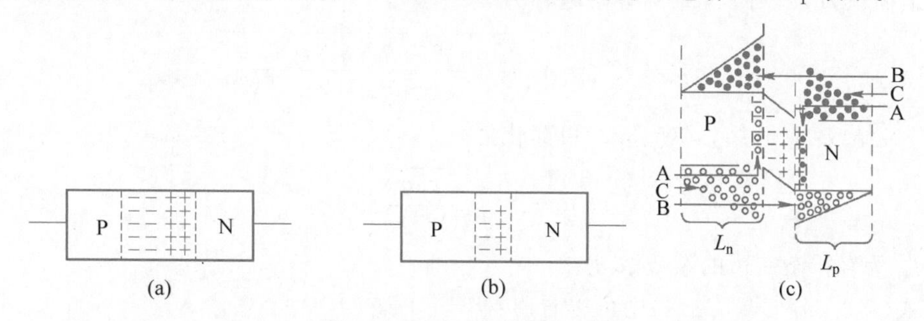

图 5.3.1 PN 结电容的来源

(a) 平衡 PN 结势垒区；(b) 正偏时，势垒区变窄；(c) 正偏时，PN 结载流子变化

5.3.2 扩散电容

正向偏压时，有空穴从 P 区注入 N 区，在 N 区靠近 PN 结的区域(大约一个扩散长度 L_p 范围)形成了非平衡空穴的积累。同样，电子从 N 区注入 P 区，在 P 区靠近 PN 结的区域(宽度约为 L_n)形成了非平衡电子的积累。当正向偏压增加时，由 P 区注入 N 区的空穴增加，如图 5.3.1(c)中左下方箭头 B 所示；而 N 区注入 P 区的电子如图 5.3.1(c)中右上方箭头 B 所示。由于 PN 结之外的区域都是电中性的，所以在 N 区的空穴扩散区中的电子浓度也会增加，以抵消非平衡空穴带来的正电荷，如图 5.3.1(c)中右上方箭头 C 所示；同样，从左端注入的空穴有一部分用来抵消扩散到 P 区的非平衡电子，如图 5.3.1(c)中左下方箭头 C 所示。总之，正向偏压增加时，从外电路通过 P 端流入的正电荷分成三部分，A 是注入势垒区的空穴，B 和 C 是注入 PN 结两侧扩散区的空穴；通过 N 端流入的负电荷的分配也类似。外加电压变化，需要外端电路注入电荷以适应 PN 结扩散区载流子浓度的变化，这种因扩散区载流子浓度随外加电压变化引起的电容效应称为扩散电容，用符号 C_D 表示。

5.3.3 势垒电容的计算

PN 结的势垒电容和扩散电容都随外加电压而变化，引入微分电容的概念来表示 PN 结的电容。当 PN 结在一个固定直流偏压 V 的作用下，叠加一个微小的交流电压 $\mathrm{d}V$ 时，这个微小的电压变化 $\mathrm{d}V$ 所引起的电荷变化 $\mathrm{d}Q$，称为这个直流偏压下的微分电容，即 $C=\dfrac{\mathrm{d}Q}{\mathrm{d}V}$。PN 结的直流偏压不同，微分电容也不相同。

按突变结的电荷分布模型，可导出突变结势垒电容公式。当外加电压 V 时，式(5.1.17)中的 V_D 应换成 V_D-V，即 $x_P=\left[\dfrac{2\varepsilon_s(V_D-V)}{q}\dfrac{N_D}{N_A(N_A+N_D)}\right]^{\frac{1}{2}}$，势垒区内单位面积上总电量为

$$|Q| = qN_A x_P = \left[\frac{2\varepsilon_s q(V_D - V)N_A N_D}{N_A + N_D}\right]^{\frac{1}{2}} \tag{5.3.1}$$

由微分电容定义得单位面积势垒电容为

$$C'_T = \left|\frac{dQ}{dV}\right| = \sqrt{\frac{\varepsilon_s q N_A N_D}{2(N_D + N_A)(V_D - V)}} \tag{5.3.2}$$

若 PN 结面积为 A，则 PN 结的势垒电容为

$$C_T = AC'_T = A\sqrt{\frac{\varepsilon_r \varepsilon_0 q N_A N_D}{2(N_D + N_A)(V_D - V)}} \tag{5.3.3}$$

对于 P^+N 结或 N^+P 结，式(5.3.3)可简化为

$$C_T = A\sqrt{\frac{\varepsilon_r \varepsilon_0 q N_B}{2(V_D - V)}} \tag{5.3.4}$$

式中，N_B 为轻掺杂一边的杂质浓度。

从式(5.3.3)和式(5.3.4)中可以看出：

(1) 突变结的势垒电容和结的面积以及轻掺杂一边的杂质浓度的平方根成正比，因此减小结面积以及降低轻掺杂一边的杂质浓度是减小结电容的途径；

(2) 突变结势垒电容和电压($V_D - V$)的平方根成反比，反向偏压越大，则势垒电容越小，若外加电压随时间变化，则势垒电容也随时间而变，可利用这一特性制作变容器件。以上结论在半导体器件的设计和生产中有重要的实际意义。

导出式(5.3.3)时，利用了耗尽层近似，这对于加反向偏压时是适用的。然而，当 PN 结加正向偏压时，一方面降低了势垒高度，使势垒区变窄，空间电荷数量减少；另一方面，使大量载流子流过势垒区，它们对势垒电容也有贡献。考虑这些因素，加正向偏压时势垒电容比式(5.3.3)计算的结果要大。

对于线性缓变结，也可导出其势垒电容为

$$C_T = \frac{dQ}{dV} = A\sqrt[3]{\frac{q\alpha_j \varepsilon_r^2 \varepsilon_0^2}{12(V_D - V)}} \tag{5.3.5}$$

从式(5.3.5)看出：

(1) 线性缓变结的势垒电容和结面积及杂质浓度梯度的立方根成正比，因此减小结面积和降低杂质浓度梯度有利于减小势垒电容。

(2) 线性缓变结的势垒电容和($V_D - V$)的立方根成反比，增大反向电压，电容将减小。

突变结和线性缓变结的势垒电容，都与外加电压有关系，这在实际当中很有用处。一方面可以制成变容器件；另一方面可以用来测量结附近的杂质浓度和杂质浓度梯度等。

【例 5-3】 (1) 对于硅合金 PN^+ 结(取 $\varepsilon_r = 11.9$)，证明其势垒电容为

$$C_T = 2.91 \times 10^{-4} A\left(\frac{N_A}{V_D - V}\right)^{\frac{1}{2}} \text{(pF)}\text{(式中 } A \text{ 单位用 cm}^2\text{，} N_A \text{ 单位用 cm}^{-3}\text{)}$$

(2) 若 P 型区的电阻率 $\rho_p = 4\Omega \cdot \text{cm}$，接触势差为 $V_D = 0.3\text{V}$，设截面积的直径为 1.27mm，当外加反向电压为 4V 时求势垒电容 C_T。取空穴的迁移率为 $500\text{cm}^2/(\text{V} \cdot \text{s})$。

解 (1) 由 $C_T = \dfrac{\varepsilon_S A}{W}$，$W = \left[\dfrac{2\varepsilon_S V_D}{q}\dfrac{(N_A + N_D)}{N_A N_D}\right]^{\frac{1}{2}}$，外加电压时，$V_D$ 改为 $V_D \to V_D - V$，

并注意 $N_D \gg N_A$，得

$$C_T = \frac{\varepsilon_S A}{W} = A\left[\frac{q\varepsilon_S N_A}{2(V_D - V)}\right]^{\frac{1}{2}}$$

而

$$\left[\frac{q\varepsilon_S}{2}\right]^{\frac{1}{2}} = [0.5\times 1.6\times 10^{-19}\times 11.9\times 8.85\times 10^{-12}]^{\frac{1}{2}}$$

$$\approx 2.91\times 10^{-15}(\mathrm{F}\cdot\mathrm{V}^{\frac{1}{2}}\cdot\mathrm{m}^{-\frac{1}{2}})$$

所以

$$C_T = 2.91\times 10^{-15} A\left[\frac{N_A}{V_D - V}\right]^{\frac{1}{2}}(\mathrm{F})$$

式中，A 单位用 m^2，N_A 单位用 m^{-3}；若 A 单位改用 cm^2，N_A 单位用 cm^{-3}，则

$$C_T = 2.91\times 10^{-16} A\left[\frac{N_A}{V_D - V}\right]^{\frac{1}{2}}(\mathrm{F/cm}) = 2.91\times 10^{-4} A\left[\frac{N_A}{V_D - V}\right]^{\frac{1}{2}}(\mathrm{pF})$$

(2) $A = \pi R^2 = \dfrac{\pi D^2}{4} = 1.267\times 10^{-2}(\mathrm{cm}^2)$

由 $\rho = 1/(N_A q\mu_p)$ 得

$$N_A = 1/(\rho q\mu_p) = 1/(4\times 500\times 1.6\times 10^{-19}) = 3.125\times 10^{15}(\mathrm{cm}^{-3})$$

当 $V = -4\mathrm{V}$ 时，$V_D - V = 4 + 0.3 = 4.3(\mathrm{V})$，所以

$$C_T = 2.91\times 10^{-4}\times 1.267\times 10^{-2}\times(3.125\times 10^{15}/4.3)^{\frac{1}{2}} \approx 99.4(\mathrm{pF})$$

5.3.4 扩散电容的计算

前面已经指出，扩散电容是因扩散区载流子浓度随外加电压变化引起的电容效应，也就是说外加电压变化时，需要外电路注入电荷以适应 PN 结扩散区载流子浓度的变化。外电路通过 P 端注入的正电荷最后分成两部分：一部分空穴用于 N 侧扩散区空穴的增加，另一部分空穴用于平衡 P 侧扩散区少子电子数的增加。

注入 N 区和 P 区的非平衡少子分布

$$\Delta p(x) = p_{N0}\left[\exp\left(\frac{qV}{k_B T}\right) - 1\right]\exp\left(\frac{x_N - x}{L_p}\right) \tag{5.3.6}$$

$$\Delta n(x) = n_{P0}\left[\exp\left(\frac{qV}{k_B T}\right) - 1\right]\exp\left(\frac{x_P + x}{L_n}\right) \tag{5.3.7}$$

将式(5.3.6)和式(5.3.7)在扩散区内积分，可得单位面积扩散区内积累的载流子总电荷量

$$Q_p = \int_{x_n}^{\infty}\Delta p(x) q\,\mathrm{d}x = qL_p p_{N0}\left[\exp\left(\frac{qV}{k_B T}\right) - 1\right] \tag{5.3.8}$$

$$Q_n = \int_{-\infty}^{-x_p}\Delta n(x) q\,\mathrm{d}x = qL_n n_{P0}\left[\exp\left(\frac{qV}{k_B T}\right) - 1\right] \tag{5.3.9}$$

可得扩散区单位面积的微分电容

$$C_{Dp} = \frac{\mathrm{d}Q_p}{\mathrm{d}V} = \left(\frac{q^2 p_{N0} L_p}{k_B T}\right)\exp\left(\frac{qV}{k_B T}\right) \tag{5.3.10}$$

$$C_{\mathrm{Dn}}=\frac{\mathrm{d}Q_{\mathrm{n}}}{\mathrm{d}V}=\left(\frac{q^{2}n_{\mathrm{P0}}L_{\mathrm{n}}}{k_{\mathrm{B}}T}\right)\exp\left(\frac{qV}{k_{\mathrm{B}}T}\right) \tag{5.3.11}$$

单位面积总扩散电容

$$C'_{\mathrm{D}}=C_{\mathrm{Dp}}+C_{\mathrm{Dn}}=\left[q^{2}\frac{(p_{\mathrm{N0}}L_{\mathrm{p}}+n_{\mathrm{P0}}L_{\mathrm{n}})}{k_{\mathrm{B}}T}\right]\exp\left(\frac{qV}{k_{\mathrm{B}}T}\right) \tag{5.3.12}$$

设 A 为 PN 结的面积，则 PN 结加正向偏压时，总的微分扩散电容为

$$C_{\mathrm{D}}=AC'_{\mathrm{D}}=A\left[q^{2}\frac{(p_{\mathrm{N0}}L_{\mathrm{p}}+n_{\mathrm{P0}}L_{\mathrm{n}})}{k_{\mathrm{B}}T}\right]\exp\left(\frac{qV}{k_{\mathrm{B}}T}\right) \tag{5.3.13}$$

5.4 PN 结击穿

视频

实验发现，对 PN 结施加的反向偏压增大到某一数值 V_{BR} 时，反向电流密度突然开始迅速增大的现象称为 PN 结击穿。发生击穿时的反向偏压称为 PN 结的击穿电压，如图 5.4.1 所示。

图 5.4.1 PN 结的击穿

击穿现象中，电流增大的基本原因不是由于迁移率的增大，而是由于载流子数目的增加。PN 结击穿主要有三种：雪崩击穿、隧道击穿和热电击穿。本节对这三种击穿的机理给予简单说明。

5.4.1 雪崩击穿

在反向偏压下，流过 PN 结的反向电流，主要是由 P 区扩散到势垒区中的电子电流和由 N 区扩散到势垒区中的空穴电流所组成。当反向偏压很大时，势垒区中的电场很强，在势垒区内的电子和空穴由于受到强电场的漂移作用，具有很大的动能，它们与势垒区内的晶格原子发生碰撞时，能把价键上的电子碰撞出来，成为导电电子，同时产生一个空穴。从能带观点来看，就是高能量的电子和空穴把满带中的电子激发到导带，产生了电子-空穴对。如图 5.4.2 所示，PN 结势垒区中电子 1 碰撞出来一个电子 2 和一个空穴 2，于是一个载流子变成了三个载流子。这三个载流子（电子和空穴）在强电场作用下，向相反的方向运动，还会继续发生碰撞，产生第三代的电子-空穴对。空穴 1 也如此产生第二代、第三代的载流子。如此继续下去，载流子就大量增加，这种繁殖载流子的方式称为载流子的倍增效应。由于倍增效应，使势垒区单位时间内产生大量载流子，迅速增大了反向电流，从而发生 PN 结击穿，这就是雪崩击穿的机理。

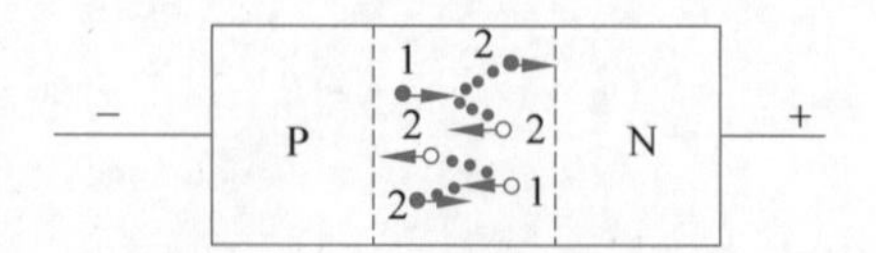

图 5.4.2 雪崩倍增机构

雪崩击穿除了与势垒区中电场强度有关外，还与势垒区的宽度有关，因为载流子动能的增加，需要有一个加速过程，如果势垒区很薄，即使电场很强，载流子在势垒区中加速达不到产生雪崩倍增效应所必需的动能，就不能产生雪崩击穿。

5.4.2 隧道击穿（齐纳击穿）

隧道击穿是在强电场作用下，由隧道效应，使大量电子从价带穿过禁带而进入导带所引

起的一种击穿现象。因为最初是由齐纳(Zener)提出来解释电介质击穿现象的,故称为齐纳击穿。

当PN结加反向偏压时,势垒区能带发生倾斜,反向偏压越大,势垒越高,势垒区的内建电场也越强,势垒区能带也越加倾斜,甚至可以使N区的导带底比P区的价带顶还低,如图5.4.3所示。内建电场使P区的价带电子得到附加势能;当内建电场大到某值以后,价带中的部分电子所得到的附加势能可以大于禁带宽度E_g,如果图中P区价带中的A点和N区导带的B点有相同的能量,则在A点的电子可以过渡到B点。因为A和B之间隔着水平距离为Δx的禁带,所以电子从A到B的过渡一般不会发生。随着反向偏压的增大,势垒区内的电场增强,能带更加倾斜,Δx将变得更短。当反向偏压达到一定数值,Δx短到一定程度时,量子力学证明,P区价带中的电子将通过隧道效应穿过禁带而到达N区导带中。

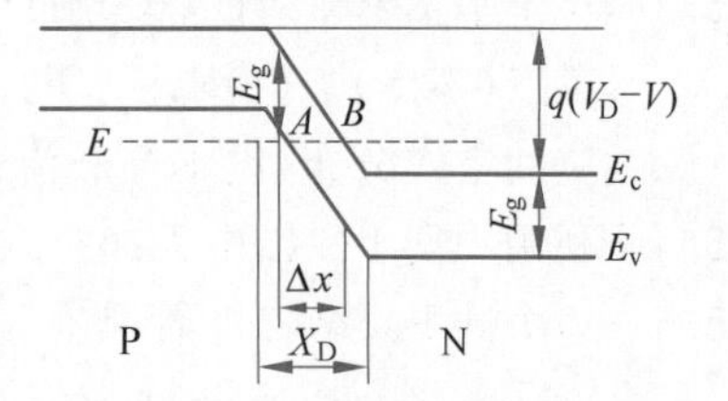

图5.4.3 大反向偏压下PN结的能带图

对于一定的半导体材料,势垒区中的电场越大,或隧道长度Δx越短,则电子穿过隧道的概率越大。当电场大到或Δx短到一定程度时,将使P区价带中大量的电子隧道穿过势垒到达N区导带中去,使反向电流急剧增大,于是PN结就发生隧道击穿,这时外加的反向偏压即为隧道击穿电压(或齐纳击穿电压)。

在杂质浓度较低,反向偏压大时,势垒宽度增大,隧道长度会变长,不利于隧道击穿,但是却有利于雪崩倍增效应,所以在一般杂质浓度下,雪崩击穿为主要的。而后者即杂质浓度高时,反向偏压不高的情况下就能发生隧道击穿,由于势垒区宽度小,不利于雪崩倍增效应,所以在重掺杂的情况下,隧道击穿为主要的。实验表明,对于重掺杂的锗、硅PN结,当击穿电压$V_{BR}<4E_g/q$时,一般为隧道击穿;当$V_{BR}>6E_g/q$时,一般为雪崩击穿;当$4E_g/q<V_{BR}<6E_g/q$时,两种击穿都存在。

5.4.3 热电击穿

当PN结上施加反向电压时,流过PN结的反向电流要引起热损耗。反向电压逐渐增大时,对应于一定的反向电流所损耗的功率也增大,这将产生大量热能。如果没有良好的散热条件使这些热能及时传递出去,则将引起结温上升。

反向饱和电流密度随温度按指数规律上升,其上升速度很快,因此,随着结温的上升,反向饱和电流密度也迅速上升,产生的热能也迅速增大,进而又导致结温上升,反向饱和电流密度增大。如此反复循环,最后使J_s无限增长而发生击穿。这种由于热不稳定性引起的击穿,称为热电击穿。对于禁带宽度比较小的半导体如锗PN结,由于反向饱和电流密度较大,在室温下这种击穿很重要。

习 题 5

5.1 若$N_D=5\times10^{15}\text{cm}^{-3}$,$N_A=1\times10^{17}\text{cm}^{-3}$,取$n_i=2.5\times10^{13}\text{cm}^{-3}$,$k_BT=0.026\text{eV}$,求室温下Ge突变PN结的$V_D$。

5.2 有锗 PN 结，设 P 区的掺杂浓度为 N_A，N 区掺杂浓度为 N_D，已知 $N_D=10^2 N_A$，而 N_A 相当于 10^8 个锗原子中有一个受主原子，计算室温下接触电势差 V_D。若 N_A 浓度保持不变，而 N_D 增加 10^2 倍，试求接触电势差的改变。取锗原子密度 $4.4\times10^{22}\mathrm{cm}^{-3}$。

5.3 对于平衡 PN 结，电子分布可表示为 $n(x)=n_{p0}\mathrm{e}^{qV(x)/k_BT}$，其中电势 $V(x)$ 以 P 区为参考点(零点)。(1)求证：电子的扩散电流与漂移电流大小相等、方向相反。(2)求出相应的空穴分布，设本征载流子浓度为 n_i。

5.4 利用平衡 PN 结中无净空穴电流(或净电子电流)流过，推导接触电势差公式。

5.5 一个硅 PN 结二极管具有下列参数：$N_D=10^{16}\mathrm{cm}^{-3}$，$N_A=5\times10^{18}\mathrm{cm}^{-3}$，$\tau_n=\tau_p=1\mu\mathrm{s}$，电子和空穴的迁移率分别为 $500\mathrm{cm}^2/(\mathrm{V\cdot s})$ 和 $180\mathrm{cm}^2/(\mathrm{V\cdot s})$，PN 结的面积 $A=0.01\mathrm{cm}^2$。在室温 300K 下的本征载流子浓度为 $1.5\times10^{10}\mathrm{cm}^{-3}$，试计算室温下(1)电子和空穴的扩散长度；(2)正向电流为 1mA 时的外加电压。(取 $k_BT=0.026\mathrm{eV}$)。

5.6 一个突变 PN 结由电阻率为 $2\Omega\cdot\mathrm{cm}$ 的 P 型 Si 和电阻率为 $1\Omega\cdot\mathrm{cm}$ 的 N 型 Si 组成，在室温 300K 时，试计算接触势垒 V_D 和 PN 结势垒宽度。已知 P 区中空穴迁移率为 $380\mathrm{cm}^2/(\mathrm{V\cdot s})$，N 区中电子迁移率为 $900\mathrm{cm}^2/(\mathrm{V\cdot s})$，取 Si 的相对介电常数为 11.9。

5.7 (1) 由 PN 结接触电势差公式 $V_D=\dfrac{k_BT}{q}\ln\dfrac{N_AN_D}{n_i^2}$ 证明：

$$\frac{\mathrm{d}V_D}{\mathrm{d}T}=\frac{k_B}{q}\left[\ln\frac{N_AN_D}{n_i^2}-\frac{E_g(0)}{k_BT}-3\right]$$，$E_g(0)$ 为 $T\to0$ 时的禁带宽度。

(2) 对于硅，取 $E_g(0)=1.21\mathrm{eV}$，300K 时 $n_i=1.5\times10^{10}\mathrm{cm}^{-3}$，如果 $N_A=9\times10^{16}\mathrm{cm}^{-3}$，$N_D=2\times10^{16}\mathrm{cm}^{-3}$，分别计算 $T=300\mathrm{K}$、400K、500K 时的 $\dfrac{\mathrm{d}V_D}{\mathrm{d}T}$。

5.8 考虑不同掺杂浓度对势垒电容的影响，(a)N_A、N_D 都较大；(b)N_A、N_D 都较小，但是均远大于 n_i($n_i\sim10^{10}\mathrm{cm}^{-3}$)；(c)一个较大，另一个较小。上述三种情况的势垒电容分别记为 C_1、C_2、C_3，设大浓度取 $10^{18}\mathrm{cm}^{-3}$，小浓度取 $10^{12}\mathrm{cm}^{-3}$。计算 C_1/C_2 和 C_3/C_2。

第6章 固体表面及界面接触现象

CHAPTER 6

前几章的讨论中常假设晶体是无限的，即使必须考虑晶体有限大小时也采用周期性边界条件而忽略实际边界的真实影响。但实际固体总是存在边界的，而且固体只有通过它的边界面才能和周围的环境相互作用，所以必须搞清表面的作用才能完整理解固体的物理性能。

固体的表面效应和体内的效应有许多不同的特性，而且固体器件往往都是由不同种类的半导体、金属、绝缘层等相互接触而构成的，接触界面以及界面附近的物理效应往往支配着器件的特性，尤其是对器件的稳定性和可靠性有直接的影响。因此，研究固体表面物理效应，探讨不同材料接触界面的物理性质，对于改善器件性能，提高器件的稳定性和可靠性，以及探索新型的固体器件都具有十分重要的意义。

本章简单介绍有关表面的最初步的概念，在表面电场作用下半导体表面层的状态，金属和半导体接触时发生的现象，以及金属、绝缘层和半导体组成的结构的电容特性等。

6.1 表 面 态

6.1.1 理想表面和实际表面

通常把固体与真空之间的分界面称为“表面”，而把不同相或不同类的物质之间的分界面称为“界面”。设想在无限晶体中插进一个平面，然后将其分成两部分，这个分界面称为“理想表面”，此时表面层中原子排列的对称性与体内原子完全相同，且表面不附着任何原子或分子。理想表面实际上是不存在的。

实际表面可分为清洁表面和真实表面。一个没有杂质吸附和氧化层的实际表面称为清洁表面，可以用多种方法获得半导体的清洁表面，如使半导体在超高真空下（接近或高于10^{-7} Pa）沿解理面裂开。由于在垂直表面方向上三维平移对称性被破坏，清洁表面原子将偏离原来三维晶格时的平衡位置，沿垂直表面方向偏离平衡位置称为表面弛豫，沿平行表面方向偏离平衡位置称为表面重构。不同材料形成自己特有的表面结构。

日常接触到的大量实际表面，哪怕经过严格的清洗，看起来是“清洁的”，实际上由于环境的影响，表面往往生成氧化物或其他化合物，还可能有物理吸附层，甚至还有与表面接触过的各种物体留下的痕迹，我们称这种表面为真实表面。

因此，“表面”并不是一个几何面，而是指大块晶体的三维周期结构与真空之间的过渡区，它包括了所有不具有体内三维周期性的原子层。

6.1.2 表面态概述

周期性势场因晶格不完整性使势场的周期性受到破坏时,会在禁带中产生附加能级。当晶体存在表面时,在垂直表面方向上破坏了原有的三维无限晶格的周期性,这样,晶格电子的势能在垂直表面的方向上不再存在平移对称性。因此与原来的三维无限晶格相比,其哈密顿本征值谱中出现一些新的本征值,这就是由于表面的存在而引起的附加电子能态,这些本征值所对应的波函数是沿着与表面垂直的方向向体内指数衰减的,即处于这种状态的电子将定域在表面层中,所以这些附加的电子能态称为**表面态**,对应的能级称为**表面能级**。

表面态的概念可以通过化学键理论得到一个直观的解释。图 6.1.1 是硅晶格示意图,每个硅原子的 4 个价电子与最邻近的 4 个硅原子的各 1 个价电子组成共价键。在硅晶体的表面,由于晶格突然中断,最外层的硅原子出现未配对的电子,即存在 1 个未饱和的键,称为悬挂键。在悬挂键上的每个电子必然要对应 1 个能量状态,这些电子能量状态既与体内配对价键上的电子能量状态不同,也与处在晶格空间的准自由电子的能量状态不一样,称为表面态。从能量高低的角度考虑,表面态的能量应该高于价带中电子的能量而低于导带中电子的能量,因此,它们的能量值必定在禁带范围里。

表面处,每个悬挂键都能提供 1 个表面态,由于悬挂键的密度通常很高,键与键之间有较强的相互作用,所以电子能量状态分裂成为表面能带,表面能带中的每个表面能级,对应着每个悬挂键上的电子的能量状态,如图 6.1.2 所示。

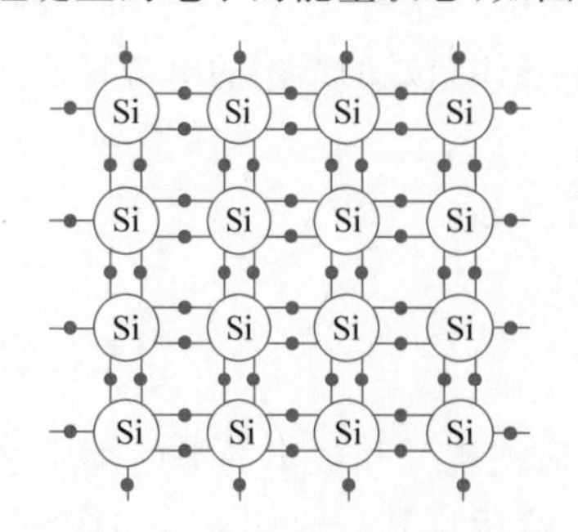

图 6.1.1 硅表面悬挂键示意图

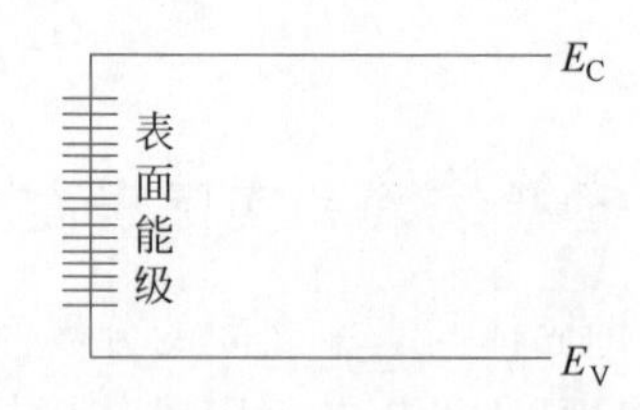

图 6.1.2 表面能级示意图

1932 年达姆(Tamm)首先提出了表面态的概念,并用一维克龙尼克-潘纳模型计算了表面态的波函数及能级。达姆表面态是周期性势场在表面处的非对称性中断引起的。表面态的存在可以用薛定谔方程来进行较为严格的证明。假设垂直表面的方向为 z 方向,该方向上的一维半无限晶格周期势场为

$$V(z)=\begin{cases}V_0, & z\leqslant 0\\ V(z+a), & z>0\end{cases}\tag{6.1.1}$$

在该势场作用下,电子的波函数 $\psi(z)$和对应的能级 E 满足以下定态薛定谔方程

$$\begin{aligned}&\left[-\frac{\hbar^2}{2m_0}\frac{\mathrm{d}^2}{\mathrm{d}z^2}+V_0\right]\psi(z)=E\psi(z), \quad z\leqslant 0\\ &\left[-\frac{\hbar^2}{2m_0}\frac{\mathrm{d}^2}{\mathrm{d}z^2}+V(z)\right]\psi(z)=E\psi(z), \quad z>0\end{aligned}\tag{6.1.2}$$

考虑到表面处的电子能量应该小于真空能量 V_0，而电子波函数必须满足有限单值连续的条件，可以得到以上方程的解，电子能级为

$$E = V_0 - \frac{\hbar^2}{2m_0}\left[\frac{u'_{\mathrm{k}}(0)}{u_{\mathrm{k}}(0)} + \mathrm{i}2\pi k\right]^2 \tag{6.1.3}$$

电子波函数为

$$\begin{aligned} \psi_1(z) &= A\exp\left\{\frac{[2m_0(V_0 - E)]^{1/2}}{\hbar}z\right\}, \quad z \leqslant 0 \\ \psi_2(z) &= A_1 u_{\mathrm{k}}(z)\exp(\mathrm{i}2\pi k'z - 2\pi k''z), \quad z > 0 \end{aligned} \tag{6.1.4}$$

式中，$u_{\mathrm{k}}(z)$是以 a 为周期的周期函数，k 是电子波的波矢，并具有复数形式 $k=k'+\mathrm{i}k''$。从式(6.1.4)可以看出，在 $z=0$ 处的两边，随着与表面之间距离的增大，波函数都是按指数规律衰减的，这表明电子的分布概率主要集中在 $z=0$ 处，电子被局限在表面附近，这些电子状态即表面态。由式(6.1.3)所表示的是表面态对应的能级，即表面能级，它位于禁带内。

表面态可以和体内交换电子和空穴，根据表面态被电子占据后所带电性的不同，表面态可分为类施主态和类受主态。通常将空态时呈中性而电子占据后带负电的表面态称为**类受主态**；将空态时带正电而被电子占据后呈中性的表面态称为**类施主态**。实验表明，硅的类受主态靠近导带，类施主态靠近价带，这和硅体内浅能级杂质的受主态和施主态的位置正好相反。

根据表面态和体内交换电子的速率，可将表面态分为快态和慢态。快态同体内交换电子的过程在毫秒级或更短的时间完成，而慢态所花时间则较长，从毫秒以上直至数小时或更长。对硅而言，慢态处于硅表面天然氧化层(其厚度约为零点几纳米到几纳米)的外表面，也可能来自 Si/SiO_2 界面附近的结构缺陷或杂质所形成的表面态；慢态与体内交换电子时必须通过氧化层，因此就比较困难，时间可能很长。快态则主要处于硅与表面氧化层之间，当外界作用导致硅体内电子分布发生变化时，快态能与体内状态快速交换电子，表面态中的电子占据情况随之很快变化。

表面态对半导体的各种物理过程有重要影响，例如，它可以成为半导体少数载流子有效的产生和复合中心，决定了表面复合的特性；表面态能对多数载流子起散射作用，因而降低表面迁移率，影响表面电导。表面态的带电将产生1个垂直半导体表面的电场，与此相关的效应将在6.2节讨论。

6.1.3 表面态密度

表6.1.1给出了硅有代表性的晶面内每单位面积的原子数，即悬挂键数。

表 6.1.1 硅表面的表面态密度

晶面	每个原子的悬挂键数	每单位面积的原子数	表面态密度/cm^{-2}
(100)	2	$2/a^2$	$4/a^2=1.36\times10^{15}$
(110)	1	$4/(\sqrt{2}a^2)$	$4/(\sqrt{2}a^2)=9.59\times10^{14}$
(111)	2	$4/(\sqrt{3}a^2)$	$8/(\sqrt{3}a^2)=1.57\times10^{15}$

注：硅的晶格常数为0.543nm。

受环境影响，表面往往生成氧化物或其他化合物。如硅表面生长 SiO_2，表面大量悬挂键被氧原子饱和，表面态密度大为降低，实验测得的表面态密度常为 $10^{10}\sim10^{12}\,cm^{-2}$，比理论值低很多。

6.2 表面电场效应

视频

在半导体器件的应用中，有多种原因会使半导体表面层内产生电场，例如，给半导体器件加上偏压，使功函数不同的金属和半导体接触，或使半导体表面外吸附某种带电离子等。本节讨论在外加电场作用下半导体表面发生的现象。

6.2.1 外电场对半导体表面的影响

首先讨论理想情形下，外加电场作用于半导体表面发生的现象。所谓理想情形，是指热平衡状态的半导体表面不存在任何表面态电荷。如图 6.2.1 所示，在一块与半导体表面平行的平板金属与半导体之间加上外电压 V，就会有 1 个电场（强度 E_0）作用于半导体表面，这相当于金属与半导体之间构成平板电容器。半导体表面面电荷密度可以写为

$$Q_S=-\varepsilon_0 E_0 \tag{6.2.1}$$

这说明在半导体表面存在一定的电荷分布，这种分布与金属板上的电荷分布有所不同。金属自由电子浓度很高，电荷基本上分布在一个或几个原子层的厚度范围之内，而半导体中载流子浓度要低得多，要积累一定的面电荷就要占相当厚的一层，通常需要几百甚至上千个原子间距，这一带电的半导体表面层形成一个空间电荷区。

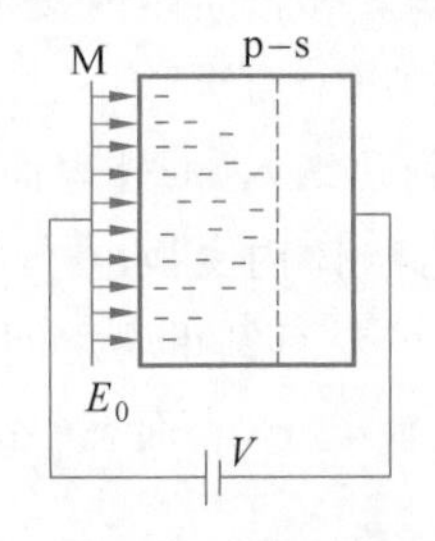

图 6.2.1 外加电场作用于半导体表面

空间电荷的存在可以屏蔽外电场，使其不能深入半导体内部。如图 6.2.1 所示，以 P 型半导体为例，在指向半导体表面的电场 E_0 的作用下，表面层内多数载流子（空穴）将受到电场的作用而漂移走，留下负电中心而形成带负电荷的空间电荷区。因空间电荷区有一定的厚度，空间电荷形成的内建电场逐渐将外加电场抵消掉，即电场由几何表面向内随着距离增加而逐渐减少，直至表面层内侧，总电场为零，所以外电场在半导体的表面层中被逐渐屏蔽。

由于表面层内存在电场，就必然存在电势能。当附加了电势能后，半导体表面层内的能带必然发生变化。下面，以 P 型半导体为例分析外电场对半导体能带的影响。

外加电场作用于半导体表面处（$x=0$）的电场强度就是外电场 E_0，进入半导体内部电场逐渐减弱至 d 处场强为零，电场的方向由半导体表面指向半导体内部。因此，表面空间电荷区内的电场强度应为深入距离 x 的函数，记为 $E(x)$，如图 6.2.2(a)所示。

空间电荷区有电场存在，就必然有电势存在，电场与电势的关系为

$$E(x)=-\frac{\mathrm{d}V(x)}{\mathrm{d}x} \tag{6.2.2}$$

积分可获得电势随深入距离 x 的函数关系，如图 6.2.2(b)所示。由于电场指向内部，故电势从半导体表面向内逐渐降低，到 d 处之后电场为零，即电势不再变化。取体内为电势的参考点（即电势值取为零），则表面的电势值 V_S 就等于**半导体表面与体内之间的电势差，称**

为半导体的表面势。将电势 $V(x)$ 乘以电子电荷 $-q$，就是电子电势能 $-qV(x)$，电子电势能降落方向与电势降落方向相反，从 d 处到半导体表面，电子电势能从零降低至 $-qV_S$，如图 6.2.2(c)所示。而对于空穴而言，其电势能的变化情形恰与电子电势能相反。

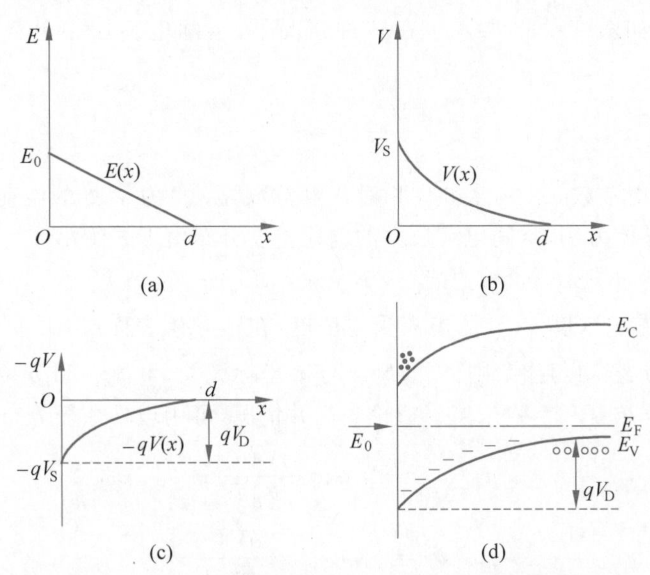

图 6.2.2　空间电荷区内的电场、电势、电子势能及能带

(a) 电场；(b) 电势；(c) 电子势能；(d) 能带

由于空间电荷区出现附加的静电势能，使电子在半导体内部和表面层的势能不相同，那么能带就要发生变化。考虑导带底任意 x 位置处的电子，由于附加的电势能为 $-qV(x)$，所以此处电子能量应为 $E_C-qV(x)$，而价带顶则应为 $E_V-qV(x)$。由此可见，在半导体的表面层内，能带是向下弯曲的，如图 6.2.2(d)所示。对于空穴，越靠近表面($x=0$)处，电势能就越高，假如空穴要从半导体内部移至表面，就必须克服这一势能的高坡。这里讨论的是 P 型半导体，空穴是多子，而这种半导体表面空间电荷区中多数载流子势能陡起的情形称为表面势垒。半导体表面($x=0$)处与内部($x=d$)处的势能之差称为表面势垒高度，势垒高度用符号 qV_D 表示。显然，表面势垒高度为

$$qV_D=|qV_S| \tag{6.2.3}$$

以上是以指向 P 型半导体表面的电场为例，说明了半导体表面受电场影响的情形。而当电场背离半导体时，$qV_S<0$，由内部到表面能带是向上弯曲的，空穴趋向表面，而电子会被驱出表面层。所以，当外电场背向 N 型半导体时，也形成多数载流子(电子)的表面势垒。

6.2.2　表面空间电荷区的电场、面电荷密度和电容

实际应用中加在半导体表面上的电场可能有多种来源，既有外加的电场，也有半导体和金属接触形成的电场(见 6.3 节)或者由于半导体表面态附着电荷形成的电场等。但不管电场的起因是什么，到达稳定时半导体表面层内的电场变化是与相应的电荷分布联系在一起的。要深入分析外加电场作用于半导体表面出现的空间电荷区的性质，就需要定量求得其中的电场和电势的分布，进而求得面电荷密度和表面微分电容。这些问题，需要通过求解泊松(Poisson)方程而得到解决。

假设半导体表面线度远比空间电荷层厚度大，即可以把平整的表面看成是无限大的，电场的变化可简化为一维情况来处理。将表面处看作坐标原点，而垂直于表面向半导体内部作为 x 坐标方向。因此，空间电荷层中的电荷密度、电场、电势等都得随 x 坐标而变化，而被记为 x 的函数，如图 6.2.2 所示。在这种情况下，空间电荷层中电势所满足的泊松方程为

$$\frac{\mathrm{d}^2 V(x)}{\mathrm{d}x^2} = -\frac{\rho(x)}{\varepsilon_0 \varepsilon_{\mathrm{rs}}} \tag{6.2.4}$$

式中，ε_0 为真空介电常数，$\varepsilon_{\mathrm{rs}}$ 为半导体相对介电常数，$\rho(x)$为 x 处的电荷密度。若以处于热平衡的 P 型半导体为例，空间电荷层中的电荷密度分布由下式给出

$$\rho(x) = q\left[N_{\mathrm{D}}^{+} - N_{\mathrm{A}}^{-} + p_{\mathrm{P}}(x) - n_{\mathrm{P}}(x)\right] \tag{6.2.5}$$

式中，N_{D}^{+} 为电离施主浓度，N_{A}^{-} 为电离受主浓度，在半导体表面层，由于杂质已基本电离，并且是固定不动的，若均匀掺杂则 N_{D}^{+}、N_{A}^{-} 与 x 坐标无关；$n_{\mathrm{p}}(x)$和 $p_{\mathrm{p}}(x)$分别表示 P 型半导体 x 处的电子浓度和空穴浓度。讨论非简并情况，可用玻耳兹曼分布，则

$$n_{\mathrm{P}}(x) = n_{\mathrm{P0}} \exp\left[\frac{qV(x)}{k_{\mathrm{B}}T}\right] \tag{6.2.6}$$

$$p_{\mathrm{P}}(x) = p_{\mathrm{P0}} \exp\left[-\frac{qV(x)}{k_{\mathrm{B}}T}\right] \tag{6.2.7}$$

式中，n_{P0} 和 p_{P0} 分别表示半导体内部热平衡电子浓度和热平衡空穴浓度，$V(x)$以半导体内部为参考点(电势零点)。

半导体内部，电中性条件成立，$\rho(x)=0$，有

$$N_{\mathrm{D}}^{+} - N_{\mathrm{A}}^{-} = n_{\mathrm{P0}} - p_{\mathrm{P0}} \tag{6.2.8}$$

将式(6.2.6)和式(6.2.7)代入式(6.2.5)，然后再代入式(6.2.4)，并利用电中性条件式(6.2.8)得

$$\frac{\mathrm{d}^2 V}{\mathrm{d}x^2} = -\frac{q}{\varepsilon_{\mathrm{rs}}\varepsilon_0}\left\{p_{\mathrm{P0}}\left[\exp\left(-\frac{qV}{k_{\mathrm{B}}T}\right) - 1\right] - n_{\mathrm{P0}}\left[\exp\left(\frac{qV}{k_{\mathrm{B}}T}\right) - 1\right]\right\} \tag{6.2.9}$$

式(6.2.9)就是外电场垂直作用于热平衡 P 型半导体表面层所满足的泊松方程，式中电压 V 是坐标 x 的函数。

注意 $E(x) = -\frac{\mathrm{d}V(x)}{\mathrm{d}x}$，故$\frac{\mathrm{d}^2 V}{\mathrm{d}x^2} = \frac{\mathrm{d}}{\mathrm{d}x}\left(\frac{\mathrm{d}V}{\mathrm{d}x}\right) = \frac{\mathrm{d}V}{\mathrm{d}x}\frac{\mathrm{d}}{\mathrm{d}V}\left(\frac{\mathrm{d}V}{\mathrm{d}x}\right) = E\,\frac{\mathrm{d}E}{\mathrm{d}V}$，将式(6.2.9)两边乘以 $\mathrm{d}V$ 并积分得

$$E^2 = \left(\frac{2k_{\mathrm{B}}T}{q}\right)^2 \left(\frac{q^2 p_{\mathrm{p0}}}{2\varepsilon_{\mathrm{rs}}\varepsilon_0 k_{\mathrm{B}}T}\right)\left\{\left[\exp\left(-\frac{qV}{k_{\mathrm{B}}T}\right) + \frac{qV}{k_{\mathrm{B}}T} - 1\right] + \frac{n_{\mathrm{p0}}}{p_{\mathrm{p0}}}\left[\exp\left(\frac{qV}{k_{\mathrm{B}}T}\right) - \frac{qV}{k_{\mathrm{B}}T} - 1\right]\right\} \tag{6.2.10}$$

令 $L_{\mathrm{D}} = \left(\frac{2\varepsilon_{\mathrm{rs}}\varepsilon_0 k_{\mathrm{B}}T}{q^2 P_{\mathrm{P0}}}\right)^{\frac{1}{2}}$，称为**德拜(Debye)长度**，对于 N 型样品德拜长度为 $L_{\mathrm{D}} = \left(\frac{2\varepsilon_{\mathrm{rs}}\varepsilon_0 k_{\mathrm{B}}T}{q^2 n_{\mathrm{N0}}}\right)^{\frac{1}{2}}$，由此可知，掺杂浓度越高，德拜长度越小。引入 F 函数

$$F(x,\kappa) = \{[\exp(-x) + x - 1] + \kappa[\exp(x) - x - 1]\}^{\frac{1}{2}} \tag{6.2.11}$$

根据式(6.2.10),电场的表示式可以写为

$$E=\pm\frac{2k_{\mathrm{B}}T}{qL_{\mathrm{D}}}F\left(\frac{qV}{k_{\mathrm{B}}T},\frac{n_{\mathrm{P0}}}{p_{\mathrm{P0}}}\right) \tag{6.2.12}$$

式中,当 $V>0$ 时取正号,当 $V<0$ 时取负号。在表面($x=0$)处,$V=V_{\mathrm{S}}$,由式(6.2.12)可得半导体表面处的电场强度为

$$E_{\mathrm{S}}=\pm\frac{2k_{\mathrm{B}}T}{qL_{\mathrm{D}}}F\left(\frac{qV_{\mathrm{S}}}{k_{\mathrm{B}}T},\frac{n_{\mathrm{P0}}}{p_{\mathrm{P0}}}\right) \tag{6.2.13}$$

已知表面电场,根据高斯定理,可以求得表面电荷密度 Q_{S} 为

$$Q_{\mathrm{S}}=-\varepsilon_{\mathrm{rs}}\varepsilon_{0}E_{\mathrm{S}} \tag{6.2.14}$$

式中,负号是由于规定电场指向半导体内部为正时,半导体表面出现的是负的电荷。将式(6.2.13)代入式(6.2.14)得

$$Q_{\mathrm{S}}=\mp\frac{2\varepsilon_{\mathrm{rs}}\varepsilon_{0}k_{\mathrm{B}}T}{qL_{\mathrm{D}}}F\left(\frac{qV_{\mathrm{S}}}{k_{\mathrm{B}}T},\frac{n_{\mathrm{P0}}}{p_{\mathrm{P0}}}\right) \tag{6.2.15}$$

式中,当 $V_{\mathrm{S}}>0$ 时,Q_{S} 取负号;而当 $V_{\mathrm{S}}<0$ 时,Q_{S} 取正号。

从式(6.2.15)可以看到,当 V_{S} 改变时,Q_{S} 也改变,也就是说表面空间电荷层的面电荷密度 Q_{S} 随表面势 V_{S} 改变而变化,这相当于一个电容效应。微分电容可由 $C_{\mathrm{S}}=\left|\frac{\partial Q_{\mathrm{S}}}{\partial V_{\mathrm{S}}}\right|$ 求得

$$C_{\mathrm{S}}=\frac{\varepsilon_{\mathrm{rs}}\varepsilon_{0}}{L_{\mathrm{D}}}\left|\frac{\left[1-\exp\left(-\frac{qV_{\mathrm{S}}}{k_{\mathrm{B}}T}\right)\right]+\frac{n_{\mathrm{P0}}}{p_{\mathrm{P0}}}\left[\exp\left(\frac{qV_{\mathrm{S}}}{k_{\mathrm{B}}T}\right)-1\right]}{F\left(\frac{qV_{\mathrm{S}}}{k_{\mathrm{B}}T},\frac{n_{\mathrm{P0}}}{p_{\mathrm{P0}}}\right)}\right| \tag{6.2.16}$$

式(6.2.16)给出的是单位面积的电容,用国际单位制时,其单位为 $\mathrm{F/m^2}$。

F 函数在许多情况都可以简化,根据式(6.2.11),$\kappa=1$ 时,对于 $x<-3$,$F(x,\kappa)\approx \mathrm{e}^{-x/2}$,而对于 $x>3$,$F(x,\kappa)\approx\kappa^{1/2}\mathrm{e}^{x/2}$。图 6.2.3 表示不同 κ 取值下的 F 函数,$\kappa=1$(图中 $\kappa=10^{0}$),$x<-3$ 或 $x>3$ 时都近似为直线,纵坐标以对数形式表示,图中近似为直线意味着函数按指数变化。但 $\kappa=10^{-5}$ 或 $\kappa=10^{-10}$ 时,对于 $x<-3$,仍有 $F(x,\kappa)\approx\mathrm{e}^{-x/2}$;而右边即 $x>0$ 一侧,则分别需达到 $x>16$ 和 $x>28$ 时,才有 $F(x,\kappa)\approx\kappa^{1/2}\mathrm{e}^{x/2}$。再如 $|x|$ 很小

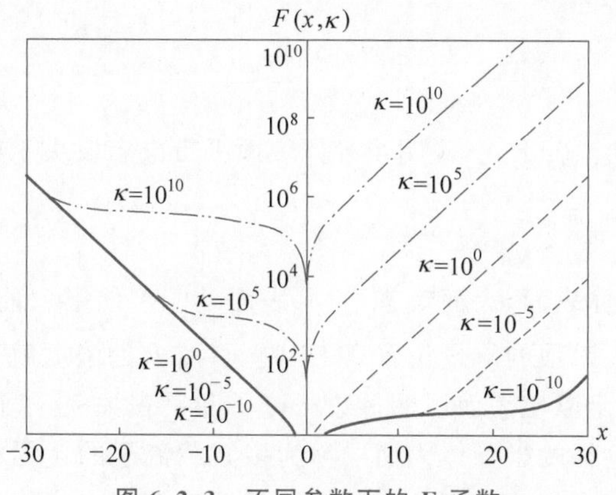

图 6.2.3 不同参数下的 F 函数

时，$F(x,\kappa)\approx\left(\frac{1+\kappa}{2}\right)^{1/2}|x|$。不同的 κ 取值及不同的 x 范围，F 函数有不同的简化形式，这种简化在下面讨论各种表面层状态时会用到。

仿真图解

6.2.3 各种表面层状态

上述是以外电场作用于P型半导体表面的情形为例，通过解泊松方程，求得普遍情况下的表面电场、面电荷密度以及表面微分电容的表示式。在实际应用中，因作用于半导体表面的外电场方向和场强各不相同，往往会出现不同的表面层状态。下面以非简并P型半导体为例，对出现的几种不同状态进行定性讨论。至于各种表面状态下的 E_S、Q_S、C_S 的定量分析，可以根据普遍情况下的公式，通过抓主要矛盾的方法化简 F 函数而得到结论，这里不作详细推导。

1. 多数载流子堆积状态

若外电场 E_0 背向P型半导体表面，即表面势 $V_S<0$，半导体表面处能带向上弯，多数载流子空穴受外电场吸引堆积在半导体表面层而带正电荷，即形成正的空间电荷区，而且越靠近表面空穴浓度就越高。这样在半导体表面形成所谓多数载流子的堆积层，如图6.2.4所示。这时 $\frac{qV_S}{k_B T}$ 为负值，且数值较大，由式(6.2.16)，多数载流子堆积状态的表面微分电容可近似为

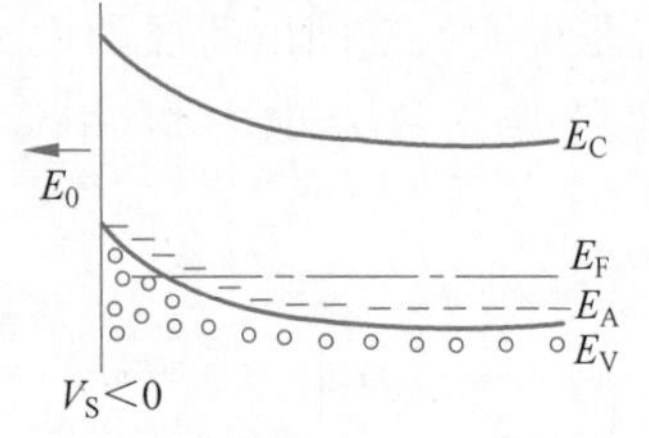

图6.2.4 多数载流子堆积状态

$$C_S=\frac{\varepsilon_{rs}\varepsilon_0}{L_D}\exp\left(-\frac{qV_S}{2k_B T}\right) \tag{6.2.17}$$

在多数载流子堆积的状态下，表面电势的绝对值 $|V_S|$ 越大，能带在表面处向上弯曲得越厉害，表面层的空穴浓度越高，表面微分电容也就越大。

2. 平带状态

理想的自由半导体表面，没有任何外界作用因素，表面能带不发生弯曲，半导体表面处于平带状态。如果没有外电场作用，$V_S=0$，即 E_S、Q_S 都为零；但是表面微分电容并不为零，这是因为即使 $V_S=0$，当 V_S 有变化趋势时，Q_S 也必然有变化趋势，所以微分电容依然存在。称半导体表面处于平带状态时的微分电容为平带电容，用 C_{FBS} 表示。经分析平带电容的表示式如下

$$C_{FBS}=\frac{\sqrt{2}\varepsilon_{rs}\varepsilon_0}{L_D} \tag{6.2.18}$$

由式(16.2.18)并结合 L_D 表示式，说明半导体表面平带电容取决于半导体的性质以及多数载流子的浓度。

3. 耗尽状态

若外电场指向半导体表面，表面势 $V_S>0$，表面处能带向下弯曲，形成多数载流子空穴的势垒。越靠近表面，价带顶的能量位置离 E_F 越远，空穴的浓度就越低。假设外电场作用使半导体表面势垒高到足以使表面层的多数载流子几乎丧失完，表面层的电荷密度基本上等于电离杂质的浓度，这样的半导体表面层称为多数载流子的耗尽状态，如图6.2.5所示。由于空穴浓度很低，所以在表面附近的费米能级已接近禁带中线位置。这种耗尽状态下表

面微分电容表示式为

$$C_S=\left(\frac{N_A q\varepsilon_{rs}\varepsilon_0}{2V_S}\right)^{\frac{1}{2}} \tag{6.2.19}$$

在多数载流子耗尽状态,可用耗尽层近似来处理,对掺杂均匀的P型半导体,电荷密度为$\rho(x)=-qN_A$,泊松方程为

$$\frac{d^2V}{dx^2}=\frac{qN_A}{\varepsilon_{rs}\varepsilon_0} \tag{6.2.20}$$

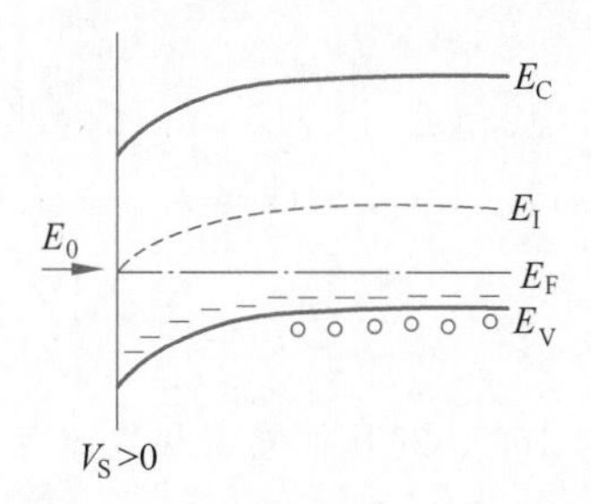

图6.2.5　多数载流子耗尽状态

令x_d为耗尽层宽度,解泊松方程(6.2.20),并代入边界条件

$$V(x_d)=0,\quad \left.\frac{dV}{dx}\right|_{x_d}=0$$

得电场分布为

$$E=-\frac{dV}{dx}=\frac{qN_A}{\varepsilon_{rs}\varepsilon_0}(x_d-x) \tag{6.2.21}$$

对式(6.2.21)积分,并代入边界条件得电势分布为

$$V=\frac{qN_A}{2\varepsilon_{rs}\varepsilon_0}(x_d-x)^2 \tag{6.2.22}$$

令式(6.2.22)中$x=0$,得表面势为

$$V_S=\frac{qN_A x_d^2}{2\varepsilon_{rs}\varepsilon_0} \tag{6.2.23}$$

将式(6.2.23)代入式(6.2.19)得

$$C_S=\frac{\varepsilon_{rs}\varepsilon_0}{x_d} \tag{6.2.24}$$

由式(6.2.24)可见,耗尽层中单位面积微分电容C_S相当于一个距离为x_d的平板电容器的单位面积电容。这说明表面势的增加,耗尽层宽度随之增加,面电荷密度的增加主要由加宽了的那部分耗尽层中的电离杂质电荷来承担。电容C_S随V_S的变化,体现在随x_d的变化上。

4. 少数载流子反型状态

P型半导体在多数载流子耗尽的情形下,外电场进一步增大,表面能带将进一步向下弯曲,可以出现费米能级E_F高于禁带中央能量位置的情形。这意味着表面处的少数载流子(电子)浓度超过在该处的多数载流子(空穴)的浓度,形成了与原来半导体衬底导电类型相反的表面层,称为少数载流子的反型层,如图6.2.6所示。

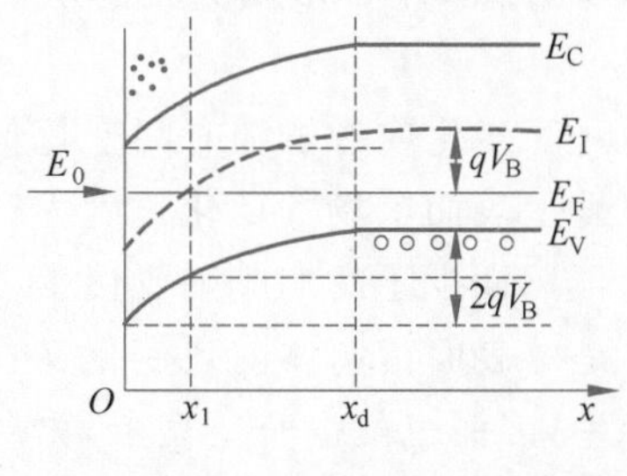

图6.2.6　少数载流子反型状态

表面层出现反型又可以分为弱反型和强反型两种状态,弱反型和强反型的条件是由表面处的少数载流子浓度和多数载流子浓度相比较而定的。以P型半导体为例,将表面处电子浓度$n_S(x)$与该处空穴浓度$p_S(x)$相比较,只要$n_S(x)\geqslant p_S(x)$,便出现了弱反型,而当$n_S(x)\geqslant p_{p0}$,便出现了强反型。用费米能级的位置来分析,弱反型时表面处费米能级到导带底的距离小于到价带顶的距离,即

$$E_{CS} - E_F \leqslant E_F - E_{VS} \tag{6.2.25}$$

以 E_{C0} 和 E_{V0} 表示半导体内部导带底和价带顶的位置，则 $E_{CS}=E_{C0}-qV_S$，$E_{VS}=E_{V0}-qV_S$，式(6.2.25)改写为

$$qV_S \geqslant \frac{1}{2}(E_{C0}+E_{V0})-E_F \equiv qV_B \tag{6.2.26}$$

式中，qV_B 的几何意义见图 6.2.6。按式(4.2.25)，$E_F=\frac{1}{2}(E_{C0}+E_{V0})-k_B T\ln\left(\frac{p_{p0}}{n_i}\right)$，再利用 $p_{p0}=N_A$，代入式(6.2.26)可以求得

$$V_B=\frac{k_B T}{q}\ln\left(\frac{N_A}{n_i}\right) \tag{6.2.27}$$

强反型时费米能级到表面处导带底的距离小于到内部价带顶的距离，即

$$E_{CS}-E_F \leqslant E_F - E_{V0} \tag{6.2.28}$$

将 $E_{CS}=E_{C0}-qV_S$ 代入，得

$$qV_S \geqslant (E_{C0}+E_{V0})-2E_F=2qV_B \tag{6.2.29}$$

即强反型条件为 $V_S \geqslant 2V_B$，将式(6.2.27)代入，强反型条件又可写成

$$V_S \geqslant \frac{2k_B T}{q}\ln\left(\frac{N_A}{n_i}\right) \tag{6.2.30}$$

从式(6.2.30)可以看出，衬底掺杂质浓度越高，出现强反型所需要的 V_S 就越大，就越难以达到强反型。经分析当 P 型半导体表面出现强反型时的表面微分电容为

$$C_S=\frac{\varepsilon_{rs}\varepsilon_0}{L_D}\left[\frac{n_{P0}}{p_{P0}}\exp\left(\frac{qV_S}{k_B T}\right)\right]^{\frac{1}{2}} \tag{6.2.31}$$

还须指出，一旦出现强反型，表面耗尽宽度就达到一个极大值。这是因为在反型层中，积累的少数载流子随表面势 V_S 增加，按指数规律增大，从而能有效地屏蔽外电场的作用。将式(6.2.30)代入式(6.2.23)很容易求得最大耗尽宽度

$$x_{dm}=\left[\frac{4\varepsilon_{rs}\varepsilon_0 k_B T}{q^2 N_A}\ln\left(\frac{N_A}{n_i}\right)\right]^{\frac{1}{2}} \tag{6.2.32}$$

式(6.2.32)表明，最大耗尽宽度由半导体材料的性质和掺杂浓度来确定，对某一种材料，N_A 越大(或 N_D 越大)，x_{dm} 越小；对不同的材料，相同的掺杂，E_g 越宽的材料，n_i 值越小，x_{dm} 越大。

反型载流子分布在表面很窄的、势能最低的薄层内，通常把这一反型导电的薄层称为导电沟道。反型导电沟道和体内导电区之间是近乎绝缘的耗尽层。对 P 型半导体来说，表面反型导电薄层为 N 型，称为 N 型沟道；对 N 型半导体来说，适当条件下可形成 P 型沟道。

5. 深耗尽状态

前面讨论的四种表面状态都是平衡态，即表面电场不随时间变化或者虽随时间变化但变化得足够缓慢，使得表面空间电荷层中载流子的变化能跟得上表面电场的变化。因为空间电荷区中多子对外电场改变的响应几乎是瞬时的(约 10^{-12}s)，而少子的响应则要慢得多($1\sim10^2$s)，如果表面电场的幅度较大(其方向对 P 型半导体是由表面指向体内)、变化又快(如以阶跃脉冲形式加上)，则刚开始的瞬间少子还来不及产生，因而也就没有反型层，为屏蔽外电场，只有将更多的空穴(多子)进一步排斥向体内(空穴是多子，跟得上外电场变化)，

由更宽的耗尽层(大于强反型状态时的耗尽层宽度)中的电离受主来承担。这种非平衡状态就称为深耗尽状态。

如果电场在阶跃后不再变化,则随着时间的推移,耗尽层中将不断产生电子-空穴对(耗尽层中产生大于复合),电子向表面漂移形成反型层,空穴向体内漂移和耗尽区边界处的电离受主中和,使耗尽层宽度减小,最后将达到平衡的强反型状态,即表面处出现反型层,耗尽层宽度达最大值 x_{dm}。

深耗尽状态是一些半导体器件的工作基础。半导体表面深耗尽区域是少数载流子的一种势阱,电荷耦合器件(CCD)就是利用半导体表面深耗尽势阱来存储信号电荷并进行电荷转移的一种器件,它可用于摄像(光注入信息电荷)、信息处理和数字存储等。

以上讨论了 P 型半导体的 5 种表面状态,对于 N 型半导体的 5 种表面状态可仿此处理。对于平衡态的 4 种表面状态,实际上可归纳为堆积、耗尽和强反型 3 种基本状态,而把平带状态看作堆积转为耗尽的临界点。耗尽、弱反型其基本特点大体相同。

6.2.4　表面电导

半导体表面层电势分布使载流子电势能发生变化,因而载流子浓度也发生变化。单位面积的表面层中空穴的改变量(与半导体内部相比较)为

$$\Delta p=\int_0^{\infty} p_{P0}\left[\exp\left(-\frac{qV}{k_B T}\right)-1\right]\mathrm{d}x \tag{6.2.33}$$

用 $\mathrm{d}x=-\dfrac{\mathrm{d}V}{E}$ 代入式(6.2.33),并变换相应的积分限得

$$\Delta p=\frac{q p_{P0} L_D}{2k_B T}\int_{V_S}^{0}\frac{\exp\left(-\dfrac{qV}{k_B T}\right)-1}{F\left(\dfrac{qV}{k_B T},\dfrac{n_{p0}}{p_{p0}}\right)}\mathrm{d}V \tag{6.2.34}$$

同理可得单位面积的表面层中电子的改变量为

$$\Delta n=\frac{q n_{P0} L_D}{2k_B T}\int_{V_S}^{0}\frac{\exp\left(\dfrac{qV}{k_B T}\right)-1}{F\left(\dfrac{qV}{k_B T},\dfrac{n_{P0}}{p_{P0}}\right)}\mathrm{d}V \tag{6.2.35}$$

由式(6.2.34)和式(6.2.35)可见,半导体表面层的载流子浓度与体内的载流子浓度是很不相同的。因此,反映半导体表面层电学性质的一个重要参量电导率,因同样与半导体表面层的载流子浓度有关,而与体内的电导率有明显的差别。另一个与电导率密切相关的参量迁移率,在表面层因受电场的影响也与体内的迁移率不相同。假如用 μ_{ps} 和 μ_{ns} 分别表示表面层中空穴和电子的有效迁移率,则可以得到用 Δp 和 Δn 表示的表面层附加电导为

$$\Delta\sigma_{\square}=q(\mu_{ps}\Delta p+\mu_{ns}\Delta n) \tag{6.2.36}$$

式中,$\Delta\sigma_{\square}$ 的下标□符号,表示一个方形表面薄层的附加电导。若用 $\sigma_{\square}(0)$ 表示表面处为平带状态时的薄层电导,则半导体表面层总的薄层电导为

$$\sigma_{\square}=\sigma_{\square}(0)+q(\mu_{ps}\Delta p+\mu_{ns}\Delta n) \tag{6.2.37}$$

很明显,表面薄层电导与半导体的表面势 V_S 有密切关系,也与半导体的表面状况及所处外界气氛有关。当半导体表面状况及外界气氛确定之后,表面薄层电导即受外加电压的

直接控制。这种半导体表面薄层电导受栅极所加电压调制的效应称为表面电场效应，表面电场效应是 MIS(MOS)器件的基本理论依据。

6.3 金属与半导体的接触

视频

6.3.1 金属和半导体的功函数

当真空二极管的灯丝被电流加热时，热阴极将产生大量的热电子，热电子被高压阳极吸引便形成电流，如图 6.3.1 所示，这是热阴极金属产生热电子发射的一个十分典型的例子。实际上，所有金属在 $T>0\text{K}$ 的任何温度下都会有少量电子逸出金属体外到空间中，产生所谓热电子发射。就热电子发射而言，某种金属在单位时间、单位表面积发射的电子数

$$n \propto \exp\left(\frac{-W_M}{k_B T}\right) \tag{6.3.1}$$

式中，k_B 为玻耳兹曼常数；W_M 称为该金属的功函数（也有称为逸出功）。从式(6.3.1)可见，W_M 越大，热电子发射越困难，它标志着电子被金属束缚的强弱。

如图 6.3.2 所示，当 $T=0\text{K}$ 时，金属中费米能级 E_F 以下的能级完全被电子填满，而 E_F 以上的能级是空的；当 $T>0\text{K}$ 时，E_F 以下能级的电子可以跃迁到 E_F 以上的能级中去，甚至有少量的电子完全可以挣脱金属对它的束缚而逸出体外。用 E_0 表示真空中静止电子的能量，功函数标志着起始能量等于费米能级 E_F 的电子由金属内部逸出到真空中所需的最小能量，因此

$$W_M = E_0 - E_{FM} \tag{6.3.2}$$

式中，E_{FM} 表示金属的费米能级。金属的功函数 W_M 在几个电子伏特之间，不同金属其 W_M 不相同，而且还与表面状况有关。图 6.3.3 标出了真空中清洁表面的金属功函数与原子序数的关系。

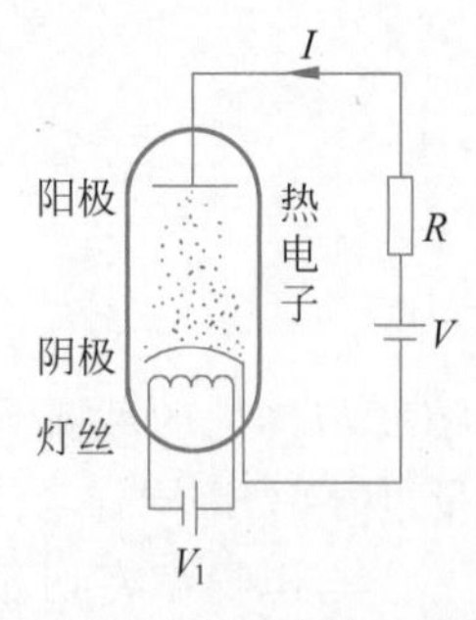

图 6.3.1 热阴极电子发射

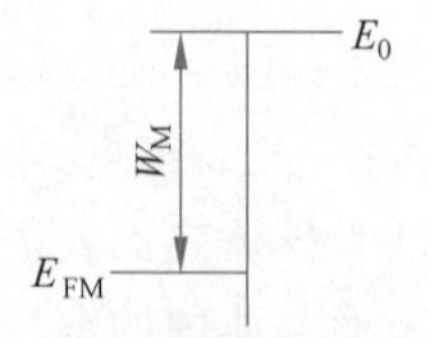

图 6.3.2 金属能带图与功函数

一块半导体在 $T>0\text{K}$ 的温度下，同样有热电子发射。与金属类似，把 E_0 与半导体费米能级 E_{FS} 之间的能量差，称为半导体的功函数，并用 W_S 表示

$$W_S = E_0 - E_{FS} \tag{6.3.3}$$

因为费米能级 E_{FS} 与掺杂情况有关，所以半导体功函数也与杂质类型和浓度有关。

引入电子亲和能 χ，它表示电子从半导体的导带底逸出体外所需要的最小能量，即

$$\chi = E_0 - E_C \tag{6.3.4}$$

Si、Ge、GaAs 的亲和能分别是 4.05eV、4.13eV、4.07eV。利用亲和能，半导体功函数可以表示为

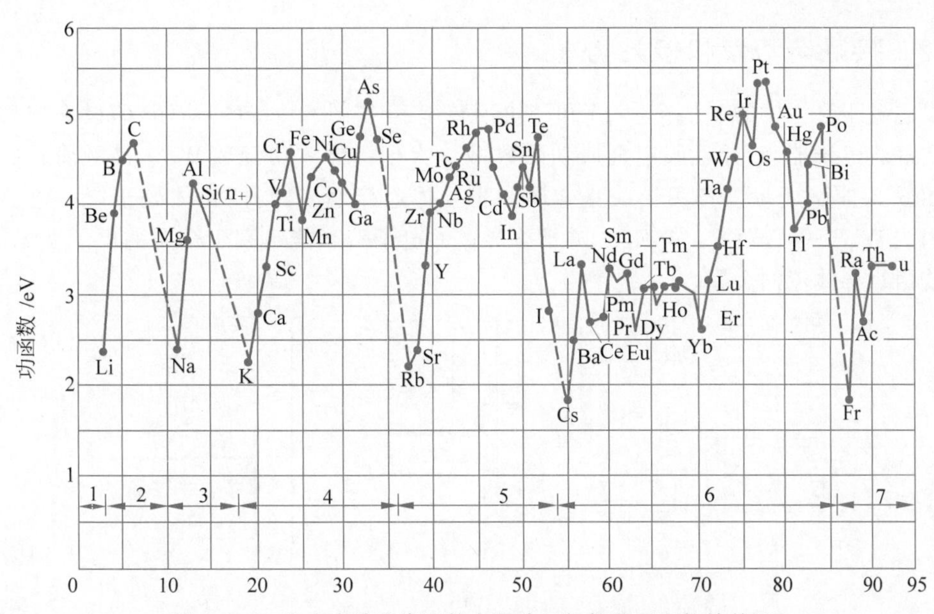

图 6.3.3　真空中清洁表面的金属功函数与原子序数的关系

$$W_S = \chi + E_n \tag{6.3.5}$$

式中，$E_n = E_C - E_{FS}$ 表示导带底与费米能级能量之差。掺杂浓度不同，则 E_n 不同，所以不同掺杂浓度下功函数是不同的。图 6.3.4 示出了 N 型半导体的功函数和电子亲和能。

半导体受外电场作用，由于能带在表面处发生弯曲，电子势能发生变化，因而半导体的功函数受外加表面电场的影响。图 6.3.5 是半导体功函数受表面势影响的能带图，图 6.3.5(a)表示未加任何外电场时的情形。当外加电场是背向半导体表面时，表面势 $V_S < 0$，表面能带向上弯曲，形成电子势垒，电子从体内逸出体外，需要提高势能，而使功函数增加，如图 6.3.5(b)所示。相反，若外加电场是指向半导体表面，表面势 $V_S > 0$，则半导体功函数减少，如图 6.3.5(c)所示。而且，从图中明显看出，受表面势影响，功函数的改变为

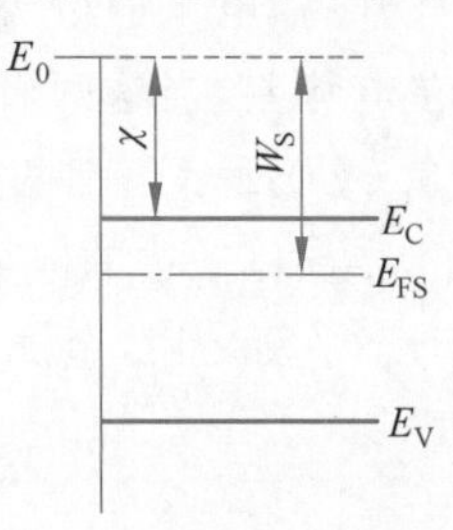

图 6.3.4　N 型半导体的功函数和电子亲和能

$$\Delta W_S = -qV_S \tag{6.3.6}$$

当 $V_S < 0$ 时，ΔW_S 为正值，W_S 增加；当 $V_S > 0$ 时，ΔW_S 为负值，W_S 减少。

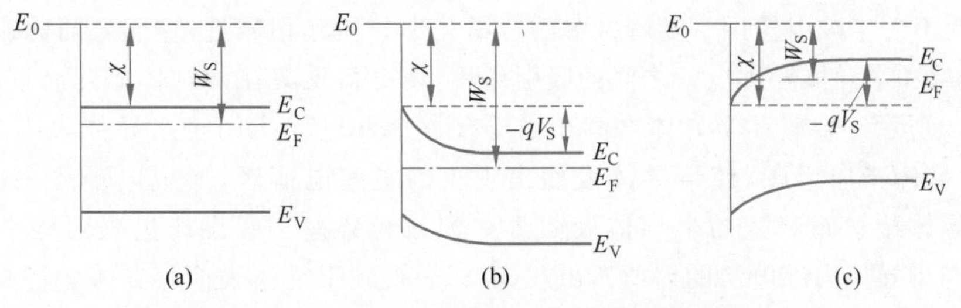

图 6.3.5　半导体功函数受表面势影响的能带图

(a) $V_S = 0$；(b) $V_S < 0$，W_S 增加；(c) $V_S > 0$，W_S 减少

6.3.2 接触电势差和接触势垒

设想置于真空中的一块金属 M 和一块半导体 S，如图 6.3.6(a)所示，假设它们有共同的真空静止电子能级，并且假定金属功函数 W_M 大于半导体功函数 W_S。接触前它们的能带如图 6.3.6(b)所示。若用导线将金属和半导体连接起来，则两物体处于同一电子系统中。因为 $W_M > W_S$，即 $E_{FS} > E_{FM}$，亦即半导体的电子费米能级高于金属的电子费米能级，电子就由半导体流向金属。

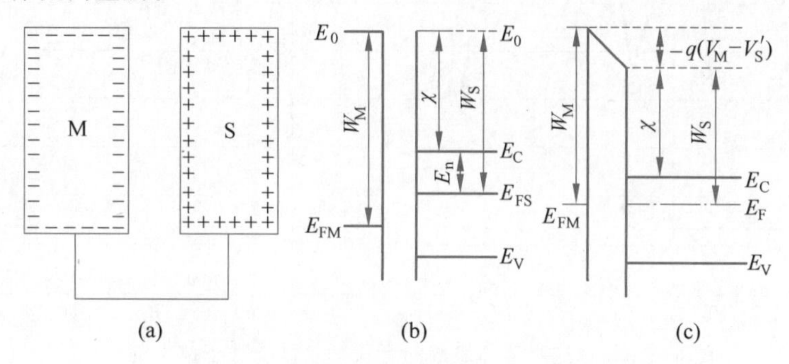

图 6.3.6 金属和半导体接触及其能带图

(a) M-S 接触；(b) 接触前能带图；(c) 接触后能带图

电子的流动，使金属带负电荷而电势降低，即电子静电势能升高；半导体则带正电荷而电势升高，电子静电势能降低。所以，金属和半导体接触，使两物体之间带上异种电荷而存在电势差，当这两者电势差完全补偿了电子费米能级的差别时，达到了动态平衡，如图 6.3.6(c)所示。把两接触物体之间产生的电势差称为接触电势差，若金属一边的电势记为 V_M，半导体一边的电势记为 V'_S，即接触电势差记为 $V_M - V'_S$。从图 6.3.6(c)可以看出，达到动态平衡之后，金属和半导体之间的静电势能差就等于金属和半导体之间的功函数差，即

$$-q(V_M - V'_S) = W_M - W_S \tag{6.3.7}$$

由式(6.3.7)得出接触电势差为

$$V_M - V'_S = \frac{W_S - W_M}{q} \tag{6.3.8}$$

以上讨论是金属和半导体之间存在着远大于原子间距的宏观距离的情形，这种情况下由于电荷的趋肤效应，无论是金属还是半导体所带的电荷都分布在物体的表面，两物体之间的异种电荷不发生吸引作用。随着接触的金属和半导体互相靠近，它们之间的宏观距离减少，由于金属和半导体异种电荷之间的吸引作用，使电荷聚集在两物体相互靠近的表面，如图 6.3.7(a)所示。金属和半导体之间相当于有一个外电场作用于半导体表面，而且电场 E_0 是由半导体指向金属，使半导体表面出现正的空间电荷区，形成电子势垒，称这种因金属和半导体接触而产生的半导体表面势垒为接触势垒。假设产生表面势垒的表面势为 V_S（V'_S与半导体内部电势的差值），由式(6.3.6)得到半导体表面存在接触势垒时的功函数为

$$W'_S = W_S + \Delta W_S = W_S - qV_S \tag{6.3.9}$$

从图 6.3.7(b)接触物体靠近时的能带图看出，在动态平衡条件下，金属和半导体之间的静

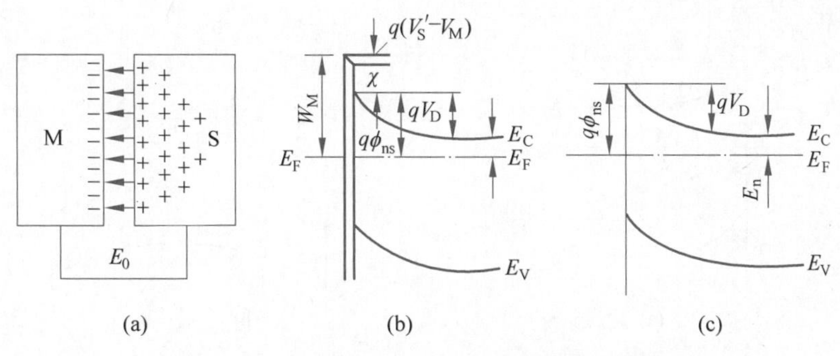

图 6.3.7　金属和半导体接触靠近时的能带图

(a) 两接触物体靠近；(b) 接触物体靠近时能带图；(c) 完全接触能带图

电势能差，等于两者功函数之差，即

$$-q(V_M - V'_S) = W_M - W'_S = W_M - W_S + qV_S \tag{6.3.10}$$

由式(6.3.10)可得

$$V_{MS} + V_S = \frac{W_S - W_M}{q} \tag{6.3.11}$$

$V_{MS} = V_M - V'_S$，反映了由于金属和半导体之间因存在着宏观距离而存在着电势差。式(6.3.11)说明，接触电势差一部分降落在两物体之间，而另一部分降落在半导体表面层内。如果两物体之间的距离小到可以与原子间距离相比较，这时 V_{MS} 很小，接触电势差绝大部分落在空间电荷区的表面层内。

如果金属和半导体完全接触，不存在任何宏观距离的极端情形，接触能带图如图 6.3.7(c)所示，此时，忽略了两物体之间的电势差，即 $V_{MS}=0$，代入式(6.3.11)得半导体表面势 V_S 为

$$V_S = \frac{W_S - W_M}{q} \tag{6.3.12}$$

由式(6.3.12)可得，完全接触时半导体一边的势垒高度为

$$qV_D = -qV_S = W_M - W_S \tag{6.3.13}$$

由式(6.3.13)可见，金属和半导体完全接触时的接触势垒高度等于金属和半导体功函数之差。金属一边的势垒高度是

$$q\phi_{ns} = qV_D + E_n = W_M - (W_S - W_n) = W_M - \chi \tag{6.3.14}$$

为了使问题简化，在以后的讨论中，均限于上述这种完全接触的极限情形。

以上针对金属和 N 型半导体接触而且 $W_M > W_S$ 的情况作了详细的讨论。从讨论的结果可知，接触电场背向半导体表面 $V_S < 0$，半导体表面能带向上弯，形成多数载流子(电子)的接触势垒，在势垒区内电子浓度低于半导体内部的电子浓度，形成一个所谓高阻区，也常称这样的表面层为**阻挡层**。假如同样是金属和 N 型半导体完全接触，且 $W_M < W_S$，由于是金属的电子流向半导体，接触电场是由金属指向半导体，表面势 $V_S > 0$，表面能带向下弯，使表面层电子浓度高于体内的电子浓度，出现多子堆积的状态，形成一个高电导区，或称为**反阻挡层**。金属和 P 型半导体接触，若 $W_M > W_S$，半导体表面能带向上弯，形成高电导区(即形成反阻挡层)；若 $W_M < W_S$，半导体表面能带向下弯，形成空穴势垒，表面层为高阻区，即形成空穴的阻挡层。金属和不同类型半导体接触的能带图如图 6.3.8 所示，图中均示出了形成阻挡层时的接触势垒高度分别为：N 型阻挡层的 $qV_D = W_M - W_S$；P 型阻挡层的

$qV_D=W_S-W_M$。

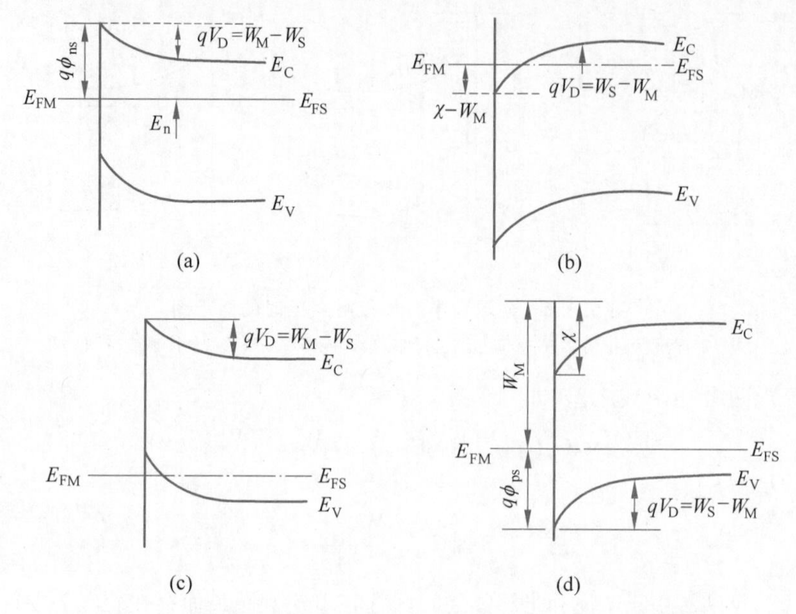

图 6.3.8 金属和 N 型半导体（或 P 型半导体）完全接触能带图

(a) N 型阻挡层（$W_M>W_S$）；(b) N 型反阻挡层（$W_M<W_S$）；

(c) P 型反阻挡层（$W_M>W_S$）；(d) P 型阻挡层（$W_M<W_S$）

【例 6-1】 取锗的相关参数为：$\chi=4.13\text{eV}$，$N_C=1.0\times10^{19}\text{cm}^{-3}$，$E_g=0.67\text{eV}$。

(1) 施主浓度 $N_D=1\times10^{17}\text{cm}^{-3}$ 的 N 型锗，室温时的功函数 W_S 为多少？

(2) 它和金属 Ni($W_{Ni}=4.5\text{eV}$)接触形成阻挡层还是反阻挡层？

(3) 计算金属侧势垒高度 $q\phi_{ns}$。

解 (1) 由 $n=N_C e^{-(E_C-E_F)/k_BT}$ 得

$$E_C-E_F=k_BT\ln\frac{N_C}{n}$$

又对 N 型锗，$n\approx N_D$，故

$$E_C-E_F\approx k_BT\ln\frac{N_C}{N_D}=0.026\ln\frac{1\times10^{19}}{1\times10^{17}}=0.12(\text{eV})$$

所以 $W_S=\chi+(E_C-E_F)=4.13+0.12=4.25(\text{eV})$。

(2) N 型半导体，$W_M>W_S$ 时接触形成阻挡层。

(3) 根据热平衡状态时能带（见图 6.3.8(a)），可得金属侧势垒高度

$$q\phi_{ns}=W_M-W_S+E_C-E_F=4.5-4.25+0.12=0.37(\text{eV})$$

由以上讨论，似乎只要仔细选择金属和半导体的功函数，并使两者完全接触就可以形成高度等于两者功函数差的接触势垒，这只是一种假设半导体在未接触之前完全是处于平带的理想状况。然而，实际的半导体表面总是存在表面态，而表面态往往又附着电荷。假设表面态附着电荷的密度很高（而实际的情况往往就是这样），那么接触电势差就会被附着电荷所产生的流动屏蔽了大部分，而只有很小部分降落在半导体表面层内，使实际的接触势垒高度变得很小。所以，实验测量得到的接触势垒高度往往远小于金属和半导体的功函数之差，

而且还与选择不同的功函数关系不大，而基本上由半导体的表面性质所决定，这一点在实际应用中必须加以考虑。

6.3.3 金属与半导体接触的整流特性

由金属和半导体接触构成的点接触二极管有整流功能，这种功能是依靠接触电导非对称特性来实现的。所谓电导非对称特性是指在某一方向电压作用下的电导与反方向电压作用下的电导相差悬殊的器件特性，通常器件的电导非对称特性也称为整流特性。金属和半导体接触要具有整流特性，首要条件是必须形成半导体表面的阻挡层，即形成多数载流子的接触势垒。下面以 N 型接触阻挡层为例，说明电导的非对称特性。

金属和 N 型半导体完全接触，当 $W_M > W_S$ 时，半导体接触表面能带向上弯，形成 N 型阻挡层，接触势垒的表面势为$(V_S)_0 < 0$，势垒高度为$-q(V_S)_0$。这样的阻挡层没有外加电压作用，从半导体流向金属的电子与从金属流向半导体的电子数量相等，处于动态平衡，因而没有净的电子流流过阻挡层。此时，接触阻挡层能带如图 6.3.9(a)所示。当在阻挡层两边加上电压 V 时，由于阻挡层是一个高阻区，外加电压主要降落在阻挡层上，那么，阻挡层的表面势变为$(V_S)_0 + V$，因而电子势垒高度变为

$$qV_D = -q[(V_S)_0 + V] \tag{6.3.15}$$

若金属一边接电源正极，N 型半导体一边接电源负极，则外加电压降方向由金属指向半导体 $V>0$，外加电压方向和接触表面势$(V_S)_0$ 方向相反，使势垒高度下降，电子可以顺利地流过降低了的势垒。这样，从半导体流向金属的电子数超过从金属流向半导体的电子数，形成一股从金属流向半导体的正向电流。并且，外加电压越高，势垒高度下降越多，正向电流越大。外加电压 $V>0$ 时接触阻挡层能带，如图 6.3.9(b)所示。此时金属和半导体之间不再处于相互平衡的状态，两者没有统一的费米能级，半导体费米能级和金属费米能级之差等于因外加电压所引起的静电势能之差。

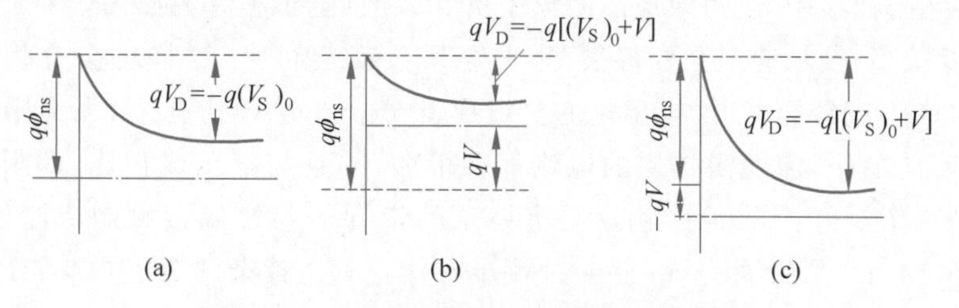

图 6.3.9 外加电压对 N 型阻挡层的影响

(a) $V=0$；(b) $V>0$；(c) $V<0$

当电源极性接法反过来，半导体一边接正极，金属一边接负极，则外加电压 $V<0$ 与接触表面势$(V_S)_0$ 方向相同，势垒高度上升，从半导体流向金属的电子数减少，而金属流向半导体的电子数占优势，形成一股由半导体到金属的反向电流。由于金属的电子要越过 $q\phi_{ns}$ 这个相当高的势垒，才能到达半导体一边，因此反向电流是相当小的。图 6.3.9(c)示出了加上反向电压($V<0$)时的接触阻挡层的能带图，从图中可见，金属一边的势垒高度不随外加电压而变化，所以从金属流向半导体的电子流基本上是恒定的。随着反向电压的增加，半导体一边的势垒高度进一步提高，从半导体流向金属的电流可以忽略不计。因此，金属流向半导体的电子流所形成的反向电流将趋于饱和值。以上定性地说明了金属和 N 型半导体

接触形成的阻挡层具有电导非对称特性的基本原理。

对P型阻挡层的分析说明，注意到接触表面势$(V_S)_0>0$由金属指向半导体，应该是类似的。此时金属一边接电源负极，而半导体一边接正极，形成从半导体流向金属的正向电流；而金属一边接正极，半导体一边接负极，形成反向电流。然而无论是哪种阻挡层，正向电流都是半导体中的多数载流子从半导体流到金属所形成的。

6.3.4 欧姆接触

金属和半导体接触具有整流特性，称为整流接触。金属和半导体接触还可以形成非整流接触，即所谓**欧姆接触**。欧姆接触在半导体的实际应用中同样占有重要的地位，任何半导体器件最后都要用金属与之接触并由导线引出，因此获得良好的欧姆接触是十分必要的。所谓良好的欧姆接触，就是接触电阻应该很小，同时还应该具有线性的和对称的电流电压特性。在超高频和大功率的半导体器件中，获得良好的欧姆接触是设计和制造的关键问题之一。

如何实现欧姆接触呢？如果没有表面态的影响，金属和N型半导体接触（若$W_M<W_S$）以及金属和P型半导体接触（若$W_M>W_S$），都形成高电导层，而没有整流作用。乍看起来，只要选择适当的金属材料，就可以获得欧姆接触，但是目前使用的Ge、Si、GaAs等半导体材料，一般都有很高的表面态密度，金属和N型或P型半导体材料接触，都会形成多数载流子的势垒，而与金属功函数关系不大，因此，试图只通过选择金属材料就得到欧姆接触的想法是不实际的。目前在实际应用中能够实现欧姆接触的方法主要有两种：一是高掺杂接触；二是高复合接触。

高掺杂接触是在N型或P型半导体上制作一层同型的重掺杂区，然后使金属与重掺杂区接触，形成欧姆接触，这种高掺杂接触是利用隧道效应的原理来实现欧姆接触的。理论分析指明，在接触阻挡层中，隧道效应的载流子贯穿系数（隧道概率）强烈地依赖于掺杂浓度。如果掺杂浓度很高，接触势垒会变得很薄，贯穿系数就会很大，这样将会有相当大的隧道电流出现，而成为流经阻挡层电流的主要组成部分。在这种情况下，无论阻挡层加上的是正向或是反向电压，流经阻挡层的电流都会很大，并且与电压成正比，即阻挡层为重掺杂接触时，是一个良好的欧姆接触。用重掺杂的半导体与金属接触制成欧姆接触，可制成N-N^+-M和P-P^+-M结构。由于在N型半导体上有重掺杂的N^+层和在P型半导体上有重掺杂的P^+层，再与金属接触，金属材料的选择就比较灵活。制作接触的方法也有多种，常用的有蒸发、溅射、电镀等。

另外一种欧姆接触就是高复合接触，高复合接触是在金属和半导体接触阻挡层中掺入高密度的复合中心杂质。由于阻挡层中有高密度的复合中心，加上正向电压时，势垒降低，复合中心可以大量地俘获来自半导体的多数载流子，与来自金属一边的少数载流子产生复合而形成电流，而当加上反向电压时，势垒升高，被俘获在复合中心的电子-空穴对，又可以发射电子与空穴形成电流。这种高密度复合中心对电子-空穴对的俘获和发射与接触势垒高度无多大关系。因此，金属和有高密度复合中心的半导体表面接触，近似地有线性对称的电流-电压关系，而且接触电阻也比较小，即可以形成良好的欧姆接触。高复合接触，可以用在半导体表面蒸金然后合金的方法来制作。

6.4　MIS 结构的电容-电压特性

6.4.1　理想 MIS 结构电容

视频

MIS 结构是由金属、绝缘层以及半导体组成的，如图 6.4.1 所示。MIS 结构是 MOS（金属-氧化物-半导体）晶体管、电荷耦合器件等重要器件的基本组成部分，是一种具有实际应用价值的结构。因此 MIS 结构的电容-电压特性（以下称 C-V 特性）与这些器件的特性密切相关，而且 MIS 结构的 C-V 特性又是用来研究半导体表面和界面性质的一种重要手段，所以有必要较为详细予以讨论。

理想 MIS 结构满足下列条件：

（1）金属和半导体之间功函数差为零；

（2）在绝缘层内没有任何电荷且绝缘层完全不导电；

（3）绝缘层与半导体界面处不存在任何界面态。

图 6.4.1　MIS 基本结构

若在理想 MIS 结构的金属和半导体之间加上电压 V_G（常称为栅极偏压），一部分电压 V_0 降落在绝缘层上，而另一部分降落在半导体表面层中，如同一个外场作用于半导体表面，形成表面势 V_S，即

$$V_G = V_0 + V_S \tag{6.4.1}$$

在理想条件下，绝缘层中的电场是均匀的，用 E_0 表示，即有 $V_0 = E_0 d_0$（d_0 为绝缘层厚度）。又由高斯定理，金属表面的面电荷密度 Q_M 等于绝缘层内的电位移，即 $Q_M = \varepsilon_{I0}\varepsilon_0 E_0$（$\varepsilon_{I0}$ 为绝缘层相对介电常数），那么绝缘层的电压 V_0 可以写为

$$V_0 = \frac{Q_M d_0}{\varepsilon_{I0}\varepsilon_0} \tag{6.4.2}$$

考虑到 $Q_M = -Q_S$，而且 $C_0 = \dfrac{\varepsilon_{I0}\varepsilon_0}{d_0}$，式(6.4.2)又可以写为

$$V_0 = -\frac{Q_S}{C_0} \tag{6.4.3}$$

将式(6.4.3)代入式(6.4.1)，得到电压 V_G 与空间电荷区特性相联系的表示式

$$V_G = -\frac{Q_S}{C_0} + V_S \tag{6.4.4}$$

当有小信号电压 $\mathrm{d}V_G$ 作用于 MIS 结构时，Q_S 和 V_S 将发生改变，将式(6.4.4)微分得

$$\mathrm{d}V_G = -\frac{\mathrm{d}Q_S}{C_0} + \mathrm{d}V_S \tag{6.4.5}$$

因为 MIS 结构的微分电容可用下式表示为

$$C = \frac{\mathrm{d}Q_M}{\mathrm{d}V_G} = -\frac{\mathrm{d}Q_S}{\mathrm{d}V_G} \tag{6.4.6}$$

将式(6.4.5)代入式(6.4.6)得

$$C=\frac{-\mathrm{d}Q_{\mathrm{S}}}{-\dfrac{\mathrm{d}Q_{\mathrm{S}}}{C_0}+\mathrm{d}V_{\mathrm{S}}}=\frac{1}{\dfrac{1}{C_0}-\dfrac{\mathrm{d}V_{\mathrm{S}}}{\mathrm{d}Q_{\mathrm{S}}}} \tag{6.4.7}$$

式(6.4.7)分母中的

$$\frac{\mathrm{d}V_{\mathrm{S}}}{\mathrm{d}Q_{\mathrm{S}}}=\frac{1}{\dfrac{\mathrm{d}Q_{\mathrm{S}}}{\mathrm{d}V_{\mathrm{S}}}}=-\frac{1}{C_{\mathrm{S}}}$$

因此，式(6.4.7)可以写为

$$C=\frac{1}{\dfrac{1}{C_0}+\dfrac{1}{C_{\mathrm{S}}}} \tag{6.4.8}$$

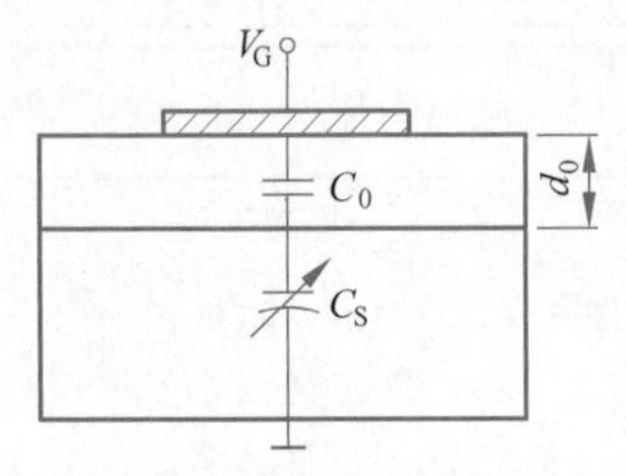

图 6.4.2　MIS 结构等效电容

由式(6.4.8)可见，MIS 结构的电容相当于绝缘层电容 C_0 和半导体空间电荷层电容 C_{S} 的串联，如图 6.4.2 所示。其中 C_{S} 是随外加电压的改变而改变的，如同一个可调电容。

MIS 结构电容 C 除以绝缘层电容 C_0，得到归一化的 MIS 结构电容

$$\frac{C}{C_0}=\frac{1}{1+\dfrac{C_0}{C_{\mathrm{S}}}} \tag{6.4.9}$$

6.4.2　理想 MIS 结构的 C-V 特性

以 P 型半导体为例讨论理想 MIS 结构的 C-V 特性，是将各种表面层状态下 C_{S} 的表示代入式(6.4.9)进行分析，得到如图 6.4.3 所示的特性曲线。下面将分别加以讨论。

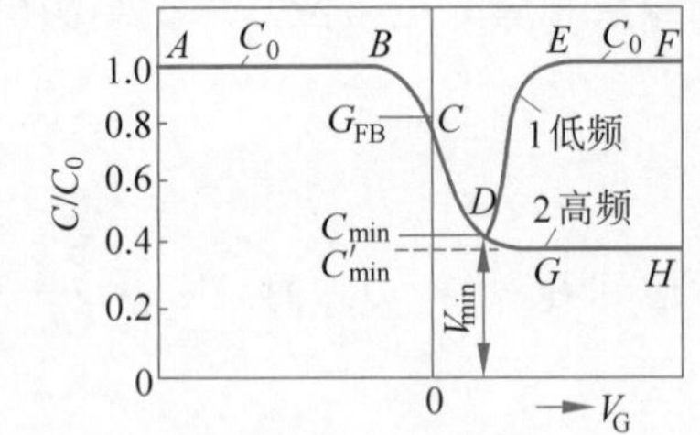

图 6.4.3　MIS 结构的 C-V 特性

1. 加负偏压 $V_G<0$

当 MIS 结构加上 $V_G<0$ 的负偏压时，P 型半导体表面层处于多子堆积状态，将此状态下微分电容表示式(6.2.17)代入式(6.4.9)得到

$$\frac{C}{C_0}=\frac{1}{1+\dfrac{C_0 L_{\mathrm{D}}}{\varepsilon_{\mathrm{rs}}\varepsilon_0}\exp\left(\dfrac{qV_{\mathrm{S}}}{2k_{\mathrm{B}}T}\right)} \tag{6.4.10}$$

若所加偏压较大，V_{S} 为负值，$|qV_{\mathrm{S}}|\gg 2k_{\mathrm{B}}T$，式(6.4.10)分母第二项$\ll 1$ 可以略去，得 $C/C_0=1$，则 $C=C_0$。这说明在较大的负偏压情况下，MIS 结构的电容不随外加电压而改变，如图 6.4.3 中的 AB 段。这时，MIS 结构电容就等于绝缘层的电容。这是因为表面形成多数载流子的堆积层，从半导体内部到表面可视为导通状态，电荷主要集中在绝缘层两边。

若所加的负偏压较小，$|V_{\mathrm{S}}|$ 也较小，由式(6.4.10)可以看出，式(6.4.10)分母第 2 项变大，不能略去，C/C_0 的值随 $|V_{\mathrm{S}}|$ 减小而减小，如图 6.4.3 中的 BC 段所示。

2. 不加外偏压 $V_G=0$

当 MIS 结构没有加上任何偏压时，表面势 $V_S=0$，半导体表面层处于平带状态，将此时的平带电容表示式(6.2.18)代入式(6.4.9)并利用 L_D 以及 C_0 的表达式得到归一化平带电容的表达式为

$$\frac{C_{FB}}{C_0}=\frac{1}{1+\frac{\varepsilon_{I0}}{\varepsilon_{rs}}\left(\frac{\varepsilon_{rs}\varepsilon_0 k_B T}{q^2 N_A d_0^2}\right)^{\frac{1}{2}}} \tag{6.4.11}$$

C_{FB}/C_0 的值随 d_0 和 N_A 变化关系曲线族如图 6.4.4 所示。曲线是根据式(6.4.11)从理论上得到的。从图 6.4.4 中可见，当氧化层厚度一定时，掺杂浓度 N_A 越高，因堆积层的厚度变薄而电容 C_{FB} 越大。氧化层厚度 d_0 越大，C_0 越小，而使 C_{FB}/C_0 越大。

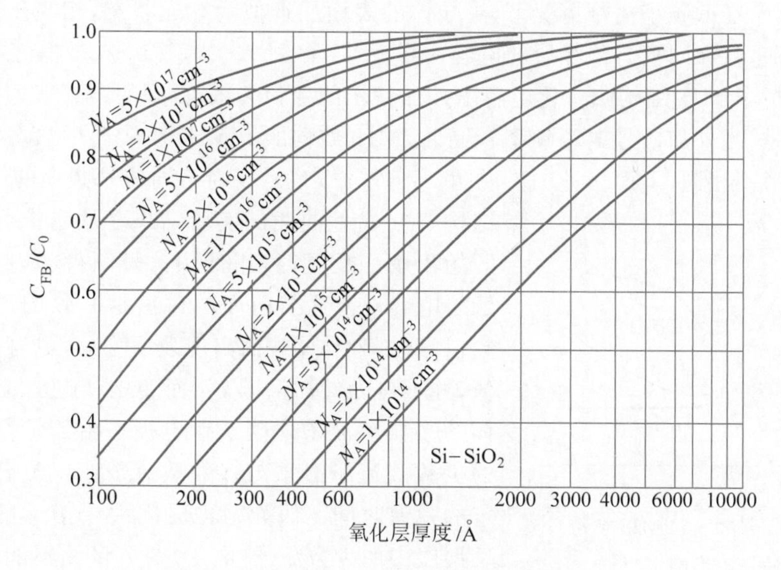

图 6.4.4 归一化平带电容与氧化层厚度的关系

3. 加正偏压 $V_G>0$

当 MIS 结构加上 $V_G>0$ 的正偏压时，若 V_G 不是太大，未引起表面反型，半导体表面空间电荷区处于多子耗尽状态，将耗尽状态的表面微分电容表示式(6.2.19)代入式(6.4.9)，并利用 C_0 的关系式，得到

$$\frac{C}{C_0}=\frac{1}{1+\frac{\varepsilon_{I0}}{\varepsilon_{rs}d_0}\left(\frac{2\varepsilon_{rs}\varepsilon_0 V_S}{N_A q}\right)^{\frac{1}{2}}} \tag{6.4.12}$$

由式(6.4.12)可见，当 V_G 正偏压增加时，表面势 V_S 也随之增加，即 C/C_0 减少。这是由于半导体表面层处于耗尽状态时，表面空间电荷区的厚度随 V_S 的增加而增大，x_d 越大，C_S 越少，即 C/C_0 也越小，其变化情况如图 6.4.3 中的 CD 段。

4. 加正向电压 $V_G \gg 0$

当加在 MIS 结构的正向电压 $V_G \gg 0$，半导体表面势 $V_S > 2V_B$ 时，半导体表面出现少数载流子强反型状态，耗尽层厚度将保持极大值。将强反型状态下的表面微分电容表示式(6.2.31)代入式(6.4.9)，并利用 C_0 的关系式，得到

$$\frac{C}{C_0}=\frac{1}{1+\varepsilon_{r0}L_D\Big/\left\{\varepsilon_{r0}d_0\left[\frac{n_{P0}}{p_{P0}}\exp\left(\frac{qV_S}{k_BT}\right)\right]^{\frac{1}{2}}\right\}} \tag{6.4.13}$$

由式(6.4.13)可以看出，当外加偏压使半导体表面出现少数载流子强反型时，$qV_S > 2qV_B \gg k_BT$，式(6.4.13)分母中的第 2 项近似为零，这时 $C/C_0 = 1$，则 MIS 结构电容又上升到等于绝缘层的电容 C_0 而不随外加电压而改变，如图 6.4.3 中的 EF 段。这是因为出现强反型之后，表面处的少数载流子浓度随 V_S 的增加而增加，使大量的少数载流子聚集于半导体的表面处，在低频小信号情况下，半导体的表面层近似为导通状态，相当于在绝缘层的两边堆积电荷，就如同只有绝缘层的电容一样。

以上分析了 MIS 结构归一化电容随外加偏压的变化关系，得到的结果普遍适用于低频的情况。但是，当外加信号电压频率较高时，MIS 结构的 C-V 特性从耗尽状态开始与低频信号时的情形不相同，下面作进一步说明。图 6.4.5 表示了在不同信号频率的电压下，MIS 结构 C-V 特性曲线的实验结果。从图中可以看出，在开始出现强反型时，用低频信号测得的电容值接近绝缘层电容 C_0，这与前面的讨论是一致的。然而，在高频信号时，半导体表面出现强反型后，电容达到了极小值，并不再随外加偏压 V_G 而变化。这是因为只有半导体的多数载流子才能从泄电极自由流动，而反型层中的少数载流子必须与多数载流子产生复合，就需要一定的弛豫时间。假如弛豫时间大于信号的变化周期，反型层中的少数流子(电子)的数量便不能随着高频信号频率的变化而变化，因而对电容没有贡献，这时空间电荷区的电容仍然由多数载流子在耗尽层中的电荷变化决定。强反型时耗尽层宽度达到最大值并保持不变，因此电容也达到最小值，用 C'_{min} 表示。利用 C_0 的关系式和最大耗尽层电容 $C_S = \varepsilon_{rs}\varepsilon_0/x_{dm}$ 代入式(6.4.9)，并利用 x_{dm} 的表示式(6.2.32)可以得到

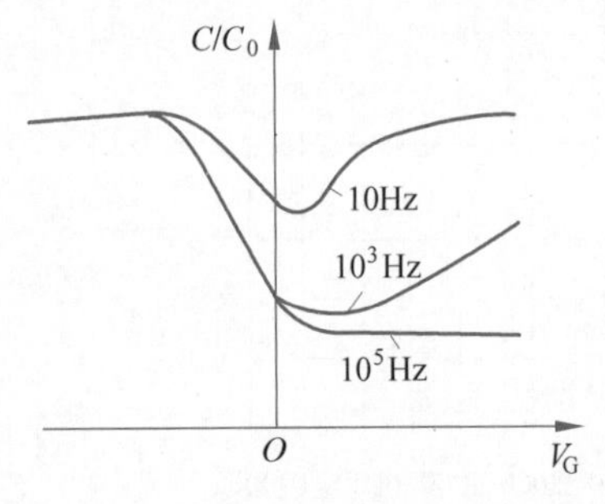

图 6.4.5 信号频率对 MIS 结构 C-V 特性的影响

$$\frac{C'_{min}}{C_0}=\frac{1}{1+\frac{2\varepsilon_{r0}}{q\varepsilon_{rs}d_0}\left[\frac{\varepsilon_{rs}\varepsilon_0k_BT}{N_A}\ln\left(\frac{N_A}{n_i}\right)\right]^{\frac{1}{2}}} \tag{6.4.14}$$

(6.4.14)表明，对同一种半导体材料，当温度一定时，C'_{min}/C_0 是绝缘层厚度 d_0 及衬底杂质浓度 N_A 的函数。当 d_0 一定时，掺杂浓度 N_A 越大，C'_{min}/C_0 的值也越大，图 6.4.6 表示了这些变化关系，利用这一理论可以测定半导体表面的杂质浓度。

以上讨论了理想 P 型半导体 MIS 结构的 C-V 特性，对 N 型半导体 MIS 结构的情况，只要将电压极性反过来进行讨论，可以得到类似的结果，其 C-V 特性曲线如图 6.4.7 所示，这里不作论述。

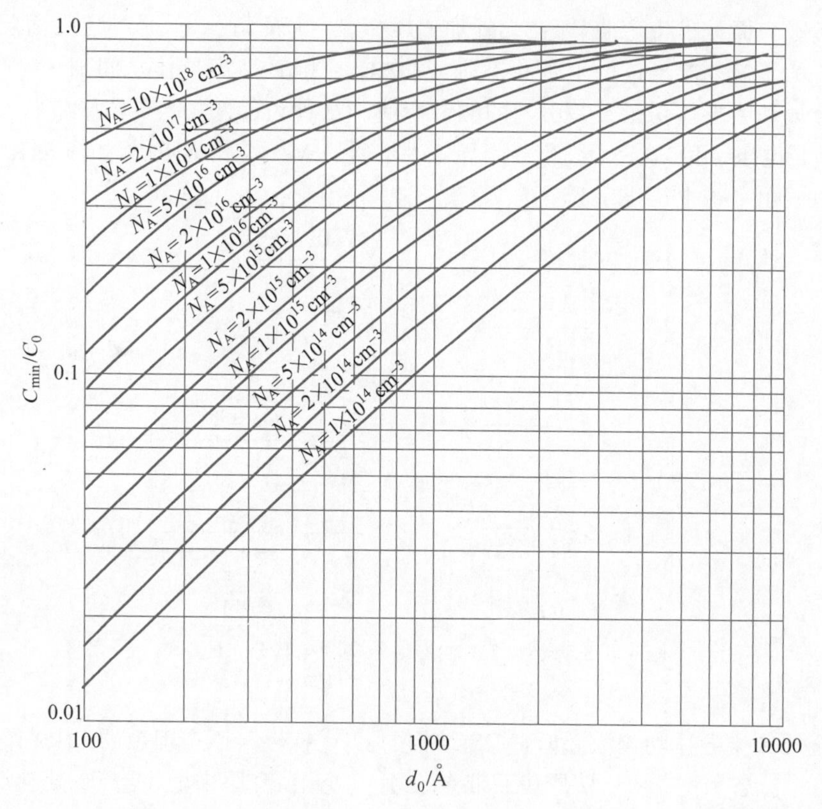

图 6.4.6　高频条件下理想 MIS 结构归一化极小电容与氧化层厚度及衬底杂质浓度的关系

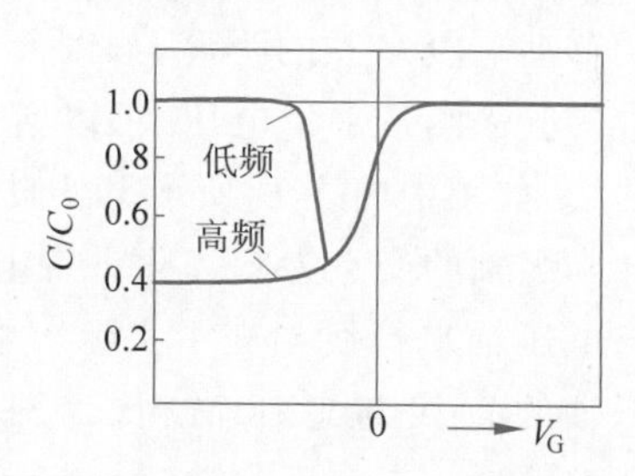

图 6.4.7　N 型半导体 MIS 结构的 C-V 特性

6.4.3　功函数差及绝缘层中电荷对 C-V 特性的影响

下面将考虑金属和半导体的功函数差以及绝缘层存在电荷等实际因素对 C-V 特性的影响。

在以 p-s 为例的 MIS 结构中. 金属和半导体之间隔着绝缘层，这说明金属和半导体不是完全接触，而是两者之间存在一定宏观距离的情形。假设半导体功函数 W_S 大于金属功函数 W_M，电子就由金属流向半导体，金属表面则出现正电荷，半导体表面层出现负的空间电荷区，形成一个由半导体表面指向内部的电势，表面能带向下弯曲，直至两者具有相同的费米能级为止。

图 6.4.8(a)示出了考虑金属和半导体功函数差时，MIS 结构的能带图。从图中可以明显看到，由于功函数差而产生的接触电势差部分降落在绝缘层，而另一部分则落在半导体表

面层使能带在表面处发生弯曲，即在无外加偏压($V_G=0$)的情况下，半导体表面层也不处于平带状态。为了恢复半导体的平带状态，必须在金属和P型半导体之间加一定的负偏压，抵消由于金属和半导体功函数差引起的能带弯曲。这种为了恢复半导体平带状态所需加的电压称为平带电压，用 V_{FB} 表示。恢复半导体平带后的MIS结构能带图，如图6.4.8(b)所示。从图中可以看出平带电压表示为

$$V_{FB}=-(V_{MS}+V_S)=\frac{W_M-W_S}{q} \tag{6.4.15}$$

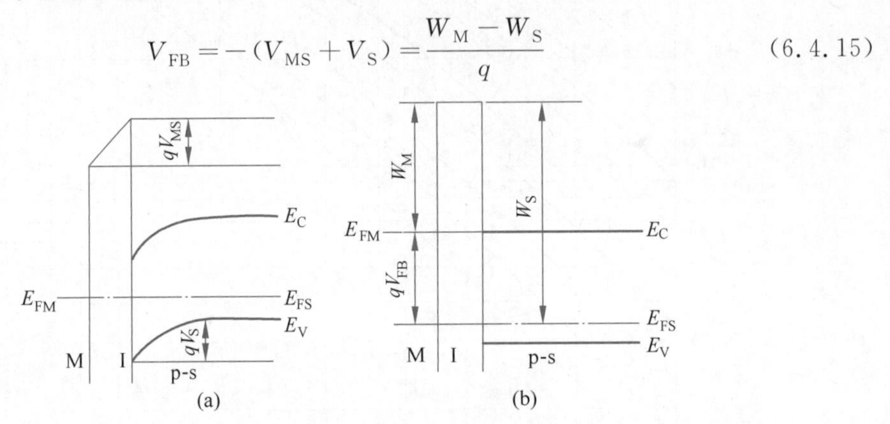

图 6.4.8 功函数差对MIS结构中电势分布的影响

(a) $V_G=0$；(b) $V_G=V_{FB}$ 平带情形

考虑金属和半导体功函数差时，MIS结构的 C-V 特性与原来理想的MIS结构相比较，只是其平带点发生了变化，由原来的 $V_G=0$ 处移到了 $V_G=V_{FB}$ 处，这相当于将理想MIS结构 C-V 特性曲线平行于电压轴移动一段 V_{FB} 的距离，如图6.4.9所示。如果应用 C-V 特性实验来测量平带电压，可以通过实验测量实际的 C-V 特性曲线，如图中曲线 B 所示。又假设 A 为理想的 C-V 特性曲线并与纵轴的交点为归一化平带电容 C_{FB}/C_0，过平带电容点作与电压轴平行线相交于实际 B 曲线，再过该交点作垂直于电压轴的直线与电压轴相交，对应交点的电压就是平带电压 V_{FB}。

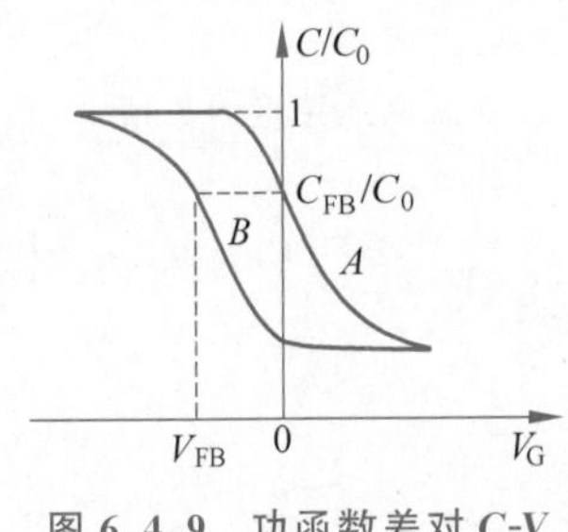

图 6.4.9 功函数差对 C-V 特性影响

另外一种常见的实际情况是，MIS结构中绝缘层内存在电荷。首先假设距离金属界面为 x 处存在 $+Q$ 薄层电荷，便在金属一边感生出负电荷，在半导体一边也感生出负电荷，$+Q$ 电荷与半导体感生负电荷之间存在一个电场，这个电场相当于一个外电场作用于半导体表面，使半导体表面能带向下弯曲。为了恢复半导体平带状态，就需要加上一个负偏压。负偏压逐渐增大，以致由 $+Q$ 电荷在半导体一边所感生的负电荷完全消失，绝缘层电荷所产生的电场完全出现在 $+Q$ 电荷与金属的 $-Q$ 电荷之间，而 $+Q$ 电荷与半导体之间的电场为零，半导体恢复了平带的状态。很明显，半导体恢复平带状态所加的电压（即平带电压），就是半导体恢复平带状态时，绝缘层 $+Q$ 电荷与金属之间的电压。假设此时的电压为 $V_{FB}=-Ex$（E 为金属和 $+Q$ 电荷之间电场强度），又根据高斯定理 $Q=\varepsilon_{I0}\varepsilon_0 E$，那么

$$V_{FB}=-\frac{Qx}{\varepsilon_{I0}\varepsilon_0} \tag{6.4.16}$$

将绝缘层单位面积电容 $C_0=\frac{\varepsilon_{I0}\varepsilon_0}{d_0}$ 代入式(6.4.16)得

$$V_{FB}=-\frac{Qx}{C_0 d_0} \tag{6.4.17}$$

从式(6.4.17)可以看出,平带电压与电荷在绝缘层的位置有关,当电荷贴近半导体时,$x=d_0$,$V_{FB}=-Q/C_0$ 达到最大值。反之当电荷贴近金属表面时,$x=0$,$V_{FB}=0$。这说明电荷越接近半导体表面,对 C-V 特性影响就越大。若电荷位于金属与绝缘层界面处时,对 C-V 特性没有影响。如果绝缘层存在的不是某一固定位置的薄层电荷,而是某种面电荷密度的分布,记为 $\rho(x)$,则在 x 与 $x+\mathrm{d}x$ 之间的薄层内单位面积上的电荷为 $\rho(x)\mathrm{d}x$,根据对薄层电荷的分析可知,为抵消这个薄层电荷的影响所加的平带电压为

$$\mathrm{d}V_{FB}=-\frac{x\rho(x)\mathrm{d}x}{d_0 C_0}$$

对上式积分,得到为抵消整个绝缘层内电荷分布的影响所应加的平带电压为

$$V_{FB}=-\frac{1}{C_0}\int_0^{d_0}\frac{x\rho(x)}{d_0}\mathrm{d}x \tag{6.4.18}$$

从以上的分析可知,当MIS结构绝缘层中存在电荷时,同样可以把理想的 C-V 特性曲线沿电压轴平移 V_{FB} 的电压,便得到了实际的 C-V 特性曲线。如果MIS结构既存在金属和半导体之间的功函数差,又存在绝缘层中的电荷,那么 C-V 特性曲线所平移的平带电压,应该是两种因素所产生的平带电压的综合结果。

*6.5 异质结

第5章介绍的在同一种半导体材料中通过不同类型的掺杂而获得的PN结称为同质结。而**异质结**是指由两种不同半导体单晶材料构成的结。由于形成异质结的两种半导体单晶材料有不同的禁带宽度、介电常数、折射率以及吸收系数等物理参数,异质结与同质结相比有许多不同的光电特性。

早在1951年就提出了异质结的概念,并进行理论分析,但是由于工艺条件所限,一直没有实际制成异质结。1957年克罗默指出:由导电类型相反的两种不同的半导体材料制成的异质结,比同质结具有更高的注入效率,异质结的研究才受到广泛重视。由于汽相外延生长技术的发展,异质结在1960年第一次制造成功。

6.5.1 异质结的分类

根据形成异质结的两种半导体单晶材料的导电类型不同,可以将异质结分为以下两类:

(1) 反型异质结。反型异质结是由导电类型相反的两种不同的半导体单晶材料组成的。例如,由P型Ge和N型GaAs形成的异质结就是一种反型异质结,记为PNGe-GaAs,或记为(P)Ge-(N)GaAs。反型异质结也可以是由N型Ge和P型GaAs形成的,记为NPGe-GaAs或(N)Ge-(P)GaAs。

(2) 同型异质结。同型异质结是指由导电类型相同的两种不同的半导体单晶材料组成的异质结。例如,由N型Ge和N型GaAs形成的同型异质结,记为NNGe-GaAs,或记为(N)Ge-(N)

GaAs。也可以是由P型Ge和P型GaAs形成的，记为PPGe-GaAs或(P)Ge-(P)GaAs。

在用以上符号表示异质结时，通常都是把禁带宽度小的半导体材料写在前面。

由于异质结是由两种不同的半导体材料组成的，所以其界面附近存在一个过渡区。根据这个过渡区域的宽窄，可将异质结分为突变型和缓变型。如果从一种材料向另一种材料的过渡发生在几个原子距离范围内，称为突变异质结；如果这种过渡发生在几个扩散长度范围内，则称为缓变异质结。

6.5.2 突变异质结的能带图

能带图是分析异质结结构特性的重要基础。异质结的能带图取决于两种材料的电子亲和能、禁带宽度、导电类型以及界面态等多种因素。我们首先就理想突变异质结来分析异质结能带图的主要特征，然后再讨论界面态对能带图的影响。所谓理想突变异质结是指：两种材料一直到边界都保持其体内的特性，在边界上才突变为另一种材料，且界面上没有界面态。

1. PN突变反型异质结的能带图

两种导电类型相反的材料未接触形成异质结前的能带图如图6.5.1(a)所示，它们具有相同的真空能级。禁带宽度较小的P型材料，禁带宽度为E_{g1}，功函数为W_1，电子亲和能为χ_1，而禁带宽度较大的N型材料，禁带宽度为E_{g2}，功函数为W_2，电子亲和能为χ_2。下标有1的为禁带宽度较小的材料的物理量；下标有2的为禁带宽度较大的材料的物理量。另外，还可以看出由于材料不同，所以它们的导带底能级和价带顶能级分别存在一定的能量差，即图6.5.1中的ΔE_C和ΔE_V，分别称为导带阶和价带阶。导带阶和价带阶在同质PN结中是不存在的。由图中可以看出导带阶为

$$\Delta E_C = \chi_1 - \chi_2 \tag{6.5.1}$$

而根据两种材料的禁带宽度，可以推算出价带阶为

$$\Delta E_V = (E_{g2} - E_{g1}) - (\chi_1 - \chi_2) \tag{6.5.2}$$

由式(6.5.1)和式(6.5.2)可得

$$\Delta E_C + \Delta E_V = E_{g2} - E_{g1} \tag{6.5.3}$$

当这两块导电类型相反的半导体材料紧密接触形成异质结时，由于N型半导体的费米能级位置较高，所以电子从N型半导体流向P型半导体，在界面附近N型半导体一侧形成正空间电荷；同时空穴从P型半导体流向N型半导体，在界面附近P型半导体一侧形成负的空间电荷。空间电荷形成内建电场将阻碍载流子的流动，最终达到平衡，费米能级统一。

如图6.5.1(b)所示为平衡PN突变反型异质结的能带图。由于N型半导体空间电荷区带正电，而P型半导体空间电荷区带负电，所以内建电场的方向是由N区指向P区的，也就是说N型半导体一侧，由内部到界面，电势降低，而电子电势能增加，所以能带向上弯曲；而在P型半导体一侧，由内部到界面，电势增加，而电子电势能降低，所以能带向下弯曲。但是，由于异质结中两种材料的介电常数不同，所以内建电场在界面处不连续，因而电子的电势能在界面处也不连续，在能带图中可以看到能带的不连续。qV_{D2}是N型半导体一侧的能带弯曲量，即界面与N型半导体内部的能量差，qV_{D1}是P型半导体一侧的能带弯曲量，即P型半导体内部与界面的能量差。能带总的弯曲量qV_D为两侧能带弯曲量之和，即真空能级的弯曲量，同时由于E_{F2}高于E_{F1}，所以当它们统一时，能带的弯曲量正好弥补了它们之间的能量差

$$qV_D = qV_{D1} + qV_{D2} = E_{F2} - E_{F1} = W_1 - W_2 \tag{6.5.4}$$

显然

$$V_D = V_{D1} + V_{D2} = \frac{W_1 - W_2}{q} \tag{6.5.5}$$

V_D 称为**内建电势差**(或称**接触电势差**),等于两种材料功函数之差与电子电量的比值。

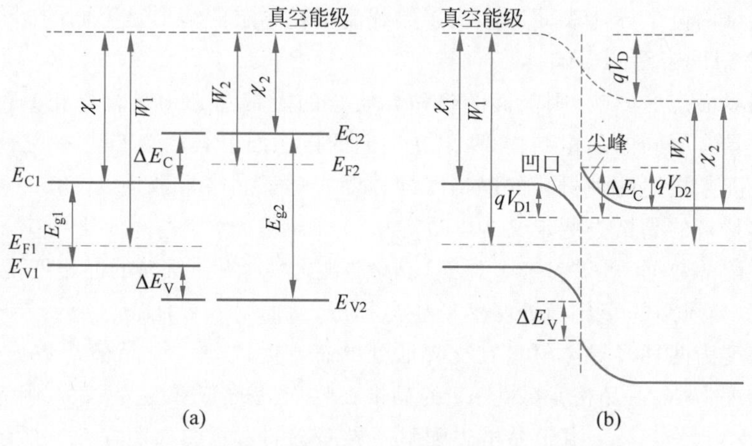

图 6.5.1　PN 突变异质结形成前和形成后的能带图

(a) 形成前；(b) 形成后

在平衡能带图中,由于两种材料不同的能带结构而形成的导带阶 ΔE_C 和价带阶 ΔE_V 仍然存在,可以证明,它们的数值与未平衡时相同。由于能带的弯曲,ΔE_C 和 ΔE_V 使能带在界面处形成了一个向上的“尖峰”和一个向下的“凹口”。在后面的讨论中,将看到正是这些能带上出现的“尖峰”“凹口”影响了异质结中载流子的运动,使半导体异质结具有一些同质结不具备的非常优异的性质。

2. 其他几种突变异质结的能带图

上面介绍了 PN 突变反型异质结平衡能带图的特点,这些特点在 NP 突变反型异质结、PP 突变同型异质结、NN 突变同型异质结中同样存在。图 6.5.2 为几种突变异质结的平衡能带图,从图中可以看出,“尖峰”和“凹口”在所有的突变异质结中都存在,只不过由于两种材料的导电类型的不同,“尖峰”和“凹口”的位置不同,对载流子运动的影响也不同。另外,根据组成异质结两种材料的不同或掺杂程度的不同,“尖峰”和“凹口”的形状也会不

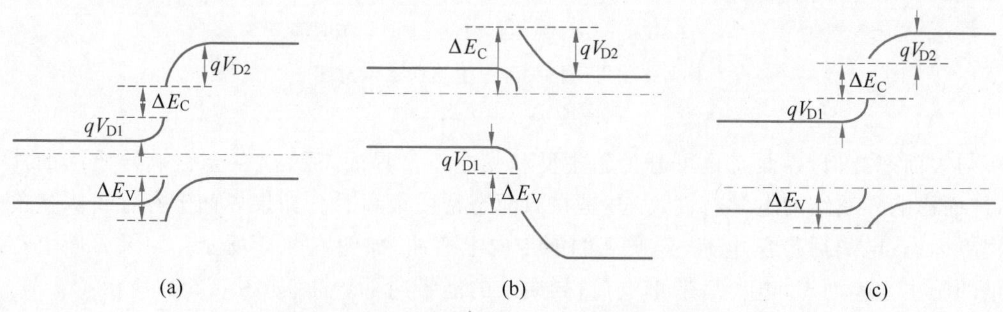

图 6.5.2　其他几种类型突变异质结能带图

(a) NP 型；(b) NN 型；(c) PP 型

同，如有的“尖峰”比较高，有的“尖峰”比较低等，这些因素都会影响异质结中电子的运动情况。

值得注意的是，在突变同型异质结中，当同型的两种不同半导体结合形成异质结时，禁带宽度大的半导体中的多数载流子流向禁带宽度小的半导体一侧，使禁带宽度大的半导体表面形成多数载流子的耗尽层，而在禁带宽度小的半导体表面形成多数载流子的积累层。这与反型异质结两侧半导体表面都形成多数载流子耗尽层的情形是不同的。

3. 界面态对能带图的影响

若考虑到界面态的影响，则前面的各种异质结的能带图必须进行修正。由于组成异质结的两种材料具有不同的晶格结构，所以在它们的接触面上必然会产生一些不匹配的情况，可以用晶格失配来描述两种材料的晶格匹配程度。对于晶格常数为 a_1 和 a_2，而且 $a_1<a_2$ 的两种半导体材料的晶格失配定义为 $2(a_2-a_1)/(a_2+a_1)$。表 6.5.1 列出了几种半导体异质结晶格失配的数据，可供参考。显然，晶格失配越大，两种材料的晶格匹配情况就越差。由于晶格失配，异质结的交界面处必然产生悬挂键，从而引入界面态。突变异质结的交界面处的悬挂键密度为两种半导体材料在交界面处的态密度之差。设晶格常数为 a_1 的晶格在界面处的态密度为 N_{S1}，晶格常数为 a_2 的晶格在界面处的态密度为 N_{S2}，则界面处悬挂键密度为 $\Delta N_S=N_{S1}-N_{S2}$。由于晶格失配引入界面态的示意图如图 6.5.3 所示。

表 6.5.1　几种半导体异质结晶格失配的数据

异质结	晶格常数 $a/10^{-10}$ m	晶格失配/%	异质结	晶格常数 $a/10^{-10}$ m	晶格失配/%
Ge-Si	5.6575～5.4307	4.1	Si-GaAs	5.4307～5.6531	4
Ge-InP	5.6575～5.8687	3.7	Si-GaP	5.4307～5.4505	0.36
Ge-GaAs	5.6575～5.6531	0.08	GaAs-GaP	5.6531～5.4505	3.6

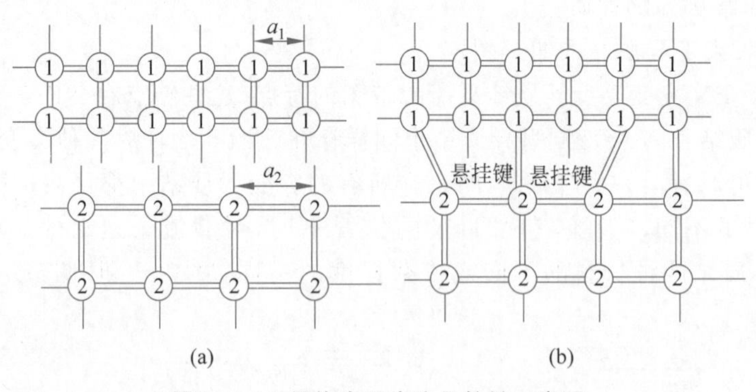

图 6.5.3　晶格失配产生悬挂键示意图

(a) 接触前；(b) 接触后

与表面态类似，界面态也可分为施主型和受主型。界面态的存在会影响异质结的能带图，进而影响异质结的电学特性，尤其是在界面态密度很高时。如果界面上存在着大量的受主型界面态，电离后带负电荷，异质结的能带向上弯曲，如图 6.5.4 所示；如果界面上存在大量的施主型界面态，电离后带正电荷，异质结的能带向下弯曲，如图 6.5.5 所示。

除了晶格失配，引入界面态的原因还有很多，如在高温下，由于材料热膨胀系数的不同，晶格失配的情况更严重，形成更多的悬挂键，引入界面态；在化合物半导体形成的异质结

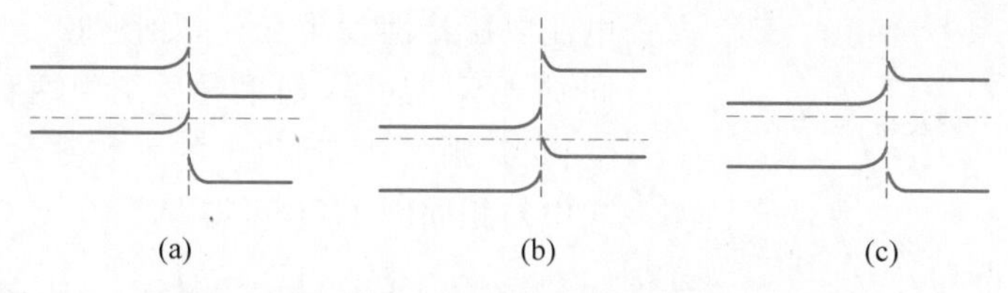

图 6.5.4 界面有大量负电荷的异质结能带图

(a) PN；(b) NP；(c) NN

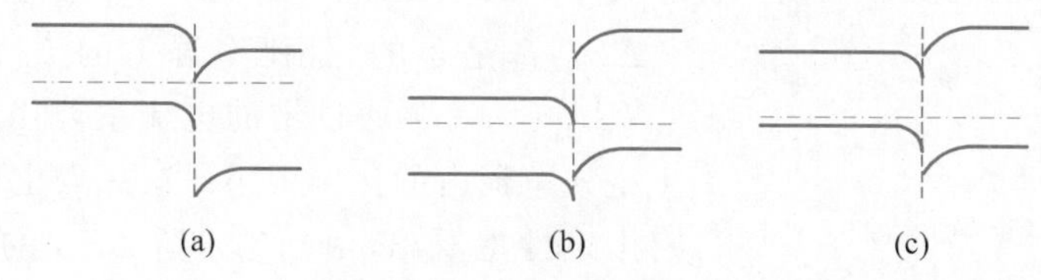

图 6.5.5 界面有大量正电荷的异质结能带图

(a) PN；(b) NP；(c) PP

中，化合物半导体中的成分元素的相互扩散，也会引入界面态；在材料老化的过程中，由于老化缺陷首先在界面形成，然后才向半导体内部扩散，所以在老化初期，也会在界面处引入界面态等。因此，几乎所有的异质结都不能忽略界面态的影响。

6.5.3 异质结的电流电压特性

在形成异质结的两种半导体的交界面处，能带是不连续的。而且由于两种半导体材料的晶格结构、晶格常数、热膨胀系数的不同和工艺技术等，会在交界面处引入界面态及缺陷，因此异质结电流电压特性较同质结复杂得多。不能用简单的模型讨论其电流输运机构，必须根据交界面处的情况分别加以讨论。迄今为止已有许多模型来说明异质结中的电流传输现象。以下以扩散-发射模型简单分析突变异质 PN 结中的电流电压特性。

从图 6.5.6 中可以看出，当电子从 N 型半导体向 P 型半导体运动时，将受到尖峰势垒的阻挡，如果尖峰不太高，则可以用扩散机制来分析电子和空穴通过结区形成的电流，分析过程类似于同质 PN 结的情形。推导得到的电子电流密度和空穴电流密度分别为

$$\left.\begin{aligned} J_{\mathrm{n}} &= \frac{qD_{\mathrm{n1}}n_{20}}{L_{\mathrm{n1}}}\exp\left[\frac{-(qV_{\mathrm{D}}-\Delta E_{\mathrm{C}})}{k_{\mathrm{B}}T}\right]\exp\left(\frac{qV}{k_{\mathrm{B}}T}-1\right) \\ J_{\mathrm{p}} &= \frac{qD_{\mathrm{p2}}p_{10}}{L_{\mathrm{p2}}}\exp\left[\frac{-(qV_{\mathrm{D}}+\Delta E_{\mathrm{V}})}{k_{\mathrm{B}}T}\right]\exp\left(\frac{qV}{k_{\mathrm{B}}T}-1\right) \end{aligned}\right\} \tag{6.5.6}$$

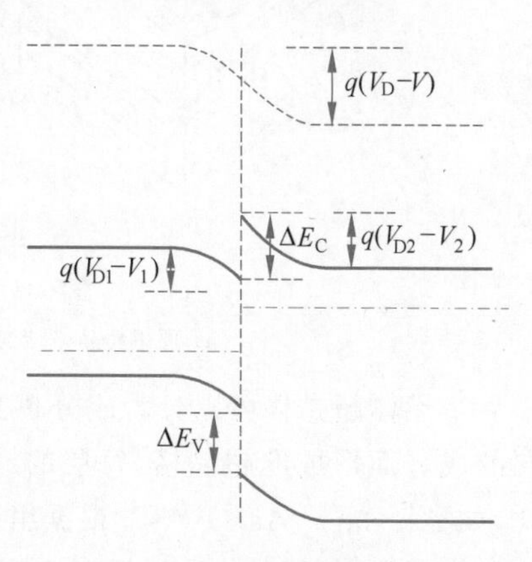

图 6.5.6 PN 突变异质结正向偏压下的能带图

式中，D_{n1}、L_{n1}、p_{10} 表示 P 型材料 1 中电子的扩散系数、扩散长度和平衡空穴浓度，D_{p2}、L_{p2}、n_{20} 表示 N 型材料 2 中空穴的扩散系数、扩散长度和平衡电子浓度。从式(6.5.6)可以看出，当外加正向电压时，电流密度随电压呈指数规律增加，而当外加反向电压时，电流密度将趋于饱和，电流电压特性与同质结类似。而如果尖峰比较高，则会明显阻挡反向漂移电子的运动，使得

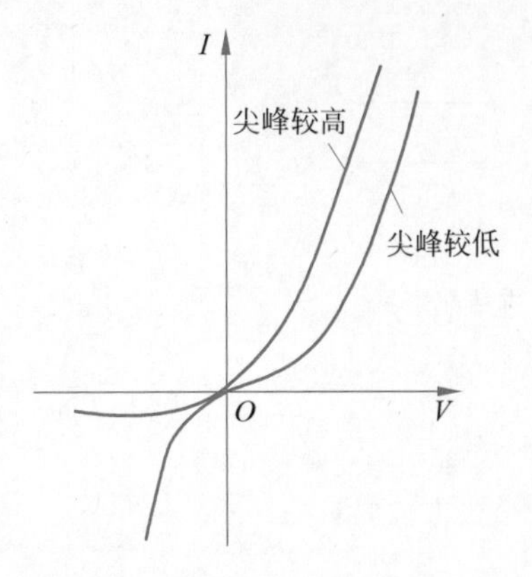

图 6.5.7 PN 突变异质结的 I-V 特性

电流电压特性发生变化，如图 6.5.7 所示。但是与同质结不同的是，如果异质结中两种材料的掺杂程度相当，则式(6.5.6)中的系数数量级相当，消去两式中的相同因子后，可得

$$\frac{J_{\mathrm{n}}}{J_{\mathrm{p}}}=\frac{D_{\mathrm{n1}}n_{20}L_{\mathrm{p2}}}{D_{\mathrm{p2}}p_{10}L_{\mathrm{n1}}}\exp\left(\frac{\Delta E}{k_{\mathrm{B}}T}\right) \tag{6.5.7}$$

式中，$\Delta E=\Delta E_{\mathrm{C}}+\Delta E_{\mathrm{V}}$，对 PN 反型异质结，$\Delta E_{\mathrm{C}}$ 和 ΔE_{V} 都是正的，且比室温下的 $k_{\mathrm{B}}T$ 大得多，所以 $J_{\mathrm{n}}\gg J_{\mathrm{p}}$，表明通过结的电流主要由电子电流构成，空穴电流占的比例很小。这一点也可以从图 6.5.6 中定性地看出，由于导带阶 ΔE_{C} 的存在，电子面临的势垒高度下降了 ΔE_{C}，而空穴所面临的势垒则升高了 ΔE_{V}，从而导致电子电流大大超过空穴电流。这一电流特性使异质结在正向偏压下，具有很高的电子空穴注入比，利用这一性质制作的异质结晶体管，相比于同质结晶体管具有更高的电流放大倍数。

6.5.4 半导体超晶格

半导体超晶格，是由交替生长两种半导体材料薄层组成的具有一维周期性结构且薄层厚度的周期小于电子的平均自由程的人造材料。超晶格是江崎和朱兆祥在 1968 年提出，并于 1970 年首次在砷化镓半导体上制成的。近年来，由于分子束外延技术(MBE)和金属有机化合物气相淀积技术(MOCVD)的发展使得各种超晶格材料得以制造，并在此基础上研制出各种电子和光学器件，如量子阱激光器、量子阱光电探测器、调制掺杂场效应管等。图 6.5.8(a)为理想超晶格结构示意图。

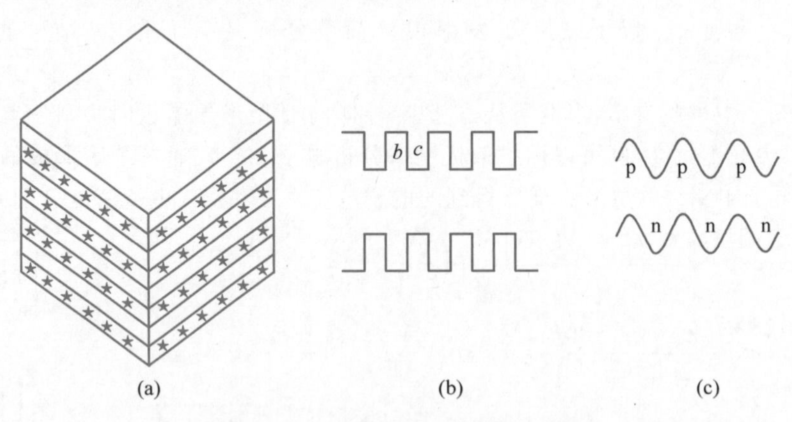

图 6.5.8 超晶格结构及能带示意图

(a) 理想超晶格结构；(b) 成分超晶格能带；(c) 掺杂超晶格能带

半导体超晶格可以分为成分超晶格和掺杂超晶格两大类。成分超晶格是周期性改变薄层的成分而形成的超晶格，每层的厚度都很小，都可与电子的德布罗意(de Broglie)波长相比，如 $\mathrm{Al}_x\mathrm{Ga}_{1-x}\mathrm{As/GaAs}$。根据组成超晶格的两种材料的能带匹配情况，可以把成分超晶格分为三类，如图 6.5.9 所示。Ⅰ型超晶格，如 $\mathrm{Al}_x\mathrm{Ga}_{1-x}\mathrm{As/GaAs}$ 超晶格，GaAs 的导带底和价带顶均位于 $\mathrm{Al}_x\mathrm{Ga}_{1-x}\mathrm{As}$ 的禁带内。在这种结构中，电子势阱和空穴势阱都位于同一

种材料中，即位于窄禁带材料 GaAs 中。Ⅱ型超晶格，如 $GaSb_{1-y}As_y/In_{1-x}Ga_xAs$ 超晶格，$In_{1-x}Ga_xAs$ 的导带底位于 $GaSb_{1-y}As_y$ 的禁带内，而价带顶则位于 $GaSb_{1-y}As_y$ 的价带顶以下。在这类超晶格中，虽然也形成电子势阱和空穴势阱，但它们不在同一种材料中，因而电子和空穴在空间上是分离的。Ⅲ型超晶格，如 GaSb/InAs 超晶格，两种材料的禁带完全错开，InAs 的导带底位于 GaSb 的价带顶以下，InAs 的导带与 GaSb 的价带部分重叠，重叠部分的电子可以在超晶格内自由通行。

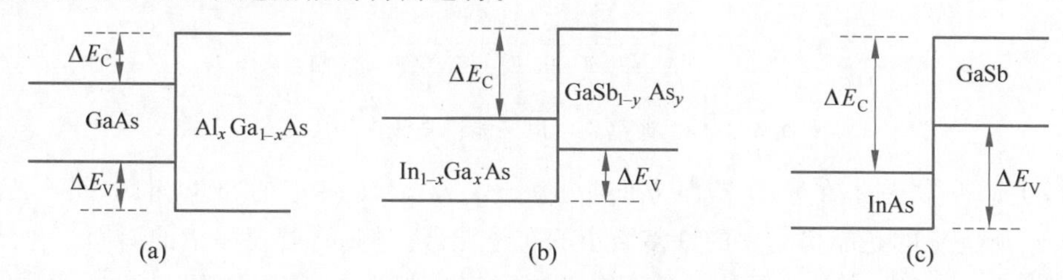

图 6.5.9　三类成分超晶格能带匹配情况

(a) Ⅰ型；(b) Ⅱ型；(c) Ⅲ型

掺杂超晶格是在同一块半导体材料中，周期性地改变各薄层的掺杂类型而形成的超晶格，如由 N 型和 P 型硅薄层与本征层相间组成的周期性结构 NIPI，并称为 NIPI 晶体(N、P、I 依次代表 N 型层、P 型层、本征层)。掺杂超晶格可以看成大量 PN 结的重复，由于超晶格周期比空间电荷区的宽度小很多，因此全部 PN 结都是耗尽的。掺杂超晶格能带的弯曲完全由空间电荷区内的势能变化引起，能带如图 6.5.8(c)所示。改变掺杂的程度和各层的厚度，可以调节超晶格的能带结构和其他性质。

下面以成分超晶格 $Al_xGa_{1-x}As/GaAs$ 为例，对超晶格的能带进行介绍。如前所述，在量子阱结构中，由于 GaAs 的禁带完全落在 $Al_xGa_{1-x}As$ 的禁带之内，所以 GaAs 中的电子和空穴处于势阱内，量子效应使垂直于界面运动的电子和空穴能量量子化。这一效应在 $Al_xGa_{1-x}As/GaAs$ 超晶格中同样存在，所不同的是超晶格中每层厚度都很小，所以相邻势阱中的电子可以相互耦合。图 6.5.8(b)所示周期性分布的势阱形成了一个周期性势场，周期长度为

$$l = b + c \tag{6.5.8}$$

以 GaAs 导带底为势能零点，则势场可表示为

$$V(z) = \begin{cases} 0, & 0 < z < c \\ V_0, & -b \leqslant z \leqslant 0 \end{cases} \tag{6.5.9}$$

这个势场与一维克龙尼克-潘纳模型中的势能形式相同，所以可以用克龙尼克-潘纳模型来处理超晶格势阱中电子的运动，得到势阱内电子的能量为波矢的周期性函数

$$E_{zm}(k) = \frac{k^2}{2m^*}\left(\frac{m\pi}{l}\right)^2, \quad m = 1,2,3,\cdots \tag{6.5.10}$$

能量函数对应的函数见图 6.5.10。

在超晶格中，由于势阱的周期分布和不同势阱内电子的相互耦合，分立的能级展成能带。由于超晶格周期 l 一般比正常的晶格常数 a 大得多，超晶格材料的能量函数曲线在

$$k_z = \pm\frac{m\pi}{l}, \quad m = 1,2,3,\cdots \tag{6.5.11}$$

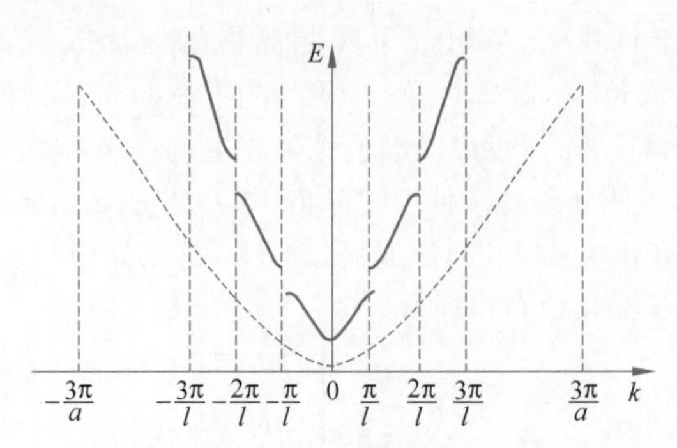

图 6.5.10 超晶格中电子能量与波矢的关系

处间断，于是正常晶体在垂直界面方向上由($\pm m\pi/a$)所决定的布里渊区，被分割为由($\pm m\pi/l$)所决定的超晶格材料的许多微小的布里渊区。例如，若超晶格的周期 l 为晶格常数 a 的 10 倍，那么原来正常晶体的每个布里渊区都分割为 10 个微小的布里渊区。在每个布里渊区内，电子能量连续变化，即形成能带，由于这个能带是在半导体材料原来的导带中形成的小的能量，所以称为子能带。通常把正常晶体的能带变为许多子能带的情况称为布里渊区的折叠。能带折叠效应使得导带中电子波矢可取值范围减小，因此对于间接能带半导体材料，有利于提高发光效率。

习 题 6

6.1 什么是理想表面？为什么理想表面实际上是不存在的？什么是实际表面？

6.2 作图说明 N 型半导体堆积、耗尽和反型三种表面态。

6.3 描述由深耗尽状态转变到强反型状态的物理过程。

6.4 取硅的相对介电常数 $\varepsilon_r=12$，在室温下，分别求 N 型硅当 $N_D=10^{15}\text{cm}^{-3}$ 和 $N_D=10^{17}\text{cm}^{-3}$ 时的德拜长度。真空介电常数 $\varepsilon_0=8.85\times10^{-12}$(F/m)。

6.5 由式(6.2.16)导出多数载流子堆积状态下的表面微分电容近似表达式(6.2.17)。

6.6 由式(6.2.16)导出平带状态下的表面微分电容近似表达式(6.2.18)。

6.7 由式(6.2.16)导出耗尽状态下的表面微分电容近似表达式(6.2.19)。

6.8 由式(6.2.16)导出强反型状态下的表面微分电容近似表达式(6.2.31)。

习题讲解

6.9 施主浓度 $N_D=10^{17}\text{cm}^{-3}$ 的 N 型硅，室温下的功函数是多少？若不考虑表面态的影响，它分别与 Al、Au、Mo 接触时，形成阻挡层还是反阻挡层？硅的电子亲和能取 4.05eV。

取 $W_{Al}=4.18\text{eV}$，$W_{Au}=5.20\text{eV}$，$W_{Mo}=4.21\text{eV}$。取室温下 $N_C=2.8\times10^{19}\text{cm}^{-3}$，$k_BT=0.026\text{eV}$。

6.10 在由 N 型半导体组成的 MIS 结构上加电压 V_G，分析其表面空间电荷层状态随 V_G 变化的情况，并解释其 C-V 曲线。

第7章 半导体器件基础

CHAPTER 7

半导体由于其独有的物理特性，可制成不同的半导体器件，已广泛应用于不同领域，尤其在电子技术、信息技术、计算机技术等领域，半导体器件和集成电路起着核心和关键性作用。二极管、三极管、场效应晶体管等是最基本的半导体器件，所以本章重点讨论它们的基本结构和工作原理。集成电路所起的作用越来越重要，并且不断地飞速发展，所以本章也简略介绍半导体集成器件和微细加工技术。

7.1 二 极 管

二极管是最早诞生的半导体器件之一，种类繁多，应用广泛，几乎在所有的电子电路中都要用到二极管，因此二极管在许多的电路中起着重要的作用。根据其不同用途，可分为整流二极管、齐纳二极管、变容二极管、发光二极管、光电二极管、激光二极管、肖特基二极管等。

7.1.1 二极管的基本结构

二极管是单PN结的半导体器件，基本结构主要由一个PN结加上引线和管壳构成。按照其管芯结构，可分为点接触型二极管、面接触型二极管及平面型二极管，如图7.1.1所示。

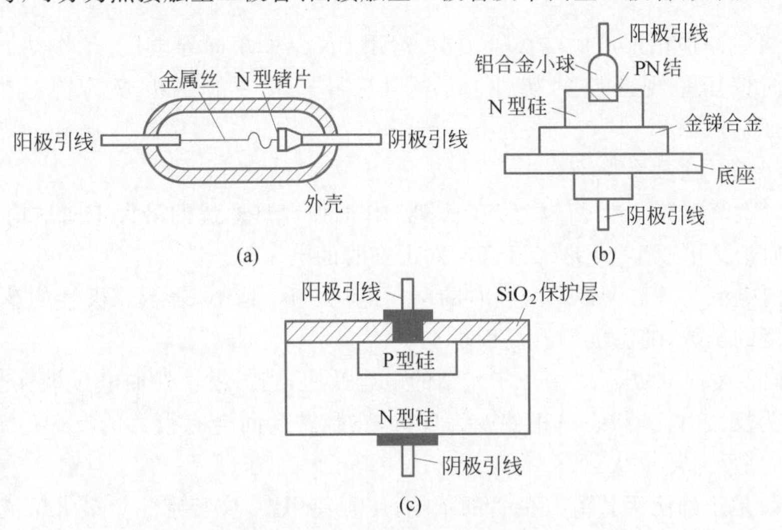

图7.1.1 二极管的常见结构

(a) 点接触型二极管；(b) 面接触型二极管；(c) 平面型二极管

点接触型二极管是用一根很细的金属丝压在光洁的半导体晶片表面，通以脉冲电流，使触丝一端与晶片牢固地烧结在一起，形成一个 PN 结。由于是点接触，只允许通过较小的电流（不超过几十毫安），适用于高频小电流电路，如收音机的检波等。面接触型二极管的 PN 结面积较大，允许通过较大的电流（大到几安至几十安），在交流电变换成直流电的整流电路中经常使用。平面型二极管是一种特制的硅二极管，它不仅能通过较大的电流，而且性能稳定可靠，多用于开关、脉冲及高频电路中。图 7.1.3(a)是一般二极管即整流二极管的电学符号，N 型区称为阴极，用 K 表示，P 型区则称为阳极，用 A 表示，符号中的箭头方向与传统的电流方向是一致的。

图 7.1.2 给出了常见的二极管的封装外形，并标出了阴极 K 和阳极 A，阴极常用环带、凸出的片状物或其他方式表示，从封装的外形观察，如果看到某个引脚和外壳直接相连，则外壳就是阴极。若在外形上无法确定引脚极性，也可通过查数据表确认。

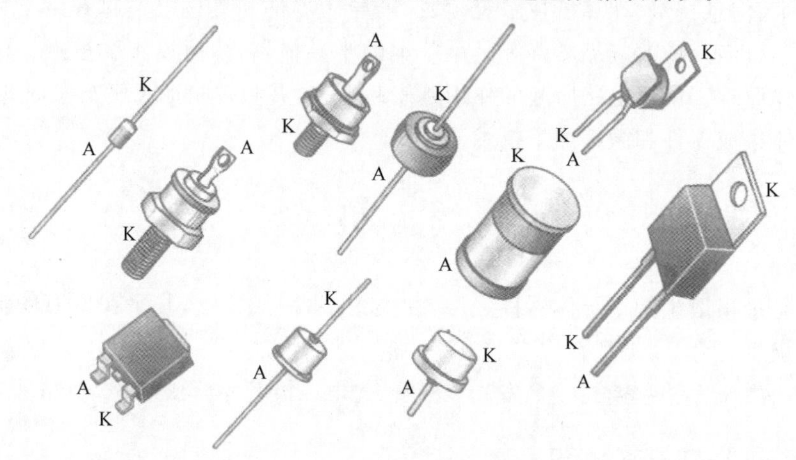

图 7.1.2 常见的二极管封装外形

7.1.2 整流二极管

整流二极管是应用最广的二极管类型，运用 PN 结的单向导电性，工作在 PN 结的正向偏压区，反向偏压呈现断路的特性，其电学符号即为一般二极管的符号，I-V 特性如图 7.1.3 所示。

整流二极管的主要参数有：

(1) 最大整流电流 I_F，是二极管在长期工作时所允许通过的最大正向平均电流。

(2) 反向击穿电压 V_{BR}，是二极管反向击穿时的电压值。

(3) 反向电流 I_R，二极管未击穿时的反向电流。I_R 越小，表示二极管的单向导电性越好，I_R 是温度的函数，随温度的升高而增加。

(4) 反向恢复时间 T_{RR}。由于 PN 结的电容效应，当二极管外加电压极性改变时，特别是由正偏变为反偏时，其状态由正偏变为反偏，在翻转瞬间会有很大的反向电流，需要恢复时间，才能达到反向截止状态。

上述参数是正确使用整流二极管的依据，工程使用中，应特别注意最大整流电流和反向击穿电压。

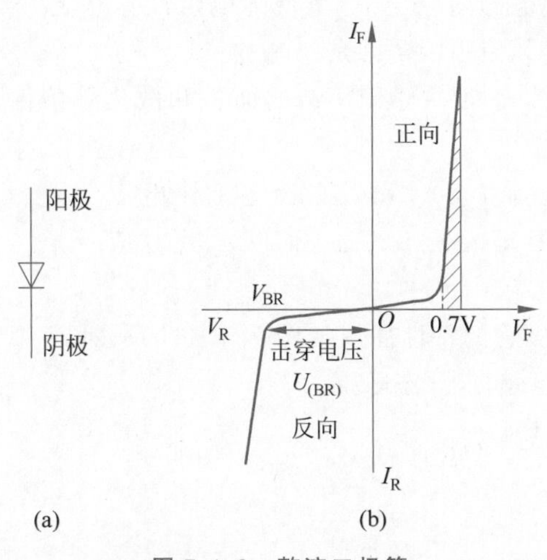

图 7.1.3　整流二极管

(a) 整流二极管电学符号；(b) 整流二极管的一般特性曲线，阴影区域为正常工作区

7.1.3　齐纳二极管

齐纳二极管是一种特殊的硅 PN 结二极管，工作在 PN 结的反向击穿区，其击穿电压可在制造时通过控制 PN 结的掺杂浓度而设定，主要作用就是当作一种电压调整器，提供稳定的参考电压，因此也称为稳压二极管，主要应用在电源供应器、电压表等仪器中。

齐纳二极管的反向击穿有两种类型：雪崩击穿和齐纳击穿。其中雪崩击穿发生在反向偏压足够高时，齐纳击穿则发生在低反向偏压时。通过大量掺杂，就可以降低齐纳二极管的击穿电压。击穿电压低于 5V 的齐纳二极管工作于反向击穿区，击穿电压高于 5V 的齐纳二极管工作于雪崩击穿区，两种类型都可称为齐纳二极管。图 7.1.4 显示了齐纳二极管的 I-V 特性曲线，反向击穿区域代表齐纳二极管的正常工作区。齐纳二极管的关键特性在于反向击穿电压基本维持定值。

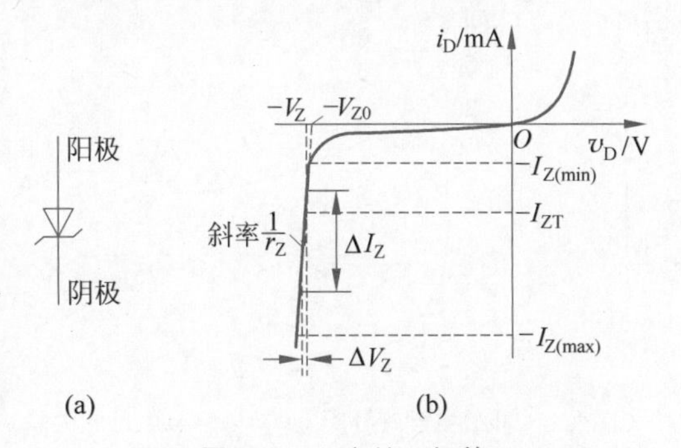

图 7.1.4　齐纳二极管

(a) 齐纳二极管电学符号；(b) 齐纳二极管的电流-电压特性曲线

齐纳二极管的主要参数有：

(1) 稳定电压 V_Z，在规定的稳压管反向工作电流 I_Z 下，所对应的反向工作电压。

(2) 动态阻抗 r_Z。实际的稳压二极管电压曲线并不是完全垂直的，齐纳电流的改变 (ΔI_Z) 会产生微小的齐纳电压变化 (ΔV_Z)，由欧姆定律，ΔV_Z 对 ΔI_Z 的比率就是阻抗，如下所示：

$$r_Z = \frac{\Delta V_Z}{\Delta I_Z} \tag{7.1.1}$$

通常情况下，r_Z 是定义成当电流为齐纳测试电流 I_{ZT} 时的阻抗，在多数情况下，可以假设在反向电流的整个线性范围内取定值，呈现纯电阻性。r_Z 越小，反映稳压管的击穿特性越陡。动态电阻在工程实际使用中常常是忽略的。

(3) 最大耗散功率 P_{ZM}。取决于 PN 结的面积和散热等条件，反向工作时 PN 结的功率损耗为定义 $P_Z=I_ZV_Z$。

(4) 最大稳定工作电流 $I_{Z(max)}$ 和最小稳定工作电流 $I_{Z(min)}$。最大稳定工作电流取决于最大耗散功率，即 $P_{ZM}=V_ZI_{Z(max)}$，而 $I_{Z(min)}$ 对应 $V_{Z(min)}$，若 $I_Z<I_{Z(min)}$ 则不能稳压。

【例 7-1】 某齐纳二极管的特性曲线如图 7.1.4(b)所示，I_Z 产生变化时，V_Z 会跟着变化，$\Delta I_Z=5\text{mA}$，$\Delta V_Z=45\text{mV}$，求动态阻抗。

解 $r_Z=\dfrac{\Delta V_Z}{\Delta I_Z}=\dfrac{45\text{mV}}{5\text{mA}}=9(\Omega)$。

7.1.4 变容二极管

变容二极管也称为可变电容二极管，也是工作在反向偏压的二极管，其结电容值会随着反向偏压而改变。变容二极管通常应用于通信系统的调谐电路中。

变容二极管 PN 结的空间电荷区可视为电容器的电介质，两侧的 P 区和 N 区可视为电容器的极板。当反向偏压增加时，空间电荷区展宽，相当于增加了电容器极板间的距离和电介质的厚度，电容值会降低。当反向偏压降低时，空间电荷区变窄，电容值会增加。变容二极管符号及其电容值 C_T 对反向偏压 V_R 的曲线图如图 7.1.5 所示。

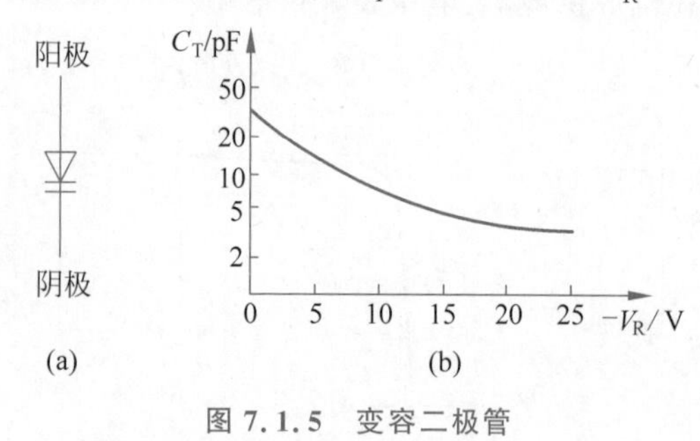

图 7.1.5 变容二极管

(a) 变容二极管电学符号；(b) 结电容与电压的关系(纵坐标为对数刻度)

变容二极管的主要参数有：

(1) 电容值 C_T。C_T 是变容二极管最首要的参数，由 PN 结的掺杂、二极管管芯的大小与几何形状控制，电容值通常从几皮法到几百皮法。

(2) 电容误差范围。C_T 的最小值和最大值根据 10% 的误差来决定。

(3) 调谐比率 TR。变容二极管的调谐比率又称为电容比率，是变容二极管在最小反向偏压下的电容值和在最大反向偏压下电容值的比率。例如，变容二极管 1N51xx 系列是突变结器件，P 型区和 N 型区为均匀掺杂，其 PN 结的突变决定了调谐比率。也有一些种类的变容二极管采用超突变的 PN 结，可以使调谐比率高达 10～15。

(4) 灵敏值或质量因数 Q。Q 为电容器所储存的能量与释放并消耗在阻抗的能量比率。Q 值越高越好，一般会随着反向偏压的增加而增加。

(5) 温度系数。二极管电容具有正温度系数，随着温度的升高，C_T 会略有增加。灵敏值具有负温度系数，当温度增加时，Q 值会降低。

以型号为 1N5140-1N5145 的系列变容二极管为例，其部分特性参数表如表 7.1.1 所示。

表 7.1.1　1N5140-1N5145 变容二极管部分特性参数表

	C_T/pF			Q	TR	
	V_R=4.0V(DC), f=1.0MHz			V_R=4.0V(DC) f=50MHz	C_4/C_{60} f=1.0MHz	
器件型号	最小值	标称值	最大值	最小值	最小值	标称值
1N5140	9.0	10	11	300	2.8	3.0
1N5141	10.8	12	13.2	300	2.8	3.0
1N5142	13.5	15	16.5	250	2.8	3.0
1N5143	16.2	18	19.8	250	2.8	3.0
1N5144	19.8	22	24.2	250	3.2	3.4
1N5145	24.3	27	29.7	200	3.2	3.4

【例 7-2】 表 7.1.1 所示的调谐比率是在反向偏压为 4V 时的测量值除以反向偏压为 60V 时的测量值，因此记为 C_4/C_{60}。其中 1N5141 标称的调谐比率是 3.0，请使用 TR 计算 1N5141 的电容值范围。

解　从表中得出，$C_4=10.8\text{pF}$，标称的 $\text{TR}=C_4/C_{60}=3.0$，因此

$$C_{60}=C_4/\text{TR}=10.8/3.0\text{pF}=3.6\text{pF}$$

当 V_R 从 4V 增加到 60V，1N5141 的电容值从 10.8pF 变化到 3.6pF。

视频

7.1.5　肖特基二极管

肖特基二极管是一种导通电压降较低、允许高速切换的二极管，其基本结构通常是以 N 型半导体与金、银、铂等金属形成肖特基接触，以产生整流的效果，而非 PN 结。肖特基二极管与其他 PN 结构成的二极管不同，只有多数载流子，没有少数载流子，因此对偏压的改变有很快的反应能力，且开启电压很低。

如图 7.1.6 所示，给出了肖特基二极管的电学符号和正向特性曲线。一般的二极管在导通时，会产生 0.7～1.7V 的电压降，而肖特基二极管的电压降只有 0.15～0.45V，远小于普通二极管。肖特基二极管另一个和一般二极管的显著差异在于反向恢复时间，也就是二极管由流过正向电流的导通状态，切换到不导通状态所需的时间。一般二极管的反向恢复时间约为数百纳秒，肖特基二极管由于没有少子，因此小信号的肖特基二极管的反向恢复时间约为数十皮秒。而且由于一般二极管在反向恢复时间内会因反向电流而造成 EMI 噪声，肖特基二极管可以立即切换，因此没有反向恢复时间及反向电流的问题。所以，肖特基二极管广泛应用于高频场合，也用于许多数字电路中以减少切换时间。

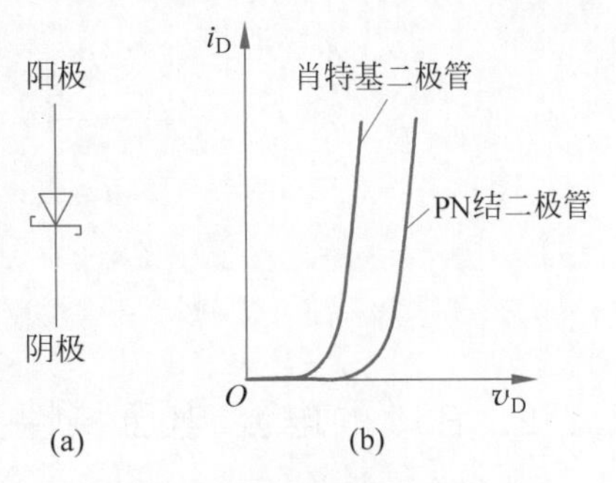

图 7.1.6　肖特基二极管
(a) 肖特基二极管电学符号；
(b) 肖特基二极管正向特性曲线

还有许多类型的二极管，其中发光二极管、光电二极管和激光二极管将在第 8 章介绍，这里不再赘述。

7.2 双极型晶体管

双极型晶体管（bipolar junction transistor，BJT），是一种电流控制器件，电子和空穴同时参与导电，因此又称为双载流子晶体管，也称三极管。它起源于1948年发明的点接触晶体三极管，20世纪50年代初发展成结型三极管，即现在所称的双极型晶体管。

7.2.1 BJT的基本结构

双极型晶体管的基本结构由两个掺杂浓度不同且背靠背排列的PN结组成，且两个PN结相互耦合。根据排列方式的不同，双极型晶体管可分为NPN型和PNP型两种，PN结所分隔开的3个区域分别称为发射区、基区和集电区，如图7.2.1所示，其电学符号如图7.2.2所示。

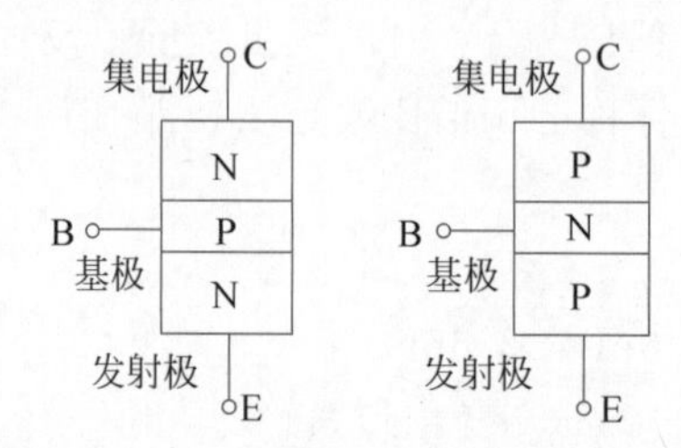

图7.2.1 双极型晶体管的基本结构

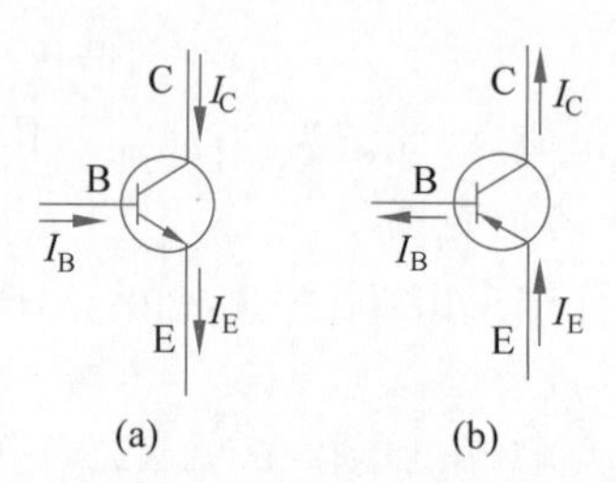

图7.2.2 双极型晶体管的电学符号

(a) NPN型；(b) PNP型

双极型晶体管的外部通常有三个引出电极，根据功率的不同具有不同的外形结构，如图7.2.3所示。

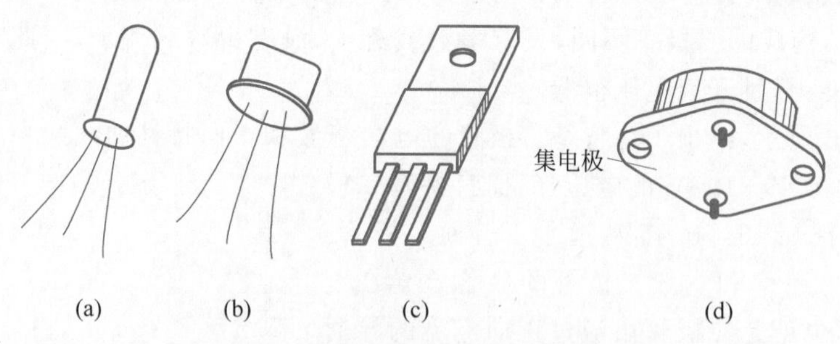

图7.2.3 双极型晶体管的几种常见外形

(a) 小功率管；(b) 小功率管；(c) 中功率管；(d) 大功率管

视频

7.2.2 BJT的电流-电压特性

为了推导双极型晶体管的电流-电压特性，需要对双极型晶体管进行一定的简化，称为理想晶体管。假定发射区、基区和集电压都是均匀掺杂，并假定小注入，耗尽区内没有产生复合电流，器件中不存在串联电阻。

不妨以NPN晶体管为例，了解了NPN晶体管，只要将极性和掺杂类型调换，即可描述PNP晶体管。图7.2.4表示NPN晶体管偏置在放大状态时的情形。这时，基区-发射区PN结（发射结）必须加正向偏压，基区-集电区PN结（集电结）必须加大的反向偏压。由于

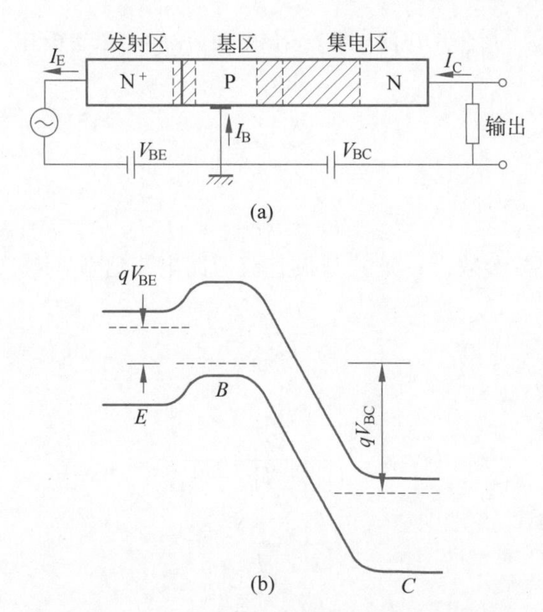

图 7.2.4　NPN 晶体管共基极放大电路和能带图

发射结正偏，其上的电势降低 qV_{BE}，电子将从发射区向基区注入，空穴将从基区向发射区注入，所以基区有过剩电子，发射区有过剩空穴，过剩电子或空穴的浓度不仅取决于发射结偏压的大小，还取决于发射区或基区的掺杂浓度。集电结强反偏，本身只有一个很小的反向电流，但当基区宽度十分小（远小于电子扩散长度）时，从发射区注入的电子除少数被复合外，其余大多数能到达集电结耗尽区边缘，然后被扫入集电区，集电极电流因此基本上等于发射极电流中的电子电流。如果在集电极回路中接入较大的负载电阻，就可以将信号放大。如果基区宽度远大于电子（少子）的扩散长度，晶体管仅是两个背靠背的 PN 结，不可能有放大作用。

图 7.2.5 表示工作在放大状态时 NPN 晶体管内的电流。I_{En} 是从发射区注入基区中的电子电流，I_{Cn} 是被集电区收集到的电子电流，I_{En} 和 I_{Cn} 是晶体管内主要的电流分量。I_{Ep} 是从基区注入发射区的空穴电流，通常比 I_{En} 小得多。I_{ER} 是发射区耗尽区内的复合电流。I_{BR}（$I_{BR}=I_{En}-I_{Cn}$）是基区内的复合而必须补充的空穴电流。I_{CBO} 是流过集电结的反向电流，主要是集电结附近产生的空穴被扫入基区形成的电流。

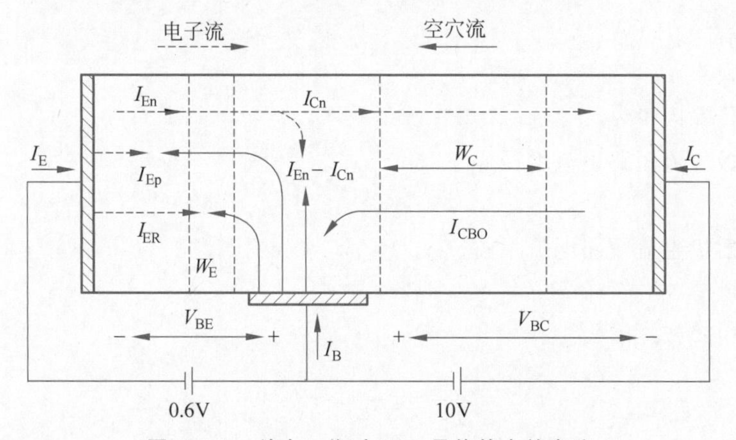

图 7.2.5　放大工作时 NPN 晶体管内的电流

由图 7.2.5，晶体管的终端电流，即发射极电流 I_E、集电极电流 I_C 和基极电流 I_B 如下：

$$I_E = I_{En} + I_{Ep} + I_{ER} \tag{7.2.1}$$

$$I_C = I_{Cn} + I_{CBO} \tag{7.2.2}$$

$$I_B = I_E - I_C \tag{7.2.3}$$

双极型晶体管的重要参数之一是共基极直流短路电流增益，定义为

$$\alpha_0 = \frac{I_{Cn}}{I_E} = \gamma \alpha_T \tag{7.2.4}$$

γ 为发射效率，定义如下：

$$\gamma = \frac{I_{En}}{I_{En} + I_{Ep} + I_{ER}} \tag{7.2.5}$$

α_T 为基区传输因子：

$$\alpha_T = \frac{I_{Cn}}{I_{En}} \tag{7.2.6}$$

利用 α_0，集电极电流可表示为

$$I_C = \alpha_0 I_E + I_{CBO} \tag{7.2.7}$$

式(7.2.7)右边的 $I_E = I_C + I_B$，故 $I_C = \alpha_0 (I_C + I_B) + I_{CBO}$，则将集电极电流公式改写为

$$I_C = \frac{\alpha_0}{1-\alpha_0} I_B + \frac{I_{CBO}}{1-\alpha_0} \tag{7.2.8}$$

定义共发射极直流短路电流增益：

$$\beta_0 = \frac{\alpha_0}{1-\alpha_0} \tag{7.2.9}$$

I_{CEO} 是基极开路($I_B = 0$)时的集电极-发射极漏电流：

$$I_{CEO} = \frac{I_{CBO}}{1-\alpha_0} \tag{7.2.10}$$

利用 β_0 和 I_{CEO}，集电极电流可表示为

$$I_C = \beta_0 I_B + I_{CEO} \tag{7.2.11}$$

【例 7-3】 某个理想晶体管，各电流成分如下：$I_{Ep} = 3\text{mA}$，$I_{En} = 0.01\text{mA}$，$I_{Cp} = 2.98\text{mA}$，$I_{Cn} = 0.001\text{mA}$，求：

(1) 发射效率 γ；

(2) 基区传输因子 α_T；

(3) 共基极直流短路电流增益 α_0；

(4) I_{CBO}；

(5) 共发射极直流短路电流增益 β_0；

(6) I_{CEO}。

解 (1) 由式(7.2.5)：

$$\gamma = \frac{I_{En}}{I_E} = \frac{3}{3.01} \approx 0.9967$$

(2) 由式(7.2.6)：

$$\alpha_{\mathrm{T}}=\frac{I_{\mathrm{Cn}}}{I_{\mathrm{En}}}=\frac{2.98}{3}\approx 0.9933$$

(3) 由式(7.2.4)：

$$\alpha_0=\gamma\alpha_{\mathrm{T}}\approx 0.9900$$

(4) 由式(7.2.7)：

$$I_{\mathrm{CBO}}=(2.98+0.001)-0.9900\times(3+0.01)=0.0011(\mathrm{mA})$$

(5) 由式(7.2.9)：

$$\beta_0=\frac{\alpha_0}{1-\alpha_0}=\frac{0.9900}{1-0.9900}=99$$

(6) 由式(7.2.10)：

$$I_{\mathrm{CEO}}=\frac{I_{\mathrm{CBO}}}{1-\alpha_0}=\frac{0.0011}{1-0.9900}=0.11(\mathrm{mA})$$

假定发射区、基区和集电区都是均匀掺杂，杂质分布及耗尽区如图 7.2.6 所示，图中画阴影的区域为耗尽区。并假定小注入，耗尽区内没有产生-复合电流，器件中不存在串联电阻。

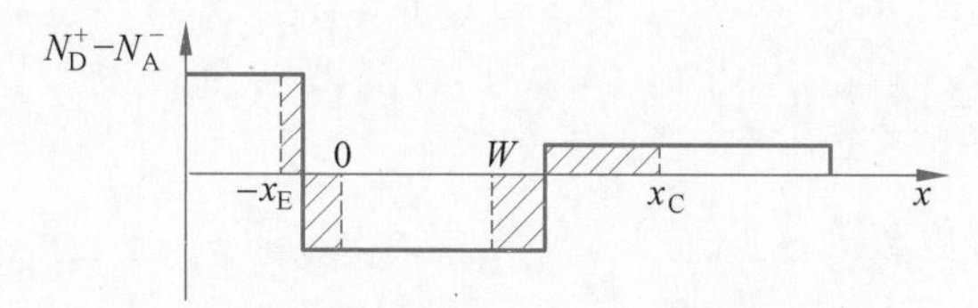

图 7.2.6　各区均匀掺杂 NPN 晶体管的杂质分布

基区：少数载流子是电子，其分布满足电场的稳态连续方程：

$$D_{\mathrm{n}}\frac{\mathrm{d}^2 n_{\mathrm{B}}}{\mathrm{d}x^2}-\frac{n_{\mathrm{B0}}-n_{\mathrm{p0}}}{\tau_{\mathrm{n}}}=0 \tag{7.2.12}$$

及下述边界条件：

$$n_{\mathrm{P}}(0)=n_{\mathrm{P0}}\exp(qV_{\mathrm{BE}}/k_{\mathrm{B}}T) \tag{7.2.13}$$

$$n_{\mathrm{P}}(W)=n_{\mathrm{P0}}\exp(qV_{\mathrm{BC}}/k_{\mathrm{B}}T) \tag{7.2.14}$$

解之得到基区内的电子(少数载流子)分布为

$$n_{\mathrm{P}}(x)=n_{\mathrm{P0}}+n_{\mathrm{P0}}[\exp(qV_{\mathrm{BE}}/k_{\mathrm{B}}T)-1]\left[\frac{\sinh\left(\frac{W-x}{L_{\mathrm{n}}}\right)}{\sinh\left(\frac{W}{L_{\mathrm{n}}}\right)}\right]$$

$$+n_{\mathrm{P0}}[\exp(qV_{\mathrm{BC}}/k_{\mathrm{B}}T)-1]\left[\frac{\sinh(x/L_{\mathrm{n}})}{\sinh(W/L_{\mathrm{n}})}\right] \tag{7.2.15}$$

由于基区内的电场被忽略，少数载流子只有扩散电流，因此流过发射结的电子电流为

$$I_{\mathrm{En}}=A\left[qD_{\mathrm{n}}\frac{\mathrm{d}n_{\mathrm{P}}(x)}{\mathrm{d}x}\bigg|_{x=0}\right]=-qA\frac{D_{\mathrm{n}}}{L_{\mathrm{n}}}n_{\mathrm{P0}}\left\{\frac{\cosh(W/L_{\mathrm{n}})}{\sinh(W/L_{\mathrm{n}})}[\exp(qV_{\mathrm{BE}}/k_{\mathrm{B}}T)-1]-\right.$$

$$\left.\frac{1}{\sinh(W/L_{\mathrm{n}})}[\exp(qV_{\mathrm{BC}}/k_{\mathrm{B}}T)-1]\right\} \tag{7.2.16}$$

A 是结的面积。流过集电结的电子电流则为

$$I_{\mathrm{Cn}}=A\left[qD_{\mathrm{n}}\frac{\mathrm{d}n_{\mathrm{P}}(x)}{\mathrm{d}x}\bigg|_{x=W}\right]=-qA\frac{D_{\mathrm{n}}}{L_{\mathrm{n}}}n_{\mathrm{P0}}\left\{\frac{1}{\sinh(W/L_{\mathrm{n}})}[\exp(qV_{\mathrm{BE}}/k_{\mathrm{B}}T)-1]\right.$$
$$\left.-\frac{\cosh(W/L_{\mathrm{n}})}{\sinh(W/L_{\mathrm{n}})}[\exp(qV_{\mathrm{BC}}/k_{\mathrm{B}}T)-1]\right\} \tag{7.2.17}$$

发射区和集电区：这两个区域都是N型区，少数载流子是空穴，电流由注入空穴的扩散引起。在准中性发射区，空穴分布满足稳态连续方程

$$\frac{\mathrm{d}^2p_{\mathrm{E}}(x)}{\mathrm{d}x^2}-\frac{p_{\mathrm{E}}(x)-p_{\mathrm{E0}}}{L_{\mathrm{pE}}^2}=0 \tag{7.2.18}$$

在边界 $x=-x_{\mathrm{E}}$ 和 $x=-x_{\mathrm{E}}-W_{\mathrm{E}}$（$W_{\mathrm{E}}$ 为准中性发射区宽度）的空穴浓度为

$$p_{\mathrm{E}}(-x_{\mathrm{E}})=p_{\mathrm{E0}}\exp(qV_{\mathrm{BE}}/k_{\mathrm{B}}T) \tag{7.2.19}$$

$$p_{\mathrm{E}}(-x_{\mathrm{E}}-W_{\mathrm{E}})=p_{\mathrm{E0}} \tag{7.2.20}$$

L_{pE} 表示发射区中空穴的扩散长度。在这里，增加了一个脚标E来标记发射区的空穴参数（对集电区将增加脚标C），因为发射区和集电区有相同的掺杂类型，所以这样标记是必要的。而对晶体管的三个区域（E、B、C），掺杂浓度则分别以 N_{E}、N_{B}、N_{C} 表示。

当发射区宽度 W_{E} 远大于空穴扩散长度 L_{pE} 时，有

$$p_{\mathrm{E}}(x)=p_{\mathrm{E0}}+p_{\mathrm{E0}}[\exp(qV_{\mathrm{BE}}/k_{\mathrm{B}}T)-1]\exp[(x+x_{\mathrm{E}})/L_{\mathrm{pE}}],\quad x\leqslant -x_{\mathrm{E}} \tag{7.2.21}$$

注入发射区的空穴电流为

$$I_{\mathrm{Ep}}=-qA\frac{D_{\mathrm{pE}}}{L_{\mathrm{pE}}}p_{\mathrm{E0}}[\exp(qV_{\mathrm{BE}}/k_{\mathrm{B}}T)-1] \tag{7.2.22}$$

当集电区宽度 W_{C} 远大于空穴扩散长度 L_{pC} 时，空穴浓度分布为

$$p_{\mathrm{C}}(x)=p_{\mathrm{C0}}+p_{\mathrm{C0}}[\exp(qV_{\mathrm{BC}}/k_{\mathrm{B}}T)-1]\exp[-(x+x_{\mathrm{C}})/L_{\mathrm{pC}}],\quad x\geqslant x_{\mathrm{C}} \tag{7.2.23}$$

注入集电区的空穴电流为

$$I_{\mathrm{Cp}}=qA\frac{D_{\mathrm{pC}}}{L_{\mathrm{pC}}}p_{\mathrm{C0}}[\exp(qV_{\mathrm{BC}}/k_{\mathrm{B}}T)-1] \tag{7.2.24}$$

由于忽略结耗尽区的复合或产生，总的发射极电流 I_{E} 和集电极电流 I_{C} 为它们各自的电子电流和空穴电流之和，考虑到一般晶体管都是基区宽度远小于少数载流子的扩散长度，我们对公式进行简化，并利用 $n_{\mathrm{p0}}=n_{\mathrm{i}}^2/N_{\mathrm{B}}$，$p_{\mathrm{E0}}=n_{\mathrm{i}}^2/N_{\mathrm{E}}$ 和 $p_{\mathrm{C0}}=n_{\mathrm{i}}^2/N_{\mathrm{C}}$，可以得到

$$I_{\mathrm{E}}=-qAn_{\mathrm{i}}^2\left\{\left(\frac{D_{\mathrm{n}}}{N_{\mathrm{B}}W}+\frac{D_{\mathrm{pE}}}{N_{\mathrm{E}}L_{\mathrm{pE}}}\right)[\exp(qV_{\mathrm{BE}}/k_{\mathrm{B}}T)-1]\right.$$
$$\left.-\frac{D_{\mathrm{n}}}{N_{\mathrm{B}}W}[\exp(qV_{\mathrm{BC}}/k_{\mathrm{B}}T)-1]\right\} \tag{7.2.25}$$

$$I_{\mathrm{C}}=-qAn_{\mathrm{i}}^2\left\{\frac{D_{\mathrm{n}}}{N_{\mathrm{B}}W}[\exp(qV_{\mathrm{BE}}/k_{\mathrm{B}}T)-1]\right.$$
$$\left.-\left(\frac{D_{\mathrm{n}}}{N_{\mathrm{B}}W}+\frac{D_{\mathrm{pC}}}{N_{\mathrm{E}}L_{\mathrm{pC}}}\right)[\exp(qV_{\mathrm{BC}}/k_{\mathrm{B}}T)-1]\right\} \tag{7.2.26}$$

需要强调的是，这个电流表达式是适合于所有基区宽度的通用解。

共基极时的双极型晶体管 I-V 特性如图 7.2.7 所示。从图看出，只要 V_{CB} 大于一个微小值，集电极电流实际上保持不变，甚至在 V_{CB} 降到零时，集电极仍然抽取电子。实际上从 $V_{CB}>0$ 变到 $V_{CB}=0$ 时 $x=W$ 处的电子浓度只有微小的变化，所以在整个放大工作状态范围内，集电极电流基本保持不变。当 V_{CB} 增大到某一数值时，集电极电流迅速增加，这通常是集电结的雪崩击穿所致。

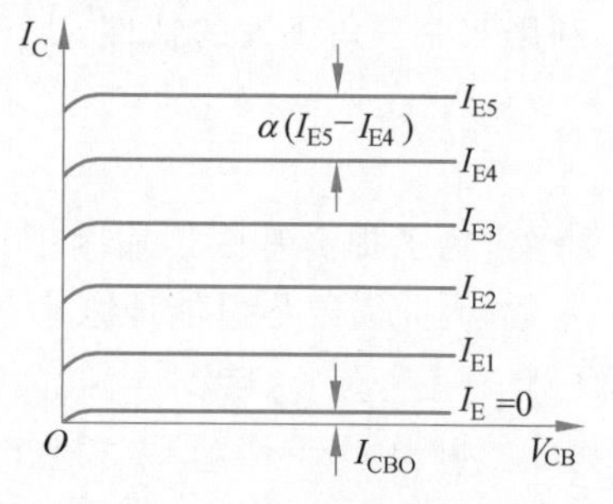

图 7.2.7　共基极 BJT I-V 特性曲线

【例 7-4】　一个理想的 NPN 晶体管发射区、基区和集电区的掺杂浓度分别是 10^{19}cm^{-3}、10^{17}cm^{-3} 和 $5\times10^{15}\text{cm}^{-3}$，寿命分别是 10^{-8}s、10^{-7}s 和 10^{-6}s。$D_{pE}=1\text{cm}^2/(\text{V}\cdot\text{s})$，$D_n=10\text{cm}^2/(\text{V}\cdot\text{s})$，$D_{pC}=2\text{cm}^2/(\text{V}\cdot\text{s})$，$n_i=9.65\times10^9\text{cm}^{-3}$，$W=0.5\mu\text{m}$。假设有效横截面面积 A 为 0.05mm^2，且射基结正向偏压为 0.6V。求共基极电流增益 α_0。

解　在基极区域中：

$$L_n=\sqrt{D_n\tau_n}=\sqrt{10\times10^{-7}}=10^{-3}(\text{cm})$$

$$n_{B0}=\frac{n_i^2}{N_B}=\frac{(9.65\times10^9)^2}{10^{17}}\text{cm}^{-3}\approx9.31\times10^2(\text{cm}^{-3})$$

同理，在发射区中：

$$L_{pE}=\sqrt{D_{pE}\tau_E}=\sqrt{1\times10^{-8}}=10^{-4}(\text{cm})$$

$$n_{E0}=\frac{n_i^2}{N_E}=9.31(\text{cm}^{-3})$$

考虑到 $W/L_n=0.05\ll1$，由式(7.2.22)～式(7.2.24)，可得各电流成分：

$$I_{En}=1.714\times10^{-4}\text{A},\quad I_{Ep}=8.569\times10^{-8}\text{A},\quad I_{Cn}=1.714\times10^{-4}\text{A}$$

因此，由式(7.2.4)得

$$\alpha_0=\frac{I_{Cn}}{I_E}=0.995$$

当基区宽度与基区的少子扩散长度之比远小于 1，即 $W/L_n\ll1$ 时，发射效率 γ 可以简化为

$$\gamma=\frac{I_{En}}{I_E}\approx\frac{\dfrac{D_n n_{p0}}{W}}{\dfrac{D_n n_{p0}}{W}+\dfrac{D_{pE}p_{E0}}{L_E}}=\frac{1}{1+\dfrac{D_{pE}}{D_n}\dfrac{p_{E0}}{n_{p0}}\dfrac{W}{L_E}}\tag{7.2.27}$$

或者利用 $n_{p0}=n_i^2/N_B$，$p_{E0}=n_i^2/N_E$，发射效率 γ 也可简化为

$$\gamma=\frac{1}{1+\dfrac{D_{pE}}{D_n}\dfrac{N_B}{N_E}\dfrac{W}{L_E}}\tag{7.2.28}$$

不难看出要提高发射效率 γ，减小 N_B/N_E 是有效途径，因此要求 $N_E\gg N_B$，这就是双

极型晶体管发射区重掺杂的原因。

利用双曲三角函数的特性，当 $W/L_n \ll 1$ 时，基区传输因子 α_T 也可相应简化为

$$\alpha_T = \frac{I_{Cn}}{I_{En}} \approx \operatorname{sech}\left(\frac{W}{L_n}\right) \approx 1 - \frac{W^2}{2L_n^2} \tag{7.2.29}$$

显然，为了提高基区传输因子，应该尽可能减小 W/L_n 的值，由于 L_n 的变化很小差不多是常数，因此需要尽可能地减小基区宽度 W，这就是采用薄基区宽度的原因。

【例 7-5】 一个理想 NPN 晶体管，发射区、基区和集电区掺杂浓度分别为 10^{19}cm^{-3}、10^{17}cm^{-3} 和 10^{15}cm^{-3}，$D_{pE}=1\text{cm}^2/(\text{V}\cdot\text{s})$，$D_n=10\text{cm}^2/(\text{V}\cdot\text{s})$，$L_E=1.0\mu\text{m}$，$L_n=10\mu\text{m}$，$W=0.5\mu\text{m}$。求发射效率 γ、基区输运因子 α_T 和共基极电流增益 α_0。

解 由发射效率和基区输运因子的简化公式，可得

$$\gamma = \frac{1}{1+\frac{D_{pE}}{D_n}\frac{N_B}{N_E}\frac{W}{L_E}} = 0.9995$$

$$\alpha_T = 1 - \frac{W^2}{2L_n^2} = 0.9987$$

$$\alpha_0 = \gamma\alpha_T = 0.9982$$

双极型晶体管可以有 4 种工作模式，取决于基区-发射区结和基区-集电区结所加的直流偏压的极性。

当发射结正偏、集电结反偏时，处于放大状态；当发射结和集电结均反偏时，处于截止状态；当发射结和集电结均正偏时，处于饱和状态；当发射结反偏、集电结正偏时，处于反向状态，也称倒向放大状态。

7.3 场效应晶体管

场效应晶体管（field-effect transistor，FET）由 Julius Edgar Lilienfeld（1925 年）和 Oskar Heil（1934 年）分别发明，但是实用的器件一直到 1952 年才被制造出来，即结型场效应管（junction-FET，JFET）。1960 年 Dawan Kahng 发明了金属氧化物半导体场效应晶体管（metal-oxide-semiconductor field-effect transistor，MOSFET），对电子行业的发展产生了深远的意义。

场效应管是一种电压控制型的电流器件，其特点是输入电阻高，噪声系数低，受温度和辐射影响小，因而特别适用于高灵敏度、低噪声电路。场效应管的种类很多，按结构可分为两大类：结型场效应管（JFET）和绝缘栅型场效应管（IGFET）。结型场效应管又分为 N 沟道和 P 沟道两种。绝缘栅场效应管主要指金属-氧化物-半导体场效应管（MOS 管）。MOS 管又分为耗尽型和增强型两种，而每种又分为 N 沟道和 P 沟道。绝缘栅型是利用感应电荷的多少来控制导电沟道的宽窄从而控制电流的大小，其输入阻抗很高（栅极与其他电极互相绝缘）。它在硅片上的集成度高，因此在大规模集成电路中占有极其重要的地位。

视频

7.3.1 JFET

JFET 的结构图如图 7.3.1 所示。两个重掺杂的 P^+ 区（见图 7.3.1(b)，图 7.3.1(a) 中

的下半部分未完整画出）与轻掺杂的N区形成两个P^+N结，在N区二端制作欧姆接触电极，分别称为源极(S)和漏极(D)，在2个P^+区也做电极并使之相连，称为栅极(G)。2个P^+区之间的N区中没有被耗尽层占去而可以通电流的部分，称为沟道，这里是N沟道，如果栅区是N^+区，则构成P沟道，改变栅极电压，P^+N结耗尽层厚度变化，影响导电沟道的截面积，使其电阻值发生变化。

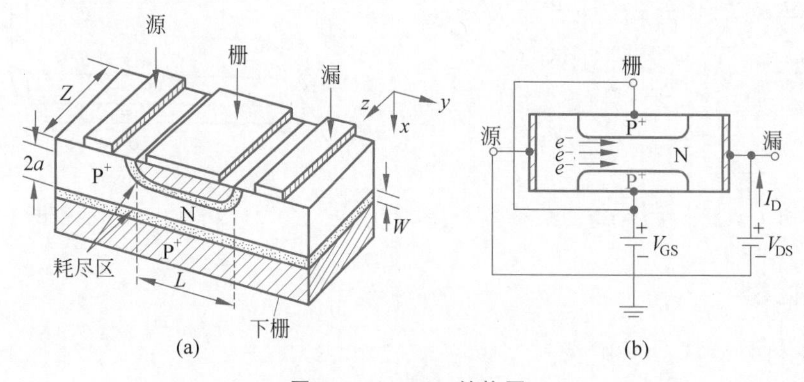

图 7.3.1　JFET 结构图

(a) JFET 结构图；(b) 截面等效示意图

在平衡状态下沟道电阻可粗略表示为

$$R=\frac{L}{2N_D e\mu_n Z(a-W)} \tag{7.3.1}$$

式中，N_D是N沟道的掺杂浓度，L、Z和$2a$分别为沟道的长度、宽度和厚度，W是栅结零偏压时的耗尽层厚度。

沟道电阻不仅受栅压调制，也与源、漏之间的电压有关。在正常情况下，栅结反偏、源极接地，如果把栅极与源极相连，即$V_{GS}=0$，而漏极加上正电压，即$V_{DS}>0$；此时，电子(e^-)从源极沿N沟道流向漏极，形成漏电流I_D，因此沟道产生电压降，使两个P^+N栅结上的偏压从源到漏逐渐增高，因而耗尽层宽度，从源到漏逐渐变大，在最近源极的一边，沟道最宽而靠近漏极的一边，沟道最窄。当V_{DS}较低时，整个耗尽层宽度变化不大，导电沟道几乎占满整个N区，沟道有一定阻值，漏电流I_D和漏电压V_{DS}成正比。随着V_{DS}增加，沟道变窄，沟道电阻变大，I_D不再与V_{DS}成正比。当V_{DS}增加到某一电压V'_{DS}时，两个耗尽区在沟道中x_0点相连，沟道厚度在此处减小到零，称为沟道夹断，如图7.3.2所示。当V_{DS}再增加时，x_0点向源极移动，耗尽区扩大，增加的V_{DS}部分基本上都降落在耗尽区，漏电流I_D不再随V_{DS}增加而明显增加，达到饱和值I'_D。如果在栅极与源极之间加上负偏压，即$V_{GS}<0$，则V_{DS}只要增加到比$V_{GS}=0$的情况低一个$|V_{GS}|$值，沟道就被夹断。

实际器件的沟道长度比沟道厚度大得多，加上电压后，沟道厚度沿z方向的变化与沟道厚度相比是很小的，可以认为空间电荷区中的电场方向均在y方向，而沟道内的电场在z方向。这样，对空间电荷区和沟道中电场可分别用解泊松(Poisson)方程的方法来处理，称为缓变沟道近似(graded channel approximation)，计算得到N沟道JFET的输出特性曲线如图7.3.3所示。它可以分为3个区域：虚线左面为非饱和区、V_{DS}很小，I_D与V_{DS}基本上成正比，特性呈线性；虚线右面为饱和区，随V_{DS}增加，I_D基本上维持不变；当V_{DS}达到雪崩击穿电压时，I_D急剧增加，这就是击穿区。

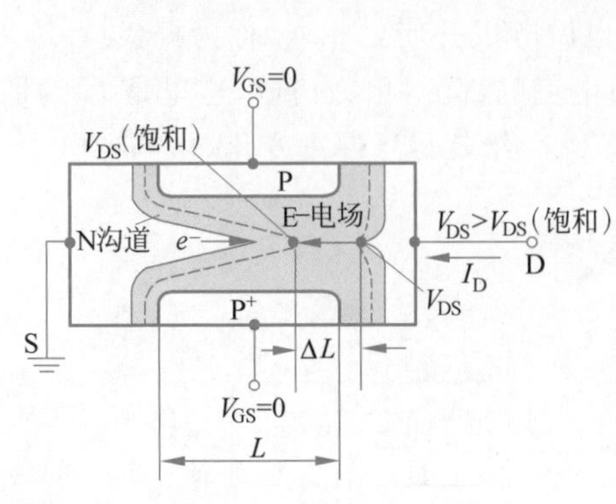

图 7.3.2 JFET 的沟道夹断

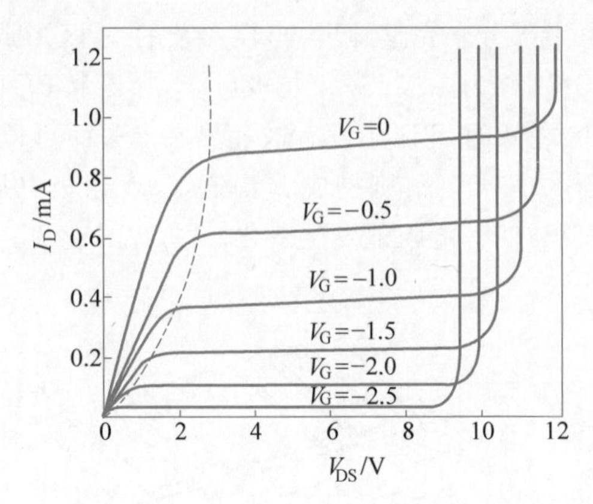

图 7.3.3 N 沟道 JFET 的输出特性

视频

7.3.2 MOSFET

1. MOSFET 的基本结构

MOS 场效应管是一种具有正向受控作用的半导体器件，它体积小、工艺简单，器件特性便于控制，是目前制造大规模集成电路的主要有源器件。它的工作原理是利用金属-氧化物-半导体结构中半导体表面的电场效应，通过栅源电压 V_{GS} 的变化，改变感生电荷的多少，从而改变感生沟道的宽窄，控制漏极电流。NMOS 场效应管和 PMOS 场效应管的结构图以及它们对应的符号图分别如图 7.3.4 和图 7.3.5 所示，其中，G 表示栅极，S 表示源极，D 表示漏极，B 表示衬底。

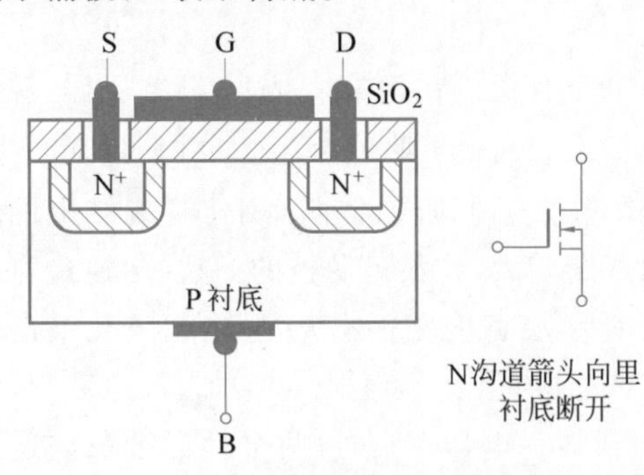

图 7.3.4 NMOS 结构示意图及符号

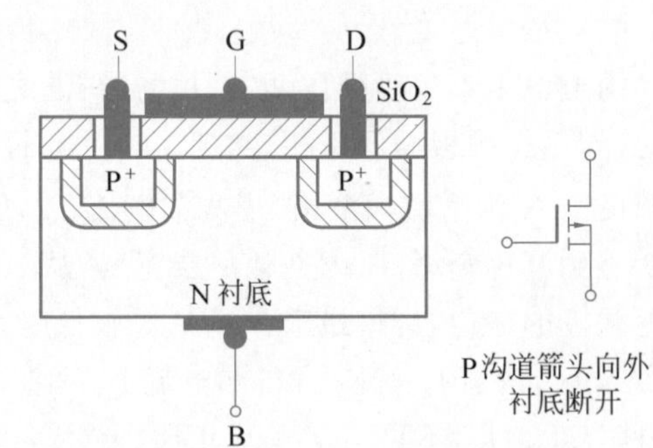

图 7.3.5 PMOS 结构示意图及符号

MOS 管可以分为 N 沟道和 P 沟道两种类型。导通形成沟道时，N 沟道的导电载流子是电子，P 沟道的导电载流子是空穴，在工艺上对应的分别是以 P 型硅为衬底制成的 MOS 管和以 N 型硅为衬底制成的 MOS 管。N 沟道的 MOS 管称为 NMOS，P 沟道的 MOS 管称为 PMOS。NMOS 和 PMOS 又分别可以分为增强型和耗尽型，所谓增强型就是不加偏压，不存在沟道，MOS 管不导通；所谓耗尽型就是不加偏压仍存在导电沟道，MOS 管可以导通，只有加上一定的负偏压才可以将原有的导电沟道驱散。

仿真图解

2. MOSFET 的 *I-V* 特性

NMOS 与 PMOS 是结构互补的器件，工作原理均类似，只是 PMOS 正常放大时所外加的直流偏置极性与 NMOS 管相反。PMOS 管的优点是工艺简单，制作方便；缺点是外加直流偏置为负电源，难与别的管子制作的电路接口。PMOS 管速度较低，现已很少单独使用，主要用于和 NMOS 管构成 CMOS 电路(Complementary Metal-Oxide-Semiconductor,互补式金属氧化物半导体,由 PMOS 和 NMOS 构成,由于 PMOS 与 NMOS 在特性上为互补性,故称 CMOS)。

以 N 沟道增强型场效应管的工作原理为例,如图 7.3.6 所示。当 $V_{GS}=0$,且漏-源极间加正向电压 V_{DS} 时,漏极和衬底之间的 PN 结处于反向偏置,因此漏-源之间的电流为 0。而当 $V_{GS}>0$ 时,栅极和衬底之间在正栅压的作用下形成一个指向衬底的电场,该电场排斥 P 型衬底的空穴而吸引衬底中的自由电子,当 V_{GS} 增大到一定程度时,该电场吸引更多的电子,形成一个以自由电子为主的导电薄层。这种由 P 型衬底转化成的电子薄层称为 N 型层,因其导电类型与 P 型衬底相反,故称为反型层。当在漏-源极之间加上正向电压时,沟道中就会有电流 I_D 出现。

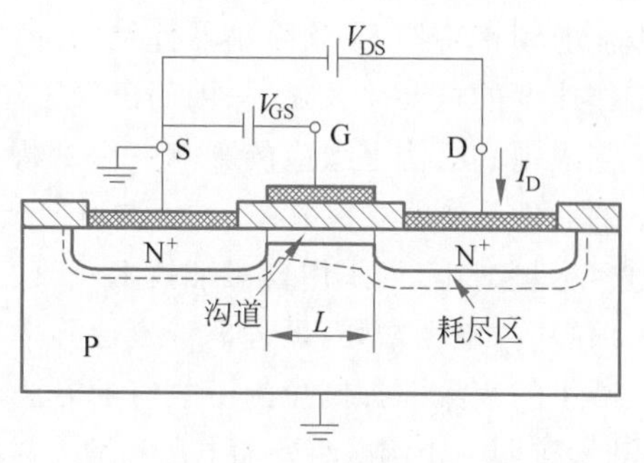

图 7.3.6　N 沟道增强型 MOSFET 的工作原理

通常把开始形成反型层、使漏极电流 I_D 出现时的 V_{GS} 称为增强型绝缘栅型效应管的开启电压,用 V_T 表示。由于这种管子的导电沟道必须在 V_{GS} 增强到大于 V_T 后才产生,因此称为"增强型"场效应管。只有 $V_{GS}>V_T$ 时才能形成导电通道,并且随着 V_{GS} 逐渐增大,导电沟道随之变宽,I_D 也随之增大,因此绝缘栅型效应管的漏极电流 I_D 受栅极电压 V_{GS} 控制。场效应管是电压控制型器件,它通过改变栅源之间电压 V_{GS} 来控制漏极电流 I_D。它有转移特性曲线和输出特性曲线两种,由于场效应管输入(栅极)电流几乎为零,所以场效应管输入特性是没意义的。如图 7.3.7(a)和(b)所示为 N 沟道增强型 MOS 管的输出特性曲线和转移特性曲线,输出特性曲线表示当 V_{GS} 为一定值时,漏极电流 I_D 与漏极电压 V_{DS} 之间的关系;转移特性曲线表示当 V_{DS} 为一定值时,漏极电流 I_D 与栅极电压 V_{GS} 之间的关系。

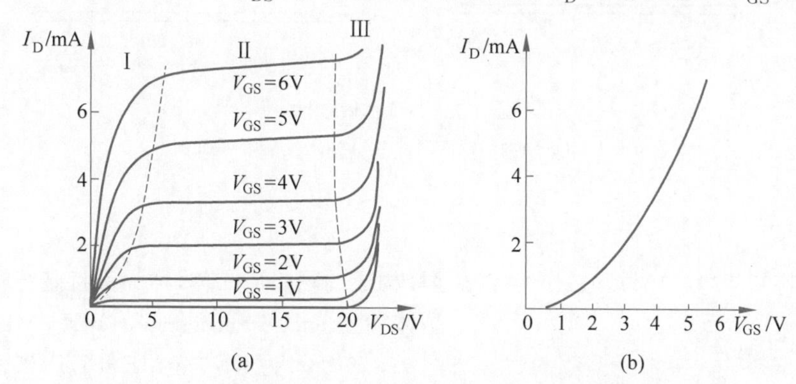

图 7.3.7　N 沟道增强型 MOS 管的输出特性曲线和转移特性曲线

输出特性分为可变电阻区、饱和区和击穿区等。可变电阻区是由每条曲线的上升段组成的,在这个区域内,I_D 的大小不仅与 V_{GS} 值有关,而且与 V_{DS} 值也有关。饱和区是由每条曲线的平直段组成的,在这个区域内,I_D 只受 V_{GS} 控制而与 V_{DS} 无关。击穿区是由每条曲线的再次上升段组成的。在这个区域内,由于 V_{DS} 较大,场效应管内的 PN 结被击穿,电流突然增加,如无限流措施,管子将被损坏。

转移特性曲线表明只有 V_{GS} 大于开启电压 V_T 时,才有电流 I_D,且 I_D 随 V_{GS} 增大而增大。

***3. 短沟道 MOSFET**

MOSFET 是 MOS 集成电路的基础，采用 MOS 集成电路，是向超大规模集成电路过渡的主要形式。当前大规模集成电路主要目标是提高集成度和工作速度，这就要求器件具有极佳的频率特性，必须缩小器件尺寸，简化器件结构。缩短沟道长度是提高器件高频特性和工作速度的重要途径之一，因而出现了短沟道 MOSFET。制作短沟道 MOS 的困难主要是工艺限制和短沟道效应的影响。用常规工艺和光刻技术难以制得沟道长度 L 在几微米以下的器件；采用双扩散技术，使沟道掺杂，耗尽层不沿沟道横向发展。为了使栅漏之间反馈电容尽量减小，可采用自对准技术及改变器件结构等方法。所谓短沟道效应是指当沟道长度缩短时，电场增强，须考虑沟道迁移率与电场有关的强场效应以及阈值电压和源漏击穿电压减小的现象。抑制短沟道效应的方法，首先是按比例缩小器件的横向尺寸和纵向尺寸的同时，按同一比例减小外加电压和增大衬底掺杂浓度，高性能 MOS(HMOS)就是采用这种比例缩小法制得的，沟道长度可缩短至 $2\mu m$。其次是利用双扩散形成沟道，沟道长度可做到近 $1\mu m$。双扩散形成的沟道同半导体表面平行的结构称为 DMOS 结构，同半导体表面垂直的结构称为 VMOS 结构，如图 7.3.8 所示，源区 N^+ 和衬底 P 采用双扩散技术。这类器件相比双极型晶体管的优点是：栅上加输入信号时，输入阻抗很大，即使用于“通”和“断”的开关过程，栅电流很小，所以可用很小控制电流去通断大电流，因此器件称为电力电子 MOSFET。

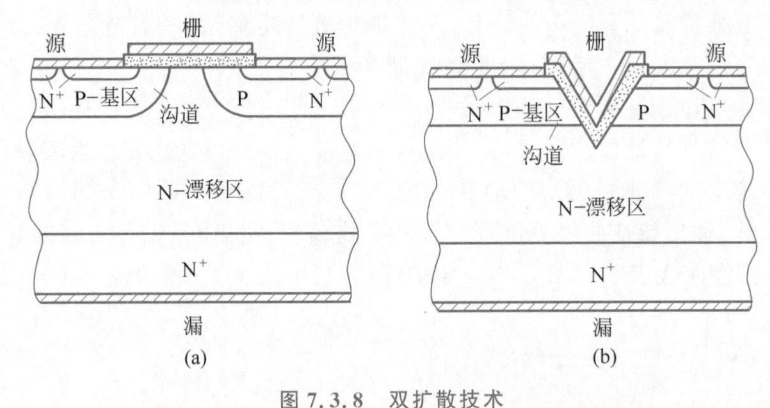

图 7.3.8 双扩散技术

(a) DMOS 结构的截面图；(b) VMOS 结构的截面图

*7.3.3 MESFET

利用肖特基势垒(整流接触)作为控制栅极构成的场效应晶体，称为肖特基势垒栅场效应晶体管(metal-semiconductor FET, MESFET)，如图 7.3.9 所示为 N 沟道 MESFET，器件的衬底是电阻率高达 $10^9\Omega\cdot cm$ 的 GaAs，一般称为半绝缘基底，外延薄层 GaAs 作为工作区。把金属栅极直接作在半导体表面可以避免表面态的影响。器件的制作与 MOS 器件类似，其电学性质又与结栅器件相仿，因此它兼有这二者的优点，对于因为有高界面态而不能制成 MOS 器件和很难形成 PN 结的材料，可制成 MESFET 器件。由于

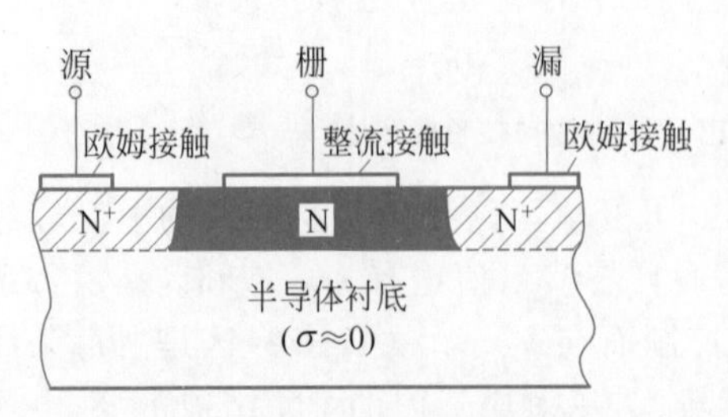

图 7.3.9 使用半绝缘衬底的 N 沟道 MESFET 的截面图

GaAs 的电子迁移率比 Si 大得多，因此高频 FET 常采用 N-GaAs 制成。

与一般 FET 比较，MESFET 具有以下特点。第一，实际 MESFET 的栅长为微米数量级，出现强场效应，在沟道尚未夹断之前，电子速度已经达到饱和漂移速度。可以把电子漂移速度随电场强度的变化分成两段。在电场低于临界电场 E_c 时，漂移速度 v_d 与电场成正比的Ⅰ段和电场高于 E_c 时 v_d 不随电场变化的Ⅱ段，利用这两段模型，可以分析 MESFET 中电子输运过程。第二，对 GaAs 短栅的 MESFET，须考虑其速度与电场关系的负阻效应，一般出现耿氏效应的临界电场 $E_c=3.2\text{kV/cm}$。对长栅情况，不会出现负阻效应。第三，GaAs 的 MESFET，结构简单，制作过程少，因此寄生电容小，噪声系数低，而且噪声随频率变化趋势比双极型晶体管慢得多。第四，有较高的功率增益。由于 MESFET 具有上述优点，近年来，MESFET 功率器件发展非常迅速。

7.4　半导体集成器件

前面讨论的半导体器件都是分立器件，然而电子技术发展到今天，电子系统更多采用集成电路(IC)，即将无源元件(如电阻、电容)和有源元件(如晶体管)及其互连布线，集成在一块半导体单晶的基片上。集成电路具有体积小、可靠性高、性能好和成本低等优点。每个基片可包含许多个芯片，每个芯片的尺寸为 1～10mm^2。按照每个芯片所包含元件的数量，即集成度(每个芯片包含的元件数)的不同，集成电路可分为小规模(SSI，集成度小于 100)，中规模(MSI，集成度 100～1000)、大规模(LSI，集成度 10 万)和超大规模(VLSI，集成度在 10 万以上)。随着芯片上元件数的增多、元件越小、电路图形的线条宽度越小、相邻元件间隔距离越短，其寄生电容也越小，于是整个电路速度就越快。但这要求合理设计和安排电路，更须有相应的工艺技术保证。因此集成电路制备技术亦从常规的半导体平面工艺发展到微细加工技术，图形线条宽度从几百微米缩小到微米级甚至几十纳米级。

本节讨论先从半导体器件集成工艺基础开始，然后介绍集成电路的构成，包括无源元件、双极型晶体管和 MOSFET，并进一步介绍大规模集成电路所需要的微细加工技术。

7.4.1　集成电路的构成

通常利用半导体平面工艺将组成电路的元件集成在同一片半导体基片上，也就是在半导体单晶基片(主要是 Si 片)上通过外延、氧化、蒸发形成薄膜，经制版、光刻、刻蚀和扩散杂质(或离子注入掺杂)等多道步骤做成电路，其流程如图 7.4.1 所示。图 7.4.1 制备集成电路流程图中基片是具有一定电阻率和晶向的抛光 Si 片，用汽相外延，在基片上生长具有所要求导电类型、电阻率可大范围调节的不同厚度的外延层，然后用热氧化法生长 SiO_2 膜，作为选择扩散的掩蔽膜和 Si 表面钝化的保护层，于是可进行光刻。在 SiO_2 膜上面涂上感光胶，用预先制好的掩膜版在紫外光下曝光，曝光后，未感

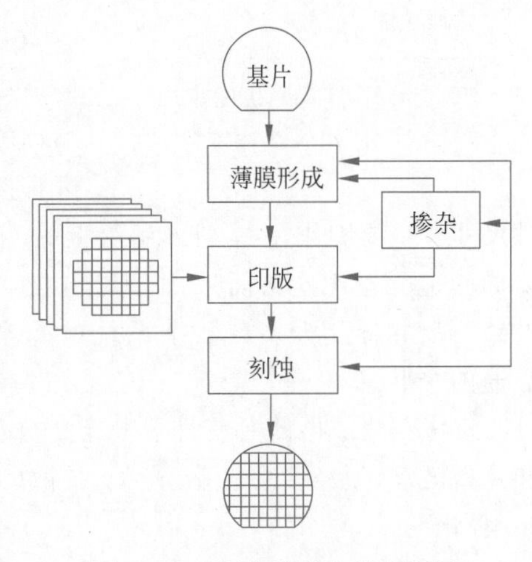

图 7.4.1　制备集成电路流程图

光部分的感光胶易溶去（所谓负胶），露出的 SiO_2 膜可用适当的腐蚀剂进行腐蚀，按照所需电路图形刻出了“窗口”。选择适当元素作为扩散杂质源，便可进行掩蔽扩散，现在较多采用离子注入，这样便能得到所需几何形状和大小的PN结。

为了引出电极，仍须用光刻法开出引线孔，然后用真空镀膜（蒸发）。常用金属是Al，再经刻蚀成电极，在适当温度下进行合金化工艺，使金属与Si表面良好电接触，以上是平面工艺概貌。由于光刻法的精密程度以及各次光刻用的掩膜版分别具有成千上万个重复图形，因此，平面工艺可以在Si片上同时获得大量的元件并实现微型化。

但是，要在一个Si片上做成一个具有完整功能的电路，还须解决电路元件在电性能上的隔离、无源元件（如电阻、电容）的制作、电极引线的外引等问题，下面分别加以讨论。

1. 无源元件

集成电路的电阻往往在制作晶体管时一起完成。例如，在制作NPN晶体管作基区扩散或离子注入时，在电阻区同时形成一个P区，引出电极，就形成一个有一定阻值的电阻，常采用的是长条电阻。由于电阻值受基区掺杂浓度的制约，只能通过改变电阻条长度和宽度的方法来获得所需要的电阻值，故又常采用曲折状电阻条图形以获得较大电阻。

集成电路电容有两种类型：PN结电容和MOS电容。当PN结反向偏置时即可作为集成电路电容，电容值的大小由PN结面积加以控制。MOS电容系把一高掺杂区（如晶体管的发射区）和金属层作为两个电极，中间的氧化层作为绝缘介质。这两种电容也不需要附加新工序，可与电路中的晶体管一起制作。为了进一步增大电容量，研究了介电系数大的介质，如 Si_3N_4 和 Ta_2O_5。MOS电容基本上不随所加电压而变，它的两个电极也可随便施加正负电压，这是比PN结电容优越之处。

2. 集成电路中的双极型晶体管

集成电路中的双极型晶体管，与分立元件不同，其集电极必须从Si片表面引出，这将使集电极串联电阻增加。因此须首先在晶体管区域制作一层高掺杂 N^+ 层（常用As离子注入），称为隐埋层，以构成集电极电流的低阻通道，从而降低集电极串联电阻，如图7.4.2所示。其次，为了实现各个元件互相隔离，可采用一定方法把Si片分成一些彼此电学性能独立的区域，称为隔离区，其方法有PN结隔离，介质隔离，多晶硅隔离等。早期常采用PN结隔离，使PN结处于反向偏置达到隔离目的。随着对器件尺寸缩小的要求，目前多用热氧化法，把晶体管的基区和集电区直接与热氧化介质层接触，以缩小隔离区，从而缩小元件尺寸。主要制作在N型外延层上的NPN晶体管，方法基本上同平面型晶体管，但由于要同其他元器件连接而采用条形电极。图7.4.3表示一个双极型反相器结构及其等效电路。反相器是大多数数字系统的基本单元，其输出信号与输入信号反相，具有截止和导通两个状态。

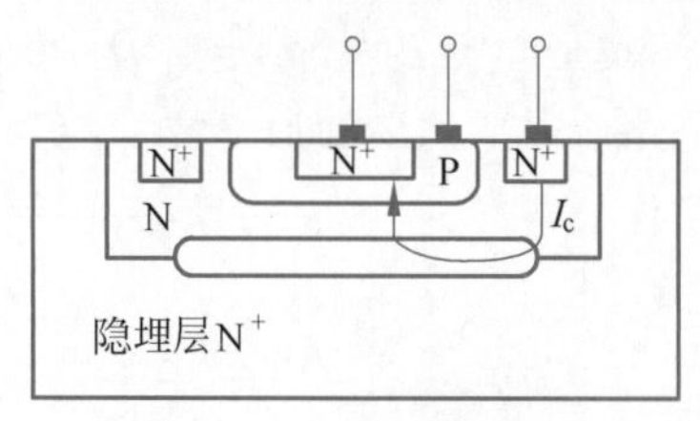

图7.4.2 有隐埋层的集成NPN晶体管

双极型集成电路具有性能稳定、电流增益高和工作速度快等优点，但由于要制作隐埋层和隔离区等，须经多次氧化、光刻、扩散（或离子注入）等，工艺较复杂，功耗也较大，集成度也不很高。

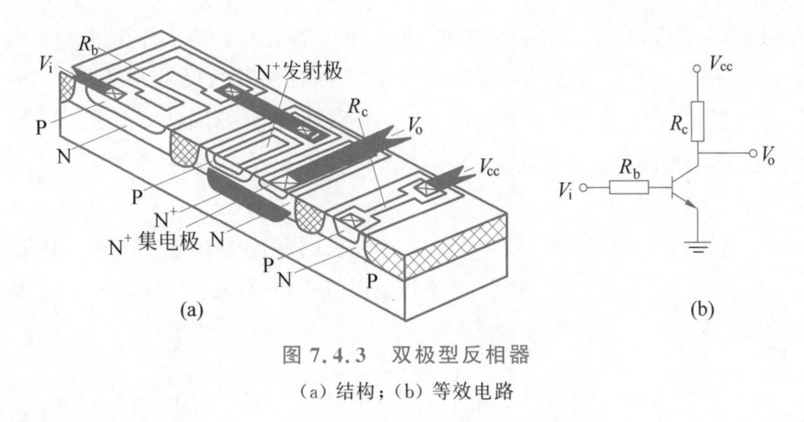

图 7.4.3　双极型反相器

(a) 结构；(b) 等效电路

3. 集成电路中的 MOSFET

与双极型晶体管相比，MOSFET 结构简单，不需要制作隐埋层，光刻和扩散(或离子注入)次数少，布线也比较简单，元件尺寸可做得更小。MOSFET 输入阻抗高，工作电流小，因此功耗小，抗干扰能力也强。由于集成度和可靠性都得到提高，VLSI 大多采用 MOSFET，集成电路中的 MOSFET 可分 P 沟道(PMOS)和 N 沟道(NMOS)，前者发展较早，结构简单，但开关速度较慢，后者制造工艺要求较高，但开关速度较快。若在集成电路中同时有 N 沟道和 P 沟道 MOSFET，则称为互补型 MOSFET(简称 CMOS)，其制造工艺较复杂，但功耗低，抗干扰能力极强，开关速度也快，因此发展极为迅速。

图 7.4.4 表示一个 NMOS 反相器，以一个 N 沟道增强型 MOS 管作有源元件(称倒相器)，负载是另一个 N 沟道 MOS 管。由 MOSFET 的工作原理可知，要减小 I_{DS}，须取很大的负载电阻，但在集成电路中制造大电阻是很困难的。大多数 MOS 反相器中的负载都用一个相同形式的 MOS 管来代替电阻，称为负载管。这样，可缩小面积增加集成度，负载管的栅源极可相连，$V_{GS}=0$，用离子注入使之成为负阈值电压的耗尽型元件，在 $V_{GS}=0$ 时仍可导通。制作时，在离子注入后，在沟道区生长薄氧化层并开出“窗口”，两个管子都扩散成 N^+ 区作源和漏。用多晶硅作栅区，上面再淀积 SiO_2，并开出“窗口”连接电极，与图 7.4.3 所示双极型反相器相比工序较简单。

图 7.4.5 表示一个 CMOS 反相器，它没有反相管和负载管的差别，可将 N 沟道 MOS 管作反相管，P 沟道 MOS 管作负载管，或反之，只要电源电压极性也反之，两个管子中，一个可直接制作在 N 型基片上，另一个须先在 N 型基片上作 P 型阱，再制作源区和漏区，也采用多晶硅栅。CMOS 的两个管子不是同时导通的，不论是开态还是关态，总有一个管子是截止的，比上述 NMOS 反相器在开态时两个管子同时导通的功耗小。

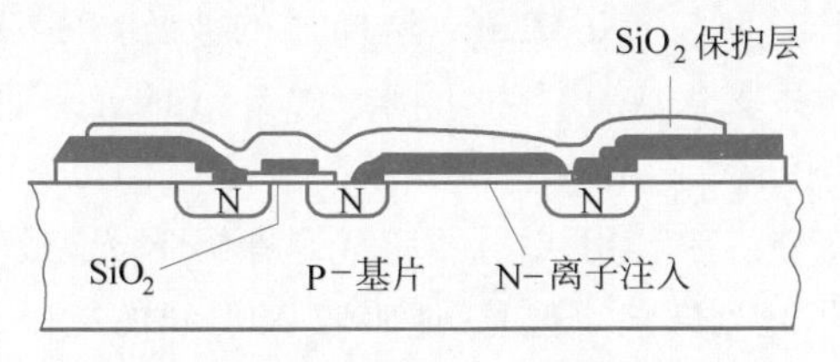

图 7.4.4　一个 NMOS 反相器结构

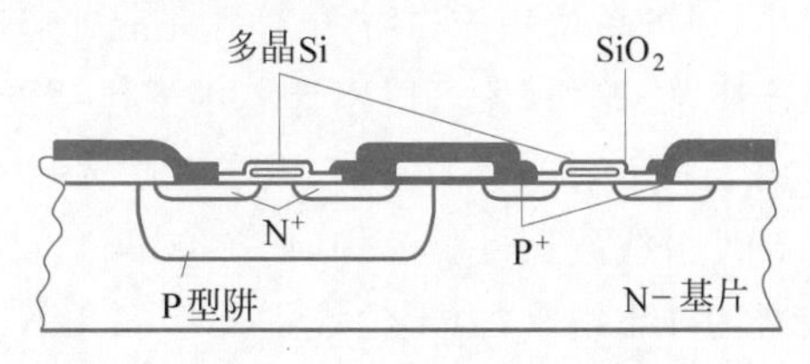

图 7.4.5　一个 CMOS 反相器结构

7.4.2　微细加工技术

一般的集成电路只是元件的集成，或只是包括简单的门或单级放大器。发展到 LSI 要集成部件、分机甚至整机，例如，数字手表或袖珍计算器，而 VLSI 则要集成系统，例如一个16位的单片微处理机。随着集成度的剧增，所要求加工图形的尺寸和精度已进入微米甚至几十纳米级，常规的平面工艺，如印刷制版法，紫外线曝光的光刻技术等已满足不了需要，因而发展了微细加工技术，如电子束曝光、X 射线曝光、等离子体刻蚀等技术。

1. 印版

常规的印版（包括制版和曝光）技术，由于光波长引起的光衍射，限制了微细加工的分辨率，最小线度约为 2μm。为了得到更小的图形，发展了电子束、X 射线和离子束印版技术，如图 7.4.6 所示。

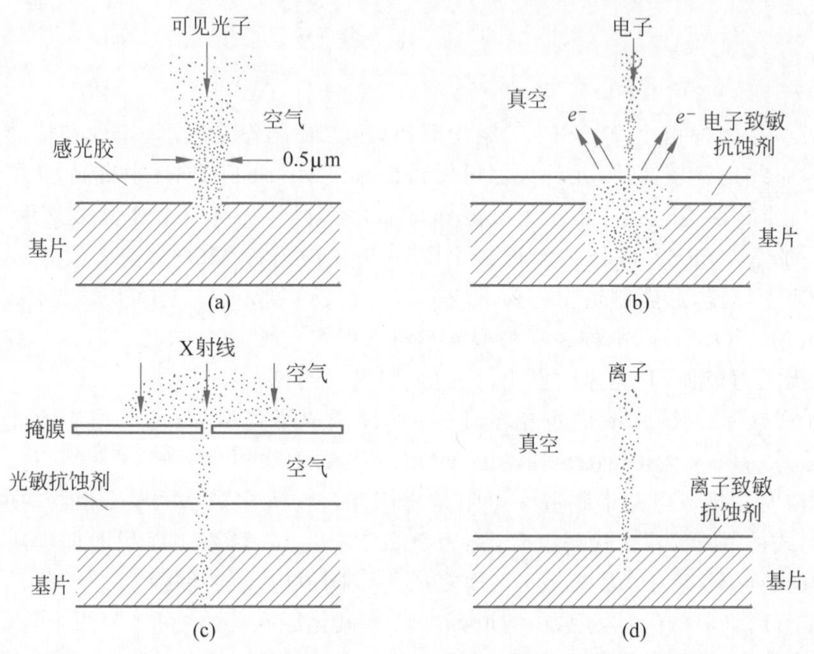

图 7.4.6 微细加工技术中所用印版方法

(a) 常规法；(b) 电子束曝光；(c) X 射线曝光；(d) 离子束曝光

电子束印版是用电子束在计算机控制下，或直接把所需图形在涂有电子致敏抗蚀剂的样品表面扫描完成（电子束曝光），或制作成掩膜（电子束制版），再进行从掩膜到样品的图样转移，目前大多只采用后者。电子束波长 λ 同电压 V 之间的关系为

$$\lambda = \sqrt{(1.5/V)} \tag{7.4.1}$$

式中，V 的单位用 V，λ 的单位用 nm。当 $V=15\text{kV}$ 时，$\lambda=0.01\text{nm}$，这样短的波长，在印版时产生的衍射现象可以不计。用聚焦镜能把电子束聚焦成直径为 0.01～0.1μm 的光斑，但是由于背散射电子的影响，电子束曝光最小线度限于 0.5μm。

X 射线波长也很短（0.4～0.5nm），可获得高分辨率。用 X 射线曝光是平行曝光，最小线宽为几十纳米，由于尘埃不吸收 X 射线，减少了光刻缺陷。但是，能吸收 X 射线的掩膜却有相当高的要求，其掩膜制作较为困难，目前 X 射线曝光还未能用于集成电路。

离子束印版的分辨率比紫外光、X 射线或电子束都高，约为 10nm，这是由于离子质量大，比电子散射小，离子束印版技术还刚开始发展。若图形尺寸小于 0.2μm，离子束印版将成为重要的微细加工手段。

2. 刻蚀

常规平面工艺中，当感光胶曝光后，感光胶下面的薄膜须用化学腐蚀方法才能暴露出所需图形，常用湿的化学药品(如酸、碱)称为湿法腐蚀。但湿法腐蚀越来越满足不了微细加工的要求，加工的线宽极限仅为 2μm，且侧向钻蚀严重。新的方法采用干法腐蚀，有离子铣、等离子体刻蚀、反应离子刻蚀等。

最早的干法刻蚀是射频溅射，溅射既可在基片上淀积材料，也可从基片上去掉材料，这完全取决于基片的位置。由于其刻蚀速率相当小，故发展了离子铣概念。离子铣是用能量相当高的(500～1000eV)惰性气体离子，如 Ar^+ 撞击到样品(所谓"靶")表面上，样品上有掩蔽图形，通过破坏与被撞击原子相邻原子间的结合力把要刻蚀的部分溅射出表面，溅射时气压为 1.33～13.3Pa。所刻蚀出的图形边缘轮廓几乎同表面垂直，没有钻蚀，并很易得到 1μm 或亚 μm 级线宽。但在离子铣过程中，基片要承受大量的热量，必须使基片有良好的散热条件。等离子体刻蚀也是一项干法刻蚀，所谓等离子体(plasma)是全部或部分被电离的气体，由离子、电子和中子组成，系由于施加足够大的电压于气体引起气体分子碰撞电离而形成。在反应器中通入刻蚀气体如 CF_4、CHF_3 或 CCl_4 等，在电极上施加射频场，被激发的原子和由放电形成的原子团在与基片材料反应中，形成易挥发的反应物排出并完成刻蚀。目前，已可用多种气体(如 CF_4、CF_6、SiF_4、CCl_4、$C_2Cl_2F_4$、CHF_3)来刻蚀 Si、SiO_2、Si_3N_4、W、Mo、Ti、Cr、Au、多晶硅等。根据不同材料选用特定气体，可以完全腐蚀某一种材料而对其下面的另一种材料不发生腐蚀作用。反应器的基本构造有圆筒型和平板型两种，后者具有各向异性的腐蚀效果，图形边缘轮廓相当陡直，均匀性亦好，比前者可得到线条更微细的图形。

反应离子刻蚀的装置类似于离子铣的溅射刻蚀，但在反应离子刻蚀中，用的是等离子体刻蚀中的分子气体等离子体，而不是溅射刻蚀中的惰性气体，与等离子体刻蚀一样，它也能得到高选择性和高各向异性。

3. 掺杂

半导体中的掺杂最早使用扩散方法，扩散温度一般须为 950～1280℃，所形成的杂质分布从表面向内部单调减少，主要取决于扩散温度和扩散时间。近年来，发展了室温下的离子注入掺杂，还有采用中子蜕变方法的。离子注入系用高能(30～350keV)离子束直接射到样品上，产生一定厚度的掺杂表面层，所形成的杂质分布峰值在表面层内靠近表面处，控制离子注入的能量和剂量，便可精确控制原子的浓度、浓度分布和深度。只须室温操作且重复性好。

虽然离子注入比扩散掺杂更易于控制，但在实际制备器件和集成电路时常同时使用，例如，用扩散形成一个深结(如 CMOS 中的 N 槽)，而用离子注入形成一个浅结(如 MOSFET 的源/漏结)。

4. 氧化层和薄膜淀积

制备集成电路，要采用多种不同的薄膜，主要可分为四类：热氧化层、介质层、多晶硅和金属薄膜。图 7.4.7 表示四类薄膜都用到的常规 N 沟道 MOSFET 结构。一般，热氧化 SiO_2 主要用作栅氧化层和场氧化层(器件之间的隔离)，因为热氧化生长的 SiO_2，其界面缺陷密度较低，质量较高。介质层，如淀积 SiO_2 和 Si_3N_4，主要用作导电层之间的隔离，扩散和离子注入的掩膜、覆盖掺杂膜以阻止杂质损失以及保护器件的钝化膜。介质层的淀积主要有三种方法，常压化学汽相淀积(CVD)、低压化学汽相淀积(LPCVD)和等离子体化学汽相淀积(PCVD)。

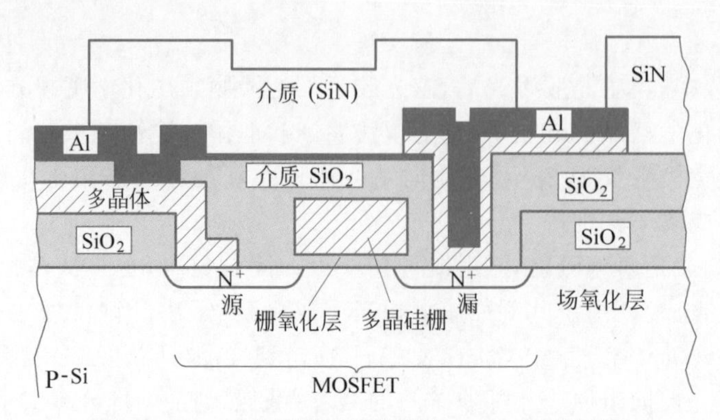

图 7.4.7　一个用了四种薄膜的 MOSFET 截面图

当器件尺寸变小和栅氧化层变薄时，采用多晶硅作栅电极是 MOS 电路技术的一大发展，因为多晶硅比 Al 电极可靠性更高。多晶硅也可用作线结扩散源和对 Si 的欧姆接触，用作布线和欧姆接触的 Al 金属膜也存在一些问题。例如，Si 与 Al 接触时，Si 会溶入 Al 中，而 Al 掺入 Si 中形成一些不均匀的小尖峰，这对浅 PN 结影响更大。改进办法是在 Si 和 Al 之间夹入多晶硅(见图 7.4.7)，或夹入符合一定要求的金属势垒层。新近发展了硅化物，作为 MOSFET 的栅电极。硅化物具有相当低的电阻率($\leqslant 50\mu\Omega\cdot$cm)，比多晶硅($\geqslant 400\mu\Omega\cdot$cm)低得多，比 Al($2.7\mu\Omega\cdot$cm)高一些。在高速电路中，其 RC 时间常数比多晶硅可减少一个数量级，硅化物的共晶温度为 700～1000℃，比 Al-Si 合金系(577℃)高，更经得起高温。

习　题　7

7.1　整流二极管、齐纳二极管、变容二极管、发光二极管和光电二极管中，哪些工作在正向偏压区？哪些工作在反向偏压区？

7.2　当齐纳二极管的反向电流从 20mA 增加到 30mA 时，齐纳电压从 5.6V 变成 5.66V，请问此齐纳二极管的动态阻抗是多少？

习题讲解

7.3　某个双极型晶体管，基极电流是发射极电流 30mA 的 2%，(1)计算集电极电流值；(2)求晶体管中最大的电流。

7.4　当某双极型晶体管的 $I_E=5.33$mA 且 $I_B=450\mu$A 时，求 I_C 的值。

7.5　某双极型晶体管的 $I_C=25$mA 且 $I_B=200\mu$A，假设 $I_{CEO}=0$，求该晶体管的共基极直流短路电流增益和共发射极直流短路电流增益。

7.6　简述 MOSFET 与双极型晶体管的优缺点。

7.7　简述 GaAs MESFET 的突出优势。

第 8 章 固体光电基础

CHAPTER 8

AI 知识图谱

固体的光学性质是固体最重要的物理性质之一，它反映了辐射场与固体的相互作用过程。近几十年来，光学方法已经成为检测和标定固体材料物理性质最基本、最重要的手段而被广泛应用。

当光通过固体时，由于光与固体中的电子、激子、晶格振动及杂质和缺陷的相互作用而产生光的吸收；反之，当固体吸收外界的能量后，其中部分能量以光的形式发射出来。固体的光电现象包括：光的吸收、光电导、光生伏特效应和光的发射等。研究这些现象，对于了解固体材料的物理性质以及扩大应用范围都有重大意义。本章重点讨论半导体中的光吸收、光电导、光生伏特和发光等效应。

8.1 固体的光学常数

视频

8.1.1 折射率与消光系数

电磁波在导电介质中传播时，光波在传播时能量会不断损耗，或者说光波能量会被介质吸收。对于吸收介质，形式上可以引入一个复折射率来描述

$$\tilde{n} = n + \mathrm{i}K \tag{8.1.1}$$

其实部 n 仍称折射率，而虚部 K 称为**消光系数**（注：有的书上表示成 $\tilde{n}=n(1+\mathrm{i}\kappa)$，而将 κ 称为消光系数）。则导电介质中沿 z 方向传播的平面波表示为

$$\boldsymbol{E} = \boldsymbol{E}_0 \mathrm{e}^{-\mathrm{i}\left(\omega t-\frac{\omega}{c}\tilde{n}z\right)} = \boldsymbol{E}_0 \mathrm{e}^{-\frac{\omega}{c}Kz} \mathrm{e}^{-\mathrm{i}\left(\omega t-\frac{\omega}{c}nz\right)} \tag{8.1.2}$$

而光强 I 与振幅平方成正比，即

$$I \propto |\boldsymbol{E}|^2 = |\boldsymbol{E}_0|^2 \mathrm{e}^{-\frac{2\omega}{c}Kz} \tag{8.1.3}$$

令

$$\alpha = \frac{2\omega}{c}K \tag{8.1.4}$$

称为**吸收系数**，它数值上等于光强因吸收而减弱到 1/e 时透过的物质厚度的倒数，它的单位用 cm^{-1} 表示。各种物质的吸收系数差别很大，对可见光来说，金属 α 为 $10^6\mathrm{cm}^{-1}$ 数量级，半导体 α 为 $10\sim10^5\mathrm{cm}^{-1}$ 数量级，玻璃 α 为 $10^{-2}\mathrm{cm}^{-1}$ 数量级，而 1 个大气压下的空气 α 为 $10^{-5}\mathrm{cm}^{-1}$ 数量级。引入吸收系数后，可将光强写为

$$I = I_0 \mathrm{e}^{-\alpha z} \tag{8.1.5}$$

按式(8.1.5)，透入固体中光的强度是随着透入的距离 z 而指数衰减。当透入距离

$$z=d_1=\frac{1}{\alpha}=\frac{c}{2\omega K}=\frac{\lambda_0}{4\pi K} \tag{8.1.6}$$

光的强度衰减到原来的 1/e，通常称 d_1 为透入深度。

当光从自由空间入射到固体表面时，反射光强与入射光强之比称为反射率 R。在正入射时反射率可由下式计算：

$$R=\left|\frac{\tilde{n}-1}{\tilde{n}+1}\right|^2=\frac{(n-1)^2+K^2}{(n+1)^2+K^2} \tag{8.1.7}$$

描述固体的光学性质，除了可用折射率和消光系数这一对物理量外，还可有其他物理量。较常用的是介电常数 ε 和电导率 σ（注意 ε 和 σ 都须用光频下的数值），借助麦克斯韦方程组，可以将这两组量联系起来：

$$\tilde{n}^2=c^2\varepsilon\mu+\mathrm{i}c^2\frac{\sigma\mu}{\omega} \tag{8.1.8}$$

式中，c 为真空中的光速，$c=1/\sqrt{\varepsilon_0\mu_0}$。对于非磁性固体材料，$\mu\approx\mu_0$，所以

$$\tilde{n}^2=\frac{\varepsilon}{\varepsilon_0}+\mathrm{i}\frac{\sigma}{\varepsilon_0\omega} \tag{8.1.9}$$

将式(8.1.1)代入，并令实部、虚部分别相等，得

$$n^2-K^2=\frac{\varepsilon}{\varepsilon_0},\quad 2nK=\frac{\sigma}{\varepsilon_0\omega} \tag{8.1.10}$$

解得

$$n^2=\frac{1}{2}\frac{\varepsilon}{\varepsilon_0}\left[\sqrt{1+\left(\frac{\sigma}{\omega\varepsilon}\right)^2}+1\right],\quad K^2=\frac{1}{2}\frac{\varepsilon}{\varepsilon_0}\left[\sqrt{1+\left(\frac{\sigma}{\omega\varepsilon}\right)^2}-1\right] \tag{8.1.11}$$

对于无吸收介质，$K=0$（因而 $\sigma=0$），故 $n=\sqrt{\varepsilon/\varepsilon_0}$。

*8.1.2 克拉末-克龙尼克关系

除了用 (n,K) 和 (ε,σ) 来描述物质的光性外，还可用复介电常数或者复电导率来描述：

$$\tilde{\varepsilon}=\varepsilon+\mathrm{i}\frac{\sigma}{\omega} \tag{8.1.12}$$

$$\tilde{\sigma}=\sigma-\mathrm{i}\omega\varepsilon \tag{8.1.13}$$

总之，描述固体的宏观光学性质可以有多种形式，可用两个参量组成一组，或者用一个复数参量，它们之间有一定的变换关系。复数形式的光学常数具有实部分量和虚部分量，在光波的电磁作用下，其中一个分量与能量消耗有关，而另一分量则不涉及能量消耗。

一般来说，描述固体的两个光学常数是独立的。例如，知道某固体的 n 值，不能推断其 K 值。但是，某一固体的 n 和 K 的数值并非完全没有关系。每组光学常数中的两个量之间，或者每一复数光学常数的两个分量之间，由克拉末-克龙尼克关系（简称 K-K 关系）互相联系着。例如，知道某个固体在整个频谱段中的全部 K 值（不是单一频率下的 K 值），便可由 K-K 关系算出该固体在相应频段中的 n 值。

将某种形式的光学常数写为

$$\tilde{C}(\omega)=C_1(\omega)+\mathrm{i}C_2(\omega) \tag{8.1.14}$$

则 K-K 关系表示为

$$C_2(\omega) = -\frac{2\omega}{\pi}\int_0^{\infty} \frac{C_1(\omega')}{\omega'^2 - \omega^2}\mathrm{d}\omega',$$

$$C_1(\omega) = C_1(\infty) + \frac{2}{\pi}\int_0^{\infty} \frac{\omega' C_2(\omega')}{\omega'^2 - \omega^2}\mathrm{d}\omega' \tag{8.1.15}$$

式(8.1.15)中的积分中有奇异点，实际应按下面方法取值

$$\int_0^{\infty} \equiv \lim_{a\to 0}\left(\int_0^{\omega-a} + \int_{\omega+a}^{\infty}\right)$$

K-K 关系常用来处理光学实验数据。例如，折射率测量比吸收系数测量一般更烦琐，这时便可测量出广阔频率范围内的吸收系数，然后根据 K-K 关系计算出折射率与波长的关系(即色散关系)，即

$$n(\omega) - 1 = \frac{c}{\pi}\int_0^{\infty} \frac{\alpha(\omega')}{\omega'^2 - \omega^2}\mathrm{d}\omega' \tag{8.1.16}$$

图 8.1.1 为 CdS 的折射率和波长的关系，图中曲线为用 K-K 关系从吸收谱计算获得的 CdS 的关系，圆点为直接测量实验结果。图中横坐标为对数坐标。图中显示出折射率与波长关系的极大值结构，波长 0.51μm 处的折射率极大值对应于其吸收边，更短波长处的另一个折射率峰对应于能量更高的导带极值和联合态密度临界点的效应。

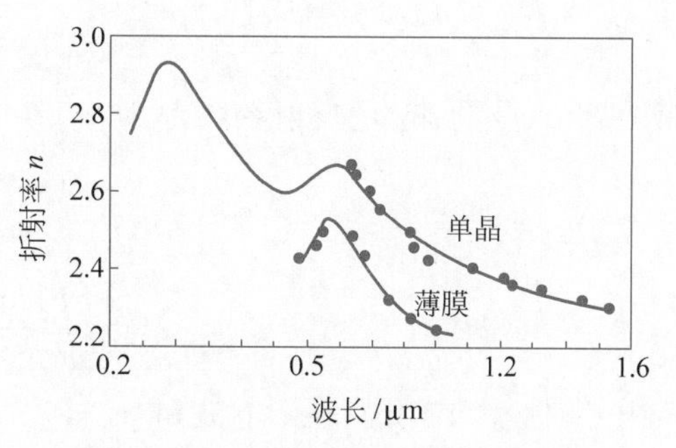

图 8.1.1　CdS 的折射率和波长的关系

*8.2　光学常数的测量

光学常数对于固体材料的实际应用，不论是作为微电子和光电子材料的应用，还是作为光学零部件以及近代半导体工艺技术中衬底材料的应用都有重要意义。在固体光学性质的研究和应用过程中，已经发展了多种固体光学常数谱的实验测量方法和理论计算方法，以及理论计算和实验测量相结合的专用方法等。

椭圆偏振光谱方法(以下简称椭偏法)是测量固体光学常数谱的常用方法。通过反射光束或透射光束振幅衰减和相位改变的同时测量，它可以经由光谱测量，直接求得被测样品的折射率 $n(\omega)$ 和消光系数 $K(\omega)$，从而获得被研究固体的全部光学常数。

椭偏法的具体光路布置有许多种，图 8.2.1 所示的是一种常用的光路图。光源发出一定波长的光，光束经过起偏器后变为线偏振光，线偏振光的偏振方向由起偏器的方位角决定，转动起偏器可以改变光束的偏振方向；线偏振光经过 1/4 波片后，变为椭圆偏振光，这是由于 1/4 波片中的双折射现象，寻常光与非常光产生 90°的相位差，而两者的偏振方向又互相垂直。椭圆偏振光的椭圆长轴(或短轴)平行于 1/4 波片的快轴，但椭圆率(椭圆短轴与长轴之比)由射入 1/4 波片的光束的线偏振

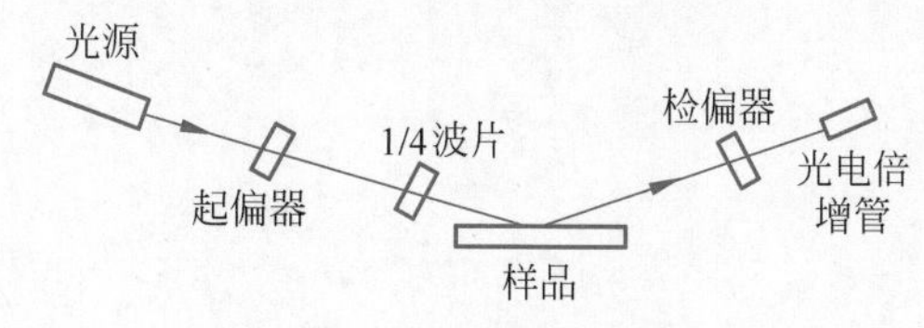

图 8.2.1　椭偏测量光路图

方向决定。因此，转动起偏器，可改变椭偏光的椭圆形状。椭圆偏振光经过样品反射后，偏振状态（指椭圆长轴方向、椭圆率及椭圆旋转方向）发生变化，一般仍为椭圆偏振光，但椭圆的方位与形状不同于反射前的光了。对于一定的样品，改变起偏器方位角，总可以找到一个方位角使反射光由椭圆偏振光变为线偏振光（线偏振光即椭圆率等于零的特殊椭圆偏振光）。这时，转动检偏器，在某检偏器方位角下得到消光状态，即没有光（实际上是很弱的光）到达光电倍增管或其他光接收器。

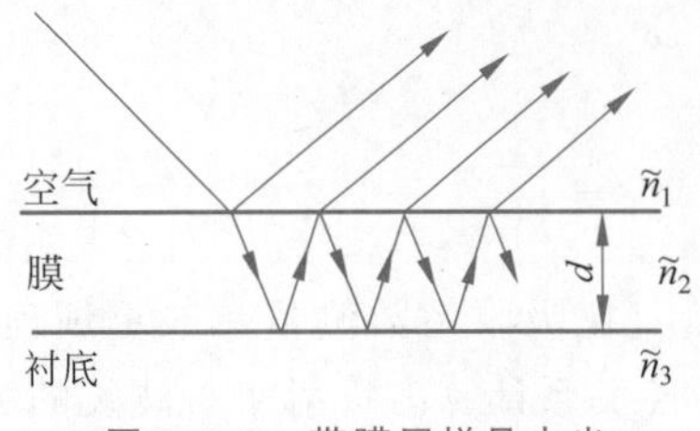

图 8.2.2　带膜层样品中光的反射和折射

至于光偏振状态在样品上反射时的改变，可以用菲涅耳(Fresnel)公式、折射公式与干涉公式来分析。现在来看一种结构较简单的样品，即像图 8.2.2 那样的带有一膜层的样品。如图 8.2.2 所示，空气的折射率为 $\tilde{n}_1$，膜的复折射率为 $\tilde{n}_2$，衬底的复折射率为 $\tilde{n}_3$，膜厚为 d。第 1 界面（空气-膜）的反射系数为

$$r_{1\mathrm{p}}=\frac{\tilde{n}_2\cos\varphi_1-\tilde{n}_1\cos\varphi_2}{\tilde{n}_2\cos\varphi_1+\tilde{n}_1\cos\varphi_2} \tag{8.2.1}$$

$$r_{1\mathrm{s}}=\frac{\tilde{n}_1\cos\varphi_1-\tilde{n}_2\cos\varphi_2}{\tilde{n}_1\cos\varphi_1+\tilde{n}_2\cos\varphi_2} \tag{8.2.2}$$

式中，脚标 p 和 s 分别表示 p 波和 s 波，φ_1 为入射角，φ_2 的意义见后。第 2 界面（膜-衬底）的反射系数为

$$r_{2\mathrm{p}}=\frac{\tilde{n}_3\cos\varphi_2-\tilde{n}_2\cos\varphi_3}{\tilde{n}_3\cos\varphi_2+\tilde{n}_2\cos\varphi_3} \tag{8.2.3}$$

$$r_{2\mathrm{s}}=\frac{\tilde{n}_2\cos\varphi_2-\tilde{n}_3\cos\varphi_3}{\tilde{n}_2\cos\varphi_2+\tilde{n}_3\cos\varphi_3} \tag{8.2.4}$$

注意 $r_{1\mathrm{p}}$、$r_{1\mathrm{s}}$、$r_{2\mathrm{p}}$ 和 $r_{2\mathrm{s}}$ 一般为复数。φ_3 和 φ_2 对于 φ_1 有如下关系

$$\tilde{n}_1\sin\varphi_1=\tilde{n}_2\sin\varphi_2=\tilde{n}_3\sin\varphi_3 \tag{8.2.5}$$

这是折射定律的形式，但要注意 φ_2 和 φ_3 并不简单地为折射角，因为空气折射率 $\tilde{n}_1$ 实际上是实数，$\sin\varphi_1$ 也是实数，而 $\tilde{n}_2$ 和 $\tilde{n}_3$ 一般是复数，故 $\sin\varphi_2$ 和 $\sin\varphi_3$ 一般也是复数，φ_2 和 φ_3 不是实数而不能简单地对应于角度，但是 $\tilde{n}_2$ 和 $\tilde{n}_3$ 取实数时，相应的 φ_2 和 φ_3 便等于折射角。

从图 8.2.2 可看出，总反射光束是许多反射光束叠加的结果。这些光束一般具有不同的相位，叠加时应考虑其干涉效应。用多束光干涉公式，得到总反射系数

$$R_{\mathrm{p}}=\frac{r_{1\mathrm{p}}+r_{2\mathrm{p}}\mathrm{e}^{2\mathrm{i}\delta}}{1+r_{1\mathrm{p}}r_{2\mathrm{p}}\mathrm{e}^{2\mathrm{i}\delta}} \tag{8.2.6}$$

$$R_{\mathrm{s}}=\frac{r_{1\mathrm{s}}+r_{2\mathrm{s}}\mathrm{e}^{2\mathrm{i}\delta}}{1+r_{1\mathrm{s}}r_{2\mathrm{s}}\mathrm{e}^{2\mathrm{i}\delta}} \tag{8.2.7}$$

其中 2δ 为两相邻光束的相位差，即有

$$\delta=\frac{2\pi}{\lambda}d\tilde{n}_2\cos\varphi_2 \tag{8.2.8}$$

式中，λ 是光在真空中的波长。

由于椭偏法是利用光的波动性，故不仅要考虑振幅，还要考虑相位。定义椭偏参数 Ψ 和 Δ

$$\tan\Psi e^{-i\Delta}=\frac{R_P}{R_s} \tag{8.2.9}$$

式中，$\tan\Psi$ 的意义是相对振幅衰减，Δ 则是相位移动之差。Ψ 与 Δ 均以角度量度。

综上所述，在固定实验条件(即波长 λ 和入射角 φ_1 已知)下，空气的 $\tilde{n}_1$ 可认为等于1，若衬底的 $\tilde{n}_3$ 已知，则有 $\Psi=\Psi(d,\tilde{n}_2)$，$\Delta=\Delta(d,\tilde{n}_2)$。若测得椭偏参数 Ψ 和 Δ 值，便得到样品中膜的物理信息。

在如图 8.2.1 所示的光路的装置中，转动起偏器和检偏器，找到消光位置，这时起偏器和检偏器的方位角分别标以 P 和 A。根据偏振光性质的分析，有如下关系

$$\Psi=A \tag{8.2.10}$$

$$\Delta=\begin{cases}270°-2P, & 0\leqslant P\leqslant 135° \\ 630°-2P, & P>135°\end{cases} \tag{8.2.11}$$

这里 A 和 P 的规定读数范围为：对于 A，0°～90°；对于 P，0°～180°。

式(8.2.1)～式(8.2.9)是椭偏法的基本方程，参数多，方程数目也多(注意许多是复数方程，一个复数方程等于两个实数方程)。实验测得的是两个参数 Ψ 和 Δ，能否通过这些式子求出被测样品的参数要看方程有多少个，物理量有多少个，其中几个是已知的，几个是未知待求的，能否解出。下面分几种情况讲述。

1. 透明膜

这时 $\tilde{n}_2$ 只有实部，未知数为两个，即 n_2 和 d。由两个测定 Ψ 和 Δ 值，原则上可解出 n_2 和 d。事实上，不能得到 n_2 和 d 的解析表达式，故需用计算机进行数据处理，根据上述各式求得 n_2 和 d 值。

2. 无膜固体样品

这时 $d=0$，式(8.2.6)和式(8.2.7)简化为

$$R_p=\frac{\tilde{n}_3\cos\varphi_1-\tilde{n}_1\cos\varphi_3}{\tilde{n}_3\cos\varphi_1+\tilde{n}_1\cos\varphi_3} \tag{8.2.12}$$

$$R_s=\frac{\tilde{n}_1\cos\varphi_1-\tilde{n}_3\cos\varphi_3}{\tilde{n}_1\cos\varphi_1+\tilde{n}_3\cos\varphi_3} \tag{8.2.13}$$

式中，$\tilde{n}_3$ 是固体的复折射率，是待测量，可写作 $n+iK$。这时，令 $\tilde{n}_1=1$，可解出 n 与 K 的解析式

$$n^2=K^2+\sin^2\varphi_1\left[1+\frac{\tan^2\varphi_1(\cos^2 2\Psi-\sin^2 2\Psi\sin^2\Delta)}{(1+\sin 2\Psi\cos\Delta)^2}\right] \tag{8.2.14}$$

$$K=\frac{\sin^2\varphi_1\tan^2\varphi_1\sin 4\Psi\sin\Delta}{2n(1+\sin 2\Psi\cos\Delta)^2} \tag{8.2.15}$$

由此可见，椭偏法可同时测得固体的 n 和 K 值。但是，许多实际固体的表面存在一定的自然氧化膜，或者表面层具有与体内不同的性质，这些因素会对测定结果有影响，精确测

量时需设法减小这些影响或作一定修正。

3. 吸收膜

这时膜有折射率值和消光系数值，加上膜厚，待求量为3个，单从 Ψ 和 Δ 测定值，原则上不能解出3个未知数。对于吸收膜，可采用如下的一些办法：多入射角法、多膜厚法、多环境法（即改变 $\tilde{n}_1$）、多衬底法（即改变 $\tilde{n}_3$）、多波长法等。

测量不同波长下的椭偏参数 Ψ 和 Δ，便得到椭偏光谱。但椭偏光谱是在一定波长范围内进行测量，而一般用的1/4波片只对某特定波长有效，故需要改用那种能随波长改变而作一定调整的1/4波片元件。另外一种方法是除去光路中的1/4波片，并把起偏器固定在某位置，一般放在45°方位角位置。测量时转动检偏器，测出光电接收器收到的信号，与检偏器方位角的关系，由此关系可以推出椭偏参数 Ψ 和 Δ，这里不再详述。

8.3 半导体的光吸收

视频

半导体材料通常能强烈地吸收光能，具有数量级为 10^5cm^{-1} 的吸收系数。材料吸收辐射能导致电子从低能级跃迁到较高的能级。对于半导体材料，自由电子和束缚电子的吸收都很重要。

8.3.1 本征吸收

理想半导体在绝对零度时，因为价带内的电子不可能被热激发到更高的能级，价带是完全被电子占满的。然而，当光照射半导体时，如果有足够能量的光子就可使电子激发，使其越过禁带跃迁入空的导带，同时在价带中留下一个空穴，形成电子-空穴对。这种由于电子由带与带之间的跃迁所形成的吸收过程称为**本征吸收**。图8.3.1是本征吸收的示意图。

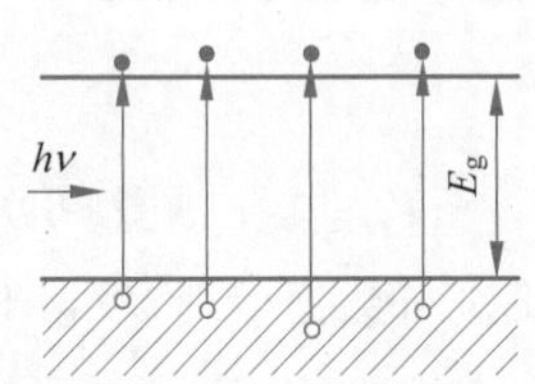

图8.3.1 本征吸收示意图

显然，要发生本征吸收，光子能量必须等于或大于禁带宽度 E_g，即

$$h\nu \geqslant h\nu_0 = E_g \tag{8.3.1}$$

$h\nu_0$ 是能够引起本征吸收的最小光子能量。当频率低于 ν_0 时，不可能产生本征吸收，吸收系数迅速下降。这种吸收系数显著下降的特定频率 ν_0（或特定波长 λ_0），称为半导体的**本征吸收限**。

图8.3.2给出几种半导体材料的本征吸收系数和波长的关系，曲线短波端陡峻地上升标志着本征吸收的开始。根据式(8.3.1)，并应用关系式 $\nu = c/\lambda$，可得出本征吸收长波限的公式为

$$\lambda_0 = \frac{1.24}{E_g(\text{eV})}\ (\mu\text{m}) \tag{8.3.2}$$

式中，禁带宽度 E_g 以eV为单位，得到以 μm为单位的波长值。例如，Si的 $E_g = 1.12\text{eV}$，$\lambda_0 \approx 1.1\mu\text{m}$；GaAs的 $E_g = 1.43\text{eV}$，$\lambda_0 \approx 0.867\mu\text{m}$，两者吸收限都在红外区；CdS的 $E_g = 2.42\text{eV}$，$\lambda_0 \approx 0.513\mu\text{m}$，在可见光区。

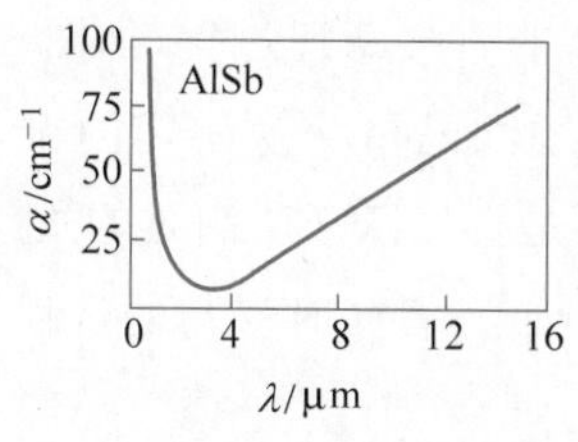

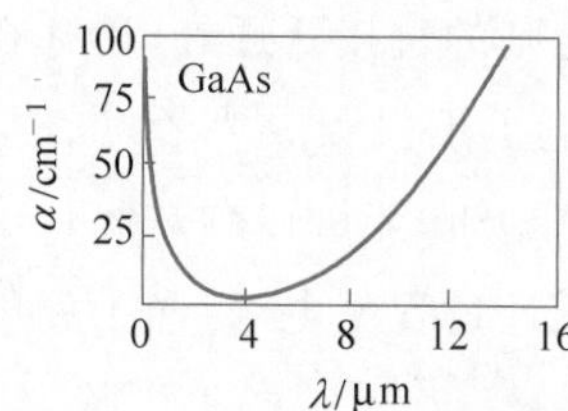

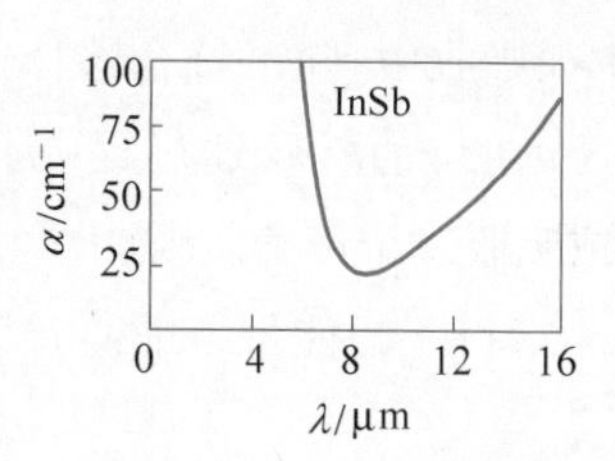

图 8.3.2 本征吸收曲线

8.3.2 直接跃迁和间接跃迁

电子吸收光子的跃迁过程，除了能量必须守恒外，还必须满足动量守恒。设电子原来的波矢量是 $\boldsymbol{k}$，要跃迁到波矢为 $\boldsymbol{k}'$ 的状态。由于对于能带中的电子，$\hbar\boldsymbol{k}$ 具有类似动量的性质，因此在跃迁过程中，$\boldsymbol{k}$ 和 $\boldsymbol{k}'$ 必须满足如下条件：

$$\hbar\boldsymbol{k}' - \hbar\boldsymbol{k} = \text{光子动量} \tag{8.3.3}$$

由于一般半导体所吸收的光子。其动量远小于能带中电子的动量，光子动量可忽略不计，因而式(8.3.3)可近似地写为

$$\boldsymbol{k} = \boldsymbol{k}' \tag{8.3.4}$$

这说明，电子吸收光子产生跃迁时波矢保持不变。

图 8.3.3 是一维的 $E(k)$ 曲线，可以看到，为了使电子在跃迁过程中波矢保持不变，则原来在价带中状态 A 的电子只能跃迁到导带中的状态 B。A 与 B 在 $E(k)$ 曲线上位于同一垂线上，因而这种跃迁称为**直接跃迁**。在 A 到 B 直接跃迁中所吸收光子的能量 $h\nu$ 与图中垂直距离 AB 相对应。显然，对应于不同的 k，垂直距离各不相等，就是说相当于任何一个 k 值的不同能量的光子都有可能被吸收，而吸收的光子最小能量应等于禁带宽度 E_g（相当于图 8.3.3 中的 OO'）。由此可见，本征吸收形成一个连续吸收带，并具有一长波吸收限 $\nu_0 = E_g/h$。因而从光吸收的测量，也可求得禁带宽度 E_g 的数值。在常用半导体中，Ⅲ-Ⅴ族的 GaAs、InSb 及Ⅱ-Ⅵ族等材料，导带极小值和价带极大值对应于相同的波矢，常称为**直接带隙半导体**。这种半导体在本征吸收过程中，产生电子的直接跃迁。

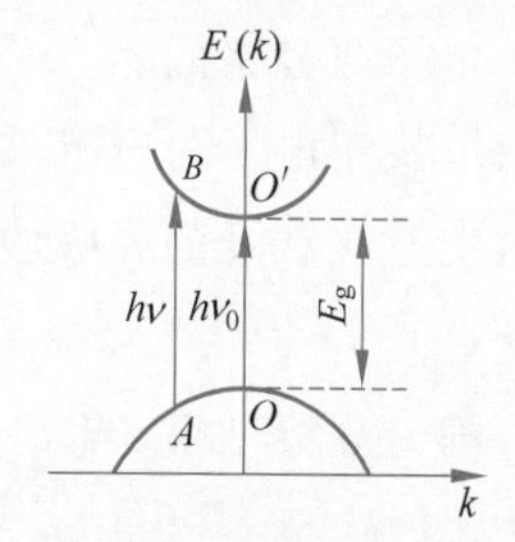

图 8.3.3 电子的直接跃迁

理论计算可得，在直接跃迁中，如果对于任何 $\boldsymbol{k}$ 值的跃迁都是允许的，则吸收系数与光子能量的关系为

$$\alpha(h\nu) = \begin{cases} A(h\nu - E_g)^{1/2}, & h\nu \geqslant E_g \\ 0, & h\nu < E_g \end{cases} \tag{8.3.5}$$

A 基本为一常数。

但是，不少半导体的导带和价带极值并不像图 8.3.3 所示，都对应于相同的波矢。如 Ge、Si 一类半导体，价带顶位于 k 空间原点，而导带底则不在 k 空间原点。这类半导体称为**间接带隙半导体**。图 8.3.4 表示 Ge 的能带结构示意图。显然，任何直接跃迁所吸收的光子能量都比禁带宽度 E_g 大。

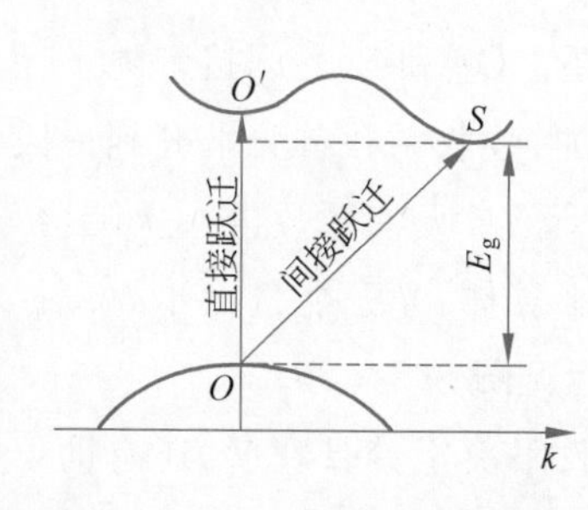

图 8.3.4 直接跃迁和间接跃迁

显然，本征吸收中，除了符合选择定则的直接跃迁外，还存在非直接跃迁过程，如图 8.3.4 中的 $O \rightarrow S$。在非直接跃迁过程中，电子不仅吸收光子，同时还和晶格交换一定的振动能量，即放出或吸收一个声子。因此，严格地讲，能量转换关系不再是直接跃迁所满足的式(8.3.1)，而应该考虑声子的能量。非直接跃迁过程是电子、光子和声子三者同时参与的过程，能量关系应该是

$$h\nu_0 \pm E_{\mathrm{p}} = \text{电子能量差 } \Delta E$$

式中，E_{p} 代表声子的能量，“+”号是吸收声子，“−”号是发射声子。因为声子的能量非常小，数量级在百分之几 eV 以下，可以忽略不计。因此，粗略地讲，电子在跃迁前后的能量差就等于所吸收的光子能量，$h\nu$ 只在 E_{g} 附近有微小的变化。所以，由非直接跃迁得出和直接跃迁相同的关系，即

$$\Delta E = h\nu_0 = E_{\mathrm{g}}$$

声子也具有和能带电子相似的准动量。在非直接跃迁过程中，伴随发射或吸收适当的声子，电子的波矢 $\boldsymbol{k}$ 是可以改变的。例如，在图 8.3.4 中，电子吸收光子而实现由价带顶跃迁到导带底 S 状态时，必须吸收一个声子，或发射一个声子，以满足动量守恒的需要。这种除了吸收光子外还与晶格交换能量及动量的**非直接跃迁**，也称**间接跃迁**。

由于间接跃迁的吸收过程，一方面依赖于电子与电磁波的相互作用，另一方面还依赖于电子与晶格的相互作用，故在理论上是一种二级过程。发生这样的过程，其概率要比只取决于电子与电磁波相互作用的直接跃迁的概率小得多。因此，间接跃迁的光吸收系数比直接跃迁的光吸收系数小很多。前者一般为 $1 \sim 10^3\,\mathrm{cm}^{-1}$ 数量级，而后者一般为 $10^4 \sim 10^6\,\mathrm{cm}^{-1}$。

理论分析可得，当 $h\nu > E_{\mathrm{g}} + E_{\mathrm{p}}$ 时，吸收声子和发射声子的跃迁均可发生，吸收系数为

$$\alpha(h\nu) = A\left[\frac{(h\nu - E_{\mathrm{g}} + E_{\mathrm{p}})^2}{\mathrm{e}^{E_{\mathrm{p}}/k_{\mathrm{B}}T} - 1} + \frac{(h\nu - E_{\mathrm{g}} - E_{\mathrm{p}})^2}{1 - \mathrm{e}^{-E_{\mathrm{p}}/k_{\mathrm{B}}T}}\right] \tag{8.3.6a}$$

当 $E_{\mathrm{g}} - E_{\mathrm{p}} < h\nu \leqslant E_{\mathrm{g}} + E_{\mathrm{p}}$ 时，只能发生吸收声子的跃迁，吸收系数为

$$\alpha(h\nu) = A\,\frac{(h\nu - E_{\mathrm{g}} + E_{\mathrm{p}})^2}{\mathrm{e}^{E_{\mathrm{p}}/k_{\mathrm{B}}T} - 1} \tag{8.3.6b}$$

当 $h\nu < E_{\mathrm{g}} - E_{\mathrm{p}}$ 时，跃迁不能发生，$\alpha = 0$。

图 8.3.5(a)是 Ge 和 Si 的本征吸收系数和光子能量的关系。Ge 和 Si 是间接带隙半导体，光子能量 $h\nu_0 = E_{\mathrm{g}}$ 时，本征吸收开始。随着光子能量的增加，吸收系数首先上升到一段较平缓的区域，这对应于间接跃迁；向更短波长方面，随着 $h\nu$ 增加，吸收系数再一次陡增，发生强烈的光吸收，表示直接跃迁的开始。GaAs 是直接带隙半导体，光子能量大于 $h\nu$ 后，一开始就有强烈吸收，吸收系数陡峻上升，反映出直接跃迁过程见图 8.3.5(b)。

由此可知，研究半导体的本征吸收光谱，不仅可以根据吸收限决定禁带宽度，还有助于了解能带的复杂结构，也可作为区分直接带隙和间接带隙半导体的重要依据。

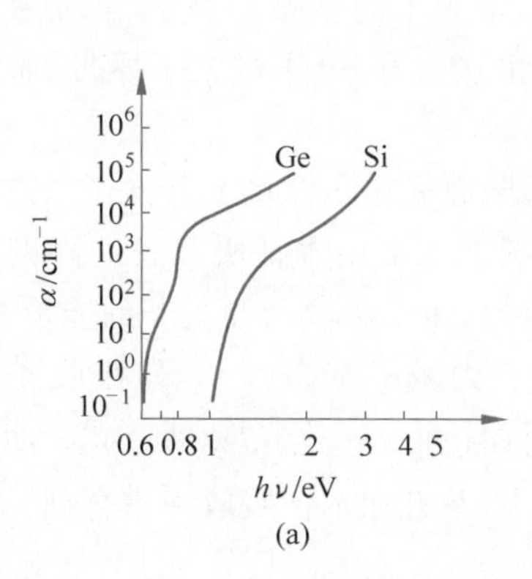

(a)

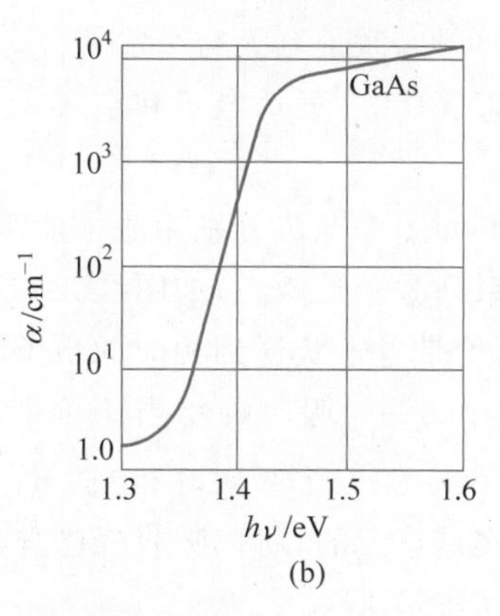

(b)

图 8.3.5　本征吸收系数和能量的关系

(a) 半导体 Ge 和 Si；(b) 半导体 GaAs

8.3.3　其他吸收过程

实验证明，波长比本征吸收限 λ_0 长的光波在半导体中往往也能被吸收，这说明，除了本征吸收外，还存在其他的光吸收过程：主要有激子吸收、自由载流子吸收、杂质吸收等。研究这些过程，对于了解半导体的性质以及扩大半导体的利用，都有很大的意义。

1. 激子吸收

在本征吸收限，即 $h\nu_0=E_g$，光子的吸收恰好形成一个在导带底的电子和一个在价带顶的空穴，这样形成的电子是完全摆脱了正电中心束缚的“自由”电子，空穴也同样是“自由”空穴。由于本征吸收产生的电子和空穴之间没有相互作用，它们能互不相关地受到外加电场的作用而改变运动状态，因而使电导率增大(产生光电导)。实验证明，当光子能量 $h\nu \geqslant E_g$ 时，本征吸收形成连续光谱。但在低温时发现，某些晶体在本征连续吸收光谱出现以前，即 $h\nu \geqslant E_g$ 时，就已出现一系列吸收线；并且发现对应于这些吸收线并不伴有光电导。可见这种吸收并不引起价带电子直接激发到导带，而形成所谓“激子吸收”。

如果光子能量 $h\nu$ 小于 E_g，价带电子受激发后虽然跃出了价带，但还不足以进入导带而成为自由电子，仍然受到空穴的库仑场作用。实际上，受激电子和空穴互相束缚而结合在一起成为一个新的系统，这种系统称为**激子**，这样的光吸收称为**激子吸收**。激子在晶体中某一部位产生后，并不停留在该处，可以在整个晶体中运动；但由于它作为一个整体是电中性的，因此不形成电流。激子在运动过程中可以通过两种途径消失：一种是通过热激发或其他能量的激发使激子分离成为自由电子或空穴；另一种是激子中的电子和空穴通过复合，使激子消灭而同时放出能量(发射光子或同时发射光子和声子)。

激子中电子与空穴之间的作用类似氢原子中电子与质子之间的相互作用，因此，激子的能态也与氢原子相似，由一系列能级组成。如电子和空穴都以各向同性的有效质量 m_n^* 和 m_p^* 来表示，则按氢原子的能级公式，激子的束缚能为

$$E_{ex}^{n}=-\frac{q^4}{8\varepsilon_0^2\varepsilon_r^2h^2n^2}m_r^* \tag{8.3.7}$$

式中，q 是电子电量，n 是整数，m_r^* 是电子和空穴的折合质量，$m_r^*=m_p^*m_n^*/(m_p^*+m_n^*)$。

从式(8.3.7)可见，激子有无穷个能级。$n=1$ 时，是激子的基态能级 E_{ex}^{1}；$n=\infty$时，$E_{ex}^{\infty}=0$，相当于导带底能级，表示电子和空穴完全脱离相互束缚，电子进入了导带，而空穴仍留在价带。

图 8.3.6 和图 8.3.7 分别为激子能级和激子吸收光谱示意图。在激子基态和导带底之间存在着一系列激子受激态，如图 8.3.6 所示。图 8.3.7 中本征吸收长波限以外的激子吸收峰，相当于价带电子跃迁到相应的激子能级，显然，激子吸收所需光子的能量 $h\nu$ 小于禁带宽度 E_g。图中第一个吸收峰相当于价带电子跃迁到激子基态($n=1$)，吸收光子的能量是 $h\nu=E_g-|E_{ex}^{1}|$；第二个吸收峰相当于价带电子跃迁到 $n=2$ 的受激态。$n>2$ 时，因为激子能级已差不多是连续的，所以吸收峰已分辨不出来，并且和本征吸收光谱合到一起。

2. 自由载流子吸收

对于一般半导体材料，当入射光子的频率不够高，不足以引起电子从带到带的跃迁或形成激子时，仍然存在着吸收，而且其强度随波长增大而增加。这是自由载流子在同一带内的跃迁所引起的，称为自由载流子吸收。

与本征跃迁不同，自由载流子吸收中，电子从低能态到较高能态的跃迁是在同一能带内发生的，如图 8.3.8 所示。但这种跃迁过程同样必须满足能量守恒和动量守恒关系。与本征吸收的非直接跃迁相似，电子的跃迁也必须伴随着吸收或发射一个声子，因为自由载流子吸收中所吸收的光子能量小于 $h\nu$，一般是红外吸收。

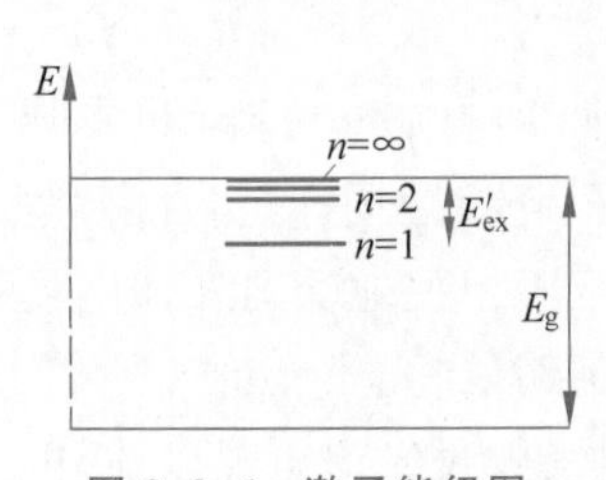

图 8.3.6 激子能级图

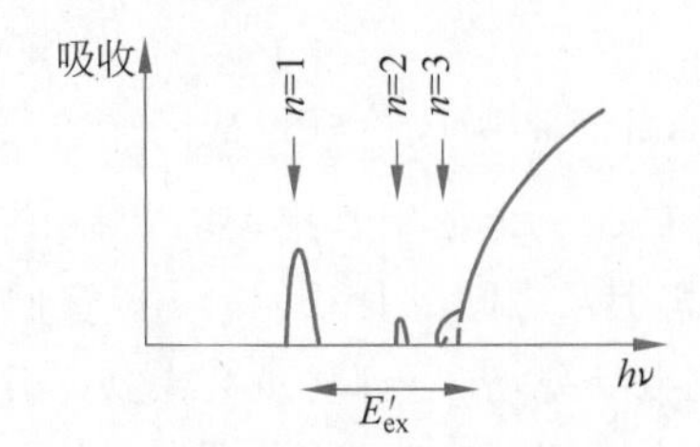

图 8.3.7 激子吸收光谱

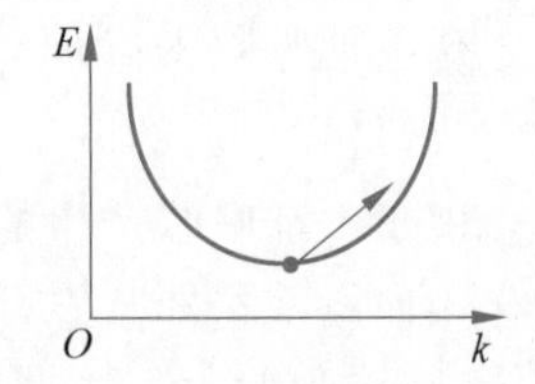

图 8.3.8 自由载流子吸收

3. 杂质吸收

束缚在杂质能级上的电子或空穴也可以引起光的吸收。电子可以吸收光子跃迁到导带能级；空穴也同样可以吸收光子而跃迁到价带(或者说电子离开价带填补了束缚在杂质能级上的空穴)，这种光吸收称为杂质吸收。由于束缚状态并没有一定的准动量，在这样的跃迁过程中，电子(空穴)跃迁后的状态的波矢并不受到限制。这说明，电子(空穴)可以跃迁到任意的导带(价带)能级，因而应当引起连续的吸收光谱。引起杂质吸收的最低的光子能量 $h\nu_0$ 显然等于杂质上电子或空穴的电离能 E_I(见图 8.3.9 中 a 和 b 的跃迁)；因此，杂质吸收光谱也具有长波吸收限 ν_0，而 $h\nu_0=E_I$。一般，电子跃迁到较高的能级，或空穴跃迁到较低的价带能级(见图 8.3.9 中 c 和 d 的跃迁)，概率逐渐变得很小，因此，吸收光谱主要集中在吸收限 E_I 的附近。由于 E_I 小于禁带宽度 E_g，杂质吸收一定在本征吸收限以外长波方面形成吸收带，如图 8.3.10 所示。显然，杂质能级越深，能引起杂质吸收的光子能量也越大，吸收峰比较靠近本征吸收限，对于大多数半导体，多数施主和受主能级很接近于导带和价带，因此相应的杂质吸收出现在远红外区。另外，杂质吸收也可以是电子从电离受主能级跃迁入导带，或空穴从电离施主能级跃迁入价带，如图 8.3.9 中 f 和 e 的跃迁。这时，杂质吸收光子的能量应满足 $h\nu_0\geqslant E_g-E_I$。

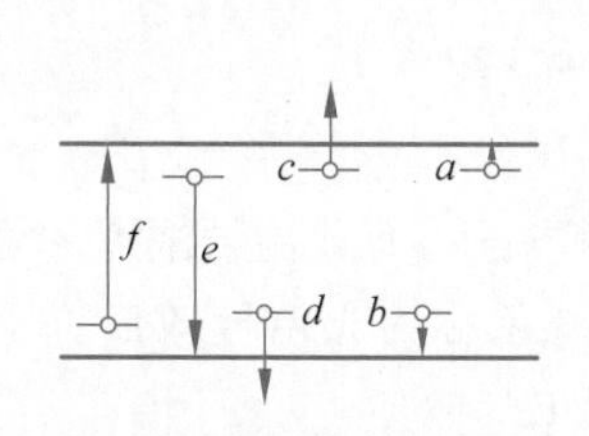

图 8.3.9 杂质吸收中的电子跃迁

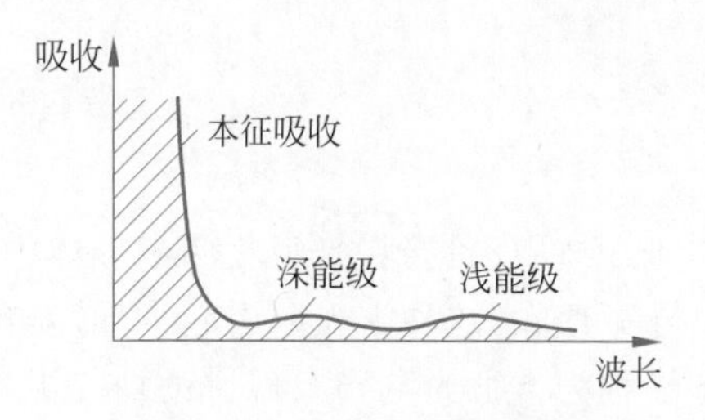

图 8.3.10 杂质吸收曲线

杂质中心除了具有确定能量的基态外，也像激子一样，有一系列似氢激发能级 E_1、E_2、E_3…。除了与电离过程相联系的光吸收外，杂质中心上的电子或空穴由基态到激发态的跃迁也可以引起光吸收。这时，所吸收的光子能量等于相应的激发态能量与基态能量之差。图 8.3.11 是 Si 中杂质 B(受主)的吸收光谱。图中几个吸收尖峰反映了受主中的空穴由基态到激发态的跃迁所引起的光吸收。几个吸收峰后面出现较宽的吸收带说明杂质完全电离，空穴由受主基态跃迁入价带。图 8.3.11 中，杂质电离吸收带还显示出，随着光子能量的增大，吸收系数反而下降，这是由于空穴跃迁到低于价带顶的状态，其跃迁概率急速下降。

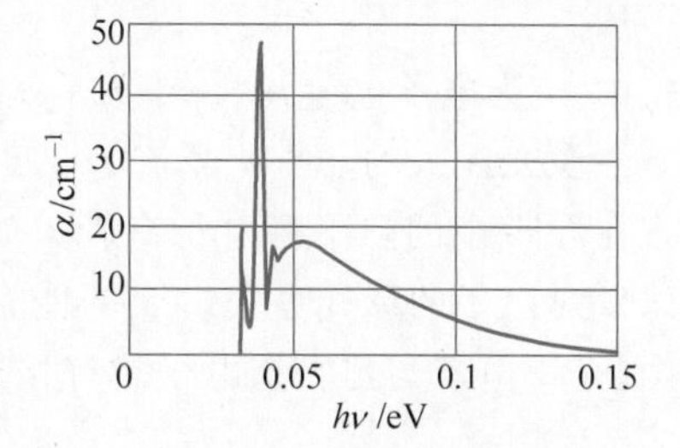

图 8.3.11 Si 中的杂质吸收光谱

由于杂质吸收比较微弱，特别在杂质溶解度较低的情况下，杂质含量很少，更加造成观测上的困难。一般而言，对于浅杂质能级，E_1 较小，只能在低温下，当大部分杂质中心未被电离时，才能够观测到这种杂质吸收。

4. 晶格振动吸收

晶体吸收光谱的远红外区，有时还发现一定的吸收带，这是晶格振动吸收形成的。在这种吸收中，光子能量直接转换为晶格振动能量。对离子晶体或离子性较强的化合物，存在较强的晶格振动吸收带；在Ⅲ-Ⅴ族化合物如 GaAs 及半导体 Ge、Si 中，也都观察到了这种吸收带。

【例 8-1】 一个厚度为 0.46μm 的 GaAs 样品，用 $h\nu=2\text{eV}$ 的单色光源照射，吸收系数为 $\alpha=5\times10^4\text{cm}^{-1}$，样品的入射功率为 10mW。

(1)计算样品的吸收的总能量；(2)计算每秒用于复合发射的光子数；(3)求电子在复合前传给晶格过剩热能的速率。

解 (1) 透射能量

$$E_\text{d}=E_0\text{e}^{-\alpha d}=10\times10^{-3}\times\text{e}^{-5\times0.46}=10^{-3}(\text{W})=1(\text{mW})$$

故单位时间内吸收的能量

$$E_{\text{吸收}}=10-1=9(\text{mW})$$

(2) $n=E_{\text{吸收}}/(h\nu)=9\times10^{-3}/(2\times1.6\times10^{-19})=2.8\times10^{16}$(个/s)

(3) 激发到导带的电子在复合前会将部分能量传给晶格，处于导带底附近，故热能

$$W=n(h\nu-E_\text{g})=2.8\times10^{16}\times(2-1.43)\times1.6\times10^{-19}$$
$$=2.56\times10^{-3}(\text{W})=2.56(\text{mW})$$

8.4 半导体的光电导

视频

在4.5节中已提到，光吸收使半导体中形成非平衡载流子，而载流子浓度的增大必须使样品电导率增大，这种由光照引起半导体电导率增加的现象称为**光电导效应**。本征吸收引起光电导称为本征光电导。现讨论均匀半导体材料的光电导效应。

8.4.1 附加电导率

无光照时，半导体样品的（暗）电导率应为

$$\sigma_0 = q(n_0\mu_n + p_0\mu_p)$$

式中，q 为电子电量，n_0、p_0 为平衡载流子浓度；μ_n 和 μ_p 分别为电子和空穴的迁移率。

设光注入的非平衡载流子浓度分别为 Δn 及 Δp。当电子刚被激发到导带时，可能比原来在导带中的热平衡电子有较大的能量；但光生电子通过与晶格碰撞，在极短的时间内就以发射声子的形式丢失多余的能量，变成热平衡电子。因此，可以认为在整个光电导过程中，光生电子与热平衡电子具有相等的迁移率。因而在光照下样品的电导率变为

$$\sigma = q(n\mu_n + p\mu_p)$$

式中，$n = n_0 + \Delta n$，而 $p = p_0 + \Delta p$。附加光电导率（或简称光电导）$\Delta\sigma$ 可写为

$$\Delta\sigma = q(\Delta n\mu_n + \Delta p\mu_p)$$

从而可得光电导的相对值

$$\frac{\Delta\sigma}{\sigma_0} = \frac{\Delta n\mu_n + \Delta p\mu_p}{n_0\mu_n + p_0\mu_p}$$

对本征光电导，$\Delta n = \Delta p$。引入 $b = \mu_n/\mu_p$，得

$$\frac{\Delta\sigma}{\sigma_0} = \frac{(1+b)\Delta n}{bn_0 + p_0} \tag{8.4.1}$$

从式(8.4.1)看出，要制成（相对）光电导高的光敏电阻，应该使 n_0 和 p_0 有较小数值，因此，光敏电阻一般是由高阻材料制成或者在低温下使用。

实验证明，许多半导体材料在本征吸收中，$\Delta n = \Delta p$；但并不是光生电子和光生空穴都对光电导有贡献。例如，P型 Cu_2O 的本征光电导主要是由于光生空穴的存在；而N型CdS的本征光电导则主要是由于光生电子的作用。这说明，虽然在本征光电导中，光激发的电子和空穴数是相等的；但是在它们复合消失以前，只有其中一种光生载流子（一般是多数载流子）有较长时间存在于自由状态，而另一种则往往被一些能级（陷阱）束缚住。这样，就会造成 $\Delta n \gg \Delta p$ 或 $\Delta p \gg \Delta n$ 的情况出现。附加电导率应为

$$\Delta\sigma = q\Delta n\mu_n \quad 或 \quad \Delta\sigma = q\Delta p\mu_p \tag{8.4.2}$$

除本征光电导外，光照也能使束缚在杂质能级上的电子或空穴受激电离而产生杂质光电导，但是，由于杂质原子数比晶体本身的原子数小很多个数量级，因此，与本征光电导相比，杂质光电导是很微弱的。尽管如此，杂质吸收和杂质光电导是研究杂质能级的一种重要方法。

8.4.2 定态光电导及其弛豫过程

定态光电导是指在恒定光照下产生的光电导。研究光电导主要是研究光照下半导体附

加电导率 $\Delta\sigma$ 的变化规律，如 $\Delta\sigma$ 与哪些参数有关、光电导如何随光强度变化等。

根据式(8.4.1)，因为 μ_n 和 μ_p 在一定条件下是一定的，所以 $\Delta\sigma$ 的变化反映了光生载流子 Δn 或 Δp 的变化。

设 I 表示以光子数计算的光强度(单位时间通过单位面积的光子数)，α 为样品的吸收系数，根据

$$-\frac{\mathrm{d}I}{\mathrm{d}x}=\alpha I \tag{8.4.3}$$

即单位时间单位体积内吸收的光能量(以光子数计)与光强度 I 成正比。因为，$I\alpha$ 等于单位体积内光子的吸收率，从而电子-空穴对的产生率可写为

$$Q=\beta I\alpha \tag{8.4.4}$$

式中，β 代表每吸收一个光子产生的电子-空穴对数，称为量子产额。每吸收一个光子产生一个电子-空穴对，则 $\beta=1$；但当光子还由于其他原因被吸收，如形成激子等，则 $\beta<1$。

设在某一时刻开始以强度 I 的光射半导体表面，假设除激发过程外，不存在其他任何过程，则经 t 秒后，光生载流子浓度应为

$$\Delta n=\Delta p=\beta\alpha It \tag{8.4.5}$$

如光照保持不变，光生载流子浓度将随时间 t 线性增大，如图 8.4.1 中的虚线所示。但事实上，由于光激发的同时，还存在复合过程，因此，Δn 和 Δp 不可能直线上升。光生载流子浓度随时间的变化如图 8.4.1 中曲线所示，Δn 最后达到一稳定值 Δn_S，这时附加电导率 $\Delta\sigma$ 也达到稳定值 $\Delta\sigma_S$，这就是定态光电导。显然，达到定态光电导时，电子空穴的复合率等于产生率，即 $R=Q$。

可以设想，Δn 按指数规律变化，即 $\Delta n=\Delta n_S(1-\mathrm{e}^{-t/\tau})$。设光生电子和空穴的寿命分别为 τ_n 和 τ_p，并且 t 较小时应与式(8.4.5)一致，则定态光生载流子浓度为

$$\Delta n_S=\beta\alpha I\tau_n,\quad \Delta p_S=\beta\alpha I\tau_p \tag{8.4.6}$$

从而定态光电导率为

$$\Delta\sigma_S=q\beta\alpha I(\mu_n\tau_n+\mu_p\tau_p) \tag{8.4.7}$$

可见，定态光电导率与 μ、τ、β 和 α 四个参量有关：其中 β 和 α 表征光和物质的相互作用，决定着光生载流子的激发过程；而 τ 和 μ 则表征载流子与物质之间的相互作用，决定着载流子运动和非平衡载流子的复合过程。

如上所述，光照后经过一定的时间才到达定态光电导率 $\Delta\sigma_S$；同样，当光照停止后，光电导也是逐渐地消失，如图 8.4.2 所示。这种在光照下光电导率逐渐上升和光照停止后光电导率逐渐下降的现象，称为**光电导的弛豫现象**。

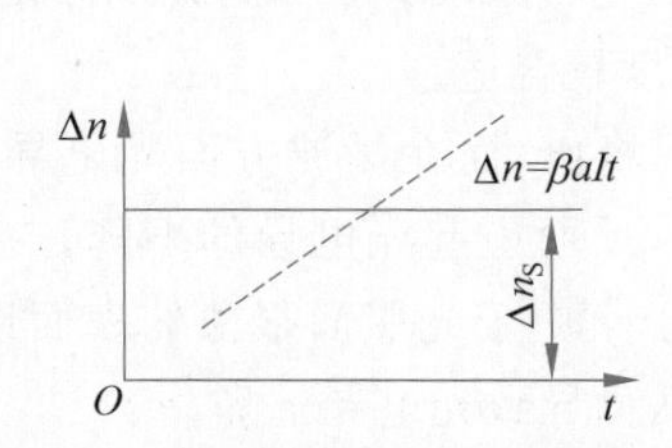

图 8.4.1　光生载流子浓度随时间的变化

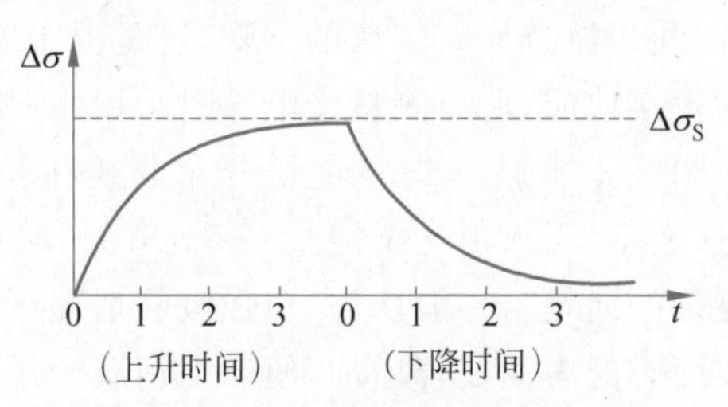

图 8.4.2　光电导的弛豫过程

8.4.3 本征光电导的光谱分布

大量实验证明，半导体光电导的强弱与照射光的波长有密切关系。所谓光电导的光谱分布，就是指对应于不同的波长，光电导响应灵敏度的变化关系。一般以波长为横坐标，以相等的入射光能量(或相等的入射光子数)所引起的光电导相对大小为纵坐标，就得到光电导光谱分布曲线。图 8.4.3 是几种典型的本征光电导的光谱分布曲线。一般来说，本征光电导的光谱分布都有一个长波限(有时也称为“截止”波长)。这是由于能量小的光子不足以使价带电子跃迁到导带，因而不能引起光电导。与本征吸收限的测量一样，本征光电导分布长波限也可用来确定半导体材料的禁带宽度。但从图 8.4.3 看出，曲线的下降并不是竖直的，所以不能肯定长波限的确切数值，一般选定光电导下降到峰值的 1/2 的波长为长波限。

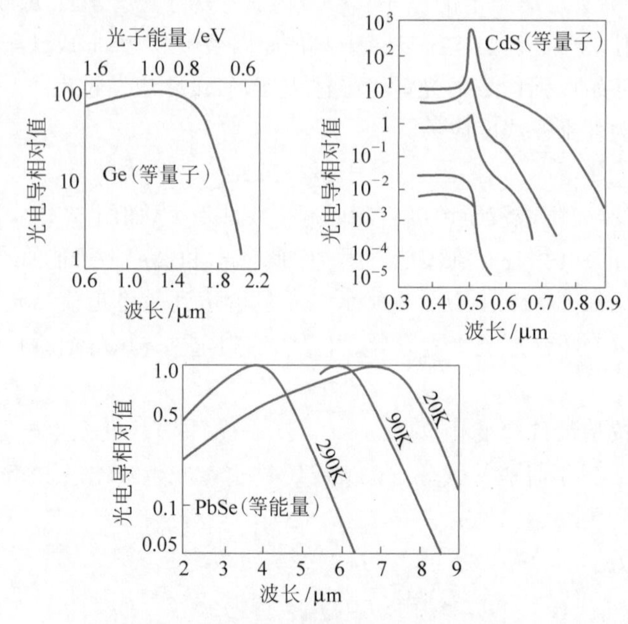

图 8.4.3 本征光电导的光谱分布曲线

在上述光谱分布图中，有“等量子”和“等能量”的区别，说明这些光谱曲线中不同波长所用的光强标准不同。所谓“等量子”，是指对于不同的波长，以光子数计的光强是相同的，也就是说光电导的测量是在相等的光子流下进行的；而“等能量”是指不同波长光强的能量流是相同的。这样，对于较短的波(每个光子能量较高)，虽然能量与长波时相等，实际上包含的光子数比长波时少。例如，图 8.4.3 中 PbSe 的光谱分布曲线是以相同的能量流为标准的，曲线短波方面有较快的下降，这是由于实际上照射的光子数减少。因为光电导是光子吸收的直接效应，所以测量光电导时采用“等量子”光照强度较合适。

图 8.4.3 中，CdS 的光谱分布曲线在长波限处出现峰值，而在短波方面光电导显著下降，这表示，当入射光子能量 $h\nu > E_g$ 时，吸收系数增大，反而引起光电导的下降，这是一个较复杂的问题。一般认为，在强吸收情况下，光生载流子集中于光照面很薄的表面层内，通过表面态的表面复合增加，使非平衡载流子寿命下降，从而导致光电导下降。

总之，测量光电导的光谱分布，是确定半导体材料光电导特性的一个重要方面，特别是对选用材料有实际意义。例如,PbS、PbSe 和 PbTe 是重要的红外探测器材料,它们可以有效地用于直到 10μm 的红外波段。CdS 作为一种重要的光电材料,除了对可见光有响应外,还可有效地用于短波方面,直到 X 光波段。InSb 的光电导响应在室温下能到 7μm,也是很好的红外探测器材料。锗和硅的本征光电导只能到 1.7μm 和 1.1μm,但是它们的杂质光电导响应可以到相当长的波长。例如,锗掺金或锗硅合金掺金和掺锌,都能有效地用于红外探测器。近年来,还发现一些三元合金,如 PbSnTe、PbSnSe 和 HgCdTe 等,它们的光电导响应可达 8～14μm,在红外器件中得到了重视。

8.4.4 杂质光电导

对于杂质半导体,光照使束缚于杂质能级上的电子或空穴电离,因而增加了导带或价带的载流子浓度,产生杂质光电导。由于杂质电离能比禁带宽度小很多,从杂质能级上激发电子或空穴所需的光子能量比较小,因此,杂质半导体作为远红外波段的探测器,具有重要的作用。例如,选用不同的杂质,Ge 探测器的使用范围为 10～120μm。

由于杂质原子浓度比半导体材料本身的原子浓度一般要小很多个数量级,所以和本征光电导相比,杂质光电导是十分微弱的。同时,所涉及的能量都在红外光范围,激发光实际上不可能很强。因此,测量杂质光电导一般都必须在低温下进行,以保证平衡载流子浓度(暗电导)很小,使杂质中心上的电子或空穴基本上都处在束缚状态。例如,对电离能 $E_I=0.01\text{eV}$ 的杂质能级,必须采用液氦低温;对于较深的杂质能级,可以在液氮温度下进行。杂质光电导的测量已经成为研究杂质能级的重要方法。

8.5 PN 结的光生伏特效应和太阳能电池

视频

在第 5 章中讨论过 PN 结的内建电场,各种非均匀半导体内部都可能存在内建电场。当用适当波长的光照射非均匀半导体时,光生电子和空穴由于内建电场的作用会向两边分离,因而在半导体内部产生电动势(光生电压);如将半导体两端短路,则会出现电流(光生电流),这种由内建电场引起的光电效应,称为**光生伏特效应**。下面以 PN 结为例简要分析光生伏特效应。

8.5.1 PN 结的光生伏特效应

设入射光垂直 PN 结面。如结较浅,光子将进入 PN 结区,甚至深入半导体内部。能量大于禁带宽度的光子,由本征吸收在结的两边产生电子-空穴对。在光激发下多数载流子浓度一般改变很小,而少数载流子浓度却变化很大,因此应主要研究光生少数载流子的运动。

由于 PN 结势垒区内存在较强的内建场(自 N 区指向 P 区),结两边的光生少数载流子受该场的作用,各自向相反方向运动:P 区的电子穿过 PN 结进入 N 区;N 区的空穴进入 P 区,使 P 端电势升高,N 端电势降低,于是在 PN 结两端形成了光生电动势,这就是 PN 结的光生伏特效应。由于光照产生的载流子各自向相反方向运动,从而在 PN 结内部形成自 N 区向 P 区的光生电流 I_L。由于光照在 PN 结两端产生光生电动势,相当于在 PN 结两端加正向电压 V,使势垒降低为 qV_D-qV,见图 8.5.1(b),因而产生正向电流 I_F。在 PN 结开路情况下,光生电流和正向电流相等时,PN 结两端建立起稳定的电势差 V_{OC}(P 区相对于 N

区是正的），这就是光电池的开路电压。如将 PN 结与外电路接通，只要光照不停止，就会有源源不断的电流通过电路，PN 结起了电源的作用。这就是光电池的基本原理。

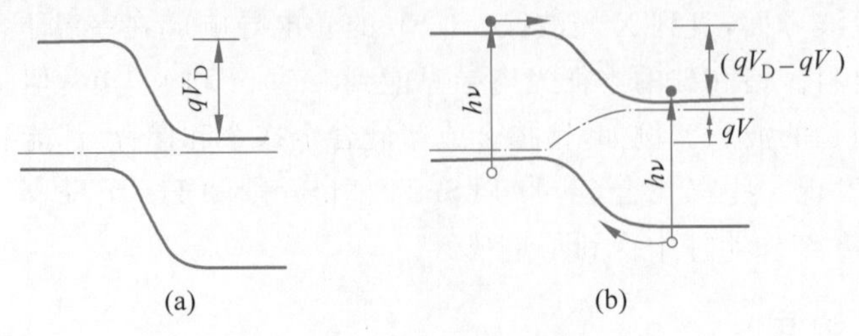

图 8.5.1 PN 结能带图

(a) 无光照；(b) 光照激发

金属-半导体形成的肖特基势垒层也能产生光生伏特效应（肖特基光电二极管），其电子过程和 PN 结相类似，不再详述。

仿真图解

8.5.2 光电池的电流电压特性

光电池工作时共有三种电流：光生电流 I_L，在光生电压 V 作用下的 PN 结正向电流 I_F，流经外电路的电流 I。I_L 和 I_F 都流经 PN 结内部，但方向相反。

根据 PN 结整流方程，在正向偏压 V 作用下，通过结的正向电流为

$$I_F = I_S(e^{qV/k_BT} - 1) \tag{8.5.1}$$

式中，V 是光生电压，I_S 是反向饱和电流。

设用一定强度的光照射光电池，因存在吸收，光强度随着光透入的深度按指数律下降，因而光生载流子产生率也随光照深入而减小，即产生率 Q 是 x 的函数。为了简化，用 $\bar{Q}$ 表示在结的扩散长度（L_p+L_n）内非平衡载流子的平均产生率，并设扩散长度 L_p 内的空穴和 L_n 内的电子都能扩散到 PN 结面而进入另一边。这样光生电流 I_L 应该是

$$I_L = q\bar{Q}A(L_p + L_n) \tag{8.5.2}$$

式中，A 是 PN 结面积，q 为电子电量，光生电流 I_L 从 N 区流向 P 区，与 I_F 反向。

如光电池与负载电阻接成通路，通过负载的电流应为

$$I = I_L - I_F = I_L - I_S(e^{qV/k_BT} - 1) \tag{8.5.3}$$

这就是负载电阻上电流与电压的关系，也就是光电池的伏安特性，其曲线如图 8.5.2 所示。图中曲线为有光照时光电池的伏安特性。

从式（8.5.3），可得

$$V = \frac{k_BT}{q}\ln\left(\frac{I_L - I}{I_S} + 1\right) \tag{8.5.4}$$

在 PN 结开路情况下（$R=\infty$），两端的电压即为开路电压 V_{OC}。这时，流经 R 的电流 $I=0$，即 $I_L=I_F$。将 $I=0$ 代入式（8.5.4），得开路电压为

$$V_{OC} = \frac{k_BT}{q}\ln\left(\frac{I_L}{I_S} + 1\right) \tag{8.5.5}$$

如将 PN 结短路（$V=0$），因而 $I_F=0$，这时所得的电流为短路电流 I_{SC}。根据式（8.5.3），显然短路电流等于光生电流，即

$$I_{SC} = I_L \tag{8.5.6}$$

V_{OC} 和 I_{SC} 是光电池的两个重要参数，其数值可由图 8.5.2 中曲线在 V 轴和 I 轴上的截距求得。根据式(8.5.2)和式(8.5.3)，可讨论短路电流 I_{SC} 和开路电压 V_{OC} 随光照强度的变化规律。显然，两者都随光照强度的增强而增大，所不同的是 I_{SC} 随光照强度线性地上升，而 V_{OC} 则成对数式增大，见图 8.5.3。必须指出，V_{OC} 并不随光照强度无限地增大。当光生电压 V_{OC} 增大到 PN 结势垒消失时，即得到最大光生电压 V_{max}，因此 V_{max} 应等于 PN 结势垒高度 V_D，与材料掺杂程度有关。实际情况下，qV_{max} 可能与禁带宽度 E_g 相当。

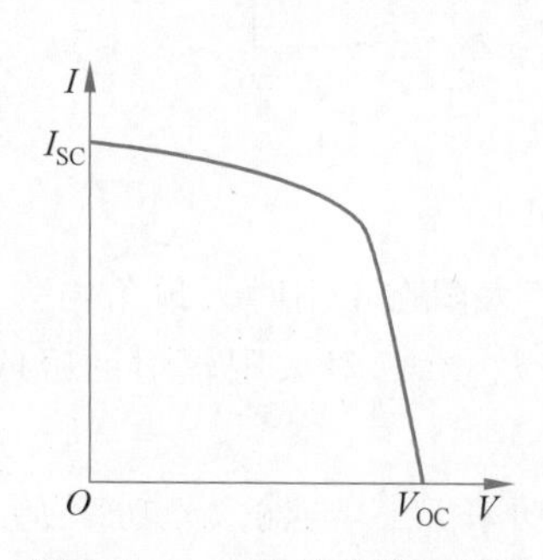

图 8.5.2 光电池的伏安特性

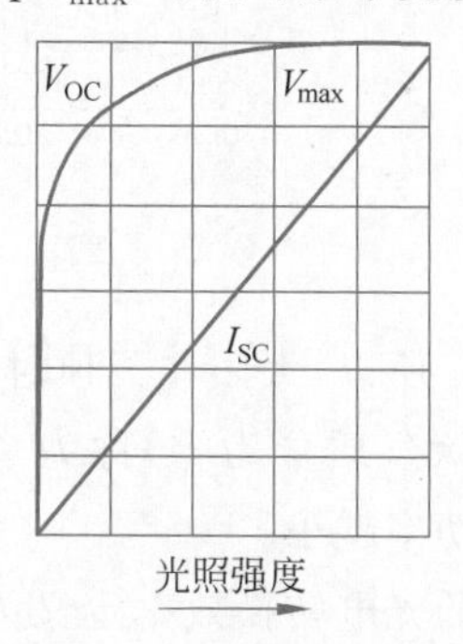

图 8.5.3 V_{OC} 和 I_{SC} 随光照强度的变化

8.5.3 太阳能电池及其光电转换效率

光生伏特效应最重要的应用之一，是将太阳辐射能直接转变为电能。太阳能电池是一种典型的光电池，一般由一个大面积硅 PN 结组成。目前也在用其他材料制作太阳能电池，并且太阳能电池已形成大规模产业，作为绿色能源被广泛应用。

常规的太阳能电池结构如图 8.5.4 所示，这是一个大面积的 PN 结，正面电极作成叉指状以减小接触并尽量少挡住阳光，背面整个蒸发金属形成欧姆接触，光照面还蒸涂一介质减反射膜以减少阳光反射。

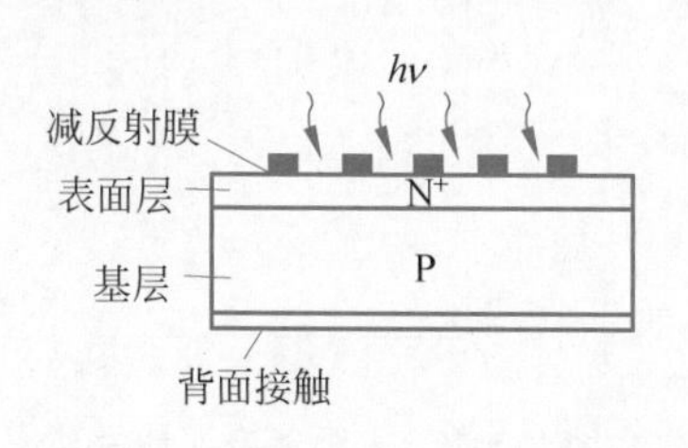

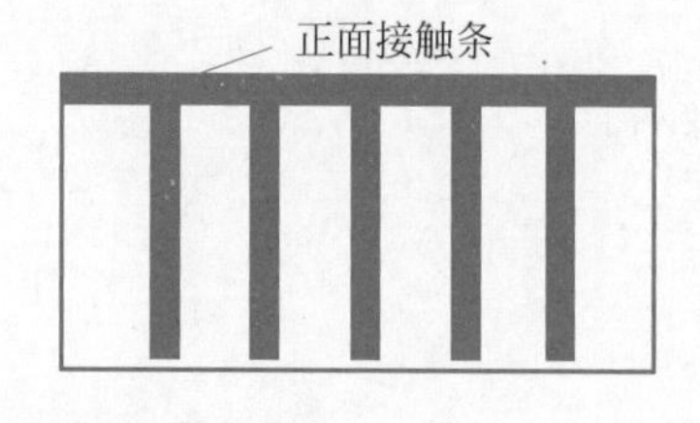

图 8.5.4 常规的太阳能电池结构

太阳能电池的作用是将太阳光的能量转换成电能，所以需要适应太阳的光谱分布。太阳光谱具有很宽的波长范围，如图 8.5.5 所示为谱辐射度(单位波长单位面积的功率)，从图可见，主要波长范围为 0.3～1.5μm。

但太阳光通过大气层到达地面的过程中会受水汽、尘埃等漫射，能量密度要比大气层外太阳光的能量密度小。显然，能量的衰减与太阳光通过的空气量有关，用大气质量(简写 AM)表征光经过的空气量的多少。把太阳当顶时垂直于海平面的太阳辐射穿过的大气高度作为一个大气质量，简称 AM1。而太阳在任意位置时的大气质量由($1/\sin\theta$)确定，其含义是从海平面看太阳光通过大气的距离与太阳在天顶时通过大气的距离之比，θ 为天顶角，

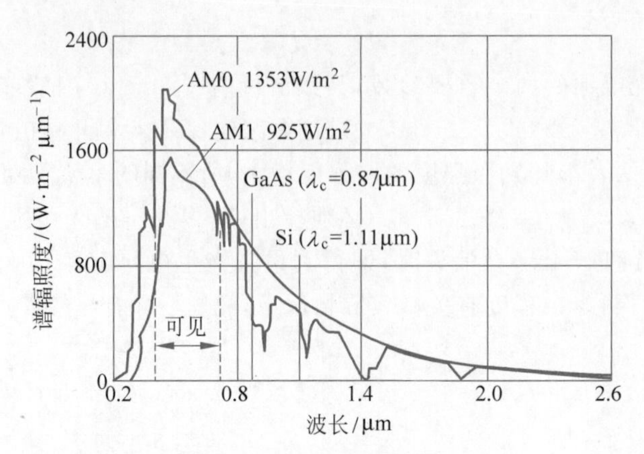

图 8.5.5　太阳辐射谱

如图 8.5.6 所示。所以，太阳在天顶时的大气质量为 1，太阳在正南时天顶角约为 30°，称为 AM2。大气层外大气质量为零，称为 AM0。大气质量数越大，对太阳辐射的吸收越严重，因而相应的辐射功率越小。

太阳能电池的光电转换效率定义为最大输出的电功率 $P_{\max}$ 与输入光功率 P_{in} 之比，即

$$\eta=\frac{P_{\max}}{P_{\text{in}}}\times 100\%=\frac{I_{\text{m}}V_{\text{m}}}{P_{\text{in}}}\times 100\%$$

太阳能电池中最大可能的电流和电压为 I_{SC} 和 V_{OC}。但实际太阳能电池的 I-V 特性曲线偏离矩形，所以在 I-V 特性曲线上有一最大功率点，最大功率矩形如图 8.5.7 所示。引入填充因子 FF，定义为

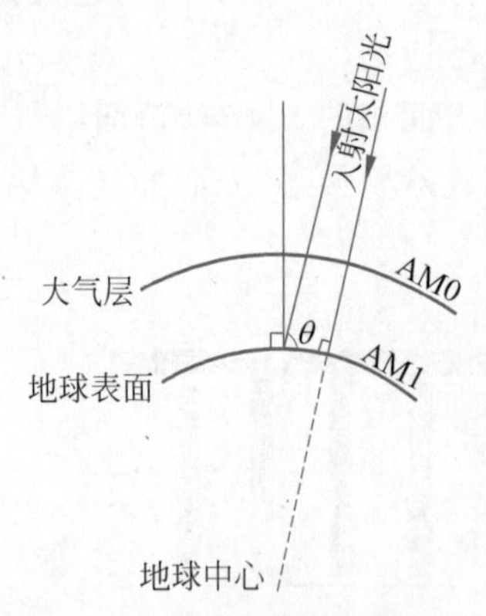

图 8.5.6　大气质量（AM）示意图

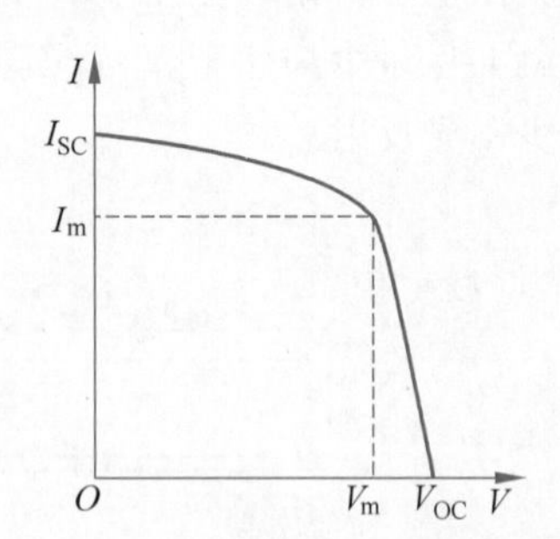

图 8.5.7　太阳能电池最大功率矩形

$$\text{FF}=\frac{I_{\text{m}}V_{\text{m}}}{I_{\text{SC}}V_{\text{OC}}}$$

填充因子是太阳能电池的一个重要参数，FF 越大则 I-V 特性曲线越接近矩形。

若 I-V 特性满足理想关系式(8.5.3)，则可得功率表达式

$$P=IV=I_{\text{L}}V-I_{\text{S}}V(\mathrm{e}^{qV/k_{\text{B}}T}-1) \tag{8.5.7}$$

引入所谓热电压 V_{T}

$$V_{\text{T}}=k_{\text{B}}T/q \tag{8.5.8}$$

则

$$\frac{\mathrm{d}P}{\mathrm{d}V}=I_{\mathrm{L}}-I_{\mathrm{S}}(\mathrm{e}^{V/V_{\mathrm{T}}}-1)-I_{\mathrm{S}}V\left(\mathrm{e}^{V/V_{\mathrm{T}}}\frac{1}{V_{\mathrm{T}}}\right) \tag{8.5.9}$$

在功率极大处$\left.\frac{\mathrm{d}P}{\mathrm{d}V}\right|_{V=V_{\mathrm{m}}}=0$，由式(8.5.9)可得

$$\left(1+\frac{V_{\mathrm{m}}}{V_{\mathrm{T}}}\right)\mathrm{e}^{V_{\mathrm{m}}/V_{\mathrm{T}}}=1+\frac{I_{\mathrm{L}}}{I_{\mathrm{S}}} \tag{8.5.10}$$

将式(8.5.5)改写为

$$V_{\mathrm{OC}}=V_{\mathrm{T}}\ln\left(\frac{I_{\mathrm{L}}}{I_{\mathrm{S}}}+1\right) \tag{8.5.11}$$

所以式(8.5.10)改写为

$$\left(1+\frac{V_{\mathrm{m}}}{V_{\mathrm{T}}}\right)\mathrm{e}^{V_{\mathrm{m}}/V_{\mathrm{T}}}=\mathrm{e}^{V_{\mathrm{OC}}/V_{\mathrm{T}}} \tag{8.5.12}$$

已知开路电压就可由式(8.5.12)解出V_{m}，但式(8.5.12)难以得到解析解，可将其改写为

$$V_{\mathrm{m}}=V_{\mathrm{OC}}-V_{\mathrm{T}}\ln\left(1+\frac{V_{\mathrm{m}}}{V_{\mathrm{T}}}\right) \tag{8.5.13}$$

式(8.5.13)可用迭代的方法求解，即在等式右边的V_{m}用近似值代入(如初值可取$V_{\mathrm{m0}}=V_{\mathrm{OC}}$)，计算新的$V_{\mathrm{m}}$值，反复迭代，得到满足精度要求的$V_{\mathrm{m}}$值。

将得到的V_{m}值代入式(8.5.7)得极值功率

$$P_{\mathrm{m}}=I_{\mathrm{L}}V_{\mathrm{m}}-I_{\mathrm{S}}V_{\mathrm{m}}(\mathrm{e}^{V_{\mathrm{m}}/V_{\mathrm{T}}}-1) \tag{8.5.14}$$

利用式(8.5.11)，解出I_{S}得

$$I_{\mathrm{S}}=I_{\mathrm{L}}/(\mathrm{e}^{V_{\mathrm{OC}}/V_{\mathrm{T}}}-1) \tag{8.5.15}$$

代入式(8.5.14)

$$P_{\mathrm{m}}=I_{\mathrm{L}}V_{\mathrm{m}}\left[1-\frac{\mathrm{e}^{V_{\mathrm{m}}/V_{\mathrm{T}}}-1}{\mathrm{e}^{V_{\mathrm{OC}}/V_{\mathrm{T}}}-1}\right] \tag{8.5.16}$$

若满足$V_{\mathrm{m}}\gg V_{\mathrm{T}}$及$I_{\mathrm{L}}\gg I_{\mathrm{S}}$，则可以简化$P_{\mathrm{m}}$的计算，此时由式(8.5.10)知$\frac{V_{\mathrm{m}}}{V_{\mathrm{T}}}\mathrm{e}^{V_{\mathrm{m}}/V_{\mathrm{T}}}=\frac{I_{\mathrm{L}}}{I_{\mathrm{S}}}$，而由式(8.5.14)，得

$$P_{\mathrm{m}}\approx I_{\mathrm{L}}V_{\mathrm{m}}-I_{\mathrm{S}}V_{\mathrm{m}}\mathrm{e}^{V_{\mathrm{m}}/V_{\mathrm{T}}}\approx I_{\mathrm{L}}V_{\mathrm{m}}-I_{\mathrm{L}}V_{\mathrm{T}}=I_{\mathrm{L}}(V_{\mathrm{m}}-V_{\mathrm{T}}) \tag{8.5.17}$$

【例8-2】 某硅PN结光电池，已知室温下的开路电压为600mV，短路电流为3.3A。(1)若在光电池两端接负载R，当负载上流过2.5A电流时，求光电池的输出电压。(2)求此光电池最大转换功率。

解　(1) 取$V_{\mathrm{T}}=0.026\mathrm{V}$。因$V_{\mathrm{OC}}=V_{\mathrm{T}}\ln\left(\frac{I_{\mathrm{L}}}{I_{\mathrm{S}}}+1\right)$，$I_{\mathrm{SC}}=I_{\mathrm{L}}$，所以

$$I_{\mathrm{S}}=I_{\mathrm{SC}}/(\mathrm{e}^{V_{\mathrm{OC}}/V_{\mathrm{T}}}-1)=3.3/(\mathrm{e}^{0.6/0.026}-1)\approx 3.14\times 10^{-10}(\mathrm{A})$$

而$I=I_{\mathrm{L}}-I_{\mathrm{F}}=I_{\mathrm{SC}}-I_{\mathrm{S}}(\mathrm{e}^{V/V_{\mathrm{T}}}-1)$，故

$$V=V_{\mathrm{T}}\ln\left(\frac{I_{\mathrm{SC}}-I}{I_{\mathrm{S}}}+1\right)=0.026\ln\left(\frac{3.3-2.5}{3.14\times 10^{-10}}+1\right)\approx 0.563(\mathrm{V})$$

（2）先求 V_m 值，

$$V_m = V_{OC} - V_T \ln\left(1 + \frac{V_m}{V_T}\right)$$

取 V_m 初值

$$V_{m0} = 0.5V_{OC} = 0.3(\mathrm{V})$$

依次迭代得，$V_{m1}=0.5343(\mathrm{V})$，$V_{m2}=0.5202(\mathrm{V})$，$V_{m3}=0.5208(\mathrm{V})$。取 $V_m=0.5208(\mathrm{V})$。故

$$P_m = I_L V_m \left[1 - \frac{e^{V_m/V_T} - 1}{e^{V_{OC}/V_T} - 1}\right] = 1.64(\mathrm{W})$$

8.6 半导体发光

视频

从8.3节已知，半导体中的电子可以吸收一定能量的光子而被激发，同样，处于激发态的电子也可以向较低的能级跃迁，以光辐射的形式释放出能量，也就是电子从高能级向低能级跃迁，伴随着发射光子，这就是半导体的发光现象。

产生光子发射的主要条件是系统必须处于非平衡状态，即在半导体内需要有某种激发过程存在，通过非平衡载流子的复合，才能形成发光。根据不同的激发方式，可以有各种发光过程：如电致发光、光致发光和阴极发光等。本节只讨论半导体的电致发光，也称场致发光。这种发光是由电流（电场）激发载流子，是电能直接转变为光能的过程。

8.6.1 辐射跃迁

半导体材料受到某种激发时，电子产生由低能级向高能级的跃迁，形成非平衡载流子。这种处于激发态的电子在半导体中运动一段时间后，又回复到较低的能量状态，并发生电子-空穴对的复合。复合过程中，电子以不同的形式释放出多余的能量。从高能量状态到较低的能量状态的电子跃迁过程，主要有以下几种，见图8.6.1。

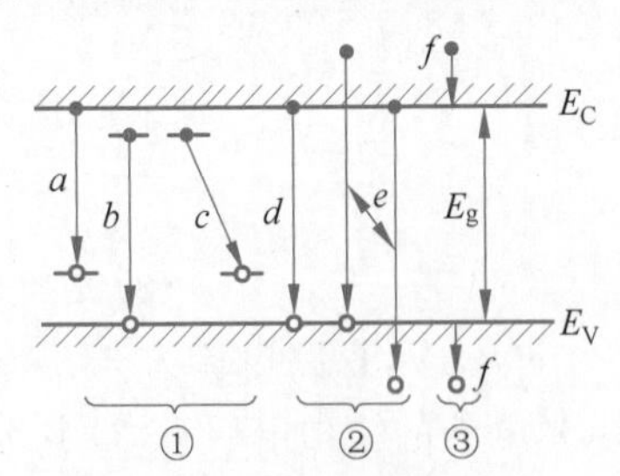

图8.6.1 电子的辐射跃迁

（1）有杂质或缺陷参与的跃迁：导带电子跃迁到未电离的受主能级，与受主能级上的空穴复合，如过程 a；中性施主能级上的电子跃迁到价带，与价带中空穴复合，如过程 b；中性施主能级上的电子跃迁到中性受主能级，与受主能级上的空穴复合，如过程 c。

（2）带与带之间的跃迁：导带底的电子直接跃迁到价带顶部，与空穴复合，如过程 d；导带热电子跃迁到价带顶与空穴复合，或导带底的电子跃迁到价带与热空穴复合，如过程 e。

（3）热载流子在带内跃迁，如过程 f。

上面提到，电子从高能级向较低能级跃迁时，必然释放一定的能量，如跃迁过程伴随着放出光子，这种跃迁称为**辐射跃迁**。必须指出，以上列举的各种跃迁过程并非都能在同一材料和在相同条件下同时发生；更不是每一种跃迁过程都辐射光子（不发射光子的所谓无辐射跃迁，将在下面讨论）。但作为半导体发光材料，必须是辐射跃迁占优势。

1. 本征跃迁(带与带之间的跃迁)

导带的电子跃迁到价带,与价带空穴相复合,伴随着发射光子,称为本征跃迁。显然,这种带与带之间的电子跃迁所引起的发光过程,是本征吸收的逆过程。对于直接带隙半导体,导带与价带极值都在 k 空间原点,本征跃迁为直接跃迁,如图 8.6.2(a)所示。由于直接跃迁的发光过程只涉及一个电子-空穴对和一个光子,其辐射效率较高。直接带隙半导体,包括Ⅱ-Ⅵ族和部分Ⅲ-Ⅴ族(如 GaAs 等)化合物,都是常用的发光材料。

间接带隙半导体,如图 8.6.2(b)所示,导带和价带极值对应于不同的波矢 k。这时发生的带与带之间的跃迁是间接跃迁。在间接跃迁过程中,除了发射光子外,还有声子参与。因此,这种跃迁比直接跃迁的概率小得多。Ge、Si 和部分Ⅲ-Ⅴ族半导体都是间接带隙半导体,它们的发光比较微弱。

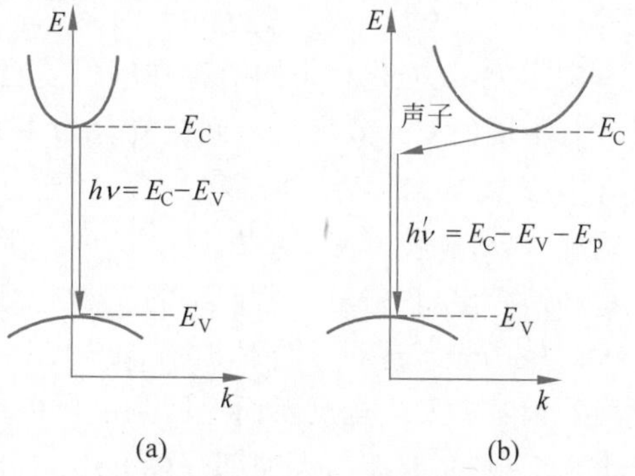

E　E_C　$h\nu=E_C-E_V$　E_V　k　(a)

E　声子　E_C　$h\nu'=E_C-E_V-E_P$　E_V　k　(b)

图 8.6.2　本征辐射跃迁

(a) 直接跃迁;(b) 间接跃迁

显然,带与带之间的跃迁所发射的光子能量与 E_g 直接有关。对直接跃迁,发射光子的能量至少应满足

$$h\nu=E_C-E_V=E_g$$

对间接跃迁,在发射光子的同时,还发射一个声子,光子能量应满足

$$h\nu=E_C-E_V-E_P$$

式中,E_P 是声子能量。

2. 非本征跃迁

电子从导带跃迁到杂质能级,或杂质能级上的电子跃迁入价带,或电子在杂质能级之间的跃迁,都可以引起发光。这种跃迁称为非本征跃迁。对间接带隙半导体,本征跃迁是间接跃迁,概率很小,这时,非本征跃迁起主要作用。

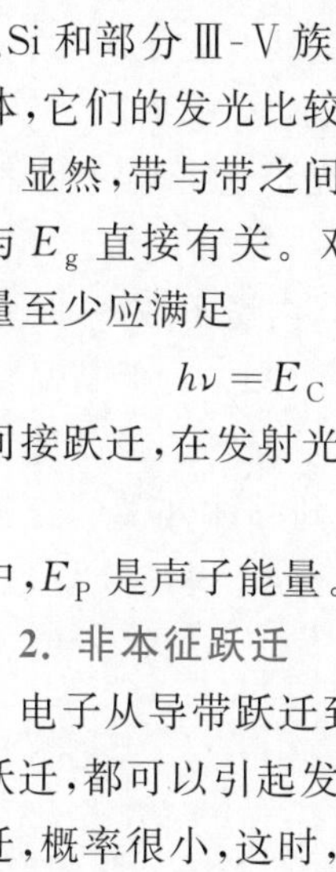

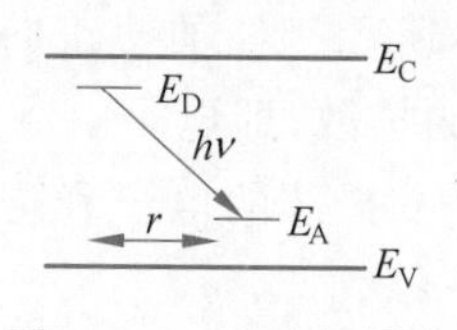

图 8.6.3　施主与受主间的跃迁

下面着重讨论施主与受主之间的跃迁,见图 8.6.3。这种跃迁效率高,多数发光二极管属于这种跃迁机理。当半导体材料中同时存在施主和受主杂质时,两者之间的库仑作用力使受激态能量增大,其增量 ΔE 与施主和受主杂质之间距离 r 成反比。当电子从施主向受主跃迁时,如没有声子参与,发射光子能量为

$$h\nu=E_g-(\Delta E_D+\Delta E_A)+\frac{q^2}{4\pi\varepsilon_r\varepsilon_0 r} \tag{8.6.1}$$

式中,ΔE_D 和 ΔE_A 分别代表施主和受主的束缚能,ε_r 是母晶体的相对介电常数。

由于施主和受主一般以替位原子出现于晶格中,因此 r 只能取以整数倍增加的不连续数值。实验中也确实观测到一系列不连续的发射谱线与不同的 r 值相对应(如 GaP 中 Si 和 Te 杂质间的跃迁发射光谱)。从式(8.6.1)可知,r 较小时,相当于比较邻近的杂质原子间的电子跃迁,得到分列的谱线;随着 r 的增大,发射谱线越来越靠近,最后出现一发射带。当 r 相当大时,电子从施主向受主完成辐射跃迁所需穿过的距离也较大,因此发射随着杂质间距离增大而减少。一般感兴趣的是比较邻近的杂质对之间的辐射跃迁过程。

8.6.2 发光效率

电子跃迁过程中，除了发射光子的辐射跃迁外，还存在无辐射跃迁。在无辐射复合过程中，能量释放机理比较复杂。一般认为，电子从高能级向较低能级跃迁时，可以将多余的能量传给第三个载流子，使其受激跃迁到更高的能级，这是所谓俄歇(Auer)过程。此外，电子和空穴复合时，也可以将能量转变为晶格振动能量，这就是伴随着发射声子的无辐射复合过程。

实际上，发光过程中同时存在辐射复合和无辐射复合过程。两者复合概率的不同使材料具有不同的发光效率。对间接复合为主的半导体材料，一般既存在发光中心，又存在其他复合中心。通过前者产生辐射复合，而通过后者则产生无辐射复合。因此，要使辐射复合占压倒优势，必须使发光中心浓度 N_L 远大于其他杂质浓度 N_t。

必须指出，辐射复合所产生的光子并不是全部都能离开晶体向外发射，这是因为，从发光区产生的光子通过半导体时有部分可以被再吸收；另外由于半导体的高折射率，光子在界面处很容易发生全反射而返回到晶体内部，即使是垂直射到界面的光子，由于高折射率而产生高反射率，有相当大的部分(30%左右)被反射回晶体内部。

对于像 GaAs 这一类直接带隙半导体，直接复合起主导作用，因此，**内量子效率**(是指辐射复合产生的光子数与注入的电子-空穴对数之比)比较高，可以接近 100%。但从晶体内实际能逸出的光子却非常少。为了使半导体材料具有实用发光价值，不但要选择内部量子效率高的材料，并且要采取适当措施，以提高其**外量子效率**(是指发射到晶体外部的光子数与注入的电子-空穴对数之比)。如将晶体表面做成球面，并使发光区域处于球心位置，这样可以避免表面的全反射。

8.6.3 电致发光激发机构

1. PN 结注入发光

PN 结处于平衡时，存在一定的势垒区，其能带图如图 8.6.4(a)所示。如加一正向偏压，势垒便降低，势垒区内建电场也相应减弱。这样继续发生载流子的扩散，即电子由 N 区注入 P 区，同时空穴由 P 区注入 N 区，如图 8.6.4(b)所示。这些进入 P 区的电子和进入 N 区的空穴都是非平衡少数载流子。

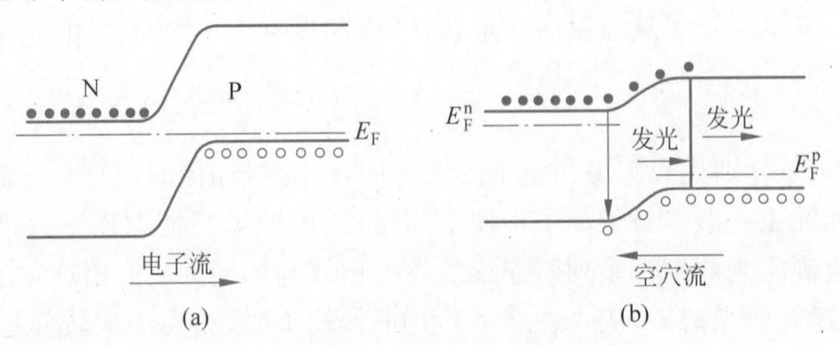

图 8.6.4 PN 结注入发光能带图

(a) 平衡 PN 结；(b) 正偏注入发光

在实际应用的 PN 结中，扩散长度远远大于势垒宽度，因此电子和空穴通过势垒区时因复合而消失的概率很小，会继续向扩散区扩散，因而在正向偏压下，PN 结势垒区和扩散区注入了少数载流子,这些非平衡少数载流子不断与多数载流子复合而发光(辐射复合)。这就是 PN 结注入发光的基本原理。常用的 GaAs 发光二极管就是利用 GaAs PN 结制得的,GaP 发光二极管也是利用 PN 结加正向偏压,形成非平衡载流子,但其发光机构与 GaAs 不同,它不是带与带之间的直接跃迁,而是通过杂质对的跃迁形成的辐射复合。

2. 异质结注入发光

为了提高少数载流子的注入效率,可以采用异质结。图 8.6.5 表示理想的异质结能带示意图。当加正向偏压时,势垒降低。但由于 P 区和 N 区的禁带宽度不等,势垒是不对称的。加上正向偏压,如图 8.6.5(b)所示,当两者的价带达到等高,P 区的空穴由于不存在势垒,不断向 N 区扩散,保证了空穴(少数载流子)向发光区的高注入效率。对于 N 区的电子,由于存在势垒 $\Delta E(=E_{g1}-E_{g2})$,不能从 N 区注入 P 区。这样,禁带较宽的区域成为注入源(图中的 P 区),而禁带宽度较小的区域(图中 N 区)成为发光区。例如,对于 GaAs-GaSb 异质结,注入发光发生于 0.7eV,相当于 GaSb 的禁带宽度。很明显,图 8.6.5 中发光区(E_{g2} 较小)发射的光子,其能量 $h\nu$ 小于 E_{g1},进入 P 区后不会引起本征吸收,即禁带宽度较大的 P 区对这些光子是透明的。因此,异质结发光二极管中禁带宽度的部分(注入区)同时可以作为辐射光的透出窗。

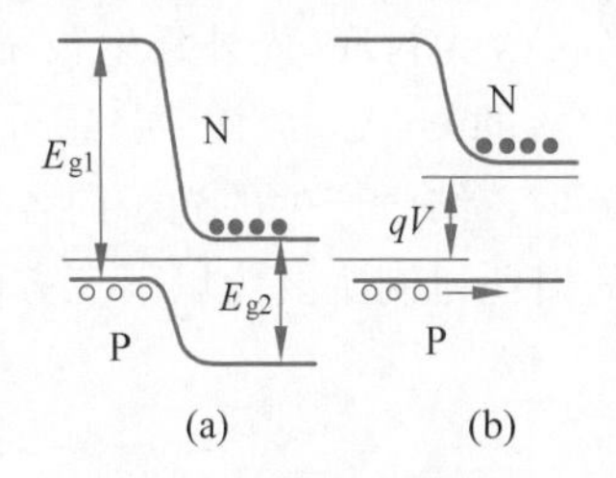

图 8.6.5 异质结注入发光能带图

(a) 平衡异质结;(b) 正偏注入发光

8.6.4 发光二极管

半导体发光二极管(light emitting diode,LED)是一种用半导体 PN 结或类似结构把电能转换成光能的器件,其特点是通过正向偏置下的 PN 结,电子和空穴因复合而自发辐射发光。LED 以可见光和红外光为主,具有工作电压低、功耗小、重量轻、体积小、寿命长以及可以在同一平面内显示等特点。LED 已广泛应用于检测领域,是光电检测中的重要器件。LED 在固体显示中已居于主导地位,各种仪器、仪表的指示器和数字、符号的显示,光通信及各种检测设备的光源,液晶显示器的背光源等。随着半导体技术日趋成熟和发展,LED 也已进入民用照明领域,LED 代替传统的照明光源已成为必然趋势。下面将就 LED 的材料、器件结构和参数及其应用作简略讨论。

1. LED 材料

作为可见光和红外光 LED 材料,应有一定的禁带宽度(如发红光就要求禁带宽度在 1.8eV 以上)、容易掺杂而制备 PN 结、容易制作欧姆接触、性能稳定、价格便宜。

从能带情况来看,Ⅱ-Ⅵ族化合物半导体具有直接带隙,且带隙覆盖了整个可见光谱。但由于其"自补偿"作用严重,很难做成好的 PN 结,Ge 和 Si 材料可以制得优良的 PN 结,但都是间接带隙,复合概率低,也不宜制作 LED。

目前研究与应用最多的Ⅲ-Ⅴ族化合物半导体。二元化合物中,GaAs 主要用来做红外 LED,GaP 主要用来做红光(GaP:Zn,O)、绿光(GaP:N)和黄光(GaP:N)LED。三元化合物中,GaAsP,AlGaAs 组成的固溶体可做红外 LED 和可见光 LED。为了光纤通信的需要,还研制了长波长(1~1.6μm)LED,用四元化合物 InGaAsP。这些三元、四元化合物的使用有独到之处。因为现有的直接带隙材料的禁带宽度都较窄,不易得到可见光,而禁带宽度较宽的又大都是间接带隙材料,发光效率不高,三元和四元化合物(Ⅲ-Ⅴ)可以在一定范围内改变组分来得到不同禁带宽度的直接带隙材料。三元化合物 $GaAs_{1-x}P_x$ 是 GaAs 和 GaP 以组分 x 形成的固溶体。GaAs 是直接带隙(室温 $E_g \approx 1.43\text{eV}$)，可发红外光。GaP 是间接带隙(室温 $E_g \approx 2.26\text{eV}$)，可发绿光。二者组成的 $GaAs_{1-x}P_x$ 的能带结构随组分 x 而变化，当 $x=0.40$ 时，尚是直接带隙，发红光。当 $x>0.45$，材料为间接带隙，若要做成发绿光和黄光 LED，发光效率很低。也利用对 GaP 一样的做法，在 $GaAs_{1-x}P_x$ 中掺氮形成等电子陷阱，实现效率较高的激子复合发光。图 8.6.6 表示掺氮与不掺氮 GaAsP 的 LED 发光效率的比较。当 $x=0.5$ 时发橙色光，λ 约为 610nm；当 $x\approx 0.85$ 时发黄色光，λ 约为 590nm。

2. LED 的结构和性能

LED 的基本结构是平面二极管类型，如图 8.6.7 所示。一般，直接带隙 LED(红色)的衬底是 GaAs(见图 8.6.7(a))，间接带隙 LED(橙色、黄色、绿色)的衬底是 GaP(见图 8.6.7 (b))。用 GaAs 为衬底，先外延生长 x 从 0 变到 0.4 的 $GaAs_{1-x}P_x$ 组分渐变层，然后生长有一定组分 y 的 $GaAs_{1-y}P_y$ 层，组分渐变层主要用来使晶格失配引起的界面非辐射复合中心减到最少。结区产生的光子向各个方向发射，只有一部分能从表面射出。引起射出光子数减少的损耗机制主要为以下三方面。

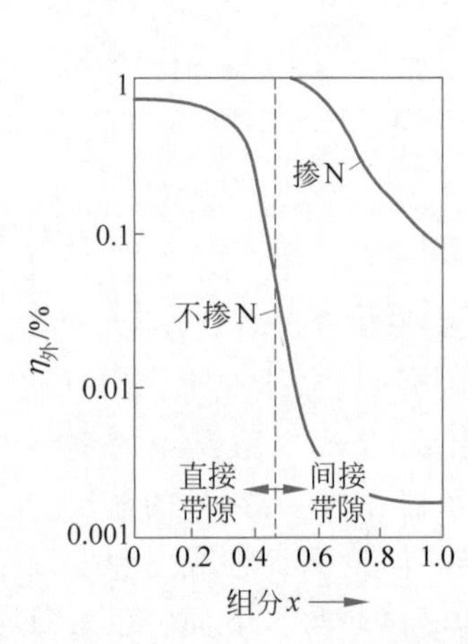

图 8.6.6 GaAsP LED 的发光效率

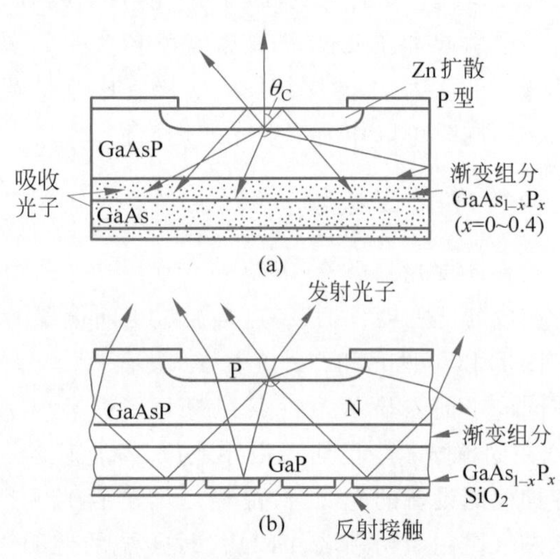

图 8.6.7 LED 的两种基本结构

(1) LED 材料的光吸收。GaAs 衬底上制作的 LED 吸收损耗较大。因为衬底是不透明的，结区发出的光子有 85%被吸收。而 GaP 为衬底的 LED，能把光子反射到出射表面，只有 25%被吸收，效率增高。

(2) 菲涅尔(Frenel)损失。当光从一种介质入射到另一种介质时，会有一部分光反射回原介质，这部分光的损失称为菲涅尔损失。当光由半导体垂直入射到空气表面时，反射率 R 可由式(8.1.7)计算。由于半导体的折射率很大，直接射入空气的反射率 R 较大，因此菲涅尔损失也较高。

(3) 临界角损失。当光由光密介质入射到光疏介质，入射角大于临界角 θ_C 时，将发生全反射。半导体内发出的不同方向的光，超过临界角的光会因全反射不能射出体外而造成损失。对 GaAs，折射率为 3.62，θ_C 为 16°；对 GaP，折射率为 3.45，θ_C 为 17°。

图 8.6.8 表示一些 LED 在室温下的光谱响应。LED 输出信号波长由半导体材料的 E_g 决定，其中蓝色光 LED 是以 ZnS 和 SiC 采用红外-可见光的上转换发光获得的。因为蓝

色发光(450～500nm)材料的 $E_g>2.6$eV,这类晶体生长和扩散都需在极高温度下进行,导电类型和发光的控制都困难。所以利用红外光去激发稀土磷光体,使之发出可见光,这种以小能量的光激发,得到能量大的发光,称为光的上转换发光(或反斯托克斯转换)。以能量大的光子激发得到能量小的光子的发光称为下转换(或斯托克斯(Situokesi)转换)发光。图 8.6.8 上标出了人眼响应谱在 $\lambda=400\sim720$nm,相当于带隙能量 $E_g=1.7\sim3.1$eV。$GaAs_{1-x}P_x$ 系统材料在组分为 $0\leqslant z\leqslant0.45$ 时所获得的 E_g,将落在可见谱区内。

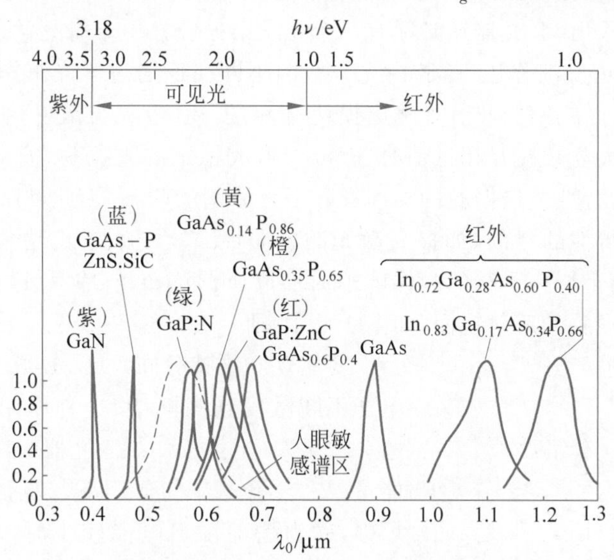

图 8.6.8　LED 在室温下的光谱响应

*8.6.5　半导体激光器

激光是一种亮度极高,方向性和单色性很好的相干光辐射。目前,半导体激光器已成为激光器的重要组成部分。如常用的激光材料 GaAs 可发射红外激光,混合晶体 $GaAs_{1-x}P_x$ 可发射可见激光。

半导体激光和一般发光过程不同,不是源于自发辐射而是源于受激辐射。受激辐射就是在满足频率条件的入射光子的激励下发出另一个同频率的光子的过程。由于入射光子也可能被吸收,所以受激辐射与受激吸收是同时存在的。受激辐射大于受激吸收才能形成激光,这要求处在高能级的粒子数大于处于低能级的粒子数,即系统处于分布反转状态。

如何在半导体中形成分布反转呢?结型激光器结构如图 8.6.9 所示。为了实现分布反转,P 区及 N 区都必须重掺杂,一般达 10^{18}cm^{-3}。平衡时,费米能级位于 P 区的价带及 N 区的导带内,如图 8.6.9(a)所示。当加正向偏压 V 时,PN 结势垒降低;N 区向 P 区注入电子,P 区向 N 区注入空穴。这时,PN 结处于非平衡态,准费米能级 E_F^n

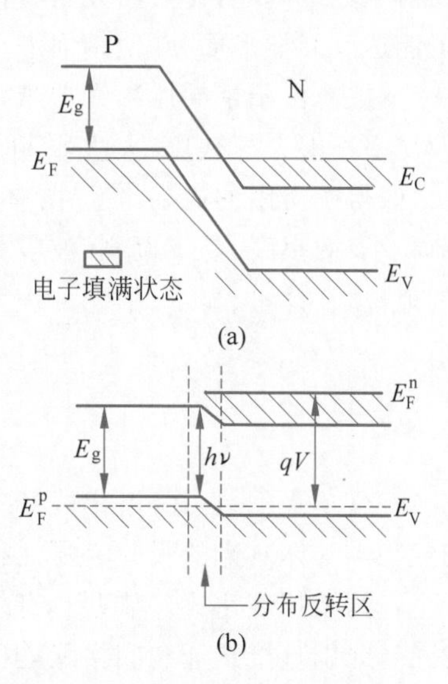

图 8.6.9　结型激光器能带图

(a) 零偏压;(b) 正向偏压

和 E_F^p 的位置发生变化，它们之间距离为 qV，见图 8.6.9(b)。因 PN 结是重掺杂的，平衡时势垒很高，即使正向偏压可加大到 $qV>E_g$，也还不足以使势垒消失。这时结面附近出现 $E_F^n-E_F^p>E_g$，成为分布反转区。在这特定区域内，导带的电子浓度和价带的空穴浓度都很高。这一分布反转区很薄（1μm 左右），却是激光器的核心部分，称为“激活区”。

仅使系统处于粒子数反转状态，虽可获得激光，但它的寿命很短，强度也不会太高，并且光波模式多、方向性很差，这样的激光几乎没有什么实用价值。为了得到稳定持续、有一定功率的高质量激光输出，激光器还必须有一个光学谐振腔。由于有光学谐振腔的存在，一方面在它提供的光学正反馈作用下，腔内光子数因不断往返通过激光工作物质而被放大；另一方面由于谐振腔存在各种损耗（如输出损耗、衍射损耗、吸收与散射损耗等），腔内光子数又不断减少。当放大与衰减互相抵消时，就可以形成稳定的光振荡，输出功率稳定的激光。另外，由于激光束的特性与谐振腔的结构有着不可分割的联系，因此可以通过改变腔参数的方法达到控制光束特性的目的，如提高激光的方向性、单色性、输出功率等。PN 结激光器中，垂直于结面的两个严格平行的晶体解理面形成所谓法布里-珀罗（Fabry-Perot）共振腔，两个解理面就是共振腔的反射镜面，如图 8.6.10 所示。

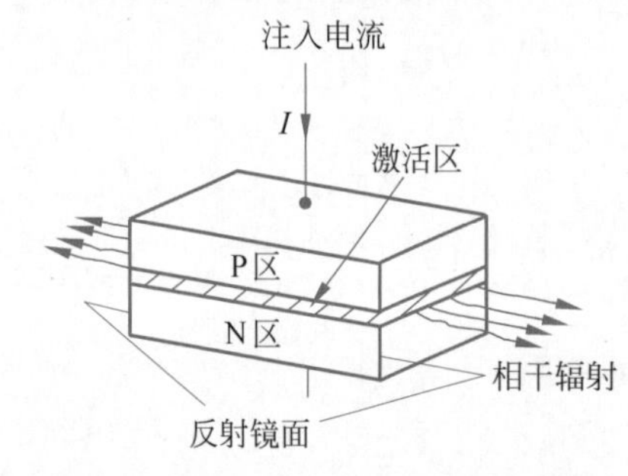

图 8.6.10　结型激光器结构示意图

要实现和维持分布反转，必须由外界输入能量，使电子不断激发到高能级，这种作用称为载流子的“抽运”或“泵”。上述 PN 结激光器中，利用正向电流输入能量。在注入电流的作用下，激活区内受激辐射不断增强，称为增益。当电流较小时，增益很小；电流增大，增益也逐渐增大，直到电流增大到增益等于全部损耗时，才开始有激光发射。增益等于损耗时的注入电流称为阈值电流。要使激光器有效地工作，必须降低阈值，其主要途径是设法减少各种损耗，同时增大端面反射系数。因此，作为激光材料，必须选择完整性好、掺杂浓度适当的晶体；同时反射面尽可能达到光学平面，并使结面平整，以减少损耗，提高激光发射效率。

过去，由于半导体激光器难以在室温下连续运转，光束的发散角大，单色性不够理想，以及功率不够大等缺点，大大限制了它的广泛应用。但是，近年来这些问题都已逐步得到解决，取得了实用的成果，使半导体激光器有取代其他激光器的趋势。由于半导体激光器具有体积小、效率高、易于调制、波段覆盖面宽等特点，故它在光通信、测距、雷达等方面占有特殊的地位，在计量、显示、信息处理等方面的应用也越来越重要。

习　题　8

8.1　试从式(8.1.10)解出式(8.1.11)，并求良导体($\sigma\gg\omega\varepsilon$)和劣导体($\sigma\ll\omega\varepsilon$)的简化结果。

8.2　半导体对光的吸收有哪几种主要过程？哪些过程具有确定的长波吸收限？写出对应的波长表达式。哪些具有线状吸收光谱？哪些光吸收对光电导有贡献？

8.3　区别直接跃迁和间接跃迁（竖直跃迁和非竖直跃迁）。

8.4　什么是光电导？光电导有哪几种类型？

8.5　解释光生伏特效应。写出光电池的伏安特性方程，说明开路电压和短路电流的含义。

8.6　什么是半导体发光？简要说明PN结电致发光的原理。

8.7　一棒状P型半导体，长为L，截面积为S。设在光照下棒内均匀产生电子-空穴对数，产生率为Q，且电子迁移率$\mu_n \gg \mu_p$。如在棒两端加以电压V，试证光生电流$\Delta I = qQS\tau_n\mu_n V/L$（$q$=电子电量）。

8.8　一重掺杂N型半导体的平衡载流子浓度为n_0及p_0。有恒定光照，单位时间通过单位体积产生的电子-空穴对数为Q。今另加一闪光，产生附加光生载流子浓度为$\Delta n = \Delta p(\ll n_0)$。设非平衡载流子寿命为$\tau$。试证闪光$t$秒后，样品内空穴浓度为$p(t) = p_0 + \Delta p r^{-t/\tau} + Q\tau$。

8.9　一个N型CdS正方形晶片，边长为1mm，厚为0.1mm，其长波吸收限为510nm。今用强度为$1\mathrm{mW/cm^2}$的紫色光（$\lambda = 408.6\mathrm{nm}$）照射正方形表面，量子产额为$\beta = 1$。设光生空穴全部被陷，光生电子寿命为$\tau_n = 10^{-3}\mathrm{s}$，电子迁移率为$\mu_n = 100\mathrm{cm^2/(V \cdot s)}$，并设光照能量全部被晶片吸收，求下列各值。

（1）样品中每秒产生的电子-空穴对数；

（2）样品中增加的电子数；

（3）样品的电导率增量$\Delta\sigma$。

8.10　硅PN结光电池，面积$A = 50\mathrm{cm^2}$，光电流$I_L = 0.75\mathrm{A}$。P区：$N_A = 5\times10^{18}\mathrm{cm^{-3}}$，$D_n = 25\mathrm{cm^2/s}$，$\tau_n = 5\times10^{-7}\mathrm{s}$；N区：$N_D = 10^{16}\mathrm{cm^{-3}}$，$D_p = 10\mathrm{cm^2/s}$，$\tau_p = 1\times10^{-7}\mathrm{s}$。取$V_T = 0.026\mathrm{V}$，$n_i = 1.5\times10^{10}\mathrm{cm^{-3}}$，并假设杂质基本电离。求开路电压和最大功率值。

附录A 常用表

APPENDIX A

表 A.1 常用物理常数

名称	数值	名称	数值
电子电量 q	1.602×10^{-19} C	阿伏伽德罗常数 N_A	6.022×10^{23} mol^{-1}
电子静止质量 m_0	9.109×10^{-31} kg	真空介电常数 ε_0	8.854×10^{-12} F/m
电子伏特 eV	1.602×10^{-19} J	真空磁导率 μ_0	$4\pi\times10^{-7}$ H/m
真空中光速 c	2.998×10^{8} m/s	玻尔半径 a_0	0.529×10^{-10} m
普朗克常数 h	6.626×10^{-34} J·s	质子静止质量 m_p	1.673×10^{-27} kg
$\hbar=h/(2\pi)$	1.055×10^{-34} J·s	绝对零度 0K	−273.16℃
玻耳兹曼常数 k_B	1.381×10^{-23} J/K	300K 的 k_BT 值	0.0259eV

表 A.2 硅、砷化镓和锗的性质(T=300K)

物理性质	Si	GaAs	Ge
密度/(g·cm^{-3})	2.33	5.32	5.33
原子密度/cm^{-3}	5.0×10^{22}	—	4.42×10^{22}
晶体结构	金刚石	闪锌矿	金刚石
晶格常数/nm	0.5431	0.5653	0.5657
熔点/℃	1415	1238	937
介电常数	11.7	13.1	16.0
禁带宽度/eV	1.12	1.42	0.67
电子亲和能 χ/eV	4.05	4.07	4.13
导带有效态密度 N_C/cm^{-3}	2.8×10^{19}	4.7×10^{17}	1.05×10^{19}
价带有效态密度 N_V/cm^{-3}	1.1×10^{19}	7.0×10^{18}	5.7×10^{18}
本征载流子浓度 n_i/cm^{-3}	1.5×10^{10}	1.8×10^{6}	2.4×10^{13}
电子迁移率 μ_n/(cm^2·V^{-1}·s^{-1})	1350	8500	3900
空穴迁移率 μ_p/(cm^2·V^{-1}·s^{-1})	500	400	1900

续表

物理性质		Si	GaAs	Ge
电子有效质量	m_l^*/m_0	0.98	0.067	1.64
	m_t^*/m_0	0.19	—	0.082
空穴有效质量	m_{pl}^*/m_0	0.16	0.082	0.044
	m_{ph}^*/m_0	0.49	0.45	0.28
(态密度)有效质量	电子 m_n^*/m_0	1.08	0.067	0.55
	空穴 m_p^*/m_0	0.56	0.48	0.37

表 A.3 其他半导体材料基本性质($T=300K$)

材料	E_g/eV	a/nm	ε_r	χ	n
AlAs	2.16	5.66	12.0	3.5	2.97
GaP	2.26	5.45	10	4.3	3.37
AlP	2.43	5.46	9.8	—	3.0
InP	1.35	5.87	12.1	4.35	3.37

附录 B Excel 在教学中的应用

APPENDIX B

B.1 基本概念

Excel 是微软公司 Office 办公软件的一个组件，可以用来制作电子表格，完成许多复杂的数据运算及分析，具有强大的图表功能，也能用来制作动画等多媒体课件。Excel 的应用多数是操作层面的问题，文字不易说清楚，可以看课程网站中的微课录像。这里主要介绍原理和公式方面的问题。

Excel 表格中，列标用字母 A、B、C 等表示，行标用数字 1、2、3 等表示，例如，表 B.1 中 A1 单元格填写字符“$a=$”，而 B1 单元格填写数字“1”。单元格中也可填公式(以等号“＝”开始)，如 D1 中填写 “＝B1 * B1”，显示的是公式计算值即“1”。D2、D3 分别填写 “＝B2 * B2”和“＝B3 * B3”，相应计算值是“4”和“9”。显然 D2、D3 的公式与 D1 是一样的，可以复制 D1 的公式(复制方法可通过“复制”和“粘贴”进行，也可将 D1 设为当前格，其右下角会显示小黑点，对准小黑点滑动鼠标也能完成复制)。注意，复制时有相对地址和绝对地址之分，F1 若填写“＝B1/B2”，复制到 F2 和 F3 时就变成“＝B2/B3”和“＝B3/B4”，与原意不符，因为分母应该不变。若 F1 填写“＝B1/B＄2”，则复制结果为“＝B2/B＄2”和“＝B3/B＄2”。即“＄”加在行号或列号之前，就变成绝对地址，复制时行或列就不变了。

表 B.1 单元格填写与复制

	A	B	C	D	E	F
1	$a=$	1	$a^2=$	1	$a/b=$	0.5
2	$b=$	2	$b^2=$	4	$b/b=$	1
3	$c=$	3	$c^2=$	9	$c/b=$	1.5

B.2 如何画图

1. 二维曲线图

Excel 根据表格的数据画图，例如，画函数 $y=f(x)$ 曲线，先要计算若干 x 值下的 y 值。表 B.2 是 $y=x^2$ 的计算值，为了具有灵活性，可设置一些参量，如初值 x_0、步长 Δx 等，当参量改变时，表格数据及相应的曲线随之变动。

表 B.2　曲线数据表格

	A	B	C	D	E	F
1	$x_0=$	0	$\Delta x=$	0.1		
2	x	0	0.1	0.2	0.3	0.4
3	y	0	0.01	0.04	0.09	0.16

图表类型一般选"XY散点图",其下还有多种形式可选,即散点图、平滑线散点图、折线散点图、无数据点平滑线散点图、无数据点折线散点图等。例如,连续函数的曲线可选"无数据点平滑线散点图",而二维点阵图可选"散点图"。

图B.1为二维的正交点阵图,每一行当作一条曲线,共三行,有三条曲线。表B.3左侧(数据区为A1:F5)为图B.1的数据,a与b分别是横向周期和纵向周期,即x方向间隔是a,y方向间隔是b。图B.2为斜交点阵,两个基矢方向的夹角为θ(图中等于$\pi/3$),也有三行点子,但其x坐标并不相同,所以需要分别算出。图B.1也可看作图B.2在θ等于$\pi/2$的特殊情况。所以参数的设计很重要,表格的数据、图形与参数是联动的,适当的参数布置可使文档更简洁、适应性更广。

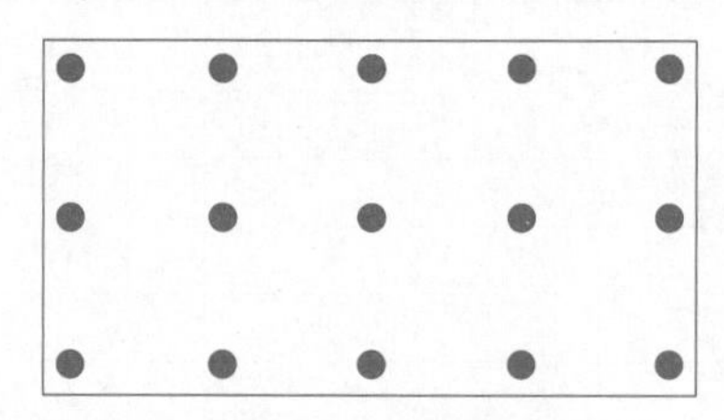

图 B.1　正交点阵

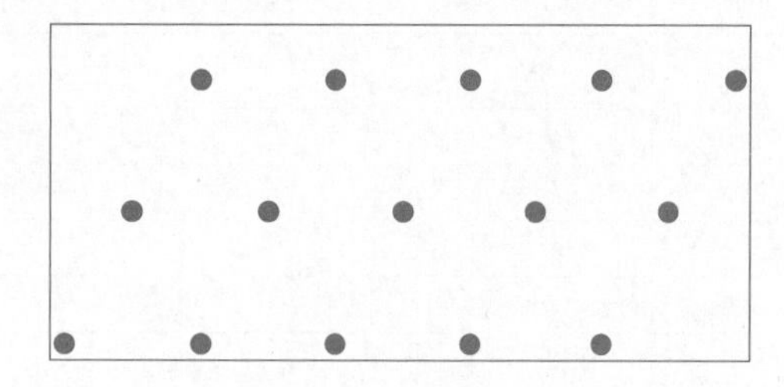

图 B.2　斜交点阵

表 B.3　二维点阵的数据表格

	A	B	C	D	E	F	G	H	I	J	K	L	M
1	$a=$	1	$b=$	1				$a=$	1	$b=$	1	$\theta=$	1.047
2	x	0	1	2	3	4		x_0	0	1	2	3	4
3	y_0	0	0	0	0	0		y_0	0	0	0	0	0
4	y_1	1	1	1	1	1		x_1	0.5	1.5	2.5	3.5	4.5
5	y_2	2	2	2	2	2		y_1	0.866	0.866	0.866	0.866	0.866
6								x_2	1	2	3	4	5
7								y_2	1.732	1.732	1.732	1.732	1.732

这里只介绍数据表格的设计,画图等操作部分可看微课录像。

2. 三维立体图

在平面内画三维结构图,首先要建立真实的三维坐标(x,y,z)与平面(屏幕)坐标(X,Y)的对应关系。在平面内画三个坐标,其坐标轴不可能都是相互垂直的。如图B.3所示,若在平面内所画y轴与x轴成θ角,而z轴与x轴垂直,取平面X轴与x轴平行,平面Y轴与z轴平行,则可设定如下变换关系:

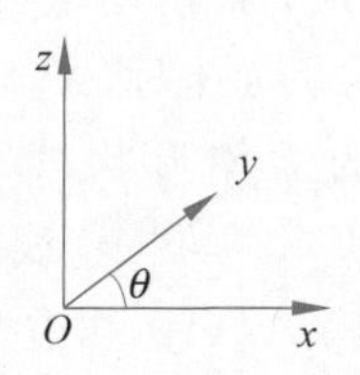

图 B.3　在平面内画三维坐标

$$X = x + y\cos\theta,\quad Y = z + y\sin\theta \tag{B.1}$$

显然，对于一组(x,y,z)可确定唯一的(X,Y)；反之，对于一组(X,Y)，(x,y,z)的取法有多种。也就是说，不同的空间点可能对应同一个平面点。

然而，完全按式(B.1)变换关系画出的三维结构图视觉效果并不好，例如，画出的立方体看上去更像长方体。引入缩放系数k，将式(B.1)改为

$$X = x + ky\cos\theta,\quad Y = z + ky\sin\theta \tag{B.2}$$

取$\theta=\dfrac{\pi}{5}$，$k=0.75$，有较好的立体感觉。但有时为了避免三维结构中一些特征点相互重叠，可调整θ和k的取值，使特征点处在合适的位置。

晶胞的特征主要通过一些特征点显示出来。长方体的8个顶点就是它的特征点，若原点取在长方体的中心，则8个顶点的坐标为$(\pm0.5a,\pm0.5b,\pm0.5c)$，或依次写出8个顶点：$A_1(-0.5a,-0.5b,-0.5c)$，$A_2(0.5a,-0.5b,-0.5c)$，$A_3(0.5a,0.5b,-0.5c)$，$A_4(-0.5a,0.5b,-0.5c)$，$A_5(-0.5a,-0.5b,0.5c)$，$A_6(0.5a,-0.5b,0.5c)$，$A_7(0.5a,0.5b,0.5c)$，$A_8(-0.5a,0.5b,0.5c)$。Excel中，特征点坐标可排列如表B.4所示。

表B.4 长方体特征点坐标计算

	A	B	C	D	…	J
1	$\theta=$	0.628	$a=$	1		
2	$k=$	0.75	$b=$	1		
3			$c=$	1		
4						
5			A_1	A_2	…	A_8
6	三维坐标	x	−0.5	0.5	…	−0.5
7		y	−0.5	−0.5	…	0.5
8		z	−0.5	−0.5	…	0.5
9	平面坐标	X	−0.803	0.197	…	−0.197
10		Y	−0.720	−0.720	…	0.720

表B.4中数据区域(C6:F10)的单元格填写的都是公式，显示的是公式计算结果。例如，单元格C9填写A_1点平面坐标X的计算公式（见式(A.2)），即填写"＝C6＋B2＊C7＊COS(B1)"，这里引用单元格的地址有两种形式，有符号$的为绝对引用，没有符号$的为相对引用，差异体现在复制公式时得到的结果不同。例如，在D9复制C9得到的结果是"＝D6＋B2＊D7＊COS(B1)"，可见有$的地址在复制时是不变的，而没有$的地址会因单元格所在位置而调整。同理，C10填写A_1点平面坐标Y的计算公式，即"＝C8＋B2＊C7＊SIN(B1)"。其余特征点的平面坐标只要复制C9和C10就行（复制方式只需滑动鼠标）。

根据平面坐标(X,Y)，通过Excel的散点图画出特征点。但是，仅画出特征点还不能显示晶胞的立体形状，需要画出特征点的一些连线才行，如长方体需画出12条棱，如图B.4所示。可按连线顺序将特征点作排列，例如$A_1\ A_2\ A_3\ A_4\ A_1\ A_5\ A_6\ A_7\ A_8\ A_5\ A_6\ A_2\ A_3\ A_7\ A_8\ A_4$，再选"折线散点图"图表类型画图，既有点也有线。

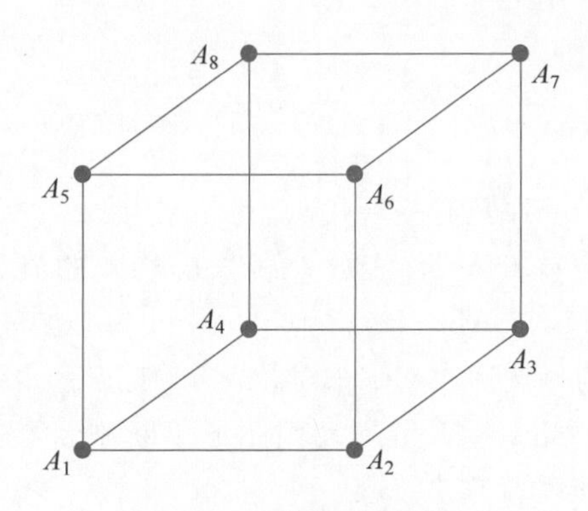

图 B.4　顶点的位置排列

B.3　如何做动画

仿真图解

1. 简单动画

Excel 也可用来做动画，实际上 Excel 是根据表格数据画曲线或图形，当表格中的参数连续变化时图形跟着变化，就形成了动画。例如，为了显示波动 $y=A\cos[2\pi(x/\lambda-t/T)]$ 的传播，可设计表 B.5，参数 A、λ、T 可先设定，而 B2 为时间 t 的值，D2 为每次 t 变化大小。图 B.5 是根据 $y=A\cos[2\pi(x/\lambda-t/T)]$ 画的波形曲线(对应 $t=0$)，改变 B2 值则波形曲线跟着变动。

表 B.5　波动数据计算

	A	B	C	D	E	F	G	…
1	$A=$	1	$\lambda=$	2	$T=$	1.5		
2	t	0	Δt	0.02				
3	x	0	0.1	0.2	0.3	0.4	0.5	…
4	y	1	0.9511	0.809	0.5878	0.309	0	…

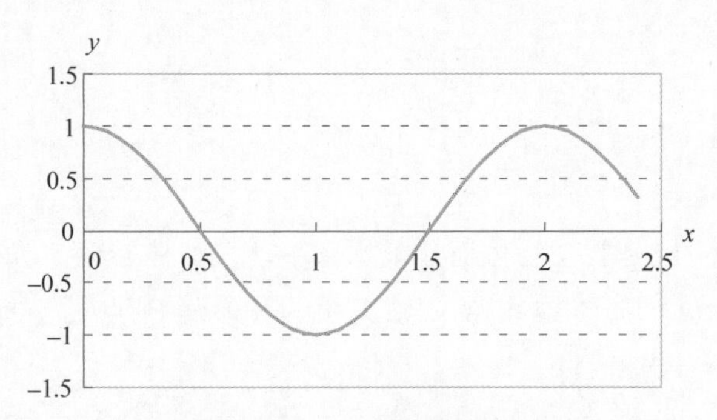

图 B.5　$t=0$ 时的波形曲线

手工改变存放 t 值单元格的数值，虽可显示波形变化但十分烦琐。要连续改变 t 值，达到动画效果，则需要应用 VBA 工具。按 Alt+F11 键，或右击 Excel 表格底端的工作表名称，在显示的小菜单中选择“查看代码”，则出现代码窗口，输入：

```
Sub 时间变化()
    Range("B2") = Range("B2") + Range("D2")
End Sub
```

这个名称为“时间变化”的子程序只有一行代码，其含义为B2单元格的值与D2单元格的值之和为B2的新值。而B2存放t值，D2存放t的改变量Δt的值，所以每执行一次程序，t值就增加了Δt。回到表格窗口，按Alt+F8键弹出一个小窗口，单击“选项”按钮可为程序设置快捷键，如大写字母T，则每按一次Ctrl+Shift+T则执行一次程序，t值改变一次，图形跟着变化一次。按住Ctrl+Shift+T键不动则图形不断刷新，看上去就像波连续在传播。设置的Δt值越大，则变化速度就越快。

2. 对称操作演示动画

物体转动是对称操作中的基本问题。先讨论物体转动时的坐标变换关系。

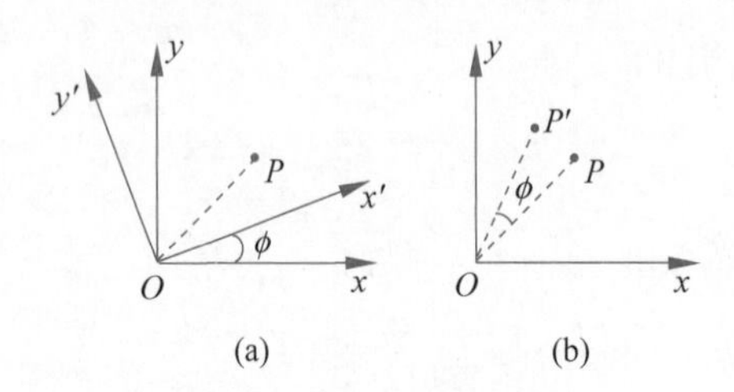

图B.6 转动时的坐标关系
(a) 坐标转动；(b) 物体转动

1）物体绕坐标轴转动

讨论转动问题较多考虑的是坐标系转动，例如坐标系绕z轴转ϕ角，讨论物体上任意一点P在两个坐标系中的坐标变换关系，如图B.6(a)所示。设P点到原点O的距离为r，O与P的连线与x轴夹角为α，则

$$x = r\cos\alpha,\quad y = r\sin\alpha \tag{B.3}$$

坐标系绕z轴转ϕ角后，O与P的连线与x'轴夹角为$\alpha-\phi$，P点在新坐标系中的坐标(x',y')可利用式(B.3)求出

$$x' = r\cos(\alpha-\phi) = x\cos\phi + y\sin\phi,\quad y' = r\sin(\alpha-\phi) = y\cos\phi - x\sin\phi \tag{B.4}$$

或写成矩阵式

$$\begin{bmatrix} x' \\ y' \\ z' \end{bmatrix} = \begin{bmatrix} \cos\phi & \sin\phi & 0 \\ -\sin\phi & \cos\phi & 0 \\ 0 & 0 & 1 \end{bmatrix} \begin{bmatrix} x \\ y \\ z \end{bmatrix} \tag{B.5}$$

故变换矩阵为

$$T = \begin{bmatrix} \cos\phi & \sin\phi & 0 \\ -\sin\phi & \cos\phi & 0 \\ 0 & 0 & 1 \end{bmatrix} \tag{B.6}$$

但演示对称操作时，一般是转动物体而让坐标系不动。物体转动ϕ角后，原P点转到P'点，如图B.6(b)所示，O与P'连线与x轴夹角为$\alpha+\phi$，P'点的坐标(x',y')也可利用式(B.3)求出

$$x' = r\cos(\alpha+\phi) = x\cos\phi - y\sin\phi,\quad y' = r\sin(\alpha+\phi) = y\cos\phi + x\sin\phi \tag{B.7}$$

故坐标变换矩阵为

$$\boldsymbol{R} = \begin{bmatrix} \cos\phi & -\sin\phi & 0 \\ \sin\phi & \cos\phi & 0 \\ 0 & 0 & 1 \end{bmatrix} \tag{B.8}$$

2）物体绕坐标面内的轴转动

考虑立方体对称性时，若取立方轴为坐标轴，则面对角线就在坐标面内与坐标轴成45°角。推导立方体绕面对角线转动的坐标变换矩阵，可以分两步，第一步将一个坐标轴转到面对角线处，第二步立方体再绕此新坐标轴转动。

假如转轴位于 xy 坐标面，与 x 轴夹角为 ϕ_1，则坐标绕 z 轴转 ϕ_1 角，新坐标 x' 轴与转轴重合。变换矩阵

$$\boldsymbol{T}_1=\begin{bmatrix}\cos\phi_1 & \sin\phi_1 & 0\\ -\sin\phi_1 & \cos\phi_1 & 0\\ 0 & 0 & 1\end{bmatrix} \tag{B.9}$$

再让物体绕 X'轴转动 ϕ 角，与式(B.8)类似(绕 z 轴转的排序记作 zxy，绕 x 轴转的排序换成 xyz，R：312 → R'：123，$R'_{11}\Leftrightarrow R_{33}$，$R'_{12}\Leftrightarrow R_{31}$，$R'_{13}\Leftrightarrow R_{32}$，等等)，变换矩阵

$$\boldsymbol{R}'=\begin{bmatrix}1 & 0 & 0\\ 0 & \cos\phi & -\sin\phi\\ 0 & \sin\phi & \cos\phi\end{bmatrix} \tag{B.10}$$

两步合起来的变换矩阵是上面两个矩阵之积，即 $\boldsymbol{R}'\boldsymbol{T}_1$。但要注意，此时物体上点的坐标是在新坐标系 $x'y'z'$ 中的数值，若要知道旧坐标 xyz 中的数值，则需将坐标轴转回原来的地方，即坐标系绕 z 轴转 $-\phi_1$ 角，变换矩阵也就是 $\boldsymbol{T}_1$ 的逆矩阵 $\boldsymbol{T}_1^{-1}$，即

$$\boldsymbol{T}_1^{-1}=\begin{bmatrix}\cos\phi_1 & -\sin\phi_1 & 0\\ \sin\phi_1 & \cos\phi_1 & 0\\ 0 & 0 & 1\end{bmatrix} \tag{B.11}$$

所以总的变换矩阵为

$$\boldsymbol{A}=\boldsymbol{T}_1^{-1}\boldsymbol{R}'\boldsymbol{T}_1=\begin{bmatrix}\cos^2\phi_1+\sin^2\phi_1\cos\phi & \cos\phi_1\sin\phi_1(1-\cos\phi) & \sin\phi_1\sin\phi\\ \cos\phi_1\sin\phi_1(1-\cos\phi) & \sin^2\phi_1+\cos^2\phi_1\cos\phi & -\cos\phi_1\sin\phi\\ -\sin\phi_1\sin\phi & \cos\phi_1\sin\phi & \cos\phi\end{bmatrix} \tag{B.12}$$

3）物体绕任意轴转动

立方体的体对角线也是对称轴，将 x 轴转到体对角线处可分两步，第一步将 x 轴转到面对角线处，第二步将此新坐标 x'轴转到体对角线处。

设任意转轴 n 与 z 轴夹角为 θ_n，n 轴在 xy 坐标面的投影线与 x 轴的夹角为 ϕ_n，先让坐标绕 z 轴转动角度 $\phi_1=\phi_n$，变换矩阵为式(B.9)决定的 $\boldsymbol{T}_1$；再绕新坐标 Y'轴转动角度 $\phi_2=\theta_n-\frac{\pi}{2}$，变换矩阵为

$$\boldsymbol{T}_2=\begin{bmatrix}\cos\phi_2 & 0 & -\sin\phi_2\\ 0 & 1 & 0\\ \sin\phi_2 & 0 & \cos\phi_2\end{bmatrix} \tag{B.13}$$

这时，x''轴与转轴 n 轴重合，物体绕 x'轴转动 ϕ 角后，再将坐标转到原来位置，所以总的变换矩阵为

$$\boldsymbol{A}=\boldsymbol{T}_1^{-1}\boldsymbol{T}_2^{-1}\boldsymbol{R}'\boldsymbol{T}_2\boldsymbol{T}_1 \tag{B.14}$$

矩阵 **A** 的 9 个元素分别表示如下：

$$a_{11}=\cos^2\phi_2\cos^2\phi_1+\cos\phi\sin^2\phi_2\cos^2\phi_1+\cos\phi\sin^2\phi_1 \tag{B.15a}$$

$$a_{12}=(1-\cos\phi)\cos^2\phi_2\sin\phi_1\cos\phi_1+\sin\phi\sin\phi_2 \tag{B.15b}$$

$$a_{13}=(\cos\phi-1)\sin\phi_2\cos\phi_2\cos\phi_1+\sin\phi\cos\phi_2\sin\phi_1 \tag{B.15c}$$

$$a_{21}=(1-\cos\phi)\cos^2\phi_2\sin\phi_1\cos\phi_1-\sin\phi\sin\phi_2 \tag{B.15d}$$

$$a_{22}=\cos^2\phi_2\sin^2\phi_1+\cos\phi\sin^2\phi_2\sin^2\phi_1+\cos\phi\cos^2\phi_1 \tag{B.15e}$$

$$a_{23}=(\cos\phi-1)\sin\phi_2\cos\phi_2\sin\phi_1-\sin\phi\cos\phi_2\cos\phi_1 \tag{B.15f}$$

$$a_{31}=(\cos\phi-1)\sin\phi_2\cos\phi_2\cos\phi_1-\sin\phi\cos\phi_2\sin\phi_1 \tag{B.15g}$$

$$a_{32}=(\cos\phi-1)\sin\phi_2\cos\phi_2\sin\phi_1+\sin\phi\cos\phi_2\cos\phi_1 \tag{B.15h}$$

$$a_{33}=\sin^2\phi_2+\cos\phi\cos^2\phi_2 \tag{B.15i}$$

如果转轴 n 通过原点和(x_n,y_n,z_n)两点，则 $\phi_1=\arctan(y_n/x_n)$（注：Excel 中用函数 ATAN2(x_n,y_n)，则自动处理分母为 0 等特殊情况）；$\phi_2=\arccos(z_n/\sqrt{x_n^2+y_n^2+z_n^2})-\frac{\pi}{2}$。（注：Excel 中 arccos( )用函数 ACOS( )。）

4）动画演示的实现方法

先按表 B.4 的方法计算晶胞特征点三维坐标(x,y,z)和屏幕坐标(X,Y)，并画出立体图；再确定转动轴和转动角，计算转动变换矩阵；由变换矩阵计算各个特征点转动后的三维坐标(x',y',z')和屏幕坐标(X',Y')，画出转动后的晶胞立体图，如图 B.7 所示。

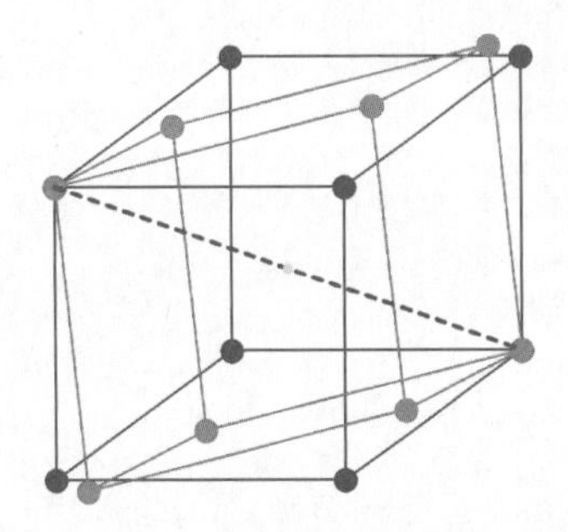

图 B.7 转动前后位置变化

可以与前面波的传播动画类似的方法制作物体转动演示动画，但为了方便控制正转和反转，这里介绍数值调节钮的办法。如表 B.6 所示，单击数值调节钮右端或左端，可使转动角增大或减小，对应正转或反转。

表 B.6 转动角的调节

转动角 ϕ		变化量 $\Delta\phi$
90	◀ ▶	1

数值调节钮在做动画或数值搜索法求解中都很有用，其做法很简单：在“视图”菜单上，指向“工具栏”，再单击“控件工具箱”；出现“控件工具箱”后，单击数值调节钮的图标，再在页面中适当的位置上画出；在“控件工具箱”中，单击属性图标，设置 Max=2，Min=0，Value=1；双击控件会自动跳出代码窗口，在自动生成的“Private Sub SpinButton1_Change()”和 End Sub 之间插入两行代码，Range("A2") = Range("A2") + Range("C2") * (SpinButton1. Value - 1)和 SpinButton1. Value = 1。这里假设"A2"单元格存放变量(如转动角 ϕ)，而"C2"单元格存放每次变化的步长(变化量 $\Delta\phi$)。

B.4　如何解方程

这里主要介绍用"操作"的办法而不是用编程的办法解方程。在做习题或方案设计的探索阶段,涉及方程解的数据点不多,不需要太多考虑计算速度问题,用"操作"的办法比较直观,容易理解。

将方程写为 $f(x,A,B,C,\cdots)=0$,A、B、C 等是能预先设定的参量,x 是待求的变量。先要考虑工作表的布局,一般在表头位置设置参量,另设变量的起始值 x_0 和步长 Δx(变量的间隔)。取两行(或两列)放置变量和函数。注意在单元格输入公式时,一定要与参量联动(战略眼光:参数不能局限于某一个值,否则缺少灵活性)。

注意:$x_1=x_0+\Delta x,x_2=x_0+2\Delta x,\cdots,x_N=x_0+N\Delta x$。

1. 逐次细化法

表 B.7 中,若两个相邻的函数值异号,如 $f(x_i,A,B,C,\cdots)\ f(x_{i+1},A,B,C,\cdots)<0$,则在 x_i 和 x_{i+1} 之间应该有一解。令 x_i 为新的 x_0 值,$\Delta x/N$ 为新的 Δx 值,可找到新的有解区间。交替改变起始值 x_0 和缩小步长 Δx,不断缩小解所在的变量区间,使解精确化。

表 B.7　方程求解时工作表布局

$A=$	1	$B=$	2	
$x_0=$	0	$\Delta x=$	0.05	
x:	x_0	x_1	x_2	…
$f(x,A,B,C,\cdots)$:	$f(x_0,A,B,C,\cdots)$	$f(x_1,A,B,C,\cdots)$	$f(x_2,A,B,C,\cdots)$	…

若变量的指定区间方程有多个解,则可分成粗解和细解两个步骤。粗解就是在较大的变量范围确定解的个数及对应区间(若画出相应曲线则更直观),细解就是将各个解精确化。

2. 搜索法

在 Excel 中建"数值调节钮"控件,单击数值调节钮右端或左端,朝 $f(x,A,B,C,\cdots)$接近 0 的方向搜索,在 $f(x,A,B,C,\cdots)$接近 0 的位置,缩小搜索步长重新搜索,逐渐缩小搜索步长,直到达到精度为止。

3. 二分法

若通过初步分析或搜索知道方程 $f(x)=0$ 在 x_1 与 x_2 之间有解,即 $f(x_1)*f(x_2)<0$,取 x_0 为 x_1 与 x_2 的中点,即 $x_0=(x_1+x_2)/2$;若 $f(x_0)$与 $f(x_1)$同号则 x_1 用 x_0 代替,否则 x_2 用 x_0 代替,新区间的宽度是原来的一半。不断代换,使解精细化。

4. 两点直线迭代法

若通过初步分析或搜索知道方程 $f(x)=0$ 解的大致区间,记 x_0 与 x_1 是解区间内的两个点,令 $y_0=f(x_0)$,$y_1=f(x_1)$,通过(x_0,y_0)和(x_1,y_1)两点画一直线,用此直线代替函数曲线 $f(x)$求近似解。显然,此直线与 $y=0$ 相交于 $x=x_0+[0-y_0](x_1-x_0)/(y_1-y_0)$,记此 x 为 x_2,并令 $y_2=f(x_2)$。再通过(x_1,y_1)和(x_2,y_2)两点画一直线,求出与 $y=0$ 交点的 x_3,以此类推:

$$x_i=x_{i-2}+[0-y_{i-2}](x_{i-1}-x_{i-2})/(y_{i-1}-y_{i-2}),\quad i=2,3,4,\cdots$$

【例 B-1】 克龙尼克-潘纳模型得到的简化的能量本征值方程 $P\dfrac{\sin\alpha a}{\alpha a}+\cos\alpha a=\cos ka$。取 $P=2\pi$,求第一能带(最低能带)的宽度。注意能量可用 E_0 为单位,$E_0=\left(\dfrac{h^2\pi^2}{2ma^2}\right)$,能量与 αa 的关系 $E=(\alpha a/\pi)^2E_0$。

解 为了方便,记 $x=\alpha a$,$f(x)=P(\sin x/x)+\cos x$。方程改写为 $P(\sin x/x)+\cos x=\cos(ka)\cos(ka)=\pm1$ 对应能带的上端或下端。具体说,对于第 s 能带($s=1,2,3\cdots$),能带的上端 $f(x)=(-1)^s$;相应的 $\alpha a=s\pi$;能带的下端 $f(x)=(-1)^{s-1}$,相应的 αa 一般不能简单确定,只能数值求解。

第一能带 $s=1$,能带的上端对应 $\alpha a=\pi$,曲线与 $\cos(ka)=-1$ 相交;能带的下端是与 $\cos(ka)=1$ 相交。

令 $x_0=\pi$,$x_1=0.5\pi$,记 $y_0=f(x_0)=-1$,$y_1=f(x_1)=P/(0.5\pi)$,通过(x_0,y_0)和(x_1,y_1)两点画一直线,此直线与 $y=\cos(ka)$ 相交于 $x=x_0+[\cos(ka)-y_0](x_1-x_0)/(y_1-y_0)$,记此 x 为 x_2,并令 $y_2=f(x_2)$。再通过(x_1,y_1)和(x_2,y_2)两点画一直线,求出与 $y=\cos(ka)$ 交点的 x_3,以此类推:

$$x_i=x_{i-2}+[\cos(ka)-y_{i-2}](x_{i-1}-x_{i-2})/(y_{i-1}-y_{i-2}),\quad i=2,3,4,\cdots$$

将 $\cos(ka)=1$ 代入,得 x_i 依次为 2.513,2.417,2.409(保留 4 位有效数字),可验证 $|f(2.409)-1|<10^{-3}$,即得能带底部的 $\alpha a=2.409$。而前面已说明 $\alpha a=\pi$ 对应能带的顶部,所以能带宽 $\Delta E=E_0[1-(2.409/\pi)^2]=0.412E_0$。

若用 Excel 做一个文档,则可方便算出任意能带的宽度,或任意指定 ka 下的能量值。表 B.8 中单元格 A2、B2、C2 填写输入参量值,其余都是公式计算值。

表 B.8 指定 ka 下的 αa 的计算

P	能带序号	cos*ka*	$(\alpha a)_0$	$(\alpha a)_1$	
6.283185	1	1	3.141593	1.570796	
αa	3.141593	1.570796	2.513274	2.417446	2.409111
$f(\alpha a)$	−1	4	0.660446	0.972829	1.000558
偏差			−0.33955	−0.02717	0.000558

参考文献

[1] 方俊鑫,陆栋.固体物理学[M].上海：上海科学技术出版社,1980.

[2] 黄昆.固体物理学[M].北京：人民教育出版社,1966.

[3] 刘恩科,朱秉升,罗晋生,等.半导体物理学[M].北京：电子工业出版社,2003.

[4] 陈秀峰,杨冬晓.信息电子学物理基础[M].杭州：浙江大学出版社,2002.

[5] 冯文修,刘玉荣,陈蒲生.半导体物理学基础教程[M].北京：国防工业出版社,2005.

[6] 张艺,沈为民.固体电子学基础[M].杭州：浙江大学出版社,2005.

[7] 曹全喜,雷天民,黄云霞,等.固体物理基础[M].西安：西安电子科技大学出版社,2008.

[8] Sah C T.固态电子学基础[M].阮刚,等译.上海：复旦大学出版社,2002.

[9] 莫党.固体光学[M].北京：高等教育出版社,1996.

[10] 钱佑华,徐至中.半导体物理[M].北京：高等教育出版社,1999.

[11] 王长安.半导体物理基础[M].上海：上海科学技术出版社,1985.

[12] 曾树荣.半导体器件物理基础[M].北京：北京大学出版社,2002.

[13] 韦丹.固体物理[M].北京：清华大学出版社,2003.

[14] 王矜奉.固体物理教程[M].济南：山东大学出版社,2004.

[15] 阎守胜.固体物理基础[M].北京：北京大学出版社,2000.

[16] 施敏.半导体器件物理[M].黄振岗,译.北京：电子工业出版社,1987.

[17] 陈治明,王建农.半导体器件的材料物理学基础[M].北京：科学出版社,1999.

[18] 陈益新,龚小成.固态电子学[M].北京：高等教育出版社,1989.

[19] 王家华,李长健,牛文成.半导体器件物理[M].北京：科学出版社,1983.

[20] 张义门,任建民.半导体器件计算机模拟[M].北京：电子工业出版社,1991.

[21] 沈学础.半导体光谱和光学性质[M].北京：科学出版社,2002.